# 数字信号处理

姚剑清　编著

机械工业出版社

本书可分为三部分。第一部分为第 1~4 章，对数字信号处理的基础知识，包括数字信号处理简介、模拟信号的特点、离散时域信号、z 变换等内容进行了详细的说明；第二部分为第 5~11 章，重点讨论了数字信号处理系统的性质和特点，包括离散时域系统、数字滤波器的概述、数字滤波器的结构、IIR 数字滤波器的设计、FIR 数字滤波器的设计、多速率系统、返回连续时域等内容；第三部分为第 12、13 章，对离散傅里叶变换和快速傅里叶变换进行了深入的探讨研究。

本书可作为从事数字信号处理等相关工作的工程师的参考资料，也可作为高等院校电子、通信、计算机、自动控制等专业师生的参考用书。

**图书在版编目（CIP）数据**

数字信号处理/姚剑清编著. —北京：机械工业出版社，2023. 12
ISBN 978-7-111-73988-3

I. ①数… Ⅱ. ①姚… Ⅲ. ①数字信号处理 Ⅳ. ①TN911. 72

中国国家版本馆 CIP 数据核字（2023）第 189103 号

机械工业出版社（北京市百万庄大街 22 号 邮政编码 100037）

| | |
|---|---|
| 策划编辑：任 鑫 | 责任编辑：任 鑫 刘星宁 |
| 责任校对：杜丹丹 刘雅娜 | 封面设计：马若濛 |
| 责任印制：刘 媛 | |

北京中科印刷有限公司印刷

2024 年 1 月第 1 版第 1 次印刷

184mm×260mm · 18. 5 印张 · 459 千字

标准书号：ISBN 978-7-111-73988-3

定价：79. 00 元

电话服务　　　　　　　　　网络服务

客服电话：010-88361066　机 工 官 网：www. cmpbook. com

　　　　　010-88379833　机 工 官 博：weibo. com/cmp1952

　　　　　010-68326294　金 书 网：www. golden-book. com

**封底无防伪标均为盗版**　机工教育服务网：www. cmpedu. com

# 前　言

信号处理的目的是对信号中包含的信息进行表示、加工和转换。比如，把信号中混在一起的频率成分分离开来，或者对信号中的某些频率成分进行增强或衰减。

1960 年之前，信号处理都以模拟信号为对象。1970 年之后，由于微处理器和数字计算机的快速发展，以及像快速傅里叶变换（Fast Fourier Transform，FFT）这类算法的广泛使用，信号处理的对象开始偏向数字信号，并由此开启了数字信号处理（Digital Signal Processing，DSP）的时代。

DSP 是一门结合了模拟信号技术和数字信号技术的多学科技术。DSP 的快速发展得益于 DSP 系统的稳定性、精确性和普遍适用性。DSP 已经进入到了包括通信、人工智能、宇航、医学等几乎每一个学科领域。现今，我们日常使用的音视频产品完全依靠了最先进的 DSP 技术，并可以预期 DSP 技术将得到进一步发展。

尽管 DSP 技术取得了快速发展，DSP 的基本原理却没有什么改变。而且，这些年来的经验还告诉我们，DSP 的原理仍然是那样的不易理解。这使我想到，用我多年的经验编写一本简单易懂的 DSP 图书，希望对从事或爱好 DSP 研发的工程师或其他科研人员有所帮助。

为达到上述目的，这样一本书应该体现下面的原则：

1）只包括最基本和最必需的内容；

2）对概念的阐述必须深入到最基础的知识层面；

3）数学公式对于 DSP 是不可或缺的，但对每个公式的解释必须从最简单的实例出发，并使用验算或测试的方法，从多个方面来描述公式的内涵。

DSP 的基础是模拟电子技术，而模拟电子技术的难点是对信号的理解。为此，本书着重讨论了作为信号最小单位的复指数信号，并把它融入最底层概念进行说明，具体包括傅里叶级数和傅里叶变换、z 变换、频率响应、线性卷积和循环卷积等。为了帮助理解和记忆，将在本书中从多个方面对这些内容进行讨论。

正弦量信号是信号处理最基本的内容，而正弦量信号的相位又是信号处理中的难点。本书首先说明了任何时域和频域信号都有一个从 − ∞ 到 + ∞ 的定义域，并在此基础上说明正弦量信号的相位。本书对负频率的相位也做了比较详细的讨论。线性相位是 DSP 中的重要概念，本书将通过时域波形详细阐述。本书还阐述了把幅值响应中原来的负号归入相位响应的概念。

在内容安排上，本书共有 13 章，可分为三部分。第一部分为第 1~4 章，讲述 DSP 的基础知识。其中，第 1 章通过两个简单实例说明 DSP 的两大内容：数字滤波器和离散傅里叶变换（Discrete Fourier Transform，DFT），使读者对 DSP 有一个初步的印象。由于数字信号与模拟信号是密不可分的，本书第 2 章讲述了模拟信号的特点。当知道了模拟信号的特点之后，再学习数字信号就会很容易。第 3 章重点讲述了把模拟信号转换成数字信号的全过程，并说明采样、频率混叠和量化等数字信号最基本的概念。第 4 章讲述如何从连续时域的拉普拉斯变换过渡到离散时域的 $z$ 变换，并讨论 $z$ 变换的主要性质。

有了第一部分的基础知识，就可以进入第二部分的学习。第二部分为第 5～11 章，讨论 DSP 系统的性质和特点。其中，第 5 章从差分方程、单位冲击响应、传递函数和频率响应四个方面来说明 DSP 系统的性质，并说明它们是如何相互关联和转换的，用以加深对 DSP 系统的理解。第 6 章对无限冲击响应（Infinite Impulse Response，IIR）数字滤波器和有限冲击响应（Finite Impulse Response，FIR）数字滤波器的要点进行了比较说明，并着重讨论滤波器的相位特性，比如，位于单位圆上的零点是如何使滤波器输出信号的相位产生 180° 的突变。第 7 章说明数字滤波器的结构，也就是数字滤波器的计算框图。接下来的第 8、9 章分别说明 IIR 数字滤波器和 FIR 数字滤波器的设计方法。虽然现在的数字滤波器设计都是用软件工具完成的，但了解这两种数字滤波器的设计方法，对于理解 DSP 系统是很有帮助的。第 10 章讨论多速率系统。多速率系统就是包含多种采样率的 DSP 系统。由于系统内部的数字信号需要在不同采样率之间转换，所以本章重点讨论了抽取器和插值器的性质，以及两者的时域操作和频域解释。第 11 章讲述从离散时域返回到连续时域过程中遇到的问题和解决的方法。

本书的第三部分由第 12、13 章组成。第 12 章详细说明 DFT 的导出过程和性质。DFT 的目的是分析数字信号的频率组成。第 13 章讲述了时域抽取和频域抽取两种基本算法。实际上，FFT 只是 DFT 的一种快速算法，而正是 FFT 的快速算法使 DFT 得到了广泛应用。

以上三部分构成了 DSP 最基本的内容。掌握了这三部分内容，也就掌握了 DSP 最完备的基础知识，具备了独立进行 DSP 设计的能力。本书中略去一些不太重要的内容。比如有限字长效应的问题。这个问题在半个世纪之前 DSP 刚刚起步时是很重要的，因为那时的微处理器还处于 4 位和 8 位机的时代，有限字长效应非常突出，表现为误差太大和溢出（包括下溢，它使分母变成零）等情况。但现在的 DSP 处理器都采用了 32 位浮点数结构，有限字长效应就不再是一个问题了。另一个被略去的内容是最小相位系统，其内容难懂且极少使用，所以不是 DSP 的必需部分（最小相位系统的意思是：由于零点可以在单位圆之外，所以对于同一个幅值响应，可以有多个不同相位的系统与之对应，其中相位最小的系统就被称为最小相位系统。相位响应反映到时域中，就是系统单位冲击响应的样点顺序。对于最小相位系统，大样点位于前面，也就是，系统单位冲击响应的能量主要集中在最前面的几个大样点中）。

在本书编写过程中，力求简洁实用，并努力将多年的经验融入其中。但由于作者水平所限，加之时间仓促，书中难免存在疏漏与不足之处，还望广大读者批评指正。

作　者
2023 年 6 月
于北京

# 目　录

# 第 1 章　数字信号处理简介

数字信号处理虽然包含了许多内容，但可以粗略地分为两大部分：数字滤波器和离散傅里叶变换（Discrete Fourier Transform，DFT）。其中，数字滤波器被用来滤除数字信号中不需要的频率成分（功能上与连续时域中的模拟滤波器相似）；离散傅里叶变换则用来估算数字信号的频率组成，也就是计算数字信号的频率谱（功能上与连续时域中的傅里叶级数展开相似）。本章首先说明数字信号处理系统的组成，然后用两个简单例子分别说明数字滤波器和 DFT 的计算过程（数字信号属于离散时域信号，离散时域中的另一种信号叫采样数据信号。本书第 3 章将对此做详细说明）。

## 1.1　数字信号处理的完整过程

图 1.1 表示数字信号处理系统的完整框图。模拟信号从左边进入抗混叠低通滤波器。抗混叠低通滤波器是一种模拟低通滤波器，它的功能是滤除输入信号中频率超过 $f_S/2$ 的高频成分（$f_S$ 为数字信号的采样率，稍后说明），否则后面模数转换器（Analog to Digital Converter，ADC）所执行的采样操作就会出错。这种出错叫频率混叠（将在第 3.6 节讨论）。抗混叠低通滤波器的输出仍然是模拟信号，但超过 $f_S/2$ 的高频成分已被滤除。

抗混叠低通滤波器输出的模拟信号被送入 ADC，并在 ADC 的输出端得到一连串的数字量。这就是数字信号，其中的每一个数字量称为一个样点。比如，图 1.1 中的 2、3 和 -1 就是三个样点。图中的 $f_S$ 就是上面提到的采样率。采样率也称采样频率，用来表示数字信号在 1s 内包含的样点数。采样率 $f_S$ 以 Hz 或 kHz 等为单位，也可以用 s/s（样点数/秒）或 ks/s（千样点数/秒）等作为单位。如果 $f_S = 10$kHz，就表示数字信号在 1s 内包含了 10000 个样点。采样率 $f_S$ 的倒数就是数字信号的采样周期，即两个相邻样点之间的时间间隔，一般用 $T$ 表示，所以 $T = 1/f_S$。采样周期单位有 ms、$\mu$s 等。

图 1.1 中数字信号处理部件的功能是对 ADC 产生的数字信号（即数字量样点）进行滤波或 DFT 操作。其中，DFT 的输出就是数字信号的频率谱（在下面第 1.3 节说明）；而数字滤波器的输出仍然是数字信号；图 1.1 中的 9、-7、12 就是数字滤波器输出的三个样点。此时，如果想把数字滤波器输出的数字信号还原成模拟信号，就要用数模转换器（Digital to Analog Converter，DAC），并在 DAC 的输出端得到阶梯波的模拟信号。后面的模拟重构低通滤波器用来滤除阶梯波中的镜像频率成分（将在第 11.2 节讨论），以还原出想要的模拟信

号，作为整个数字信号处理系统的输出。

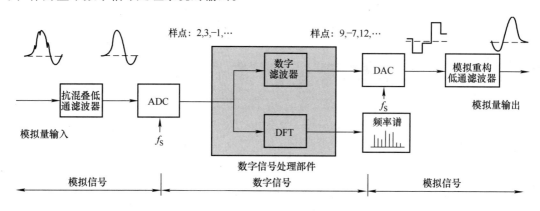

图1.1　数字信号处理系统的完整框图

图1.1中的所有部件和信号都将在本书中讨论。下面先用两个简单例子概要地说明图中这两个数字信号处理部件的组成和操作过程。

## 1.2　数字滤波器举例

图1.2表示一个简单的数字低通滤波器，它包含3个延迟单元 $T_1 \sim T_3$、4个乘法器 $a_0 \sim a_3$ 和3个加法器 $A_1 \sim A_3$。乘法器和加法器都很好理解；而延迟单元其实就是计算机中的存储单元，它的功能是对每个数字量样点（比如，8位定点数或32位浮点数）记忆一个采样周期 $T$。在图1.2a中，输入信号在当前采样周期内的样点为 $x(nT)$（假设当前的采样周期为第 $n$ 采样周期），如果把它送入延迟单元 $T_1$，到下一个采样周期内就变成 $x(nT-T)$ 出现在它的输出端上（下一个采样周期就是第 $n+1$ 个采样周期）。这就是一个延迟单元需要完成的全部任务。

上面提到，把 $x(nT)$ 延迟一个采样周期后就变成 $x(nT-T)$。对此，我们可以这样来理解。首先，在数字信号系统中，时间总是以采样周期 $T$ 为长度顺序划分的，如图1.2c所示。这里的要点是，我们总是把注意力集中到当前采样周期，所以总是把当前采样周期叫作第 $n$ 采样周期。举例来说，如果当前采样周期为第2采样周期，也如图1.2c所示，那么第2采样周期就是第 $n$ 采样周期，即 $n=2$；而第2采样周期后面的第3采样周期就叫第 $n+1$ 采样周期。

当时间经过 $T$ 之后，到了第3采样周期。此时，第3采样周期就变成当前采样周期而被叫作第 $n$ 采样周期，即 $n=3$。前面的第2采样周期就被叫作第 $n-1$ 采样周期。知道了这一点，就不难理解输入样点 $x(nT)$ 延迟时间 $T$ 之后就变成 $x(nT-T)$。这里的要点是，$n$ 是在不断变化的。现在 $n=3$，所以 $x(nT-T)=x(3T-T)=x(2T)$。而 $x(2T)$ 就是第2采样周期内的输入信号样点。

在图1.2a中，由于4个乘法器的乘数都是0.25，所以当前采样周期内的输出样点就可以用当前采样周期和以前三个采样周期内的输入样点表示为

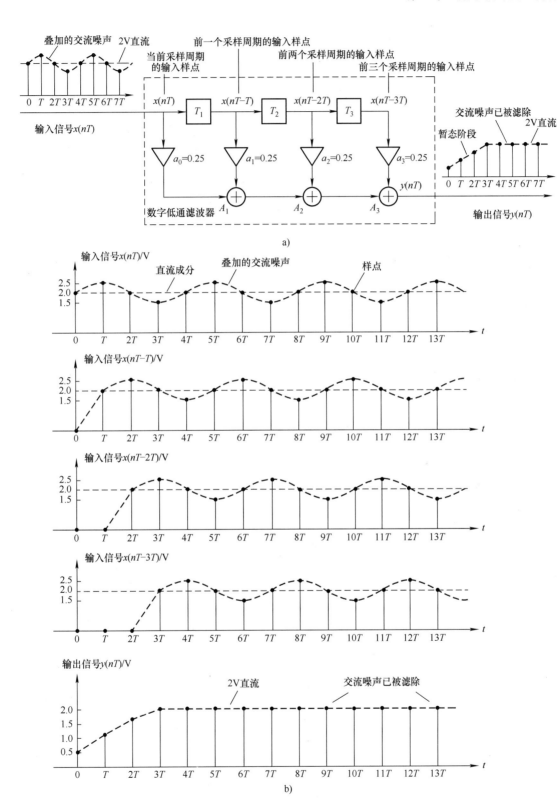

图 1.2　一个简单的数字低通滤波器

a）结构　b）输入和输出信号

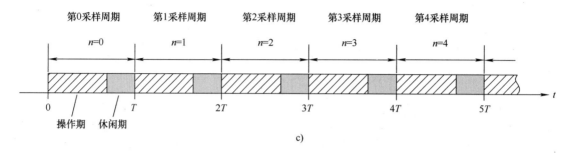

图 1.2　一个简单的数字低通滤波器（续）

c）操作时序

$$y(nT) = 0.25x(nT) + 0.25x(nT - T) + 0.25x(nT - 2T) + 0.25x(nT - 3T) \quad (1.1)$$

式中，$y(nT)$ 为当前采样周期内的输出样点；$x(nT)$ 为当前采样周期内的输入样点；$x(nT - T)$ 为前一个采样周期内的输入样点；$x(nT - 2T)$ 为前两个采样周期内的输入样点，依此类推。所以式（1.1）的功能是对最近的 4 个输入样点计算平均值，并把平均值作为滤波器在当前采样周期内的输出样点 $y(nT)$。

在图 1.2a 中，滤波器的输入信号是一个 2V 的直流电位和一个振幅为 0.5V 的交流电压的叠加。其中的交流电压可以是一种噪声，比如是叠加在直流电位上的纹波。我们的目的是，用图 1.2a 中的数字低通滤波器来滤除这个交流成分。

需要知道，在图 1.2 中还使用了数字信号系统中的一般性做法，这就是，数字信号的每一个样点都被表示为一个小圆点和一条垂线的组合。这些样点都位于 $t = nT$ 的时间点上（$n = \cdots$，$-2$，$-1$，$0$，$1$，$2$，$\cdots$），且任意两个相邻样点之间的时间间隔都等于采样周期 $T$。

现在有了式（1.1），就可以计算滤波器的输出 $y(nT)$。但在开始计算（也就是滤波）之前，还需把图 1.2a 中 $T_1 \sim T_3$ 的 3 个延迟单元中保存的 3 个记忆样点清零。这叫系统初始化，然后才可进入真正的滤波计算。

现在假设系统初始化已完成，就可以开始滤波计算了。此时的时间被定义为零，即 $t = 0$。这就是说，滤波器的操作总是从 $t = 0$ 开始。此时的采样周期为第 0 采样周期，即 $n = 0$。它的时间范围是从 $t = 0 \sim T$（第 1 采样周期的时间范围从 $t = T \sim 2T$ 等）。

在第 0 采样周期内，滤波器先从 3 个延迟单元的输出端取得 3 个零样点，把它们分别送入 $x(nT - T) \sim x(nT - 3T)$ 的三个样点，如图 1.2a 所示。再从输入信号取出第 0 采样周期内的输入样点 $x(0) = 2$，把它送入 $x(nT)$，也如图 1.2a 所示。这就可以用式（1.1）来计算滤波器的当前输出样点，计算的结果为 $y(nT) = y(0) = 0.5$，如图 1.2b 所示。最后，还需将 $x(nT)$、$x(nT - T)$ 和 $x(nT - 2T)$ 分别存入 $T_1 \sim T_3$ 的 3 个延迟单元内。这就完成了第 0 采样周期内的全部操作；得到的结果是 $y(nT) = y(0) = 0.5$，以及 3 个延迟单元内分别保存了 2、0 和 0 三个样点。

当 $t = T$ 时，滤波器进入第 1 采样周期。操作过程与第 0 采样周期内完全一样。先从 3 个延迟单元取出 3 个样点，把它们分别送入 $x(nT - T)$、$x(nT - 2T)$ 和 $x(nT - 3T)$ 样点，其中 $x(nT - 2T)$ 和 $x(nT - 3T)$ 仍都为零，而 $x(nT - T) = 2$。再从输入信号取出第 1 采样周期内的输入样点 $x(T) = 2.5$，把它送入 $x(nT)$。然后用式（1.1）计算滤波器当前采样周期内的输

出样点 $y(nT) = y(T) = 1.125$，如图 1.2b 所示。最后，把 $x(nT)$、$x(nT-T)$ 和 $x(nT-2T)$ 分别存入 $T_1 \sim T_3$。至此，第 1 采样周期内的操作全部完成；得到的结果是 $y(nT) = y(T) = 1.125$，以及 3 个延迟单元内分别保存了 2.5、2 和 0 样点。接下来，进入第 2 采样周期、第 3 采样周期，并一直继续下去。

这样算出的输出信号 $y(nT)$ 如图 1.2b 下面所示。其中，前三个样点表示滤波器处于暂态阶段（任何有记忆的系统，都会在开始时经历一个暂态阶段）。从 $t = 3T$（即 $n = 3$）开始，滤波器进入稳态阶段。从此时的 $y(nT)$ 看，交流噪声已被滤除，只剩下想要的直流成分。这就是图 1.2a 中的数字低通滤波器要完成的任务。

归纳起来说，任何数字信号系统的操作都是以采样周期 $T$ 为单位顺序进行的。当一个采样周期内的操作完成后，就进入休闲期，等下一采样周期到来时，再重复同样的操作，如图 1.2c 所示。这种操作会一直延续下去。

小测试：图 1.2a 的数字滤波器中，总共用了几种运算？ 答：两种，乘法和加法。

## 1.3 离散傅里叶变换（DFT）举例

图 1.3a 表示任意一个数字信号 $x_a(nT)$。虽然信号 $x_a(nT)$ 是从 $n = -\infty$ 变化到 $+\infty$ 的（任何时域信号，包括模拟信号和数字信号，在时间上都是从 $t = -\infty$ 变化到 $t = +\infty$ 的），但实际上只能取它的一小部分，比如图 1.3a 中从 $x_a(0)$ 至 $x_a(3T)$ 的 4 个样点（这里的 4 个样点只是举例，DFT 的实际样点数可以很大，比如 32768 个样点）。

有了这 4 个样点，就可以分析数字信号 $x_a(nT)$ 在 $t = 0 \sim 3T$ 区间内的频率组成。具体方法是，把这 4 个样点向两侧周期性地无限延伸，以得到一个时间上从 $-\infty$ 变化到 $+\infty$ 的数字信号 $x(nT)$，如图 1.3b 所示。现在的任务也就变成了对图 1.3b 中的周期信号 $x(nT)$ 计算频率组成。

由于 $x(nT)$ 是周期信号，就可以展开为傅里叶级数［此时的 $x(nT)$ 可看作是连续时域信号，并假设在 $t = nT$ 以外所有时间点上的幅度处处为零］。而傅里叶级数中每一项的系数 $X(k)$ 表示信号 $x(nT)$ 中包含的频率分量。根据傅里叶级数展开的计算规则，系数 $X(k)$ 可计算为

$$X(k) = \sum_{n=0}^{3} x(nT)e^{-jnk\pi/2}, \qquad k = 0,1,2,3 \qquad (1.2)$$

对于式（1.2），暂时不必关心计算细节（后面的第 12 章将具体说明）。只需知道，从式（1.2）可以算出从 $X(0) \sim X(3)$ 的 4 个傅里叶级数的系数。在具体计算时，先令 $k = 0$，由于 $e^{-jnk\pi/2} = e^0 = 1$，所以 $X(0) = x(0) + x(T) + x(2T) + x(3T)$。这实际上是在计算 $x(nT)$ 的直流分量（还应除以 4，这在后面第 12 章说明）。然后令 $k = 1$，就可算得 $X(1) = x(0) \times e^0 + x(T) \times e^{-j\pi/2} + x(2T) \times e^{-j\pi} + x(3T) \times e^{-j3\pi/2}$。再令 $k = 2, 3$，就可分别算得 $X(2)$ 和 $X(3)$。这就得到了数字信号 $x(nT)$ 的 4 个频率分量 $X(0)$、$X(1)$、$X(2)$ 和 $X(3)$。这 4 个频率分量就是图 1.3a 中从 $x(0) \sim x(3T)$ 的 4 个样点序列的离散傅里叶变换，可以用来估算信号 $x_a(nT)$ 在 $t = 0 \sim 3T$ 时间区间内的频率组成。

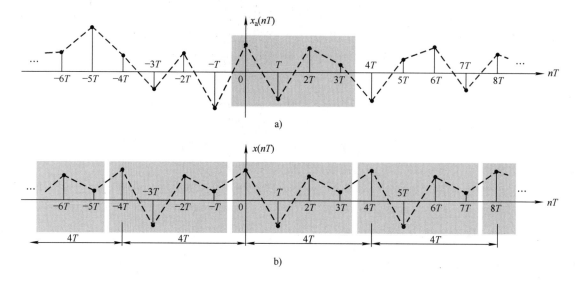

图 1.3　用数字信号中的部分样点组成周期信号

a）数字信号 $x_a(nT)$　　b）周期信号 $x(nT)$

根据式（1.2）的计算方法，可以画出相应的 DFT 计算图，如图 1.4a 所示。图中，当 $k=0$ 时，只需把 $x(0) \sim x(3T)$ 加起来，就得到 $X(0)$。当 $k=1$ 时，需将 $x(0) \sim x(3T)$ 分别与 1、$e^{-j\pi/2}$、$e^{-j\pi}$、$e^{-j3\pi/2}$ 相乘，然后把它们加起来，就得到 $X(1)$。当 $k=2$（或 3）时，需将 $x(0) \sim x(3T)$ 分别与 1、$e^{-j\pi/2}$、$e^{-j\pi}$、$e^{-j3\pi/2}$ 的平方（或立方）相乘，再把乘积项加起来就得到 $X(2)$［或 $X(3)$］。对于图 1.4a 中 DFT 计算图的正确性，可以用图 1.4b 和 c 中的两个信号序列来测试。下面来说明。

图 1.4b 左边的 $x_1(n)$ 是一个直流信号。用图 1.4a 中的结构算出的结果为 $X_1(0) = 4$ 和 $X_1(1) = X_1(2) = X_1(3) = 0$，如图 1.4b 右边所示。这表示输入信号中只有直流分量，其他频率分量都为零。这当然是对的。

图 1.4c 左边的 $x_2(n)$ 是一个频率等于 $f_S/4$ 的零相位余弦信号。由于信号频率为采样率 $f_S$ 的 1/4，所以每个信号周期内被采得 4 个样点，如图 1.4c 左边所示。用图 1.4a 中的结构算出的结果为 $X_2(1) = X_2(3) = 2.0$ 和 $X_2(0) = X_2(2) = 0$，如图 1.4c 右边所示。这表示输入信号中只有频率为 $f_S/4$ 的分量，其他频率分量都为零。这当然也是对的。这就完成了用信号序列 $x_1(n)$ 和 $x_2(n)$ 对图 1.4a 中 DFT 计算图的验证［在图 1.4c 的右边，$f_S$ 为采样率，$X_2(1)$ 和 $X_2(3)$ 都表示频率等于 $f_S/4$ 的分量，而且两者是同一个频率分量，$X(0)$ 表示直流分量，$X(2)$ 表示位于 $f_S/2$ 的频率分量。后面第 3 章将详细说明这些概念］。

图 1.4a 中计算图的要点是，图中的大多数乘法计算都是重复的（样点数越多越明显）。利用这一特点，可以使计算量大为节省，这就是所谓的快速傅里叶变换（Fast Fourier Transform, FFT）。此外，图 1.4b 和图 1.4c 中右侧的频率谱应该看成是以采样率 $f_S$ 为周期向两侧无限重复的，这是数字信号处理中最基本的概念。或者说，任何一个数字信号的频率谱都是以采样率 $f_S$ 为周期而向两侧无限重复的。

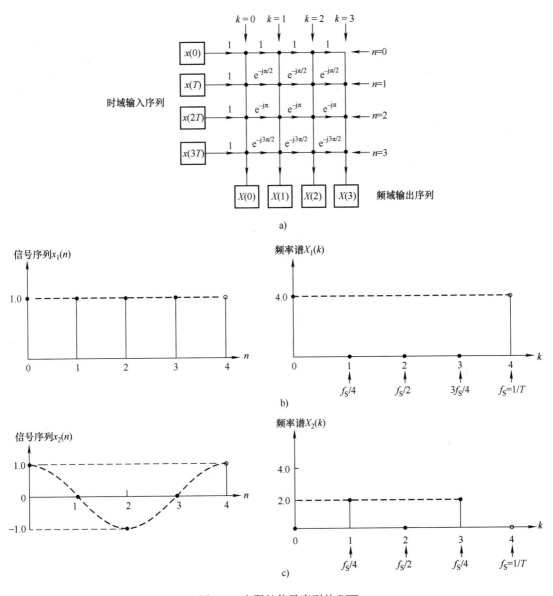

图 1.4　有限长信号序列的 DFT

a）DFT 计算图　b）输入为直流信号　c）输入为零相位余弦信号

小测试：复指数 $e^{-j\pi/2}$、$e^{-j\pi}$ 和 $e^{(2-j3\pi/2)}$ 的模各是多少？答：前两个是 1，后一个是 $e^2 \approx$ 7.3。

# 1.4　小结

图 1.1 表示数字信号处理系统的完整过程。被处理的信号来自外部世界，最后又回到外部世界。但不是所有的信号都要经过这个完整过程。比如，有些数字信号不是来自模拟信号，而是人为产生的（包括商品价格、天气预报等），也并不需要转换成模拟信号后才可被

使用。不过，一般的数字信号都会经历图 1.1 中的完整处理过程。

从图 1.2 和图 1.3 来看，数字信号处理系统都是由乘法、加法和延迟三种基本操作组成的，其中的乘法和加法是通过乘累加器（Multiply Accumulator，MAC）完成的。所以，快速高效的 MAC 是数字信号处理的关键所在，也是对数字信号处理器的第一要求。

归纳起来说，本章的目的是用数字信号处理中两个最简单的例子勾画出数字信号处理的大概轮廓，同时还说明了采样率、样点、数字信号系统和频率谱等概念。其中的有些内容也许现在还不是太明白，但本书将通过图示和解释相结合的方法，对这些概念进行通俗易懂的说明。读完了本书之后，读者可以对数字信号处理有一个比较完整的理解，可以用来应对数字信号处理中的大多数问题。

# 第 2 章　模拟信号的特点

通过第 1 章的学习，我们对数字信号处理有了大概的印象。由于数字信号几乎都来自模拟信号，下面有必要先回顾一下模拟信号的特点，然后才可以比较轻松地进入数字信号和系统的学习。

模拟信号就是连续时域信号。它的特点是，在时间上和幅度上都是连续的，也就是说，在任何时间点上都有一个对应的实数幅度。模拟信号本身可以分为周期信号和非周期信号两类。对这两类模拟信号特点的理解是信号处理的基础。

## 2.1　周期信号

与所有的信号一样，周期信号也有时域和频域两种表示法。时域表示法就是写出周期信号的时域表达式或画出周期信号的波形图。频域表示法则是写出周期信号的频域表达式或画出周期信号的频率谱。

### 2.1.1　周期信号的时域表示

周期信号是指信号在时间上是不断重复的，比如图 2.1a 中的 $x(t)$。它以时间长度 $T_0$ 进行重复，所以 $T_0$ 被叫作周期信号的周期。它的倒数叫作周期信号的频率，图中用 $f_0$ 表示，所以有 $f_0 = 1/T_0$。

周期信号的主要特点是，总可以表示为若干个或无数个正弦量信号之和（正弦量信号包括正弦信号和余弦信号，所以正弦量信号可以是正弦信号，也可以是余弦信号）。比如，图 2.1a 中的周期信号 $x(t)$ 可以表示为图 2.1b、c、d 中三个正弦信号的叠加。这三个正弦信号的频率依次为 $f_0$、$2f_0$ 和 $3f_0$，其中 $f_0$ 为周期信号 $x(t)$ 的频率，所以图 2.1b 中的 $x_1(t)$ 被称为 $x(t)$ 的基频分量，而图 2.1c 和 d 中的 $x_2(t)$ 和 $x_3(t)$ 被分别称为 $x(t)$ 的二次和三次谐波分量。$x_1(t) \sim x_3(t)$ 三个正弦信号的振幅依次为 $A_1$、$A_2$ 和 $A_3$，相位依次为 $\theta_1$、$\theta_2$ 和 $\theta_3$。周期信号还可以包含直流分量，这里的 $x(t)$ 没有直流分量。

图 2.1 中的情况其实是周期信号的傅里叶级数展开。由于周期信号可以表示为若干个正弦量信号之和，那么就可以把周期信号的讨论归结为对正弦量信号的讨论。所以在下面的讨论中，我们仅讨论正弦量信号，并把讨论的重点放在正弦量信号的相位上，因为振幅和频率是相对比较简单的（为简便起见，图 2.1 中的时间轴被同时用来表示相位。本书的其他地方

有相同的用法）。

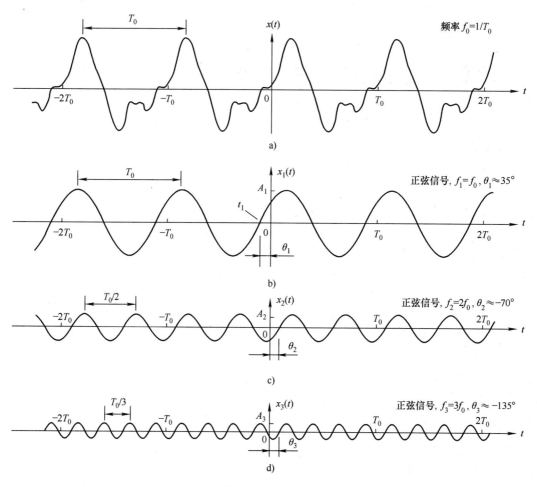

图 2.1 一个周期信号可以分解为若干个正弦量信号

#### 2.1.1.1 正弦信号和余弦信号的时间关系

正弦量信号的相位与时间之间的换算很简单。把相位换算成时间，使用等式 $t = (\theta / 360°) \times T_0$；把时间换算成相位，使用等式 $\theta = (t / T_0) \times 360°$。比如在图 2.2 中，时间 $t_1 = T_0 / 4$ 换算成相位就是 $\theta = (t_1 / T_0) \times 360° = 90°$；而相位 $\theta = -135°$ 换算成时间是 $t_2 = (\theta / 360°) \times T_0 = -3T_0 / 8$。

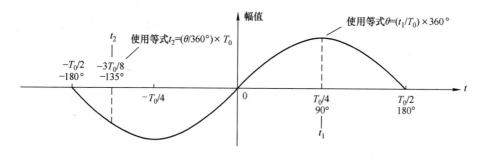

图 2.2 正弦量信号相位与时间之间的换算

本小节讨论相位与时间的另一个问题，即同频率同相位的正弦信号和余弦信号的时间关系。这就是图 2.3 中的情况。为便于讨论，把图 2.3a 中正弦信号和余弦信号的相位都设定为零。对于其他的相位值，情况是一样的（图 2.3b 中的相位都等于 90°）。

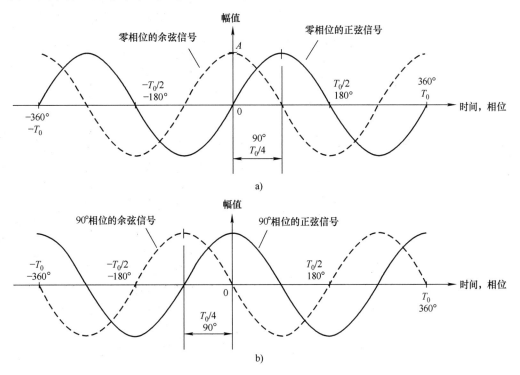

图 2.3　同频率同相位的正弦信号和余弦信号的时间关系

正弦信号的相位是指幅值由负变正的过零点处与原点之间的距离，余弦函数的相位是指幅值到达正向峰值处与原点之间的距离（在信号处理中，信号和函数是同一个意思，可以互换）。

根据这个规定，图 2.3a 中正弦信号和余弦信号的相位都等于零。但从时间上看，零相位的余弦信号要比零相位的正弦信号在时间上领先 $T_0/4$（$T_0/4$ 相当于 90° 相位）。对于相位不等于零的情况，比如正弦信号和余弦信号的相位都等于 90°，这实际上是把图 2.3a 中的两条曲线同时左移 $T_0/4$。结果是，两条曲线之间的时间关系保持不变，这就是图 2.3b 中的情况。确定图 2.3b 中两条曲线的相位很简单，比如对于正弦曲线，当 $t=0$ 时，幅值达到了正向峰值，所以相位是 90°；对于余弦曲线，当 $t=0$ 时，幅值下降到零，所以相位也是 90°。由此得出结论：对于同频率、同相位的余弦和正弦信号，余弦信号总要比正弦信号在时间上早出现 $T_0/4$（由于周期信号的原因，早出现 $T_0/4$ 也就是晚出现 $3T_0/4$，或者，90° 相位也就是 $-270°$ 相位）。

> **小测试**：比较同频率的余弦信号 $\cos(10\pi t + 10°)$ 和正弦信号 $\sin(10\pi t + 90°)$ 在时间上的先后，并确定两者的频率。答：$\cos(12\pi t + 10°)$ 比 $\sin(12\pi t + 90°)$ 领先约 5.6ms，两者的频率都是 5Hz。

### 2.1.1.2 正弦量信号的两种表示法

图2.1b、c和d中的三个正弦量信号都被表示为正弦函数，但也可以表示为余弦函数，两者的差别只是在相位上加或减90°。这可以用图2.4来说明。

先把图2.4a中的正弦量信号表示为余弦函数，如图2.4b所示。图中余弦函数的峰值出现在 $t=0$ 的右边，所以相位是负值，具体为 $\theta_{\cos} = -60°$，并可表示为

$$x_{\cos}(t) = \cos(2\pi f_0 t - 60°) \tag{2.1}$$

式（2.1）的正确性可以通过两个时间点来测试：①当 $t=0$ 时，$x_{\cos}(0) = \cos(-60°) = \cos60° = 0.5$；②当 $2\pi f_0 t - 60° = 0$ 时，即 $t = (\pi/3)/(2\pi f_0) = T_0/6$ 时，$x_{\cos}(T_0/6) = \cos0° = 1$。图2.4b中确实如此，所以式（2.1）是正确的。

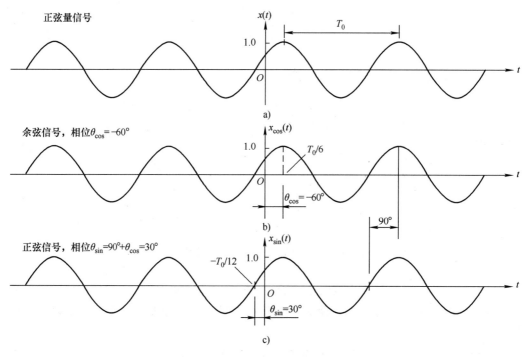

图2.4　正弦量信号的两种表示法
a）正弦量信号　b）表示为余弦信号　c）表示为正弦信号

图2.4a中的正弦量信号也可以表示为正弦函数，如图2.4c所示。图中正弦函数从负变正的过零点出现在 $t=0$ 的左边，所以相位为正值，具体为 $\theta_{\sin} = 30°$，表达式为

$$x_{\sin}(t) = \sin(2\pi f_0 t + 30°) \tag{2.2}$$

上式的正确性同样可以通过两个时间点来测试：①当 $t=0$ 时，$x_{\sin}(0) = \sin30° = 0.5$；②当 $2\pi f_0 t + 30° = 0$ 即 $t = (-\pi/6)/(2\pi f_0) = -T_0/12$ 时，$x_{\sin}(0°) = 0$。图2.4c中的情况也确实如此，所以式（2.2）也是正确的。

本小节可归纳为：当余弦函数的正向峰值（或正弦函数从负变正的过零点）出现在 $t=0$ 的左边时，相位为正值，否则相位为零或负值。如果把余弦函数改写为正弦函数，相位需增加90°。

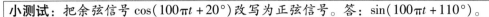

**小测试**：把余弦信号 $\cos(100\pi t + 20°)$ 改写为正弦信号。答：$\sin(100\pi t + 110°)$。

### 2.1.1.3　正弦量信号的分解与合成

先回顾一下三角恒等式

$$\cos(\alpha + \beta) = \cos\alpha\cos\beta - \sin\alpha\sin\beta \qquad (2.3)$$

$$\sin(\alpha + \beta) = \sin\alpha\cos\beta + \cos\alpha\sin\beta \qquad (2.4)$$

如何来记忆式（2.3）和式（2.4）右边的加减号呢？对于式（2.3），余弦函数的角度越大，函数值越小（在第一象限内），所以等式左边的加号到了等式右边就是减号。对于式（2.4），正弦函数的角度越大，函数值越大（也是在第一象限内），所以等式左边的加号到了等式右边仍为加号。

现在令 $\alpha = 2\pi f_0 t$ 和 $\beta = \theta$，上面两式分别变为

$$\cos(2\pi f_0 t + \theta) = \cos 2\pi f_0 t\cos\theta - \sin 2\pi f_0 t\sin\theta \qquad (2.5)$$

$$\sin(2\pi f_0 t + \theta) = \sin 2\pi f_0 t\cos\theta + \cos 2\pi f_0 t\sin\theta \qquad (2.6)$$

从式（2.5）看，一个相位不等于零的余弦函数被分解成一对零相位、同频率的余弦和正弦函数。从式（2.6）看，一个相位不等于零的正弦函数也被分解成一对零相位、同频率的余弦和正弦函数（把上面两式中的 $\theta$ 看作常数，所以 $\cos\theta$ 和 $\sin\theta$ 也都是常数，可作为正弦量信号的振幅）。

本小节可归纳为：一个相位不等于零的正弦函数或余弦函数总可以表示为一对同频率、零相位的正弦函数和余弦函数之和。或者反过来，一对同频率、零相位的正弦函数和余弦函数总可以合成为一个同频率、非零相位的正弦函数或余弦函数（在把周期信号展开为傅里叶级数时，会看到这个性质）。

【**例题 2.1**】　有一对频率等于 100Hz 的正弦和余弦信号 $3\sin 200\pi t$ 和 $4\cos 200\pi t$，两者的相位都等于零，振幅分别为 3 和 4。要求把它们合成为一个非零相位的正弦信号或余弦信号。

**解**：这一对正弦和余弦信号的波形分别示于图 2.5a 和 b 中。先把两者分别改写为

$$3\sin 200\pi t = \sqrt{4^2 + 3^2} \times \frac{3}{\sqrt{4^2 + 3^2}}\sin 200\pi t = 5 \times \frac{3}{5}\sin 200\pi t \qquad (2.7)$$

$$4\cos 200\pi t = \sqrt{4^2 + 3^2} \times \frac{4}{\sqrt{4^2 + 3^2}}\cos 200\pi t = 5 \times \frac{4}{5}\cos 200\pi t \qquad (2.8)$$

在合成正弦信号时，可以使用式（2.6）。把式（2.7）中的 $\frac{3}{5}$ 看成 $\cos\theta$，把式（2.8）中的 $\frac{4}{5}$ 看成 $\sin\theta$，并可算得 $\theta \approx 53°$。把式（2.7）和式（2.8）加起来，就得到合成的正弦信号表达式

$$x_{\sin}(t) = 5[\sin 53°\cos 200\pi t + \cos 53°\sin 200\pi t] \qquad (2.9)$$

$$= 5\sin(200\pi t + 53°)$$

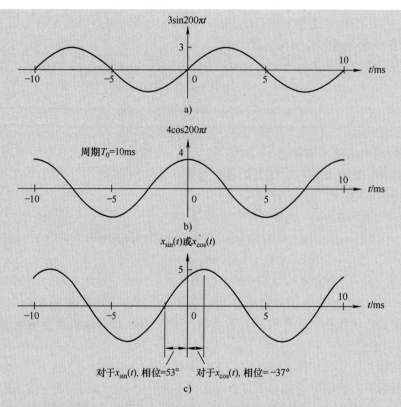

图2.5 两个同频率、零相位的正弦和余弦信号合成为一个非零相位的正弦信号或余弦信号

在合成余弦信号时，可以使用式（2.5）。把式（2.7）中的 $\dfrac{3}{5}$ 看成 $\sin\theta$，把式（2.8）中的 $\dfrac{4}{5}$ 看成 $\cos\theta$，并可算得 $\theta \approx 37°$。把式（2.7）和式（2.8）加起来，就得到合成的余弦信号

$$
\begin{aligned}
x_{\cos}(t) &= 5\left[\cos 37°\cos 200\pi t + \sin 37°\sin 200\pi t\right]\\
&= 5\left[\cos(-37°)\cos 200\pi t - \sin(-37°)\sin 200\pi t\right] \quad (2.10)\\
&= 5\cos(200\pi t - 37°)
\end{aligned}
$$

式（2.10）运算中利用了余弦函数为偶函数和正弦函数为奇函数的性质，即 $\cos(-37°) = \cos 37°$ 和 $\sin(-37°) = -\sin 37°$。合成的正弦和余弦信号的波形示于图2.5c中。两者是同一个波形，但相位不同。对于正弦信号，相位等于53°；对于余弦信号，相位等于 -37°。此外，从式（2.9）正弦信号的相位中减去90°，也可得到式（2.10）中相位等于 -37°的余弦信号。

【例题2.2】 有非零相位的正弦信号 $x_{\sin}(t) = 5\sin(100\pi t + 30°)$，要求把它改写为一对同频率、零相位的正弦信号和余弦信号之和。

**解**：利用式（2.4）的三角恒等式，$x_{\sin}(t)$ 可展开为

$$x_{\sin}(t) = 5\sin(100\pi t + 30°) = 5(\sin100\pi t\cos30° + \cos100\pi t\sin30°)$$

$$= 5\cos30°\sin100\pi t + 5\sin30°\cos100\pi t$$

$$= 4.3\sin100\pi t + 2.5\cos100\pi t$$

$$(2.11)$$

图 2.6 表示式（2.11）的分解结果：图 2.6a 为原来的正弦信号 $x_{\sin}(t) = 5\sin$ $(100\pi t + 30°)$；图 2.6b 为分解出来的零相位余弦信号 $2.5\cos100\pi t$；图 2.6c 为分解出来的零相位正弦信号 $4.3\sin100\pi t$。

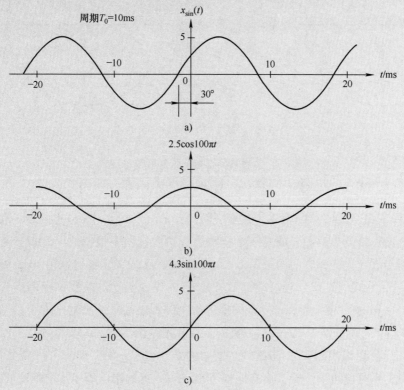

图 2.6　把一个非零相位的正弦信号分解为一对同频率、零相位的正弦信号和余弦信号之和

**小测试**：写出把余弦信号 $\cos(100\pi t + 10°)$ 延迟 1ms 后的表达。答：$\cos(100\pi t - 8°)$。

## 2.1.2　周期信号的频域表示

### 2.1.2.1　欧拉定理与复指数信号

对于周期信号的频域表示，需借助欧拉定理（也称欧拉恒等式），即

$$e^{j\varphi} = \cos\varphi + j\sin\varphi \tag{2.12}$$

$$e^{-j\varphi} = \cos\varphi - j\sin\varphi \qquad (2.13)$$

欧拉定理的漂亮之处，是把看来毫不相干的正弦量信号与复指数关联了起来。在上面两式中，左边是复指数信号，右边是正弦量信号。图 2.7 用来说明两者是如何关联的，而关联的媒介是复平面内的单位圆。

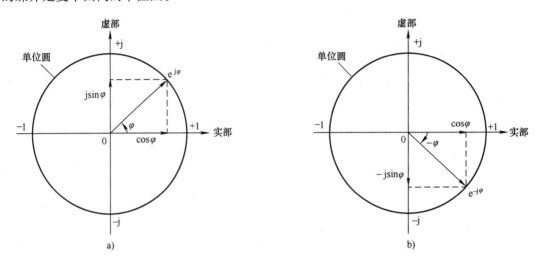

图 2.7 复指数分解为正弦量信号

a) $e^{j\varphi}$ 分解为 $\cos\varphi$ 和 $j\sin\varphi$ 两个复矢量 b) $e^{-j\varphi}$ 分解为 $\cos\varphi$ 和 $-j\sin\varphi$ 两个复矢量

图 2.7a 解释了式（2.12）的含义。在复平面内，式（2.12）中的 $e^{j\varphi}$、$\cos\varphi$ 和 $j\sin\varphi$ 都应被看作矢量，而矢量的分解和合成遵守平行四边形法则。图中根据式（2.12）把矢量 $e^{j\varphi}$ 分解成两个分别沿纵、横坐标方向的矢量 $\cos\varphi$ 和 $j\sin\varphi$。反过来，也可以用 $\cos\varphi$ 和 $j\sin\varphi$ 合成矢量 $e^{j\varphi}$。此外，从式（2.12）还可以算出矢量 $e^{j\varphi}$ 的模（矢量的模也称幅值或长度）。由于等式右边 $\cos\varphi + j\sin\varphi$ 的模等于 1（复数的模等于实部和虚部平方和的平方根，即 $\cos^2\varphi + \sin^2\varphi = 1$），所以 $e^{j\varphi}$ 的模也等于 1，表示矢量的末端在单位圆上。

对于式（2.13）可以用图 2.7b 来解释。图中的 $e^{-j\varphi}$、$\cos\varphi$ 和 $-j\sin\varphi$ 三个矢量同样满足矢量分解和合成的平行四边形法则，而且同样可以证明 $e^{-j\varphi}$ 的幅值等于 1，即矢量的末端也在单位圆上。

如果把式（2.12）和式（2.13）相加和相减，可以得到另一对欧拉恒等式，即

$$\cos\varphi = \frac{e^{j\varphi} + e^{-j\varphi}}{2} \qquad (2.14)$$

$$\sin\varphi = \frac{e^{j\varphi} - e^{-j\varphi}}{2j} \qquad (2.15)$$

式（2.14）和式（2.15）表示，一个正弦量信号可以用一对正、负指数的复指数信号相加或相减得出。这同样可以通过复平面内的单位圆来解释，如图 2.8 所示。图中的 $e^{j\varphi}/2$ 和 $e^{-j\varphi}/2$ 是两个幅值为 0.5、幅角分别为 $\pm\varphi$ 的复矢量。在图 2.8a 中，把矢量 $e^{j\varphi}/2$ 和 $e^{-j\varphi}/2$ 相加，就得到 $\cos\varphi$（同样可以用矢量相加的平行四边形法则，或计算 $e^{j\varphi}/2$ 和 $e^{-j\varphi}/2$ 在实轴上的投影之和，两者在虚轴上的投影相互抵消）。

在图 2.8b 中，从矢量 $e^{j\varphi}/2$ 中减去 $e^{-j\varphi}/2$，就得到沿虚轴方向的 $j\sin\varphi$（这等于 $e^{j\varphi}/2$ 和 $e^{-j\varphi}/2$ 在虚轴上的投影之和；两者在实轴上的投影也相互抵消）。由于 $j = e^{j\pi/2}$ 表示把矢量逆时针旋转 90°，所以矢量 $\sin\varphi$ 应该是沿实轴的正方向，如图 2.8b 中所示。

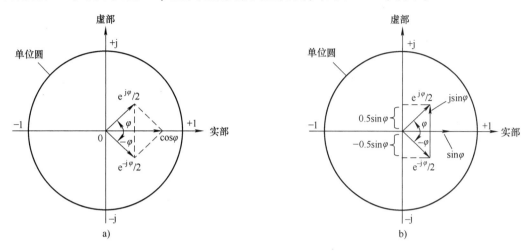

图 2.8　两个复指数合成出正弦量信号

a）用 $e^{j\varphi}/2$ 和 $e^{-j\varphi}/2$ 合成 $\cos\varphi$

b）用 $e^{j\varphi}/2$ 和 $-e^{-j\varphi}/2$ 合成 $j\sin\varphi$，再顺时针旋转 90° 就得到 $\sin\varphi$

**小测试**：把正弦函数 $10\sin(\alpha + \pi/2)$ 分解为两个复指数函数。答：$5e^{j\alpha} + 5e^{-j\alpha}$。

### 2.1.2.2　正弦量信号的频率谱

上一小节讲述了每个正弦量信号都可以分解为两个复指数信号，即式（2.14）和式（2.15）。如果把复指数信号中的幅角 $\varphi$ 代换成 $2\pi ft + \theta$，式（2.14）和式（2.15）就分别变为

$$\cos(2\pi ft + \theta) = \frac{1}{2}\left[e^{j(2\pi ft + \theta)} + e^{-j(2\pi ft + \theta)}\right] \tag{2.16}$$

$$\sin(2\pi ft + \theta) = \frac{1}{2j}\left[e^{j(2\pi ft + \theta)} - e^{-j(2\pi ft + \theta)}\right] \tag{2.17}$$

式（2.16）和式（2.17）中，假设频率 $f$ 和相位 $\theta$ 都是常数，而 $t$ 为时间变量。那么当 $t$ 增加或减小时，等式右边的两个复指数信号 $e^{j(2\pi ft + \theta)}$ 和 $e^{-j(2\pi ft + \theta)}$ 就变成一对沿单位圆等速且反向旋转的复矢量。这样的一对旋转复矢量就可以用来表示正弦量信号的频率谱，简称频谱。

为说明这一点，使用一个实际的正弦量信号，如图 2.9 所示。图 2.9a 把正弦量信号表示为余弦信号 $x_{\cos}(t)$，它的振幅为 1，频率为 $f_0$，相位为 $-\pi/3$ 或 $-60°$。图 2.9b 把正弦量信号表示为正弦信号 $x_{\sin}(t)$，它的振幅和频率与余弦信号相同，只是相位变成了 $\pi/6$ 或 30°。

根据式（2.16）和式（2.17），图 2.9 中的余弦信号和正弦信号可分别写为

$$x_{\cos}(t) = \cos(2\pi f_0 t - \pi/3) = \frac{1}{2}e^{-j\pi/3}e^{j2\pi f_0 t} + \frac{1}{2}e^{j\pi/3}e^{-j2\pi f_0 t} \tag{2.18}$$

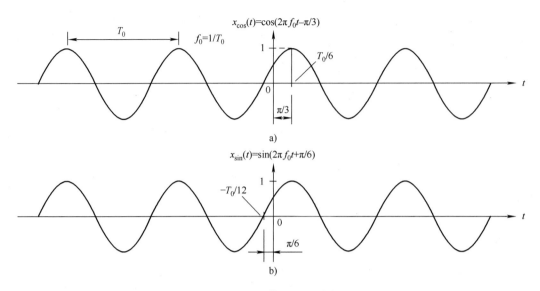

图 2.9　正弦量信号的时域表示

a）表示为余弦信号　b）表示为正弦信号

$$x_{\sin}(t) = \sin(2\pi f_0 t + \pi/6) = \frac{1}{2}e^{-j\pi/2}e^{j\pi/6}e^{j2\pi f_0 t} + \frac{1}{2}e^{j\pi/2}e^{-j\pi/6}e^{-j2\pi f_0 t} \qquad (2.19)$$

从式（2.18）看，余弦信号 $x_{\cos}(t)$ 两个频率分量的频率分别为 $\pm f_0$，幅值都等于 $1/2$，相位分别为 $-\pi/3$ 和 $\pi/3$。由此得到，余弦信号 $x_{\cos}(t)$ 的正频率分量的频率等于 $f_0$，幅值等于 0.5 和相位等于 $-\pi/3$；负频率分量的频率等于 $-f_0$，幅值等于 0.5 和相位等于 $\pi/3$。根据这些数据画出的余弦信号 $x_{\cos}(t)$ 的频率谱如图 2.10a 所示。

对于式（2.19），先说明其中的复指数 $e^{-j\pi/2}$ 和 $e^{j\pi/2}$ 是如何产生的。两者都是从式（2.17）分母中的 j 变来的（因为 $j = e^{j\pi/2}$，所以 $1/j = e^{-j\pi/2}$）。另外，式（2.17）右边方括号内的减号，在式（2.19）中变成了加号，所以要乘以 $-1$；而 $-1 = e^{j\pi}$ 或 $e^{-j\pi}$。这使式（2.19）右边加号后面的第一个复指数从 $e^{-j\pi/2}$ 变成 $e^{j\pi/2}$。

由此，正弦信号 $x_{\sin}(t)$ 的两个频率分量的频率也分别为 $\pm f_0$，幅值也都等于 $1/2$，相位也分别为 $-\pi/3$ 和 $\pi/3$。或者说，正弦信号 $x_{\sin}(t)$ 的正频率分量的频率等于 $f_0$，幅值等于 0.5 和相位等于 $-\pi/3$；负频率分量的频率等于 $-f_0$，幅值等于 0.5 和相位等于 $\pi/3$。根据这些数据画出的正弦信号 $x_{\sin}(t)$ 的频率谱如图 2.10b 所示。由图 2.10 可以看出，图 a 和图 b 完全一样，因为两者是同一个信号。由此可以想到，在画正弦信号的频率谱时，先把它变成余弦信号后再画出，会比较容易。

在图 2.10a 和 b 中，上面的图称为幅值谱，下面的图称为相位谱。这两张图与图 2.9a 和 b 中的时域波形包含了相同的信息，但图 2.10 显得比较简洁、清晰。这是频域表示法的优点。此外，图 2.10 中的 8 条垂线（包括小圆点）叫作谱线；而由谱线组成的谱图（即图 2.10a 和 b 中的谱图）叫作线谱，因为它们都是由垂直的谱线组成的。这与本章下面要讲到的非周期信号的连续谱有不同的含义。再有，从图 2.10 看，幅值谱都是偶对称的，相位谱都是奇对称的。但前提是，时域信号必须是实信号。时域复信号（在通信等领域会遇到）

的频率谱就没有这样的对称性。

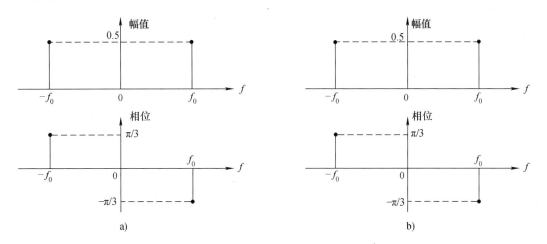

图 2.10　正弦量信号的频域表示

a）余弦信号的频率谱　b）正弦信号的频率谱

**小测试**：要求写出正弦信号 $10\sin(100\pi t + 2\pi/3)$ 频率谱的幅值、频率和相位。答：幅值为 5，频率为 $\pm 50\mathrm{Hz}$，相位为 $-\pi/6$ 和 $\pi/6$。

### 2.1.2.3　简洁的频域表示法

对于图 2.10 中的频率谱，可以有简洁的表示法。这就是把图中的幅值谱和相位谱合起来，变成图 2.11a 中的频率谱。如果余弦信号的相位等于零，图 2.11a 中的频率谱就变成图 2.11b 中的频率谱。由于图中的每条谱线都是用幅值和相位标出的，所以是一个复数。这种简洁的线谱图有时会很有用。

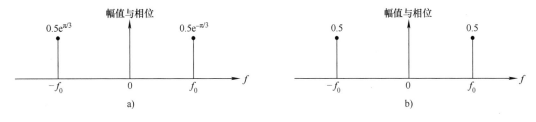

图 2.11　正弦量信号的简洁频域表示法

a）相位等于 $-\pi/3$ 的余弦信号　b）零相位的余弦信号

**小测试**：写出正弦信号 $10\sin(200\pi t + 2\pi/3)$ 的简洁频率谱的数据。答：频率为 $\pm 100\mathrm{Hz}$，幅值与相位为 $5\mathrm{e}^{-\mathrm{j}\pi/6}$ 和 $5\mathrm{e}^{+\mathrm{j}\pi/6}$。

### 2.1.2.4　双边谱和单边谱

图 2.10 所示的频率谱被称为双边谱。当把正弦量信号展开为两个复指数时，就得到双边谱。与双边谱对应的是单边谱。单边谱是只包含正频率部分的频率谱。如果把图 2.10 中的双边谱变成单边谱，只需把信号的幅值加倍，而相位取正频率的相位。图 2.12 表示两个正弦量信号的单边谱。两者分别为余弦信号 $x_{\cos}(t) = 6\cos(10\pi t + \pi/3)$ 和正弦信号 $x_{\sin}(t) =$

$10\sin(10\pi t + \pi/6)$。余弦信号 $x_{\cos}(t)$ 的参数为幅值等于 6，频率等于 5Hz，相位等于 $\pi/3$。对于正弦信号 $x_{\sin}(t)$，可以先转换成余弦信号。它的幅值和频率保持不变，只是相位变成 $\pi/6 - \pi/2 = -\pi/3$。从图 2.12 可以看出，这两个信号有不同的单边谱，所以是两个不同的信号。

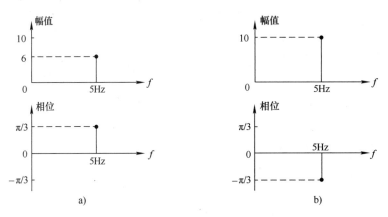

图 2.12　正弦量信号的单边谱

a）余弦信号的单边谱　b）正弦信号的单边谱

小测试：写出正弦信号 $10\sin(300\pi t + 2\pi/3)$ 单边谱的幅值、频率和相位。答：10，150Hz，$\pi/6$。

**【例题 2.3】**　有正弦信号 $x_{\sin}(t) = 5\sin(1000\pi t - \pi/6)$，要求把它分解成一对复指数信号，并画出它的频率谱。

**解**：利用欧拉恒等式（2.15），正弦信号 $x_{\sin}(t)$ 可展开为

$$x_{\sin}(t) = 5 \times \frac{e^{j(1000\pi t - \pi/6)} - e^{-j(1000\pi t - \pi/6)}}{2j} = \frac{5}{2} \times \frac{1}{j} \times e^{j1000\pi t}e^{-j\pi/6} - \frac{5}{2} \times \frac{1}{j} \times e^{-j1000\pi t}e^{j\pi/6} \qquad (2.20)$$

式（2.20）右边有两个 j 在分母上，把前一个写成 $e^{j\pi/2}$，移到分子上变成 $e^{-j\pi/2}$；后一个 $1/j$ 与前面的负号合起来，变成 j，再变成 $e^{j\pi/2}$。这样，式（2.20）变为

$$x_{\sin}(t) = 2.5e^{-j\pi/2}e^{-j\pi/6}e^{j1000\pi t} + 2.5e^{j\pi/2}e^{j\pi/6}e^{-j1000\pi t} \qquad (2.21)$$
$$= 2.5e^{-j2\pi/3}e^{j1000\pi t} + 2.5e^{j2\pi/3}e^{-j1000\pi t}$$

式（2.21）已经把正弦信号 $x_{\sin}(t)$ 分解成了两个复指数信号，两者的模都是 2.5，相位分别为 $-2\pi/3$ 和 $2\pi/3$，频率分别为 $\pm 500$Hz。正弦信号 $x_{\sin}(t)$ 的频率谱可根据式（2.21）画出，如图 2.13 所示。这个频率谱也是线谱。本例题如果先把正弦函数改写成余弦函数，相位要减去 $\pi/2$，结果是一样的，但会比较容易。

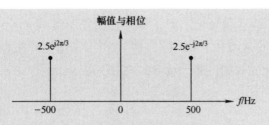

图 2.13　正弦信号的频率谱

**【例题 2.4】**　根据图 2.14 中的频率谱，写出这个正弦量信号的时域表达式。

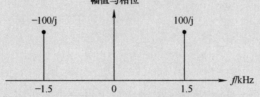

图 2.14　一个正弦量信号的频率谱

**解**：从图中可知，该正弦量信号的振幅为 $100 \times 2 = 200$，频率为 $1.5\text{kHz}$。如果表示为余弦信号，由式（2.14）可知，它的相位应该等于正频率的相位。由于 $1/j = e^{-j\pi/2}$，余弦信号的相位就应该等于 $-\pi/2$。如果表示为正弦信号，它的相位应该等于余弦信号的相位加上 $\pi/2$，也就是等于零。所以，表示为正弦信号比较简单，即

$$x_{\sin}(t) = 200\sin 3000\pi t \tag{2.22}$$

式（2.22）可通过欧拉恒等式来验证

$$x_{\sin}(t) = 200 \times \frac{e^{j3000\pi t} - e^{-j3000\pi t}}{2j} = \frac{100}{j}e^{j3000\pi t} - \frac{100}{j}e^{-j3000\pi t} \tag{2.23}$$

把式（2.23）与图 2.14 中的线谱比较，完全一样。

如果写成余弦信号，需在式（2.22）的正弦信号相位中减去 $\pi/2$，即

$$x_{\cos}(t) = 200\cos(3000\pi t - \pi/2) \tag{2.24}$$

---

**小测试**：在式（2.22）中，如果变量 $t$ 以秒为单位，那么 $3000\pi t$ 以什么为单位？答：弧度。

---

**【例题 2.5】**　要求画出余弦信号 $x_{\cos}(t) = 16\cos(200\pi t + 30°)$ 的频率谱。

**解**：利用欧拉恒等式把余弦信号改写为

$$x_{\cos}(t) = 16 \times \frac{e^{j(200\pi t + \pi/6)} + e^{-j(200\pi t + \pi/6)}}{2} = 8e^{j(200\pi t + \pi/6)} + 8e^{-j(200\pi t + \pi/6)}$$

$$= 8e^{j\pi/6}e^{j200\pi t} + 8e^{-j\pi/6}e^{-j200\pi} \tag{2.25}$$

式（2.25）表示，余弦信号 $x_{\cos}(t)$ 的频率谱由正、负频率的两条谱线组成，它们的幅值都等于 8，频率等于 $\pm 100\mathrm{Hz}$，相位等于 $\pm \pi/6$。根据上式，可以画出余弦信号 $x_{\cos}(t)$ 的幅值谱和相位谱，如图 2.15 所示。

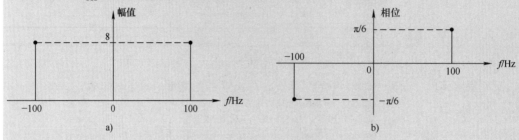

图 2.15　余弦信号的频率谱

【例题 2.6】　根据图 2.16a 中的频率谱，写出这个信号的时域表达式，并画出波形。

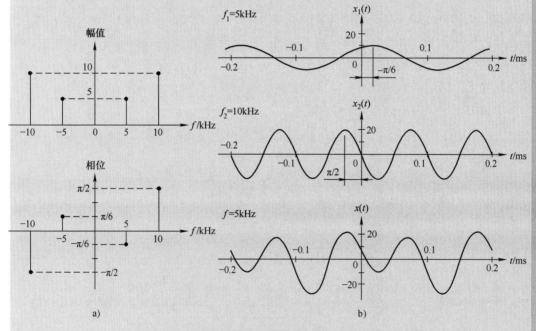

图 2.16　由两个正弦量函数组成的信号

a）信号的频率谱　b）信号的时域波形

**解**：图 2.16a 中的信号在 5kHz 和 10kHz 的频率点上各有一个正弦量信号，把这两个正弦量信号用余弦信号表示比较容易（表示为正弦信号，相位需增加 $\pi/2$）。5kHz 频率点上的信号可写为

$$x_1(t) = 10\cos(10000\pi t - \pi/6) \tag{2.26}$$

10kHz 频率点上的信号可写为

$$x_2(t) = 20\cos(20000\pi t + \pi/2) \tag{2.27}$$

所以图 2.16a 中正弦量信号的时域表达式为

$$x(t) = x_1(t) + x_2(t) = 10\cos(10000\pi t - \pi/6) + 20\cos(20000\pi t + \pi/2) \tag{2.28}$$

由于 $x_1(t)$ 和 $x_2(t)$ 的频率不同，式 (2.28) 已无法化简。在图 2.16b 中画出了 $x_1(t)$、$x_2(t)$ 和 $x(t)$ 三个信号的时域波形。由图中可知，由于 $x_1(t)$ 与 $x_2(t)$ 的频率不同，叠加后的信号就不再是正弦量信号 [叠加后的重复频率等于 $x_1(t)$ 和 $x_2(t)$ 频率的最大公约数，这里是 5kHz]。需要知道，只有两个同频率的正弦量信号叠加后，才仍然是正弦量信号，而且频率也不变。

## 2.2 非周期信号

非周期信号有两类：一类是单脉冲信号；一类是噪声信号。由于矩形单脉冲信号在信号处理中经常被用到，所以本节主要讨论这种非周期信号，然后简要地说明噪声信号。

### 2.2.1 单脉冲矩形波的频域表示

#### 2.2.1.1 单脉冲矩形波的傅里叶变换

本节要讨论的单脉冲矩形波信号 $x_{\mathrm{rec}}(t)$，如图 2.17 所示。它的高度等于 1，宽度等于 2，中心在 $t = 0$，所以它的波形是关于纵坐标偶对称的，是一个偶函数。它的频率谱可用傅里叶变换计算

$$X_{\mathrm{rec}}(f) = \int_{-\infty}^{\infty} x_{\mathrm{rec}}(t)\,\mathrm{e}^{-\mathrm{j}2\pi ft}\mathrm{d}t \tag{2.29}$$

由于 $x_{\mathrm{rec}}(t)$ 在区间 $[-1, 1]$ 内恒为 1，在其他时间点恒为 0，式 (2.29) 就可简化为

$$X_{\mathrm{rec}}(f) = \int_{-1}^{1} \mathrm{e}^{-\mathrm{j}2\pi ft}\mathrm{d}t \tag{2.30}$$

式 (2.30) 中，$f$ 可看作常量，所以 $-\mathrm{j}2\pi f$ 也是常量。在做积分时，可以先把 $\mathrm{d}t$ 改写为 $\mathrm{d}(-\mathrm{j}2\pi ft)/(-\mathrm{j}2\pi f)$。这样改写后，$t$ 的变化范围不变，仍是 $[-1, 1]$。但如果用变量代换，比如 $x = -\mathrm{j}2\pi ft$，那么积分区间就不再是 $[-1, 1]$ 了，而要通过代换式 $x = -\mathrm{j}2\pi ft$ 重新计算。现在就可用指数函数的积分来计算（指数函数 $\mathrm{e}^x$ 的积分和导数都仍然是 $\mathrm{e}^x$）。式 (2.30) 可演算为

$$X_{\mathrm{rec}}(f) = -\frac{1}{\mathrm{j}2\pi f}\int_{-1}^{1} \mathrm{e}^{-\mathrm{j}2\pi ft}\mathrm{d}(-\mathrm{j}2\pi ft) = -\frac{1}{\mathrm{j}2\pi f}\mathrm{e}^{-\mathrm{j}2\pi ft}\bigg|_{-1}^{1} = \frac{1}{\pi f}\left(\frac{\mathrm{e}^{\mathrm{j}2\pi f} - \mathrm{e}^{-\mathrm{j}2\pi f}}{2\mathrm{j}}\right)$$

$$= 2\frac{\sin 2\pi f}{2\pi f} \tag{2.31}$$

式（2.31）计算中使用了欧拉恒等式（2.15）。式（2.31）右边的分式 $\sin(2\pi f)/2\pi f$ 是一个 sinc 函数。所以，先讨论 sinc 函数。

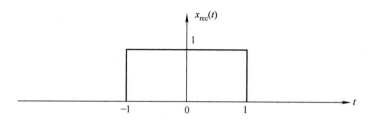

图 2.17　单脉冲矩形波信号 $x_{\mathrm{rec}}(t)$

#### 2.2.1.2　sinc 函数

sinc 函数是信号处理中的重要函数，它被定义为

$$\mathrm{sinc}\,x = \frac{\sin x}{x} \tag{2.32}$$

式中，自变量 $x$ 的变化范围从 $-\infty \sim \infty$。从上式看，sinc 函数也是偶对称的（因为分子和分母都是奇函数）。当自变量 $x$ 从 $x=0$ 向两侧变化时，分母 $x$ 的绝对值逐渐增加，而分子的正弦函数 $\sin x$ 总是在 $-1$ 和 $1$ 之间摆动，所以函数 $\mathrm{sinc}\,x$ 在 $x=0$ 附近达到最大，并随 $x$ 向两侧的移动，作衰减振荡且趋于零。而且，当 $x=n\pi$（$n=\pm1, \pm2, \cdots$）时 $\mathrm{sinc}\,x=0$；当 $x=n\pi\pm\pi/2$（$n=0, \pm1, \pm2, \cdots$）时，$\mathrm{sinc}\,x$ 达到正、负向峰值（严格说，应该在 $x$ 略小于 $n\pi\pm\pi/2$ 时达到正、负向峰值，峰值的正确位置可以通过对函数 $\sin x/x$ 求极值来确定）。这样画出的 $\mathrm{sinc}\,x$ 曲线如图 2.18a 所示。

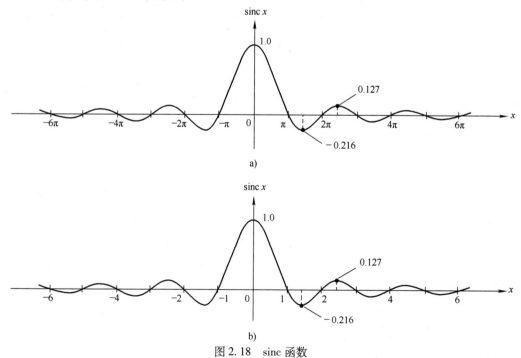

图 2.18　sinc 函数

a）根据式（2.32）画出的 $\mathrm{sinc}\,x$ 曲线　b）根据式（2.34）画出的 $\mathrm{sinc}\,x$ 曲线

式（2.32）的一个问题是，当 $x = 0$ 时，右边的分母等于零（零是万万不可做分母的），使它在 $x = 0$ 处有一个间断点。但另一方面，当 $x \to 0$ 时，右边分式的分子和分母会同时趋于零。我们可以将分式的分子和分母分别对 $x$ 求导，然后代入 $x = 0$，就得到 sinc $x$ 在 $x \to 0$ 时的极限

$$\lim_{x \to 0} \mathrm{sinc}\, x = \lim_{x \to 0} \frac{\sin x'}{x'} = \frac{\cos x}{1}\bigg|_{x=0} = 1 \qquad (2.33)$$

这种对分子和分母分别求导的计算方法叫作洛必达法则。由式（2.33）可知，只需定义 $\mathrm{sinc}\, x|_{x=0} = 1$，就可去掉这个间断点（这样的间断点叫作可去间断点，但条件是 $x$ 从正负两个方向趋于 0 时 sinc $x$ 有相同的极限。这里的极限都等于 1）。这样之后，式（2.32）就是一个完整的 sinc 函数定义式了。

对于式（2.32）和图 2.18a，还有一个改进。因为图 2.18a 中有太多的 $\pi$，希望把它们隐藏起来。办法是把式（2.32）中的变量 $x$ 代换成 $\pi x$，而式（2.32）变成

$$\mathrm{sinc}\, x = \frac{\sin \pi x}{\pi x} \qquad (2.34)$$

此时的 $x$ 就与 $\pi$ 无关，而变成像图 2.18b 中那样 $x = 0$，$\pm 1$，$\pm 2$，$\cdots$。

所以，在与频率有关的表达式中，可以使用式（2.34）中的 sinc 函数定义。用式（2.34）画出的 sinc $x$ 曲线如图 2.18b 所示。图中少了 $\pi$，显得比较简洁。

小测试：要求计算 $\mathrm{sinc}(\pi/2)$〔用式（2.32）〕或 $\mathrm{sinc}\, 0.5$〔用式（2.34）〕的值。答：0.637。

#### 2.2.1.3　单脉冲矩形波的频率谱

现在回到式（2.31）。对于式（2.31），使用式（2.34）的定义式，那么式（2.31）变为

$$X_{\mathrm{rec}}(f) = 2\mathrm{sinc}(2f) \qquad (2.35)$$

式（2.35）的导出过程是：先把式（2.31）中的 $f$ 改为 $x$（自变量名是可以随意改换的），然后使用式（2.34）中的定义式，最后再把 $x$ 改回 $f$。

用式（2.35）画出的单脉冲矩形波的频率谱曲线如图 2.19 所示。这张曲线图与图 2.18b 中的曲线图有两点不同。一个不同点是，水平轴的比例尺不同，这里的 $f = 0.5$ 对应于图 2.18b 中的 $f = 1$〔因为这里是 $\mathrm{sinc}(2f)$，那里是 $\mathrm{sinc}\, f$〕；另一个不同点是，这里的幅度是图 2.18b 中的两倍。

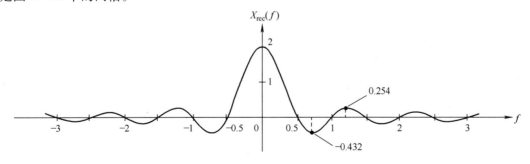

图 2.19　单脉冲矩形波的频率谱曲线 $X_{\mathrm{rec}}(f)$

图 2.20a 和 b 是从图 2.19 导出的。其中，图 2.20a 是图 2.19 中 $X_{rec}(f)$ 的幅值谱，图 2.20b 是 $X_{rec}(f)$ 的相位谱。由于幅值谱是对频率谱取绝对值，所以不可小于零，如图 2.20a 所示。但是，在复数运算中，把幅值从负变正，它的幅角（也就是相位）需改变 $\pi$（因为 $-1 = e^{\pm j\pi}$）；而这个改变量可以是 $+\pi$ 或 $-\pi$。但另一方面，时域实函数 $x_{rec}(t)$ 的相位谱一定是奇对称的。所以，在图 2.20b 所示的相位谱中，把右边（正频率）因为幅值从负变正的相位画成 $-\pi$，而把左边（负频率）因为幅值从负变正的相位画成 $+\pi$。这也可以反过来，把右边画成 $+\pi$，把左边画成 $-\pi$。两者完全一样（对于正弦量而言，相位 $+\pi$ 和 $-\pi$ 没有任何不同）。

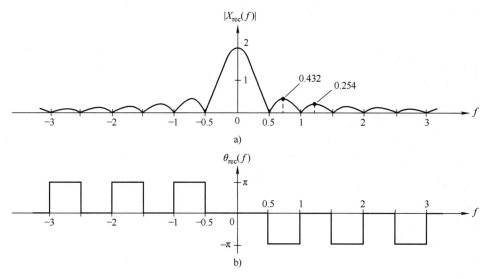

图 2.20　矩形单脉冲信号的频率谱曲线 $X_{rec}(f)$

a）幅值谱　b）相位谱

对于图 2.19 中频率谱的形状，其表示各频率分量之间的幅值之比。或者说，矩形单脉冲信号的能量主要集中在低频区内，高频分量相对较小，且很快趋于零。

## 2.2.2　噪声信号的频域表示

噪声信号也可以有时域和频域两种表示法。图 2.21 是一种噪声信号的时域波形图，这个波形图也应该看成是向左、右两侧无限延伸的（任何信号都应如此）。但像图 2.21 中这样的波形图并没有包含太多的信息，它能展示的只是噪声信号的平均幅度大概有多大，比如图中的平均幅度是 0.1mV 左右（噪声的大小一般不用幅度来衡量，而是要用功率来衡量，这在稍后说明）。从图中还可以看出，这个噪声信号的平均值应该在 0V 上下。再就是，这个噪声电压的起伏一次大概在 0.05s 左右，所以它的主要的频率成分应该在 20Hz 左右。这些估算出来的数据是非常近似的，因为仅看到了噪声信号的极小一部分。由于这个原因，下面将从频域来讨论噪声信号，并只讨论噪声信号中的白噪声和 $1/f$ 噪声，因为这两种噪声在电路中是最常见的。

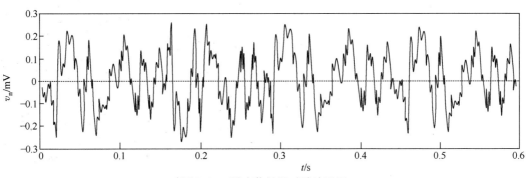

图 2.21　噪声信号的时域波形图

#### 2.2.2.1　白噪声的频率谱

一般来说，噪声的频率谱表示噪声信号最基本的特性。电阻的噪声属于白噪声，意思是电阻噪声的大小不随频率而变，它的频率谱是一条水平线，如图 2.22 所示。图中从 0.1Hz 到 1kHz 范围内，噪声的谱密度都等于 $3.2\mu V/\sqrt{Hz}$。两个坐标轴都以对数为刻度，以便包含很宽的数据范围。图中噪声谱密度的单位为 $\mu V/\sqrt{Hz}$；这叫平方根谱密度。把它取二次方，变成 $(\mu V)^2/Hz$，这叫功率谱密度，表示每 Hz 频率区内所包含的噪声功率数。由于噪声是没有相位的，所以噪声是通过功率相加的，如下面的例子。

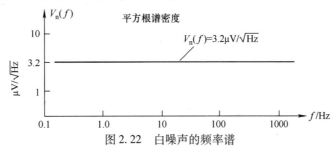

图 2.22　白噪声的频率谱

【例题 2.7】　要求找出两个互不相关的噪声源相加后的电压方均根值[⊖]，这两个噪声源的方均根值分别为 $V_{n1}(rms) = 10\mu V$ 和 $V_{n2}(rms) = 2\mu V$（rms 即方均根值）。如果要求相加后噪声的方均根值为 $10\mu V$，在 $V_{n2}(rms)$ 不变的前提下，$V_{n1}$（rms）应减少到多少？

**解**：本小节前面讲的是白噪声的频率谱，而本例题是从时域来说明噪声的性质。这就是噪声的两个时域参数：噪声的平均功率和方均根值。其中的方均根值，就是噪声平均功率的平方根值，它相当于正弦量信号的有效值。

由于噪声是通过功率相加的，所以先算出两个噪声相加后的总功率为

$$P_n = (10^2 + 2^2)\mu V^2 = 104(\mu V)^2$$

再计算总功率的方均根电压值

---

⊖　作者原用"均方根值"，为与国家标准一致，现已改为"方均根值"。

$$V_n(rms) = \sqrt{P_n} = 10.2\mu V$$

为使 $V_n(rms) = 10\mu V$，且保持 $V_{n2}(rms) = 2\mu V$ 不变，$V_{n1}(rms)$ 应该为

$$V_{n1}(rms) = \sqrt{10^2 - 2^2}\mu V = 9.8\mu V$$

上式表示：$V_{n1}$ 的方均根值减少 $0.2\mu V$ 等效于 $V_{n2}$ 的 $2\mu V$。由此得出结论：两个噪声相加后的总噪声的幅度主要取决于其中的大者。

**小测试**：图 2.22 中白噪声频率谱的水平线可以一直向右延伸到 $+\infty$。答：否，白噪声是有带宽的。

#### 2.2.2.2　1/f 噪声的频率谱

电子电路中另一种常见的噪声是 1/f 噪声，其频率谱如图 2.23 所示。1/f 噪声也叫闪变噪声，它主要与器件材料中的缺陷有关。良好的制造工艺可以降低闪变噪声。1/f 噪声的功率谱密度可写为

$$V_n^2(f) = \frac{k_v^2}{f} \tag{2.36}$$

式中，$k_v$ 是一个常数。功率谱密度与频率成反比，这就是 1/f 的意思。如果用平方根谱密度表示，式（2.36）变为

$$V_n(f) = \frac{k_v}{\sqrt{f}} \tag{2.37}$$

可以看出，平方根谱密度 $V_n(f)$ 与 $\sqrt{f}$ 成反比，而不是与 $f$ 成反比。但如果用对数坐标表示，$\sqrt{f}$ 与 $f$ 就变成线性关系，只是比例尺不同。所以，式（2.37）中 $V_n(f)$ 与 $\sqrt{f}$ 之间仍然是图 2.23 中那样的斜线关系。从图 2.23 中的斜线看，1/f 噪声的功率主要集中在低频区，比如 $1 \sim 10Hz$ 的频率区与 $10 \sim 100Hz$ 的频率区包含相同的噪声功率。

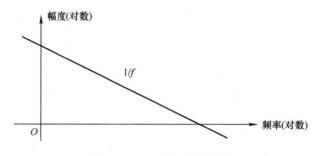

图 2.23　1/f 噪声的频率谱

#### 2.2.2.3　随机信号频率谱的估算

本小节之前讨论的正弦量信号和矩形波信号都属于确定信号，即在任何时间点上的信号幅度是完全可以确定的。但随机信号在任何时间点上的幅度是无法确定的，通常会用自相关

函数来表示其特性。举例来说，语音信号是一种随机信号，无法确定语音信号在某个时间点上的幅度（或者说，每次试验都不相同），但可以计算语音信号在一段足够长时间段内的自相关函数。这个自相关函数就可以用来表示语音信号在这个时间段内的基本特性，或用来估算其频率谱。

随机信号频率谱的估算通常有两种方法：一种是用频谱分析仪的方法；另一种是用自相关函数的方法。频谱分析仪的方法，实际上是对数字化的随机信号做离散傅里叶变换（也可以用一组窄带滤波器的方法）。这可以用图 2.24 中的框图来说明。实际上，大多数的频谱分析仪都采用图 2.24 中的原理。

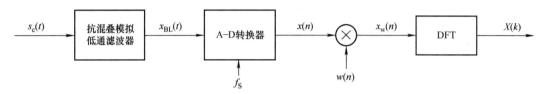

图 2.24　频谱分析仪的一般结构

在图 2.24 中，输入信号 $s_c(t)$ 为连续时域信号。抗混叠模拟低通滤波器用来滤除 $s_c(t)$ 中频率超过 $f_S/2$ 的高频成分，并输出带限信号 $x_{BL}(t)$。后面的 A－D 转换器把带限信号 $x_{BL}(t)$ 变成数字信号 $x(n)$，然后用恰当的窗函数 $w(n)$ 对数字信号 $x(n)$ 加窗（即相乘），得到加窗后信号 $x_w(n)$。对加窗后信号 $x_w(n)$ 进行离散傅里叶变换，就得到连续时域信号 $s_c(t)$ 频率谱的估算 $X(k)$。不过，许多因素都会影响图 2.24 中频率谱估算的精度，比如低通滤波器的截止频率、转换器的速度和量化噪声、窗函数的类型、DFT 的点数等。这些都将在本书后面作比较详细的讨论。

另一种用自相关函数估算频率谱的方法依据了这样的原理：对数字化的随机信号的自相关函数做离散傅里叶变换就得到它的功率密度谱。这可以写为

$$P_{xx}(\omega) \equiv \sum_{m=-\infty}^{\infty} \Phi_{xx}(m)\,\mathrm{e}^{-\mathrm{j}\omega m} \tag{2.38}$$

式中，$\Phi_{xx}(m)$ 为数字化的随机信号自相关函数的估算；$P_{xx}(\omega)$ 为数字化的随机信号功率谱的估算（上式中的频率变量 $\omega$ 在计算时可暂时看作常量）。式（2.38）与傅里叶变换的式（2.29）有点相似。对于上面两种频率谱的估算方法，随机过程都必须是广义平稳的（即在一定时间段内是平稳的），比如语音信号。

## 2.3　周期信号和非周期信号的频率谱比较

下面对图 2.10 和图 2.20 中的频率谱作比较。先把这两个图中的幅值谱重复于图 2.25 中。我们只比较两者的幅值谱，因为我们一般比较关心幅值谱。

图 2.25a 中的周期信号幅值谱是线谱，它表示在频率 $\pm f_0$ 处都存在一个复指数信号，而这两个复指数信号组成了一个正弦量信号。这就是说，在频率点 $f_0$ 上确实存在一个幅值等于 1 的正弦量信号。这个信号是可以用示波器观察到的。

而图 2.25b 中的单脉冲矩形波信号（或噪声信号）的幅值谱是连续谱。连续谱的特点

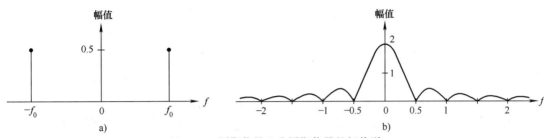

图 2.25　周期信号和非周期信号的幅值谱
a）正弦量信号　b）单脉冲矩形波信号

是，在任意一个频率点上的信号幅度都是一个无穷小量。需要把所有的无穷小量加起来（通过傅里叶逆变换），才能得到图 2.17 中的矩形波。

一般来说，通过傅里叶变换得到的频率谱都是连续谱，而通过 DFT 或频谱分析仪得到的频率谱都是线谱。其实，DFT 和频谱分析仪都可以看成是一组窄带通滤波器，其中的每个窄带通滤波器只选择自己频带内的分量，而各窄带通滤波器的输出都是一些确实存在的近似于正弦量的信号。用这些数据（包括幅值和相位）画出频率谱，就得到线谱。但线谱和连续谱也并非完全不相关。当频谱分析仪中窄带通滤波器的数量很多或者 DFT 的点数很多时，线谱就非常接近连续谱。这与从傅里叶级数导出傅里叶变换的过程很相似（见附录 A.2.4）。

在线谱和连续谱的图形表示方面，连续谱通常被画成连续波形的样子，如图 2.25b 所示；而线谱则用小圆点和垂线表示，如图 2.25a 所示。在表达式方面，连续谱被表示为一般的连续函数的形式，比如式（2.35）；而线谱则用 $\delta(f)$ 来表示。比如图 2.25a 中的两条谱线可分别写为 $0.5\delta(f+f_0)$ 和 $0.5\delta(f-f_0)$，以表示在频率 $\pm f_0$ 处各存在一条幅值等于 0.5 的谱线，也就是幅值等于 0.5 的复指数信号。如果幅值等于 2，就可写为 $2\delta(f\pm f_0)$ 等。这些内容都将在本书后续章节进行比较详细的说明。

## 2.4　小结

本章讨论了模拟信号中的周期信号和非周期信号的基本特点。周期信号的基本特点是可以表示为许多正弦量信号之和，这就是傅里叶级数展开。由此，对周期信号的讨论就可归结为对正弦量信号的讨论。正弦量信号包括正弦信号和余弦信号，两者只是相位上相差 90°，或时间上相差 $T_0/4$。通过欧拉定理，可以用两个等速且反向旋转的复矢量（即复指数信号）合成出一个正弦量信号；或者反过来，一个正弦量信号可以分解为一对等速且反向旋转的复矢量。本章还从旋转复矢量导出了周期信号的频率谱。这些频率谱被叫作线谱；而线谱又可以用 $\delta$ 函数来表示。

对于非周期信号，本章主要讨论了单脉冲矩形波信号。它的频率谱就是在信号处理中会经常遇到的 sinc 函数。sinc 函数的形状有点像余弦函数，但在向两侧延伸时幅值呈衰减振荡且趋于零。sinc 函数的一个要点是，必须去除它的一个间断点。本章还粗略地讨论了噪声信号的一些特点，说明噪声是通过功率相加的。本章的最后讨论了线谱与连续谱的不同点和相互联系。

# 第3章 离散时域信号

　　本章首先说明信号的分类，然后讲述从模拟信号产生离散时域信号的两种方法：一种是实际的方法，即利用采样开关和电容的方法；另一种是理论上的方法，即利用理想采样的方法。利用理论上的方法，可以算出离散时域信号的频率谱，以确定离散时域信号与原模拟信号在频谱上的差异；而实际的方法（利用采样开关和电容的方法）做不到这一点。本章的最后将说明离散时域信号处理中几个最基本的概念，包括采样定理、频率混叠、抗混叠滤波和量化等。

## 3.1　信号的分类

　　信号按时间上是连续的还是离散的，分为连续时域信号和离散时域信号两类。其中的连续时域信号就是模拟信号，它在时间上和幅度上都是连续的；而离散时域信号在时间上是离散的。按照幅度上是否连续，离散时域信号又可分为两类，在幅度上连续的被称为采样数据信号，在幅度上离散的就是数字信号，如图3.1所示。

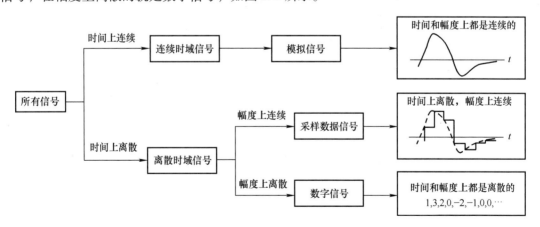

图 3.1　信号的分类

　　模拟信号的特点已经在前一章做过比较详细的讨论。本章就来讨论离散时域信号，这包括采样数据信号和数字信号。习惯上把离散时域信号说成是数字信号，这当然是不严谨的。但为了简便起见，一直还在这样做。除了简便之外的另一个原因是，所遇到的大多数离散时域信号都是数字信号。采样数据信号比较少见，因为它只是采样电容上的电压值，只存在于采样电路和开关电容滤波器电路中。这一般不会产生歧义的问题。当确实存在疑惑时，可以借助上下文来区分。

## 3.2 离散时域信号的实际产生过程

在实际电路中，把模拟信号转换成离散时域信号，都是通过采样实现的；而其中的绝大多数都是在 ADC（模数转换器）中完成的。ADC 在转换过程中要完成两个串行和相互独立的操作：采样和量化。相应地，ADC 也可以分为采样保持器（简称采保器或 SH）和量化编码器两部分，如图 3.2 所示。

采保器有跟踪和保持两个工作阶段，先后完成跟踪、采样和保持三个连续的操作。在图 3.2 中，当采保器中的采样开关 S 接通时，采保器进入跟踪阶段（$t$），输出便跟随输入。在跟踪阶段结束时，采样电容 $C$ 上的电压（即采保器的输出电压）非常接近输入模拟电压。此时，采样开关 S 突然切断，使采样电容 $C$ 上存储了跟踪结束时的输入电压值。这个时间点被称为采样时刻。在这之后，采保器进入保持阶段（$h$），把电容上的电压值一直保持到下一次采样开关 S 接通（开始下一次跟踪）为止，同时把采样电容 $C$ 上的电压值作为采保器的输出（采保器稳定的输出电压用于后面量化器的操作）。所以，采保器的输出是一个阶梯波电压（见图 3.2），这就是采样数据信号（即由采样操作产生的数据信号）。跟踪阶段（$t$）和保持阶段（$h$）的时间总和就是采样周期。采样周期 $T$ 是 DSP 中最重要的参数。采样周期的倒数 $1/T$ 就是采样率 $f_S$。采样率 $f_S$ 也叫采样频率。

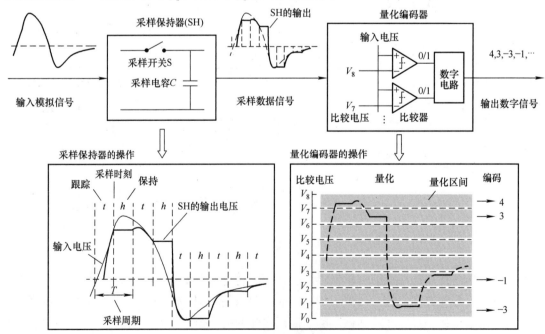

图 3.2　ADC 的组成及工作原理

量化编码器完成量化和编码两个操作。量化编码器首先用一连串的比较电压对采保器输出的采样数据信号进行比较，把它量化到预先设定好的一连串比较电压之一，然后用数字电路把量化后的电位一对一地转换成数字量（即数字信号），作为量化编码器的输出。这也就是 ADC 的输出。所以，模拟信号总是先被转换成采样数据信号，然后再被转换成数字信号。

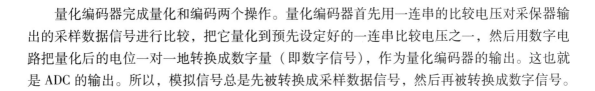

## 3.3 离散时域信号的理论产生方法

上一节讨论了实际电路中的采样操作，但无法用来确定采样操作对模拟信号的频率谱做了哪些改变。本节讨论的理想采样操作可以用来回答这个问题。由于理想采样操作是用理想采样信号实现的，而理想采样信号是由单位冲击信号组成的，所以本节的讨论从单位冲击信号开始。

### 3.3.1 单位冲击信号

图 3.3a 表示单位冲击信号的时域波形（单位冲击信号也叫 $\delta$ 信号或 delta 信号）。图中，$\delta(t)$ 信号被定义在整个时间轴上，且有一个矩形位于 $t = 0$ 的两侧，矩形之外的幅值处处为零。$\delta(t)$ 信号的主要特点是：矩形的底边宽度 $B$ 在不断变窄并趋于零，同时高度 $H$ 在不断增加并趋于无穷大，但矩形的面积 $S = BH$ 始终保持等于 1。所以，单位冲击信号 $\delta(t)$ 是一个极限过程，它的极限是把等于 1 的面积集中到 $t = 0$ 的时间点上。这可以写为

$$\int_{-\infty}^{+\infty} \delta(t)\,\mathrm{d}t = \int_{0-}^{0+} \delta(t)\,\mathrm{d}t = 1 \tag{3.1}$$

式中，$0-$ 和 $0+$ 分别表示位于 $t = 0$ 两侧的两个无穷小量。这使从 $0-$ 到 $0+$ 的区间能包含 $\delta(t)$ 信号在 $B \to 0$ 极限过程中的全部矩形面积。式（3.1）表示 $\delta(t)$ 信号是可以通过计算来求值的。这被称为 $\delta$ 信号的可计算性。

除了图 3.3a 中的矩形外，$\delta$ 信号还可以有其他多种时域形状，比如梯形波或正向余弦波等。图 3.3b 中的符号是图 3.3a 中 $\delta(t)$ 信号的简化形式，两者是等效的。在后面的讨论中，将主要使用图 3.3b 所示的符号。

需要说明的是，不必把 $\delta(t)$ 的高和宽与一般的时间、电压或电流相对应。$\delta$ 信号毕竟是一种纯数学的信号（$\delta$ 信号属于奇异函数）。唯一关心的是，它与水平轴围成的面积总是等于 1。这个 1，既不是 1V 电压，也不是 1A 电流，而是无量纲的常数 1。比如，如果宽度 $B$ 以时间 $t$ 为量纲，那么高度 $H$ 就以 $t^{-1}$ 为量纲。实际上，连续时域系统（比如 $RC$ 网络）的单位冲击响应也是以 $t^{-1}$ 为量纲的。第 4 章中也会讲到这一点 [连续时域系统的单位冲击响应是指以 $\delta(t)$ 信号为输入时的系统输出，这使连续时域系统的单位冲击响应也以 $t^{-1}$ 为量纲，详见附录 A.3.1]。

#### 3.3.1.1 一个非常接近 $\delta(t)$ 的实例

一个与 $\delta(t)$ 信号非常接近的例子就是用内阻很小的 1V 电压源对容量很小的 1pF 电容 $C$ 充电的电路，如图 3.4a 所示，并假设充电前的电容电压为零。关注点是总的充电电荷。

假设电源内阻可以是 $R_1 = 2\Omega$ 或 $R_2 = 1\Omega$。当使用 $R_1 = 2\Omega$ 时，起始充电电流 $i_1(0) =$

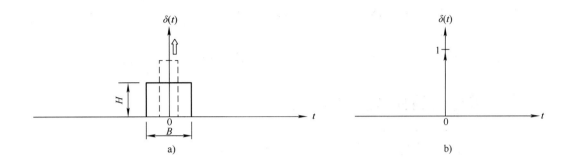

图 3.3 $\delta(t)$ 信号

a）时域波形　b）简化的符号

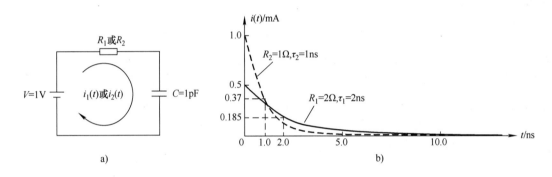

图 3.4　用内阻很小的电压源对容量很小的电容 $C$ 充电

$V/R_1 = 0.5\text{mA}$（因为此时电容上的电压为零），充电时间常数 $\tau_1 = R_1 C = 2 \times 10^3 \times 1 \times 10^{-12} = 2\text{ns}$。当使用 $R_2 = 1\Omega$ 时，起始充电电流 $i_2(0) = V/R_2 = 1\text{mA}$，充电时间常数 $\tau_2 = R_2 C = 1 \times 10^3 \times 1 \times 10^{-12} = 1\text{ns}$。两条充电电流曲线示于图 3.4b 中。

两条电流曲线是这样画出的。由于两条曲线都是指数曲线，所以每当时间 $t$ 经过一个时间常数 $\tau$ 后，电流就会下降 63%，即下降到原来电流值的 0.37 $\left[\right.$用 $i(t) = e^{-t/\tau}$ 算出$\left.\right]$。在图 3.4b 中，$R_1 = 2\Omega$ 的充电电流曲线在 $t = \tau_1 = 2\text{ns}$ 时，下降到了起始值 0.5mA 的 0.37，即 0.185mA；而另一条 $R_2 = 1\Omega$ 的充电电流曲线在 $t = \tau_2 = 1\text{ns}$ 时下降到了起始值 1mA 的 0.37，即 0.37mA。

可以想象，随着电源内阻 $R$ 的不断变小，图 3.4b 中的电流曲线会不断变高变窄，并在 $R \to 0$ 时曲线的宽度趋于零和高度趋于 $\infty$。但另一方面，无论内阻 $R$ 如何变化，曲线与两个坐标轴之间围成的面积总是等于电容上的最终电荷量；而这个电荷量又等于电源电压 $V$ 与电容量 $C$ 的乘积，即电容量 $Q = VC = 1 \times 10^{-12}\text{C}$。这是一个常数，不随 $R$ 而变。

这个例子与 $\delta(t)$ 函数非常接近。这说明，虽然 $\delta(t)$ 函数是一种理想状态，是无法实现的，但实际电路中的有些情况会非常接近 $\delta(t)$ 信号。这也就说明了引入 $\delta(t)$ 信号的合理性。

小测试：δ 信号或 delta 信号是与 δ(t) 信号完全一样的。答：否，δ 信号或 delta 信号是泛指的，δ(t) 信号是具体的、唯一的。

### 3.3.1.2　δ 信号的筛选特性

假设有一个模拟信号 $x(t)$，如图 3.5a 所示。如果把模拟信号 $x(t)$ 与图 3.5b 中的 $\delta(t)$ 相乘，就得到图 3.5c 中的信号 $x_S(t)$。信号 $x_S(t)$ 就被叫作已采样信号（下标 S 是采样的意思）。需要说明的是，虽然图 3.5c 中的 $x_S(t)$ 在 $t=0$ 处被表示为一个圆点和一条垂线的组合，不像图 3.5b 中的 $\delta(t)$ 用箭头表示，但两种表示法是同一个意思，都表示包含了一个 δ 信号。下面来说明图 3.5c 中的已采样信号 $x_S(t)$ 是如何得到的。

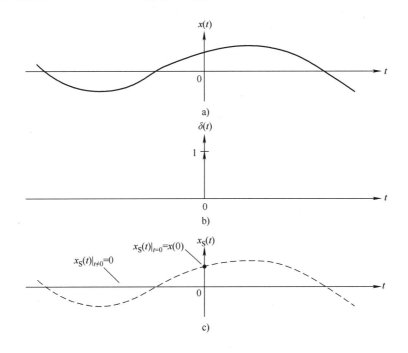

图 3.5　$\delta(t)$ 信号的筛选特性

a）模拟信号 $x(t)$　b）$\delta(t)$ 信号　c）已采样信号 $x_S(t)$

当把模拟信号 $x(t)$ 与 $\delta(t)$ 相乘时，由于 $\delta(t)$ 在 $t=0$ 以外处处为零，所以 $x_S(t)$ 在 $t=0$ 以外也处处为零。对于 $x_S(t)$ 在 $t=0$ 处的值，可以用式（3.1）来计算。此时的积分区间可以缩小到 $t=0$ 两侧一个无穷小的邻域内，即

$$x_S(0) = \int_{0-}^{0+} \delta(t)x(t)\mathrm{d}t \tag{3.2}$$

此时的 $x(t)$ 可看作是常数，并等于 $x(0)$；而常数 $x(0)$ 又可提到积分号之前。这样，式（3.2）可演算为

$$x_S(0) = x(0)\int_{0-}^{0+} \delta(t)\mathrm{d}t = x(0) \times 1 = x(0) \tag{3.3}$$

这就得到了已采样信号 $x_S(t)$ 在（$-\infty$，$\infty$）范围内的所有值：在 $t=0$ 处 $x_S(0) = x(0)$；在其他时间点，$x_S(t)$ 处处为零。这就是图 3.5c 中的图形。

从图 3.5a ~ c 可以看出，用 $\delta(t)$ 乘以 $x(t)$，结果是把 $x(t)$ 在 $t=0$ 处的值提取了出来。这就相当于是完成了一次采样操作。与前面 3.2 节中的实际采样操作相比，这里的采样操作是通过计算完成的，所以被称为理论上的采样操作。而 $\delta(t)$ 对模拟信号 $x(t)$ 在 $t=0$ 处的值进行提取的能力，称为 $\delta(t)$ 信号的筛选特性。由于筛选特性的重要性，下面用图 3.6 做进一步说明。

图 3.6a 中的信号就是上面讨论过的 $\delta(t)$ 信号。对于信号 $\delta(t)$，如果把它的自变量 $t$ 减去一个常量 $T(T>0)$，就得到信号 $\delta(t-T)$，如图 b 中所示 [对 $t$ 减去常量 $T>0$，等于把 $\delta(t)$ 曲线右移时间 $T$]。结果是，把 $\delta(t)$ 在 $t=0$ 处的特性右移到了 $t=T$ 处；而在 $t\neq T$ 的其他时间点，$\delta(t-T)$ 处处为零。这就是图 3.6b 中曲线的含义。它依然定义在整个时间轴上，是一个连续时域信号。

相似地，如果对 $\delta(t)$ 的自变量 $t$ 加上 $T(T>0)$ 变成 $\delta(t+T)$，就得到图 3.6c 中的情况。这其实是把图 3.6a 中的曲线左移了时间 $T$。此时，信号 $\delta(t+T)$ 在 $t=-T$ 处的值为 1，在 $t\neq -T$ 的时间点处处为零。

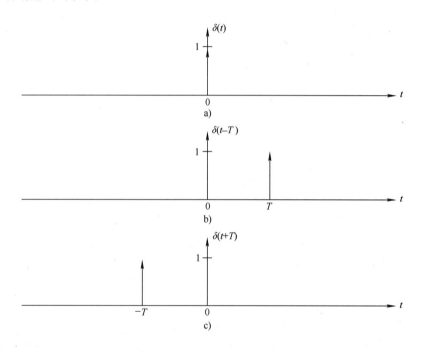

图 3.6　从 $\delta(t)$ 信号导出 $\delta(t-T)$ 和 $\delta(t+T)$ 两个信号

在图 3.6a 中，信号 $\delta(t)$ 的非零特性位于 $t=0$ 及其邻域。在图 3.6b 中，信号 $\delta(t-T)$ 的非零特性位于 $t=T$ 及其邻域。在图 3.6c 中，信号 $\delta(t+T)$ 的非零特性位于 $t=-T$ 及其邻域。由此可知，只要对自变量 $t$ 增加或减去某个时间量，就可以用 $\delta$ 信号对图 3.5a 中的模拟信号 $x(t)$ 在任意时间点上值进行采样。

小测试：单位冲击信号的筛选特性利用了它的可计算性。答：是。

**【例题 3.1】**　计算 $\int_{-\infty}^{+\infty}(t-3)^2\delta(t-2)\mathrm{d}t$、$\int_{-\infty}^{+\infty}t^3\delta(t-3)\mathrm{d}t$、$\int_{5}^{10}t\delta(t-2)\mathrm{d}t$ 的

积分值。

　　**解：**

$$\int_{-\infty}^{+\infty}(t-3)^2\delta(t-2)\mathrm{d}t = \int_{2-}^{2+}(2-3)^2\delta(t-2)\mathrm{d}t = \int_{2-}^{2+}\delta(t-2)\mathrm{d}t = 1;$$

$$\int_{-\infty}^{+\infty}t^3\delta(t-3)\mathrm{d}t = \int_{3-}^{3+}t^3\delta(t-3)\mathrm{d}t = 27\int_{3-}^{3+}\delta(t-3)\mathrm{d}t = 27;$$

$$\int_{5}^{10}t\delta(t-2)\mathrm{d}t = 0。$$

## 3.3.2　理想采样信号

　　在讨论了 $\delta$ 信号之后，就可以用 $\delta$ 信号构建理想采样信号，如图 3.7 所示。图 3.7a 表示把图 3.6 中的三个 $\delta$ 信号，即 $\delta(t)$、$\delta(t-T)$ 和 $\delta(t+T)$，按时间对齐叠加后得到的波形。这个叠加波形在 $t=-T$、$t=0$ 和 $t=T$ 三个时间点上的值都等于 1，在其他时间点上，仍处处为零。

　　如果用表达式来描述，图 3.7a 中的叠加波形 $p_3(t)$ 可写为

$$p_3(t) = \delta(t+T) + \delta(t) + \delta(t-T) \tag{3.4}$$

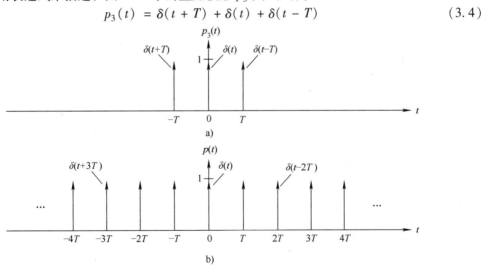

图 3.7　理想采样信号 $p(t)$ 由无数个相互间隔时间 $T$ 的 $\delta$ 信号组成

　　如果对图 3.7a 中的 $p_3(t)$，在 $[-T,\ T]$ 范围以外的两侧叠加无数个 $\delta$ 信号，使每两个相邻 $\delta$ 信号之间的间隔都等于 $T$，即可得到图 3.7b 中的图形。这就是想要的理想采样信号 $p(t)$。它有表达式

$$
\begin{aligned}
p(t) &= \cdots + \delta(t+3T) + \delta(t+2T) + \delta(t+T) + \delta(t) + \delta(t-T) + \delta(t-2T) + \\
&\quad \delta(t-3T) + \cdots \\
&= \sum_{n=-\infty}^{\infty}\delta(t-nT)
\end{aligned}
\tag{3.5}
$$

式（3.5）可叙述为：理想采样信号 $p(t)$ 由无数个 $\delta$ 信号组成；其中，$\delta(t)$ 的非零值位于 $t=0$ 处，而其他每两个相邻 $\delta$ 信号之间的间隔都等于 $T$（时间间隔 $T$ 就是离散时域中的采样周期 $T$）。

> **小测试**：理想采样信号 $p(t)$ 是由无数个 $\delta(t)$ 信号组成的。答：否，应该是由无数个 $\delta$ 信号组成的。

### 3.3.3　理想采样

前面说明了如何用无数个 $\delta$ 信号来构建理想采样信号 $p(t)$。现在就可以做理想采样了。其实，理想采样很简单，就是把理想采样信号 $p(t)$ 与被采样的模拟信号 $x(t)$ 相乘，如图3.8所示。下面来具体说明。

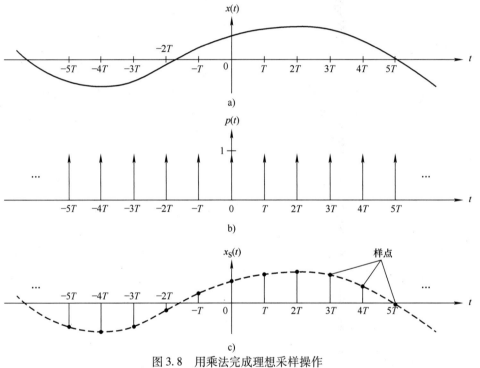

图3.8　用乘法完成理想采样操作

a）模拟信号 $x(t)$　b）理想采样信号 $p(t)$　c）已采样信号 $x_S(t)$

理想采样操作的时域表达式就是用 $p(t)$ 乘以 $x(t)$，得到已采样信号 $x_S(t)$，即

$$
\begin{aligned}
x_S(t) &= x(t)p(t) \\
&= x(t)\big[\cdots + \delta(t+2T) + \delta(t+T) + \delta(t) + \delta(t-T) + \delta(t-2T) + \cdots\big] \\
&= x(t)\sum_{n=-\infty}^{\infty} \delta(t-nT)
\end{aligned}
\tag{3.6}
$$

式（3.6）以时间 $t$ 为自变量。所以对于 $t$ 的任意一个值，都可以计算出与之对应的 $x_S(t)$ 的值。举例来说，如果 $t=0$，上式变为 $x_S(0)=x(0)p(0)$。由于 $p(0)=1$（见图3.8b），所以 $x_S(0)=x(0)$。如果 $t=5T$，就有 $x_S(5T)=x(5T)p(5T)=x(5T)\times 1=x(5T)$。如果 $t=0.1T$，就有 $x_S(0.1T)=x(0.1T)p(0.1T)=x(0.1T)\times 0=0$。这就是说，已

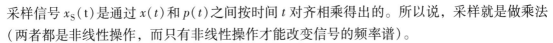

采样信号 $x_S(t)$ 是通过 $x(t)$ 和 $p(t)$ 之间按时间 $t$ 对齐相乘得出的。所以说，采样就是做乘法（两者都是非线性操作，而只有非线性操作才能改变信号的频率谱）。

理想采样的结果是，在所有时间等于采样周期 $T$ 整数倍的地方，$x_S(t) = x(nT)$；在所有其他时间点处处为零。这就是图 3.8c 中已采样信号 $x_S(t)$ 的波形图，图中的每一个采样值都被叫作一个样点。所以，图 3.8c 中的波形图又被称为样点图。

## 3.4 采样改变信号频谱

上一节讲述了理想采样是如何完成的，这一节将介绍用理想采样产生的已采样信号 $x_S(t)$ 在频域上与原先的模拟信号 $x(t)$ 有何联系和差异。这里的关键是导出已采样信号 $x_S(t)$ 的频率谱。

信号处理中有一个重要定理：两个时域信号乘积的频率谱等于两个时域信号频率谱的卷积（见附录 A.3.2）。根据这一定理，在计算已采样信号 $x_S(t)$ 的频率谱之前，先要算出 $x(t)$ 与 $p(t)$ 各自的频率谱。为此，本节先导出理想采样信号 $p(t)$ 的频率谱，然后计算 $x(t)$ 与 $p(t)$ 频率谱的卷积。这个卷积就是 $x_S(t)$ 的频率谱。最后说明原来模拟信号 $x(t)$ 的频率谱与已采样信号 $x_S(t)$ 的频率谱之间的相同点和不同点。

### 3.4.1 理想采样信号 $p(t)$ 展开为傅里叶级数

理想采样信号 $p(t)$ 已示于图 3.8b 中。由于理想采样信号 $p(t)$ 是周期信号，就可展开为傅里叶级数。再由于 $p(t)$ 是偶函数，它的傅里叶级数中只有余弦项，没有正弦项。另外从 $p(t)$ 的波形看，它的平均值不等于零，所以其傅里叶级数中还包含直流项。在傅里叶级数展开时，余弦项的频率都等于 $p(t)$ 重复频率的整数倍，而它们的相位都等于零［因为 $p(t)$ 是关于纵坐标偶对称的，这样的信号被称为零相位信号］。所以在做傅里叶级数展开时，只需计算余弦项的系数，并使用 $p(t)$ 从 $t = -T/2$ 到 $T/2$ 的一个周期（也可以用其他任意一个周期）作为积分区间，如图 3.9 所示。

直流项的幅值 $a_0$ 等于 $p(t)$ 在一个周期内的平均值，即

$$a_0 = \frac{1}{T}\int_{-T/2}^{T/2} p(t)\mathrm{d}t = \frac{1}{T}\int_{0-}^{0+} p(t)\mathrm{d}t = \frac{1}{T} \tag{3.7}$$

其他所有余弦项的幅值可计算为

$$a_n = \frac{2}{T}\int_{-T/2}^{T/2} p(t)\cos 2n\pi f_0 t\,\mathrm{d}t = \frac{2}{T}\int_{0-}^{0+} p(t)\mathrm{d}t = \frac{2}{T}, \quad n = 1,2,3,\cdots \tag{3.8}$$

式（3.8）中，由于 $p(t)$ 中包含了 $\delta(t)$［$\delta(t)$ 为 $p(t)$ 中最中间的那个 $\delta$ 信号］，使积分区间可以从 $\left[-T/2,\ T/2\right]$ 缩小到 $(0-,\ 0+)$ 的范围。这使得式（3.8）中积分变量 $t$ 的变化范围趋于 0，进而使被积函数中的 $\cos(2n\pi f_0 t)$ 等于 1。结果是，所有余弦项的系数（即振幅）都等于 $2/T$。其中的 $f_0$ 为 $p(t)$ 的重复频率，也就是信号的采样率 $f_S$ $(f_S = f_0 = 1/T)$。

利用式（3.7）和式（3.8），可以写出 $p(t)$ 的傅里叶级数展开式为

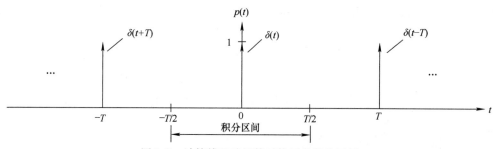

图 3.9　计算傅里叶级数时使用的积分区间

$$p(t) = \frac{1}{T} + \frac{2}{T}\cos 2\pi f_0 t + \frac{2}{T}\cos(2 \times 2\pi f_0 t) + \frac{2}{T}\cos(3 \times 2\pi f_0 t) + \cdots$$

$$= \frac{1}{T} + \frac{2}{T}\sum_{n=1}^{\infty}\cos 2n\pi f_0 t \tag{3.9}$$

现在来验证式（3.9）的正确性。方法是用式（3.9）中的直流项和余弦项叠加出理想采样信号 $p(t)$，如图 3.10 所示。

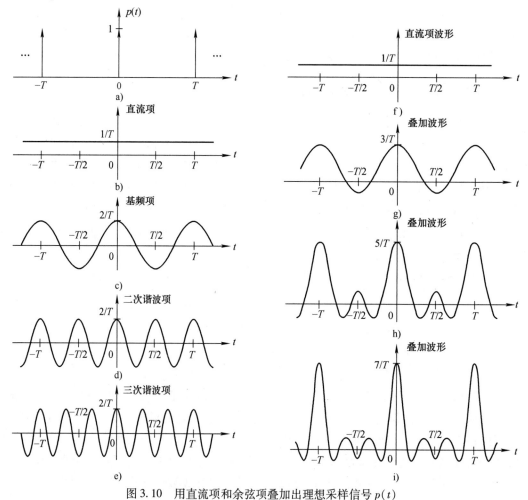

图 3.10　用直流项和余弦项叠加出理想采样信号 $p(t)$

a）理想采样信号 $p(t)$　b）直流分量　c）基频分量　d）二次谐波分量　e）三次谐波分量

f）直流项波形　g）叠加基频项后的波形　h）叠加二次谐波项后的波形　i）叠加三次谐波项后的波形

图 3.10 给出了用展开式（3.9）中的直流项和前三个余弦项叠加出的结果。其中，图 3.10a 表示理想采样信号 $p(t)$ 的波形。图 3.10b、c、d 和 e 分别表示式（3.9）中的直流项和前三个余弦项的波形。图 3.10f、g、h 和 i 分别表示从零依次加上图 3.10b、c、d 和 e 中波形后的叠加波形。

从 $[-T/2, T/2]$ 的范围看，图 3.10b 和 f 中的曲线与水平轴之间的面积都等于 1。在依次叠加了图 3.10c、d 和 e 中的波形后，由于余弦信号在一个周期内的正负面积相等，使图 3.10g、h 和 i 中的波形与水平轴所包围的面积总保持为 1。与此同时，图 3.10g、h 和 i 中波形的宽度在逐渐变窄，高度在逐渐增加，使等于 1 的面积逐渐向纵坐标集中。

可以想象，如果把式（3.9）中三次谐波以上的所有无穷多个谐波分量都叠加到图 3.10i 的波形上，由于高频余弦项在 $(-T/2, 0)$ 和 $(0, T/2)$ 范围内是相互抵消的，只在 $t = 0$ 时间点上是相互增加的，这使图 3.10i 的波形在 $(-T/2, 0)$ 和 $(0, T/2)$ 范围内的幅度趋于零，而使等于 1 的面积全部集中到 $t = 0$ 的时间点上。这便是一个 $\delta(t)$ 信号。需要知道，在图 3.10i 中 $[-T/2, T/2]$ 范围的两侧，还有无穷多个、相互间隔时间 $T$ 的 $\delta$ 信号。由此，式（3.9）的右边确实是一个理想采样信号 $p(t)$。这就验证了展开式（3.9）的正确性。

把展开式（3.9）中的余弦项用欧拉恒等式（2.16）表示为复指数信号

$$p(t) = \frac{1}{T} + \frac{1}{T}(e^{j2\pi f_0 t} + e^{-j2\pi f_0 t}) + \frac{1}{T}(e^{j4\pi f_0 t} + e^{-j4\pi f_0 t}) + \frac{1}{T}(e^{j6\pi f_0 t} + e^{-j6\pi f_0 t}) + \cdots$$

$$= \frac{1}{T}(\cdots + e^{-j6\pi f_0 t} + e^{-j4\pi f_0 t} + e^{-j2\pi f_0 t} + 1 + e^{j2\pi f_0 t} + e^{j4\pi f_0 t} + e^{j6\pi f_0 t} + \cdots)$$

$$= \frac{1}{T} \sum_{n=-\infty}^{\infty} e^{j2n\pi f_0 t} \tag{3.10}$$

根据图 2.11 中的表示法，上式中的每个复指数信号都可以表示为频域中的一条谱线，谱线的高度都等于 $1/T$，谱线的相位都等于零，谱线的频率等于 $f_0$ 的整数倍。由此，得到了理想采样信号 $p(t)$ 的频率谱 $P(f)$，如图 3.11 所示。

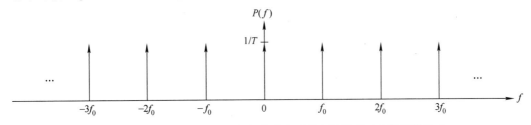

图 3.11 理想采样信号 $p(t)$ 的频率谱由无数条间隔等于 $f_0$ 的谱线组成

需要说明的是，由于图 3.9 中每个时域 $\delta$ 信号的高度为 1，结果得到图 3.11 中每个频域 $\delta$ 信号的高度等于 $1/T$。但如果把图 3.9 中时域 $\delta$ 信号的高度变成 $T$，那么图 3.11 中频域 $\delta$ 信号的高度就变成 1。这两种做法是等价的，可以互换。

图 3.11 中的频率谱对于数字信号处理是非常基本和重要的，图中的 $f_0$ 就是采样率 $f_S$。在计算出了理想采样信号 $p(t)$ 的频率谱 $P(f)$ 之后，就可以用卷积来计算已采样信号 $x_S(t)$ 的频率谱。

小测试：仿照式（3.9）的组成，是否可以用直流分量和无数个正弦信号 $\sin(2n\pi f_0 t)$ 叠加出理想采样信号 $p(t)$。答：否。

### 3.4.2 卷积计算

卷积计算的步骤为：先算出理想采样信号 $p(t)$ 的频率谱 $P(f)$（上一小节已完成），再假设被采样信号 $x(t)$ 的幅值谱 $|X(f)|$，最后计算 $|X(f)|$ 与 $P(f)$ 之间的卷积。这样得到的卷积曲线就是已采样信号 $x_S(t)$ 的幅值谱 $|X_S(f)|$。

为了做卷积，先要改换频率变量名，把 $P(f)$ 和 $|X(f)|$ 中的 $f$ 改用其他变量名（比如 $\zeta$），变成 $P(\zeta)$ 和 $|X(\zeta)|$；而把 $f$ 用作由卷积产生的幅值谱 $|X_S(f)|$ 中的变量名，如图3.12f所示。

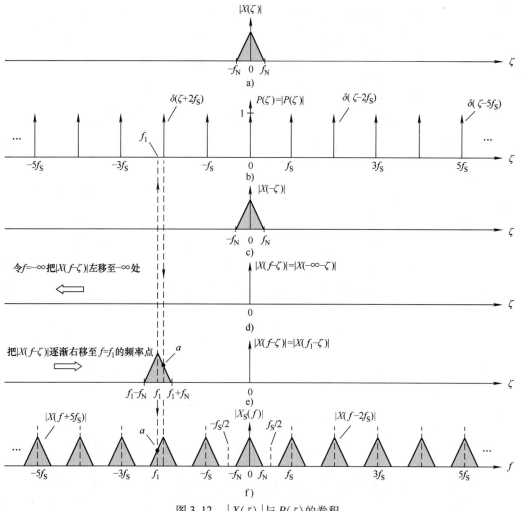

图3.12 $|X(\zeta)|$ 与 $P(\zeta)$ 的卷积

a) 幅值谱 $|X(\zeta)|$　b) 幅值谱 $P(\zeta)$　c) 把 $|X(\zeta)|$ 在频率上倒转变成 $|X(-\zeta)|$

d) 把 $|X(-\zeta)|$ 改写为 $|X(f-\zeta)|$，再令 $f=-\infty$，就把 $|X(f-\zeta)|$ 左移至 $-\infty$ 处

e) 增加 $f$，使 $|X(f-\zeta)|$ 从 $-\infty$ 逐渐右移至 $f=f_1$　f) 卷积曲线

现在把图 3.11 中理想采样信号的幅值谱 $P(\zeta)$ 重复于图 3.12b 中。图 3.12 中 $P(\zeta) = |P(\zeta)|$ 是因为 $P(\zeta)$ 的相位处处为零；把 $f_0$ 改写为 $f_S$，以及把幅度改写为 1 [假设图 3.9 中理想采样信号 $p(t)$ 的幅度从 1 变成 $T$]。图 3.12a 为假设的被采样信号 $x(t)$ 的幅值谱 $|X(\zeta)|$，$f_N$ 为信号 $x(t)$ 的奈奎斯特频率（奈奎斯特频率是指信号中最高频率分量的频率）。

做卷积按照以下 5 个步骤进行：

1）使 $|X(\zeta)|$ 和 $P(\zeta)$ 中的任意一个，比如 $P(\zeta)$，固定不变，如图 3.12b 所示。把另一个幅值谱 $|X(\zeta)|$ 在频率上倒转，变成 $|X(-\zeta)|$。由于 $|X(\zeta)|$ 是偶函数，倒转后的曲线形状不变，如图 3.12c 所示。

2）把图 3.12c 中频率倒转后的幅值谱 $|X(-\zeta)|$ 改写为 $|X(f-\zeta)|$，其中的 $f$ 就是图 3.12f 中卷积曲线的频率变量。这样改写后，只要改变 $f$ 就可以使 $|X(f-\zeta)|$ 左右平移。在开始做卷积时令 $f = -\infty$，就可把 $|X(f-\zeta)|$ 左移到 $-\infty$ 处，如图 3.12d 所示。

3）让 $f$ 逐渐增加，$|X(f-\zeta)|$ 就逐渐右移。每移到一个频率点 $f$，就对乘积 $P(\zeta)|X(f-\zeta)|$ 在整个频率范围内做一次积分。这个积分值就是卷积曲线在频率点 $f$ 的值。

4）令 $f = f_1$，因而 $|X(f-\zeta)|$ 变成 $|X(f_1-\zeta)|$，这就得到图 3.12e 中的情况。此时，$|X(f-\zeta)|$ 已被右移到它的纵坐标与图 3.12f 中的 $f_1$ 对齐的位置 [在图 3.12e 中，$f_1$ 为常量，$\zeta$ 为变量。令 $\zeta = f_1$，就得到 $|X(f_1-\zeta)| = |X(0)|$，而 $|X(0)|$ 就是图 3.12a 中 $|X(\zeta)|$ 的中间值]。这就可以对乘积 $P(\zeta)|X(f_1-\zeta)|$ 在 $(-\infty, \infty)$ 频率范围内做积分了。这个积分是很容易的，因为 $P(\zeta)$ 的无数个 $\delta$ 信号中只有 $\delta(\zeta+2f_S)$ 与 $|X(f_1-\zeta)|$ 有交点。这个卷积值也就简单地等于图 3.12e 中的 $a[\delta(\zeta+2f_S)$ 与 $|X(f_1-\zeta)|$ 相乘的情况与图 3.5 中相同，即利用 $\delta$ 函数的筛选特性]；而 $a$ 就是图 3.12f 中 $f_1$ 频率点的卷积值（因为图 3.12e 中 $f = f_1$），即 $|X_S(f_1)| = a$。至此就完成了频率点 $f_1$ 处的卷积计算。

5）在 $|X(f-\zeta)|$ 从 $f = -\infty$ 变化到 $+\infty$ 的过程中，需计算出所有的卷积值，再把这些卷积值连起来，就得到图 3.12f 中的卷积曲线 $|X_S(f)|$。

读者可以仿照上面的步骤，自行计算图 f 中其他频率点上的卷积值。

由于 $|X(f)|$ 与 $P(f)$ 之间的卷积是周期性的 [因为 $P(f)$ 是周期性的]，所以只要算出在 $[-f_S/2, f_S/2]$ 范围内的卷积值，然后将它复制、平移和叠加，也可得到图 3.12f 中完整的卷积曲线。

现在可以根据图 3.12f 中的卷积曲线，写出已采样信号 $x_S(t)$ 的频率谱表达式

$$X_S(f) = \sum_{n=-\infty}^{\infty} X(f - nf_S) \tag{3.11}$$

式（3.11）中已把幅值谱 $|X_S(f)|$ 改成了频率谱 $X_S(f)$。这是因为 $P(f)$ 的相位处处为零，使卷积的相位与 $X(f)$ 的相位相同（见图 3.12e），使 $X_S(f)$ 和 $X(f)$ 有相同的相位值。式（3.11）的意思是：由理想采样操作产生的已采样信号 $x_S(t)$ 的频率谱 $X_S(f)$，等于无数个被采样信号 $x(t)$ 的频率谱 $X(f-nf_S)$ 的叠加（$n = \cdots, -2, -1, 0, 1, 2, \cdots$），其中的 $nf_S$ 表示每两个相邻频率谱之间都相距 $f_S$。

> **小测试**：计算两个时域信号频率谱之间的卷积，是否只需做一次在 $(-\infty, \infty)$ 区间内的积分。答：否。

## 3.5 采样定理

采样定理是数字信号处理中最重要的定理。它的要点是对模拟信号 $x(t)$ 中所包含的最高频率分量的频率 $f_N$ 与采样率 $f_S$ 之间的大小关系作出规定，并可叙述为：如果 $f_N$ 小于 $f_S/2$，就可以从已采样信号 $x_S(t)$ 中完全恢复出原来的模拟信号 $x(t)$，如图 3.13 所示。

图 3.13a 表示已采样信号 $x_S(t)$ 的幅值谱 $|X_S(f)|$（见图 3.12f）。图 3.13b 表示理想模拟低通滤波器的幅值响应。由于滤波器的截止特性是直上直下的，没有过渡区，所以用这种滤波器对图 3.13a 中的已采样信号 $|X_S(f)|$ [也就是 $x_S(t)$] 进行滤波，就可还原出原来的模拟信号 $|X(f)|$ [即 $x(t)$]，如图 3.13c 所示。但前提是需满足采样定理。或者说，$|X_S(f)|$ 与 $|X(f)|$ 在 $[-f_S/2, f_S/2]$ 频率范围内完全一样。

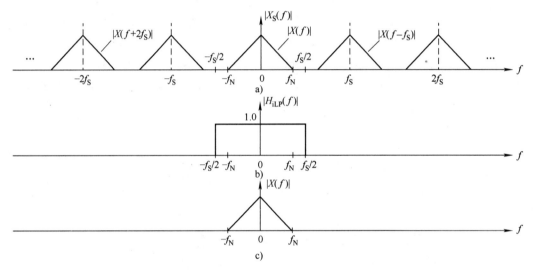

图 3.13　如果满足采样定理，就可以从 $|X_S(f)|$ 还原出 $|X(f)|$

a）已采样信号的幅值谱 $|X_S(f)|$　b）理想模拟低通滤波器的幅值响应 $|H_{iLP}(f)|$

c）还原出原来的模拟信号的幅值谱 $|X(f)|$

图 3.13 中的滤波过程，在数字信号处理中被称为模拟信号的理想重构（在本书第 11.1 节详细说明）。也就是说，利用理想模拟低通滤波器来重新构建或还原出原来的模拟信号。但图中存在两个实际问题：①图 3.13b 中具有直上直下截止特性的理想模拟低通滤波器是无法实现的；②图 3.13a 中的 $X_S(f)$ 对应于时域中的已采样信号 $x_S(t)$，而 $x_S(t)$ 是由理想采样信号 $p(t)$（见图 3.8）产生的，也是无法实现的。所以，图 3.13 中的滤波过程只是理论上的想法。本书后面的第 11 章将对理论和实际的重构做比较详细的讨论。

小测试：满足采样定理后，是否就可保证已采样信号 $x_S(t)$ 与原来的模拟信号 $x(t)$ 在 $[0, f_S]$ 范围内的频率谱完全一样。答：否，应该在 $[-f_S/2, f_S/2]$ 范围内的频率谱完全一样。

## 3.6 频率混叠

上一节的采样定理说明，当 $f_N$ 小于 $f_S/2$ 时，就可以从已采样信号 $x_S(t)$ 还原出原来的模拟信号 $x(t)$。但如果 $f_N$ 大于或等于 $f_S/2$，会发生什么情况呢？这就是本节要讨论的频率混叠现象。频率混叠是数字信号处理中最重要的概念之一。

### 3.6.1 什么是频率混叠

图 3.13 中是 $f_N$ 小于 $f_S/2$ 的情况。如果 $f_N$ 大于 $f_S/2$，就变成图 3.14a 中的情况。图 3.14b 表示，由于采样操作会产生无数个完全相同且相距 $f_S$ 的频率谱 $X(f\pm nf_S)$，所以当 $f_N$ 大于 $f_S/2$ 时，无数个频率谱中的每一个都会与相邻的两个频率谱发生重叠。图 3.14b 中的斜虚线就表示频率混叠部分，斜虚线上方的水平实线表示频率混叠的结果。从图 3.14b 可以看出，频率混叠发生在 $f_S/2$ 附近的高频区，使信号中的高频成分出错。但有时 $f_N$ 会高到接近或超过 $f_S$，此时产生的频率混叠将会影响到 $[0, f_S/2]$ 的整个频率区（在离散时域中，频谱总是周期性的，而且只能处理 $[0, f_S/2]$ 频率区内的信号。其中，靠近 $f_S/2$ 的频率区叫高频区，靠近直流的频率区叫低频区）。

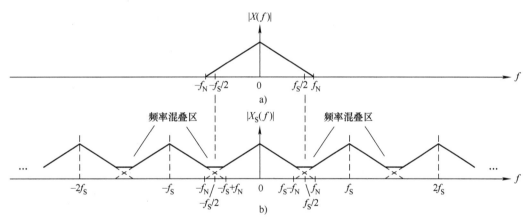

图 3.14 当 $f_N$ 大于 $f_S/2$ 时发生的频率混叠现象

> 小测试：在采样时，如果信号中包含了频率超过 $f_S/2$ 的分量，就一定会产生频率混叠吗？
> 答：是。

### 3.6.2 错误的采样操作产生频率混叠

图 3.15 表示余弦信号 $x_1(t)$（用虚线表示）被错误采样的情况。图 3.15 中的采样率 $f_S = 4\text{kHz}$，信号 $x_1(t)$ 的频率 $f_1 = 3\text{kHz}$。由于信号频率 $f_1$ 大于 $f_S/2$，不满足采样定理，所以一定会发生频率混叠。下面来说明。

图 3.15a 中的 $x_{1S}(t)$ 是 $x_1(t)$ 被用 $f_S = 4\text{kHz}$ 的采样率错误采样后得到的 11 个样点，且

$x_{1S}(t)$ 每两个相邻样点之间的时间间隔就是采样周期 $T$。由于采样率 $f_S = 4\text{kHz}$，所以采样周期 $T = 1/4\text{kHz} = 0.25\text{ms}$；而信号周期 $T_1 \approx 0.33\text{ms}$。由此，模拟信号 $x_1(t)$ 在它的一个周期 $T_1$ 内只被采得 $T_1/T \approx 1.3$ 个样点（一个正弦量信号如果在每个周期内被采的样点数不超过 2，就不满足采样定理）。图 3.15a 中从 $-0.5 \sim 0.5\text{ms}$ 的 $1\text{ms}$ 时间内，总共包含了 $x_1(t)$ 的 3 个周期，但只采得 4 个样点。如果把图中采集到的 11 个样点，用一条光滑虚线连起来，便得到一条频率等于 $1\text{kHz}$ 的余弦曲线［这只是 $x_{1S}(t)$ 所包含的无数个不同频率余弦信号中频率最低的那个余弦信号的曲线］。一个频率等于 $3\text{kHz}$ 的余弦信号在采样后变成了一个频率等于 $1\text{kHz}$ 的余弦信号，这就是频率混叠。因为原来 $3\text{kHz}$ 的正弦量被错误地搬移到了 $1\text{kHz}$ 的频率点上。

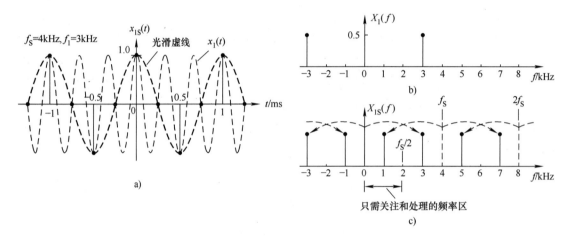

图 3.15　不满足采样定理时发生的频率混叠

a）已采样信号 $x_{1S}(t)$ 的样点图　b）模拟信号 $x_1(t)$ 的频率谱 $X_1(f)$

c）已采样信号 $x_{1S}(t)$ 的频率谱 $X_{1S}(f)$

图 3.15b 和 c 从频域来说明频率混叠现象。在图 3.15b 中，模拟信号 $x_1(t)$ 的频率谱 $X_1(f)$ 被表示为两条分别位于 $\pm 3\text{kHz}$ 的谱线。在图 3.15c 中，由采样率 $f_S$ 引起的两条谱线，分别位于 $f_S$ 两侧距离 $\pm 3\text{kHz}$ 的地方，其中一条谱线的频率变为 $1\text{kHz}$，另一条谱线的频率变为 $7\text{kHz}$。现在如果把图 3.15b 中的谱线与图 3.15c 中从 0 到 $f_S/2$ 频率区（即只能处理的频率区）内的谱线进行比较，就会发现图 3.15c 中多了一条位于 $1\text{kHz}$ 的谱线。这条谱线其实是从图 3.15b 中原先位于 $-3\text{kHz}$ 的谱线通过 $f_S$ 产生的。这就是频率混叠［由于原先的 $x_1(t)$ 中未包含 $1\text{kHz}$ 的频率分量，所以没有发生两条谱线的重叠。下面图 3.16 中的 $X_S(f)$ 则同时包含了 $1\text{kHz}$ 和 $3\text{kHz}$ 的正弦量，那里将看到谱线重叠的情况］。

　　频率混叠现象在日常生活中也是存在的。比如在电影里，当马车跑得越来越快时，车轮的转速反而会变慢，然后停转、倒转。这就是频率混叠现象（由于车轮只表示单一频率信号，所以没有发生真正的频率混叠，这与图 3.15 中的情况相同）。提高每秒播放的帧数（即提高采样频率）或不让马车跑得那么快（即降低信号频率）都可以用来避免车轮慢转、停转和倒转，也就是避免了频率混叠。

小测试：如果采样后使原先模拟信号中 1kHz 和 9kHz 的两个正弦量错误地混叠在一起，采样率只能等于 10kHz。答：是。

【例题 3.2】 画出已采样信号 $x_S(t)$ 的双边幅值谱和时域样点图，采样率为 8kHz。被采样信号 $x(t)$ 由两个正弦量信号 $x_1(t)$ 和 $x_2(t)$ 组成。其中，$x_1(t)$ 为频率等于 2kHz、振幅等于 10 和相位等于零的余弦信号，$x_2(t)$ 为频率等于 6kHz、振幅等于 5 和相位等于零的正弦信号。

解：图 3.16a 中用实线表示被采样信号 $x(t)$ 的波形，它等于两个正弦量信号 $x_1(t)$ 和 $x_2(t)$ 之和，而 $x_1(t)$ 和 $x_2(t)$ 可分别写为

$$x_1(t) = 10\cos4000\pi t \tag{3.12}$$

$$x_2(t) = 5\sin12000\pi t = 5\cos(12000\pi t - \pi/2) \tag{3.13}$$

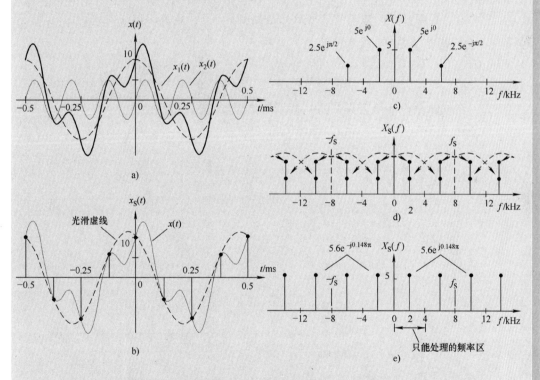

图 3.16 正弦量信号 $x_1(t)$、$x_2(t)$、$x(t)$ 和已采样信号 $x_S(t)$ 的时域波形和频率谱

根据上面两式，可以容易地画出 $x(t)$ 的频率谱，如图 3.16c 所示。图 3.16b 表示对图 3.16a 中的 $x(t)$ 用 8kHz 采样率采样后得到的已采样信号 $x_S(t)$ 的样点图。图 3.16b 中的 9 个样点是在 $-0.5 \sim 0.5$ms 范围内采集到的。图中用一条光滑虚线把它们连起来，得到频率为 2kHz 的正弦量信号。

图 3.16d 表示已采样信号 $x_S(t)$ 的频率谱 $X_S(f)$ 的组成。图中，采样操作从 $-f_S$、

0 和 $f_S$ 三个频率点产生了 12 条谱线（在 $[-f_S, f_S]$ 的两侧还有无数条相同的谱线），这些谱线分别位于 $\pm 2\text{kHz}$、$\pm 6\text{kHz}$、$\pm 10\text{kHz}$ 和 $\pm 14\text{kHz}$ 的频率点上。把它们两两相加后，就得到图 3.16e 中的频率谱 $X_S(f)$。由于这些谱线的模和幅角被表示为一个复数（如图 3.16c 所示），所以谱线的相加就是复数的相加（复数相加，除了用平行四边形法则外，还可以把两个复指数分别展开为实部和虚部后相加）。比如，图 3.16d 中位于 $2\text{kHz}$ 的两条谱线分别为 $5e^{j0}$（来自 $f = 0$）和 $2.5e^{j\pi/2}$（来自 $f = f_S$），相加的结果为 $5.6e^{j0.148\pi}$，如图 3.16e 所示。而图 3.16b 中连接 $x_S(t)$ 的 9 个样点的光滑虚线，也验证了图 3.16e 中已采样信号的频率谱 $X_S(f)$ 的正确性（因为从图 3.16e 中的 $[-f_S/2, f_S/2]$ 范围看，只存在一个位于 $2\text{kHz}$ 频率点的正弦量信号，且幅度和相位都相符）。

**【例题 3.3】** 画出正弦信号 $x(t)$ 的时域波形和它的已采样信号 $x_S(t)$ 的样点图，以及两者的频率谱。已知正弦信号 $x(t)$ 的振幅等于 1，相位等于 $30°$，频率等于 $1\text{kHz}$，采样率等于 $2\text{kHz}$。

**解**：图 3.17a 表示正弦信号 $x(t)$ 的时域波形，图 3.17c 是它的频率谱 $X(f)$。图 3.17b 表示已采样信号 $x_S(t)$ 的样点图，图 3.17e 是它的频率谱 $X_S(f)$。由于正弦信号 $x(t)$ 的频率刚好等于采样率的一半，所以也会有频率混叠。

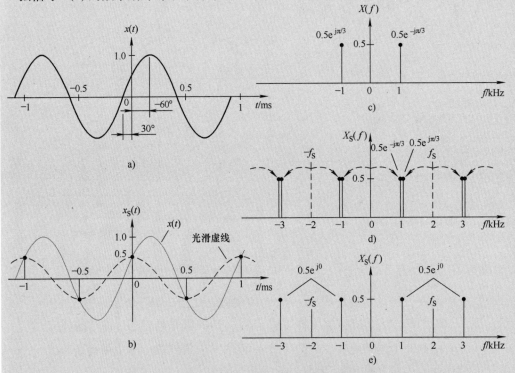

图 3.17 正弦信号 $x(t)$ 的时域波形、已采样信号 $x_S(t)$ 的样点图以及它们的频率谱

在画频率谱时，如果把正弦信号改写为余弦信号会比较简单。为此，只需把相位 30° 减去 90°，变成 −60° 或 −π/3。这就可以很容易地画出图 3.17c 中的频率谱 X(f)。当用 2kHz 的采样率对 x(t) 采样时，就会从频率点 nf_S（n = 0，±1，±2，…）向左右两侧产生无数对谱线，并可以从图 c 中的频率谱确定这些谱线的幅值都等于 0.5，相位都等于 ±π/3，如图 3.17d 所示。由于信号的频率刚好等于采样率 f_S 的一半，所以这些谱线是两两重叠的。把这些两两重叠的谱线加起来（关于矢量加法，如图 2.8 所示），就得到图 3.17e 中的线谱图。这个线谱图是与图 3.17b 中的样点图一致的（图 3.17b 中用光滑虚线描出的余弦信号），即两者的频率都等于 1kHz、相位都等于零和幅值都等于 0.5（图 3.17e 中位于 ±1kHz 处的两个复指数信号的 0.5 的幅值，也应该看成是由图 3.17d 中的四个幅值为 0.5 的复指数信号两两相加后产生的）。

需要说明的是，当信号频率刚好等于 f_S/2 时，已采样信号 x_S(t) 样点图的幅值完全取决于正弦信号 x(t) 的相位。在图 3.17a 中，正弦信号 x(t) 的相位等于 30°，所以 x_S(t) 的幅值等于 0.5；如果相位等于零，幅值就等于零，如果相位等于 90°，幅值就等于 1。

---

**小测试**：当正弦量信号的频率等于 f_S/2 时，每个信号周期内仅采得两个样点，而且这两个样点的大小一定成相反数，它们的幅度则与正弦量信号的相位有关。答：是。

## 3.7　抗混叠滤波

抗混叠滤波也是数字信号处理中的重要概念。它的意思是，如果一个模拟信号在被采样时不满足采样定理，即 f_N ≥ f_S/2，可以在采样之前对模拟信号增加一次模拟低通滤波，滤除会产生频率混叠的高频成分，以避免或减轻频率混叠，从而达到抗混叠的目的。

从信号处理系统中的位置来看，抗混叠模拟低通滤波器应该位于模拟输入信号与采样保持器（或 ADC）之间。在图 3.2 中，应该位于框图的最前端（图中未画出）。

抗混叠模拟低通滤波器的作用可以用图 3.18 来说明。图 3.18a ~ d 表示用理想模拟低通滤波器实现抗混叠滤波的情况，图 3.18e ~ h 表示用实际模拟低通滤波器实现抗混叠滤波的情况。图 3.18a 与图 3.18e 表示同一个被采样的模拟信号的幅值谱 |X(f)|。图中表示，幅值谱 |X(f)| 中包含了频率超过 f_S/2 的高频成分。为避免频率混叠，必须在采样之前滤除这些高频成分。这个滤波就叫抗混叠滤波。下面来具体说明。

### 3.7.1　用理想模拟低通滤波器进行抗混叠滤波

图 3.18a 表示模拟信号的幅值谱 |X(f)|，其中频率超过 f_S/2 的高频成分是需要滤除的，f_N 为 X(f) 的奈奎斯特频率（即信号中最高频率分量的频率）。图 3.18b 表示所用的抗混叠滤

波器具有理想的低通特性$|H_{iLP}(f)|$，表现为通带内的增益等于1，阻带内的增益等于零，从通带到阻带是直上直下的，没有过渡带，而且滤波器的截止频率被设计成刚好等于$f_S/2$。当图3.18a中的信号经过图3.18b中的理想滤波器后，就得到图3.18c中可以被采样的模拟信号$|X_{iLP}(f)|$。由于现在的模拟信号$|X_{iLP}(f)|$中不存在等于或超过$f_S/2$的高频成分，所以在用$f_S$的采样率采样时，不会发生频率混叠。采样的结果是，得到图3.18d中的已采样信号$|X_{iS}(f)|$。当对图3.18a和图3.18d进行比较时可以发现，图3.18a中超过$f_S/2$的频率成分在图3.18d中已不复存在。这便得到抗混叠滤波的一个要点：对于被采样信号，无法保留超过$f_S/2$的高频成分。所以，需要保留多少高频成分，是选择采样率$f_S$的主要依据。

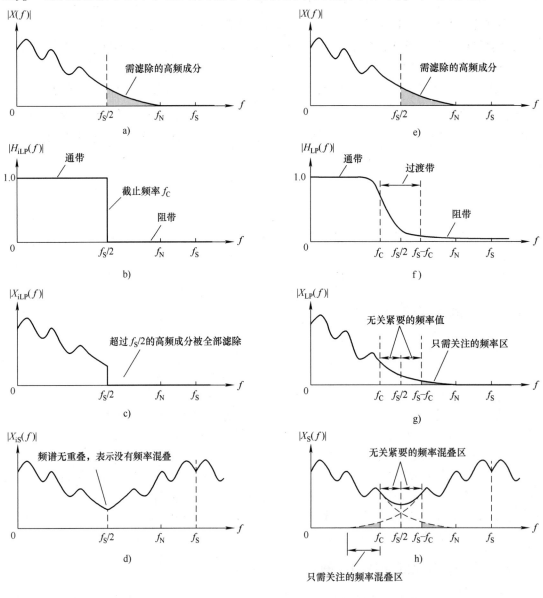

图3.18　用模拟低通滤波器进行抗混叠滤波

a）~d）使用理想模拟低通滤波器实现抗混叠滤波的情况　　e）~h）使用实际模拟低通滤波器实现抗混叠滤波的情况

### 3.7.2　用实际模拟低通滤波器进行抗混叠滤波

图 3.18e ~ h 表示利用实际模拟低通滤波器进行抗混叠滤波的情况。其中，图 3.18f 表示实际模拟低通滤波器的典型频率特性。它与图 3.18b 中理想低通滤波器的主要不同点是，从通带到阻带不是直上直下的，而是有一个过渡带。在实际中希望过渡带尽可能窄，以尽量接近理想特性。

在图 3.18b 中，由于低通滤波器是理想的，可以把滤波器的截止频率 $f_C$ 设计成刚好等于 $f_S/2$。但对于图 3.18f 中的实际滤波器，通常把滤波器的截止频率 $f_C$ 设计成略小于 $f_S/2$（截止频率 $f_C$ 表示决定舍去信号中频率超过 $f_C$ 的成分）。究竟 $f_C$ 比 $f_S/2$ 小多少，取决于对抗混叠的要求，即多大的频率混叠量是可以接受的。

具体来说，图 3.18g 中的 $|X_{LP}(f)|$ 为模拟信号 $|X(f)|$ 经过实际低通滤波器 $|H_{LP}(f)|$ 之后的频率谱。由于 $|H_{LP}(f)|$ 存在过渡带，使 $|X_{LP}(f)|$ 中超过 $f_C$ 的频率成分未被全部滤除，只是被衰减了。更重要的是，在未被滤尽的高频区内包含了超过 $f_S - f_C$ 的频率成分，即图 3.18g 下方的灰色区域。这个灰色区域会在采样时与 $f_C$ 以下频率区内的信号发生频率混叠，见图 3.18h。这个频率混叠是不希望出现的。

对于这部分频率混叠的大小，可以用图 3.18h 左下方的灰色三角形面积来估算［图 3.18h 中的 $|X_S(f)|$ 为信号被采样后的幅值谱］。这就是，可以用灰色三角形面积与 $|X_S(f)|$ 从 0 到 $f_C$ 区间内的面积之比来衡量。比如，选择这个面积之比为 5% 或者 10% 等。具体的比值与实际应用有关。

对于图 3.18g 中从 $f_S/2$ 到 $f_S - f_C$ 区间内的频率成分，虽然在采样时会与从 $f_C$ 到 $f_S/2$ 区间内的频率成分叠加而产生频率混叠，但由于这个频率混叠区超过了截止频率 $f_C$，所以不会影响 $f_C$ 以下频率区内的有用信号，也就不必关心。或者说，不必考虑滤波器过渡带的频率混叠（如图 3.18f 所示）。至于过渡带内的频率混叠信号，将会一直存在于数字信号处理的全过程。也可以容易地利用数字低通滤波器来滤除这部分频率混叠，或者最后用模拟重构低通滤波器来滤除（模拟重构低通滤波器在第 11 章讨论）。

最后把抗混叠滤波的内容归纳为：抗混叠滤波的目的是消除或减轻频率混叠。采样率 $f_S$ 是数字信号处理中最主要的参数。一旦采样率 $f_S$ 确定之后，被采样的模拟信号中超过 $f_S/2$ 的高频成分就无法保留。通常，抗混叠滤波器的截止频率 $f_C$ 总是设定为略小于 $f_S/2$。

> **小测试**：由于实际抗混叠模拟低通滤波器的过渡带无法为零，所以滤波器的截止频率 $f_C$ 通常选择为略小于 $f_S/2$。答：是。

## 3.8　量化

采样操作把模拟信号变成离散时域中的采样数据信号，其中的主要问题是频谱发生了变化（从一个频谱变成了无数个频谱的叠加，见图 3.12f）。随后的量化操作则把采样数据信号（即采样电容上的电压值）量化成预先规定好的若干个电位之一（见图 3.2）。量化的主要问题是会产生量化误差。由于量化操作是由量化器完成的，本节将重点讨论量化器的特性，包括量化误差、量化噪声、信噪比和动态范围等参数。而量化器产生的量化误差会始终伴随数字信号及其处理过程。

本节的讨论使用图3.19中的2位量化器。其中，图3.19a表示量化器的传递曲线（即输入与输出之间的关系曲线）。首先，输入信号被分成4个量化区间：0 ~ 1/8V、1/8 ~ 3/8V、3/8 ~5/8V 和5/8 ~1V（应该说明，图中的第1量化区间小了一半，第4量化区间大了一半；但实际的量化器都在8位以上，所以这个差异是非常小而可以略去的）。由此算出量化器的量化步长 $\Delta = 0.25V$（量化步长是指量化器的量化区间长度，通常用 $\Delta$ 表示）。此外，量化器的输出是4个量化电位值：0V、1/4V、2/4V 和3/4V。在图3.19a中，用4个输出量化值与输入信号相减，就得到量化器的量化误差曲线，如图3.19b所示。

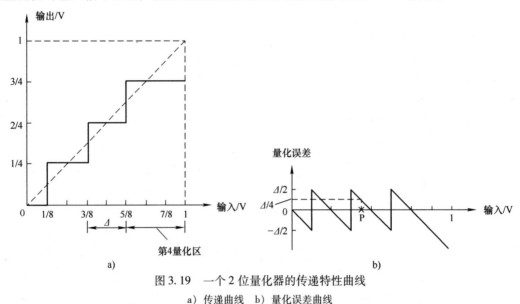

图 3.19 一个2位量化器的传递特性曲线

a）传递曲线 b）量化误差曲线

## 3.8.1 量化误差

量化误差是由量化器产生的。在图3.19a中，量化器把每一个采样值（即采样电容上的电压值）量化成 $0$、$\frac{1}{4}V$、$\frac{1}{2}V$ 或 $\frac{3}{4}V$ 的4个电位值之一。从图中看，量化误差的最大值为 $\frac{1}{8}V$，最小值为 $-\frac{1}{8}V$，平均值为零（假设量化误差在 $-\frac{1}{8} \sim \frac{1}{8}V$ 的量化区间内是均匀分布的）。所以，量化误差的最大值和最小值与量化器的量化步长 $\Delta$ 有关，且分别等于 $\Delta/2$ 和 $-\Delta/2$。

小测试：任何实际量化器的量化误差都做不到在 $[-\Delta/2, \Delta/2]$ 范围内是完全均匀分布的。答：是。

## 3.8.2 量化噪声和信噪比

在分析量化误差时，总是把量化误差看成是一个与输入信号无关的随机量；而所有量化误差的集合叫作量化噪声。对于量化噪声，不能简单地用电压或电流来描述，而要用功率来

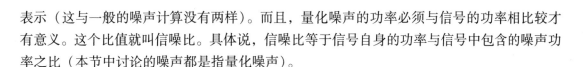

表示（这与一般的噪声计算没有两样）。而且，量化噪声的功率必须与信号的功率相比较才有意义。这个比值就叫信噪比。具体说，信噪比等于信号自身的功率与信号中包含的噪声功率之比（本节中讨论的噪声都是指量化噪声）。

### 3.8.3　信噪比与动态范围

在图 3.19a 或一般的量化器（比如 ADC）中，由于量化步长是固定不变的，所以量化噪声的功率也是固定的。而量化器输入信号的幅度是变化的，所以就有许许多多的信噪比数值。如果想用某一个参数来表示量化器自身的特性（即与输入信号的幅度无关），其方法是把输入信号的幅度提高到量化器允许的最大值。这样的信噪比参数，对于任意一个量化器都只有一个。这个参数就叫动态范围。

总的来说，每个电路或系统（包括量化器）都有许许多多的信噪比值，而动态范围只有一个，它等于最大输出幅度与最小输出幅度之比。这个最小输出幅度总是等于电路的输出噪声，因为小于输出噪声的信号被认为会被噪声淹没。

### 3.8.4　动态范围的计算

现在来计算图 3.19 中量化器的动态范围。在图 3.19a 中，量化器所允许的输入信号最大值为 1V；量化器所允许的信号最小值应该等于量化器的量化噪声。

另一方面，从图 3.19b 看，如果输入信号变化很小或者为直流，信号会停留在同一量化区间内的某个很小的范围内（比如图 3.19b 中的 P 点附近）。这使量化误差也集中在某个小区域内（比如图 3.19b 中的 $\Delta/4$ 附近）。这样的量化误差就不是均匀分布的。

如果输入信号比较活跃（即有一定的高频分量）或者量化器有较多的位数（即有很小的量化步长 $\Delta$），输入信号就会不停地在各量化区间之间跳来跳去。这时可以认为量化误差是在 $[-\Delta/2, \Delta/2]$ 范围内均匀分布的。由于一般的使用情况都非常接近均匀分布，所以量化器的量化噪声功率就可以用量化器的平均量化误差功率来表示，并可简单地用图 3.19b 中的任意一个直角三角形来计算。

下面利用图 3.19b 最左边的倒直角三角形来计算。为便于计算，先把它画成图 3.20a 中的形状，即把倒三角形变成正向的三角形，这对计算结果毫无影响。现在，三角形的两条直角边的长度都等于 $\Delta/2$。所以，量化器的量化噪声功率可计算为

$$P_N = \frac{1}{\Delta/2}\int_0^{\Delta/2} x^2 \mathrm{d}x = \frac{2}{\Delta}\left.\frac{x^3}{3}\right|_0^{\Delta/2} = \frac{\Delta^2}{12} \tag{3.14}$$

式中，$\Delta$ 为量化器的量化步长；$x$ 为量化器的任意一个量化误差，如图 3.20a 所示。上式的计算结果 $\Delta^2/12$ 就是量化器或 ADC 的平均量化噪声功率，是信号处理中的重要数据。

接下来要计算的是输入信号的平均功率，并规定输入信号的形状应该像三角波或锯齿波那样，也就是像图 3.20a 中的形状。这样的好处是，输入信号的幅度在整个输入范围内是均匀分布的。在定义信噪比和动态范围时，都是使用这样的形状。图 3.20b 中的三角波就是根据图 3.20a 中的锯齿波画出的（在计算信号功率时，三角波与锯齿波是相同的）。图 3.20b 中的 A 表示三角波的峰峰值，这与图 3.20a 中的 $\Delta$ 相对应。图 3.20b 中的水平轴为时间轴，

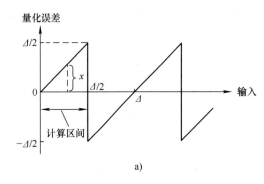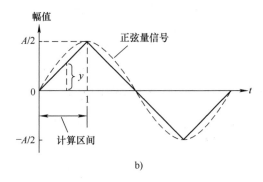

图 3.20　平均量化误差功率的计算

a）计算平均量化误差功率　b）计算最大信号平均功率

它的标尺是随意的，不会影响计算结果。计算区间也是随意的，这里选用从 0～1（对应于图 3.20a 中从 0～$\Delta/2$）。计算的形状仍然是直角三角形。

根据式（3.14），可以容易地算出最大输入信号的平均功率为

$$P_{ST} = \int_0^1 y^2 \mathrm{d}t = \int_0^1 \left(\frac{A}{2}t\right)^2 \mathrm{d}t = \frac{A^2}{4}\int_0^1 t^2 \mathrm{d}t = \frac{A^2}{4} \frac{x^3}{3}\bigg|_0^1 = \frac{A^2}{12} \tag{3.15}$$

式中，$P_{ST}$ 为输入三角波信号满幅时的平均功率［下标 S 表示信号，下标 T 表示三角波，所以下标 ST 表示三角波信号。下面式（3.18）中的下标 SS 表示正弦量信号］；被积函数 $y$ 为输入信号的任意一个幅度；$A$ 为输入信号的满幅值，与 $\Delta$ 对应。

从图 3.19 可知，量化器的量化步长 $\Delta$ 取决于量化器的位数 $B$ 和输入信号的满幅值 $A$，并可表示为

$$\Delta = \frac{A}{2^B} \tag{3.16}$$

在图 3.19 中，$A = 1\text{V}$ 和 $B = 2$，所以量化器的量化步长 $\Delta = 1/2^2 = 0.25\text{V}$。

利用式（3.14）～式（3.16）可以算出量化器以三角波为输入时的动态范围表达式

$$DR_T = 10\log\frac{P_{ST}}{P_N} = 10\log\frac{A^2/12}{\Delta^2/12} = 20\log\frac{A}{A/2^B} = 6.02B \text{ dB} \tag{3.17}$$

式（3.17）表示，量化器的位数每增加 1 位，它的动态范围就增加 6.02dB，近似为 6dB。这个 6.02dB 或 6dB 也是信号处理中的重要数据。

再回到图 3.19 中，由于是 2 位量化器，它的动态范围就可用式（3.17）计算为 12dB。或者说，这个 2 位量化器可以达到的最大信噪比为 12dB。如果一个 ADC 的位数为 16 位，它的动态范围就应该为 $6 \times 16 = 96\text{dB}$。

虽然已经推导出了量化器的动态范围，但问题还没有完全解决，因为在对量化器（包括 ADC）进行信噪比或动态范围测试时，总是把正弦量信号用作输入信号，而非三角波或锯齿波。其中的原因是，正弦量信号是单频信号，所以量化器的输出等于单频信号与量化噪声之和（假设量化器本身是完全线性的，所以没有非线性误差，也就没有谐波失真），这使得信噪比的测试非常容易（对于测试得到的数据，通常会用 FFT 进行分析计算）。如果改用三角波来测量，由于三角波本身存在大量的谐波成分，难以确定量化器的量化噪声。

为此，还需要找出正弦量信号与三角波信号在幅度分布方面的不同点。具体说，三角波信号的幅度是均匀分布的，而正弦量信号的幅度较多地分布在峰值附近（正弦量峰值附近的导数趋于零，这表示峰值附近的幅度是缓慢变化的，而过零点附近的幅度是急速变化的），如图 3.20b 所示。所以两者幅度相同时的平均功率是不同的。但量化噪声功率是基本不变的，依然是 $P_N = \Delta^2/12$［见式（3.14）］。

三角波信号的平均功率已经表示在式（3.15）中。正弦量信号的平均功率，可以用它的有效值来计算（正弦量信号的有效值等于它的振幅的 $1/\sqrt{2}$，而这里的振幅等于 $A/2$，见图 3.20b）。

$$P_{SS} = \left(\frac{A/2}{\sqrt{2}}\right)^2 = \frac{A^2}{8} \tag{3.18}$$

把式（3.14）中的量化噪声功率 $P_N = \Delta^2/12$ 和上式中的 $P_{SS} = A^2/8$ 代入式（3.17），得到

$$DR = 10\log\frac{P_{SS}}{P_N} = 10\log\frac{A^2/8}{\Delta^2/12} = 10\log\frac{12A^2}{8A^2/2^{2B}} = (6.02B + 1.76)\,\text{dB} \tag{3.19}$$

式（3.19）表示，如果把正弦量信号用作输入信号，那么量化器的动态范围就不再是式（3.17）中的 $6.02B$，而变成了式（3.19）中的 $(6.02B + 1.76)\,\text{dB}$，或近似为 $(6B + 1.76)\,\text{dB}$，其中的 $B$ 为量化器的位数，而 $1.76\text{dB}$ 表示正弦量信号的平均功率要比相同幅度的三角波信号高出 $1.76\text{dB}$。【例题 3.4】将从时域波形来说明这一点（这里讨论的量化器的步长是相等的，这叫均匀量化器。步长不等的量化器叫非均匀量化器。比如，数字电话中使用的对数式量化器）。

小测试：当用正弦量信号对 12 位的 ADC 进行测试时，转换器的动态范围需达到 73.76dB 才算合格。答：是。

【例题 3.4】 用时域波形（见图 3.21）计算振幅等于 $A/2$ 的正弦信号的平均功率，并把计算结果与式（3.18）进行比较。

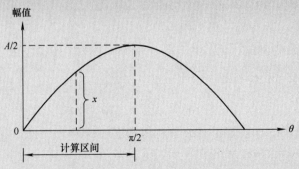

图 3.21 计算正弦信号的平均功率

解：计算平均功率时，只需用它的 1/4 个周期，如图 3.21 所示。它的平均功率可计算为

$$P_{SS} = \frac{1}{\pi/2}\int_0^{\pi/2} x^2 d\theta = \frac{2}{\pi}\int_0^{\pi/2}\left(\frac{A}{2}\sin\theta\right)^2 d\theta = \frac{2}{\pi}\frac{A^2}{4}\int_0^{\pi/2}\sin^2\theta d\theta$$

$$= \frac{A^2}{2\pi}\int_0^{\pi/2}\left(\frac{1-\cos2\theta}{2}\right)d\theta = \frac{A^2}{4\pi}\left(\int_0^{\pi/2}d\theta - \int_0^{\pi/2}\cos2\theta d\theta\right) = \frac{A^2}{4\pi}\left(\frac{\pi}{2}-0\right)$$

$$= \frac{A^2}{8} \tag{3.20}$$

式（3.20）的结果与式（3.18）完全一样，而式（3.18）是通过正弦量的有效值算出的。其实，正弦量的有效值就是用平均功率定义的。所谓的方均根值也是这样定义的。

## 3.9　编码

编码操作是由量化编码器中的数字电路完成的（见图3.2），它的作用是把量化器产生的量化电位转换成对应的数字量。这个转换通常是一对一的，所以比较简单。而这样转换成的数字量就是想要的数字信号。这些数字信号通常表示为二进制补码的形式，因为只有二进制补码才可被计算机使用。但在有些电路中，量化与编码是混在一起，很难分离，比如在 $\Sigma - \Delta$ 转换器中。

## 3.10　小结

本章讨论了从模拟信号 $x(t)$ 向数字信号 $x(n)$ 转换过程中的两个主要操作：采样和量化。采样操作是用采样保持器完成的，它的输入是模拟信号 $x(t)$，输出是已采样信号 $x_S(t)$。已采样信号 $x_S(t)$ 也叫采样数据信号。量化操作是用量化器完成的，它的输入是采样数据信号 $x_S(t)$，输出是数字信号 $x(n)$。采样数据信号和数字信号组成了离散时域信号。

为了导出已采样信号 $x_S(t)$ 的频率谱 $X_S(f)$，引入了理想采样的概念。理想采样是指使用理想采样信号 $p(t)$ 对模拟信号 $x(t)$ 进行的采样操作。理想采样操作实际上是做乘法运算 $x(t)p(t)$。乘法的结果是得到已采样信号 $x_S(t)$，而它的频率谱 $X_S(f)$ 可以用卷积的方法算出。卷积的结果表明：已采样信号 $x_S(t)$ 的频率谱 $X_S(f)$ 等于模拟信号 $x(t)$ 的无数个频率谱 $X(f)$ 经恰当平移后的叠加。在满足采样定理的条件下，频率谱 $X_S(f)$ 与 $X(f)$ 在 $[-f_S/2, f_S/2]$ 频率范围内是完全一样的。

采样定理是数字信号处理中的重要定理。它的意思是，只有当模拟信号 $x(t)$ 中最高频率分量的频率 $f_N$ 小于 $f_S/2$ 时，才能从已采样信号 $x_S(t)$ 中完全恢复出原来的模拟信号 $x(t)$。如果事先知道采样会发生频率混叠，那么避免或减少频率混叠的方法是在采样前做一次抗混叠滤波。完成这个抗混叠滤波的滤波器就叫抗混叠滤波器；这是一个模拟低通滤波器。

量化操作的问题是会产生量化误差，而所有量化误差的集合叫量化噪声。在一般情况下，可以把量化误差看成是在 $[-\Delta/2，\Delta/2]$ 区间内均匀分布的，所以在对量化噪声计算时，可以简单地用量化误差曲线来完成（见图 3.19b）。知道了如何计算量化器的量化噪声，就可以根据信号的平均功率来计算量化器的信噪比和动态范围，而动态范围就是量化器能达到的最大信噪比，它等于量化器的位数乘以 6dB。如果用正弦量信号作为输入，动态范围还需增加 1.76dB。

　　总的来说，本章的内容对于理解数字信号和系统是极其重要的，所以也是本书的重点。没有这些知识，就做不到对数字信号处理的清晰理解。后面第 11 章将说明如何从离散时域返回到连续时域。那时，信号将走过完整的一周，回到连续时域（也见图 1.1）。

# 第 4 章　z 变换

第 3 章讨论了把模拟信号转换成数字信号的全过程。在模拟信号被转换成数字信号后，就可以送入数字信号系统，进行数字信号处理了。在本书接下来的内容中将会看到，在进行数字信号处理时，我们都要用到 z 变换。所以，z 变换是离散时域中最基本的分析工具，就像拉普拉斯变换是连续时域中最基本的分析工具。

由于本章将从拉普拉斯变换导出 z 变换，所以先要对拉普拉斯变换及其性质作一回顾。在用拉普拉斯变换导出单边形式的 z 变换之后，我们将给出双边 z 变换的定义。本章的最后将讨论 z 变换的一些主要性质并给出一个常用数字信号的 z 变换表。

## 4.1　拉普拉斯变换

本节简要回顾拉普拉斯变换的定义和性质。由于拉普拉斯变换是从傅里叶变换导出的，本节先说明傅里叶变换的定义式（前面的第 2.2.1 节也曾对傅里叶变换做过简要说明）。

### 4.1.1　傅里叶变换

傅里叶变换是从傅里叶级数（也称三角级数）演化来的。在傅里叶级数展开中，当周期信号的周期趋于无穷大时，周期信号即变成只包含一个单脉冲波形的非周期信号。这样的非周期信号一般是绝对可积的（绝对可积是指被积函数取绝对值后的积分依然存在）。这样的积分就叫傅里叶变换

$$X(\omega) = \int_{-\infty}^{\infty} x(t) e^{-j\omega t} dt \tag{4.1}$$

式中，$x(t)$ 为时域信号，也就是上面所说的非周期信号；$e^{-j\omega t}$ 类似于图 2.7a 中的旋转复矢量；$X(\omega)$ 为 $x(t)$ 的傅里叶变换，也就是 $x(t)$ 的频率谱；$\omega = 2\pi f$ 是频率变量，也是式（4.1）中的自变量，但对于积分式可看作常量，或者说，做积分时的变量是时间 $t$，$\omega$ 是暂时固定的常量。前面的第 2.2.1 节已经给出了单脉冲矩形波的傅里叶变换计算实例。

> **小测试**：写出单位冲击信号 $\delta(t+\tau)$ 频率谱的幅值和相位。答：1，$\omega\tau$ 或 $2\pi f\tau$。

### 4.1.2　从傅里叶变换到拉普拉斯变换

傅里叶变换的不足之处是只能用于很少的信号，因为式（4.1）的积分对于大多数信号

是不存在的。但如果用复变量 $s = \sigma + j\omega$ 代替式（4.1）傅里叶变换中的 $j\omega$，只要 $\sigma > 0$，$e^{-\sigma t}$ 就起到衰减作用，式（4.1）就可以用于大多数的信号［只要信号 $x(t)$ 随 $t$ 的增速小于 $e^{-\sigma t}$ 的衰减量］。这时的傅里叶变换就变成了拉普拉斯变换

$$X(s) = \int_0^\infty x(t) e^{-st} dt \tag{4.2}$$

式中，拉普拉斯变换式 $X(s)$ 的定义域从傅里叶变换的虚轴 $j\omega$ 扩展到了整个 $s$ 平面。在 $s$ 平面的虚轴上，$\sigma = 0$，使 $s = j\omega$。这说明：虚轴上的每一点都与一个频率值相对应，这就回到了式（4.1）中的傅里叶变换。

另一方面，式（4.2）中的积分下限已经从傅里叶变换的 $t = -\infty$ 右移到了 $t = 0$，也就是，从双边积分变成了单边积分。在数字信号处理中，我们总是从某个时间点开始计算的，这个时间点就可以设定为 $t = 0$。此外，系统的冲击响应也总是从 $t = 0$ 开始的；当 $t < 0$ 时，系统响应一概为零。这就是因果型系统的意思（因果型在第 5 章讨论，实际的系统都是因果型的）。下面两个例题将计算两个基本信号的拉普拉斯变换。

【例题 4.1】　计算图 4.1a 中单位冲击信号 $\delta(t)$ 的拉普拉斯变换。

解：根据式（4.2），单位冲击信号 $\delta(t)$ 的拉普拉斯变换可写为

$$X_d(s) = \int_{0-}^\infty \delta(t) e^{-st} dt \tag{4.3}$$

式（4.3）中，积分区间的下限 $0-$ 表示比零小的一个无穷小量，目的是为了包含 $\delta(t)$ 的全部面积。这样，式（4.3）可演算为

$$X_d(s) = \int_{0-}^{0+} \delta(t) e^{-st} dt = \int_{0-}^{0+} \delta(t) dt = 1 \tag{4.4}$$

式（4.4）中 $0+$ 的含义与 $0-$ 相似，即比零大一个无穷小量。由于积分区间被限制在 $t = 0$ 两侧的极小区域内，就可认为 $e^{-st} = 1$。从式（4.4）看，$\delta(t)$ 的拉普拉斯变换 $X_d(s)$ 与拉普拉斯变量 $s$ 无关，所以 $X_d(s)$ 在 $s$ 平面内处处收敛，即 $X_d(s)$ 的收敛域为整个 $s$ 平面，如图 4.2a 所示。

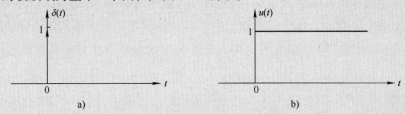

图 4.1　两个基本信号的时域波形

a）单位冲击信号 $\delta(t)$　b）单位阶跃信号 $u(t)$

【例题 4.2】　计算图 4.1b 中单位阶跃信号 $u(t)$ 的拉普拉斯变换。

解：在式（4.2）中，令 $x(t) = 1$ 就得到单位阶跃信号 $u(t)$ 的拉普拉斯变换

$$X_u(s) = \int_0^\infty e^{-st} dt \tag{4.5}$$

式 (4.5) 中，把 $dt$ 变成 $d(-st)$，同时把积分式除以 $-s$，就可演算为

$$X_u(s) = -\frac{1}{s}\int_0^\infty e^{-st} d(-st) = -\frac{1}{s} e^{-st}\Big|_0^\infty = \frac{e^{-st}}{s}\Big|_\infty^0 \tag{4.6}$$

$$= \frac{e^{-\sigma t}}{s} e^{-j\omega t}\Big|_\infty^0 = \frac{e^{-\sigma t}}{s}(\cos\omega t - j\sin\omega t)\Big|_\infty^0$$

式 (4.6) 演算中使用了欧拉恒等式。当 $t=0$ 时，式 (4.6) 等于 $1/s$。当 $t\to\infty$ 时，如果 $\sigma>0$，式 (4.6) 右边的分式 $e^{-\sigma t}/s$ 趋于零，而后面括号内复数的模总是等于 1。这就是说，式 (4.6) 在 $\sigma>0$ 且 $t\to\infty$ 时趋于零。所以式 (4.6) 的计算结果为

$$X_u(s) = \frac{1}{s} \tag{4.7}$$

从条件 $\sigma>0$ 可知，式 (4.7) 的收敛域为右半 $s$ 平面（不包括虚轴）。

## 4.1.3 拉普拉斯变换的收敛域

从上面的【例题 4.2】看，式 (4.6) 仅当 $\sigma>0$ 时才收敛。因为如果 $\sigma=0$，那么当 $t\to\infty$ 时，式 (4.6) 就变成等幅振荡而不存在极限。由此，$u(t)$ 的拉普拉斯变换收敛域应该是 $s$ 平面内 $\sigma>0$ 的部分，如图 4.2b 所示。我们还可以容易地证明，任意时域信号 $x(t)$ 的拉普拉斯变换 $X(s)$（如果存在）的收敛域总是从 $\sigma$ 的某个最小值 $c$ 开始，一直向右延伸至 $+\infty$。而这个 $c$ 与具体的 $x(t)$ 有关，被称为收敛纵坐标（即积分只在纵坐标 $\sigma=c$ 的右边才收敛）。图 4.2 表示三种基本时域信号 $\delta(t)$、$u(t)$ 和 $u(t)e^{-at}$ 的拉普拉斯变换收敛域 [$u(t)e^{-at}$ 的拉普拉斯变换可以像 $u(t)$ 那样导出，其中的 $u(t)$ 用来保证当 $t<0$ 时 $u(t)e^{-at}$ 一概为零，即单边信号]。图 4.2 中，单位冲击信号 $\delta(t)$ 的拉普拉斯变换的收敛纵坐标在 $-\infty$ 处；$u(t)$ 和 $u(t)e^{-at}$ 的收敛纵坐标分别为 $c=0$ 和 $c=-a$（收敛纵坐标通常不在收敛域内）。

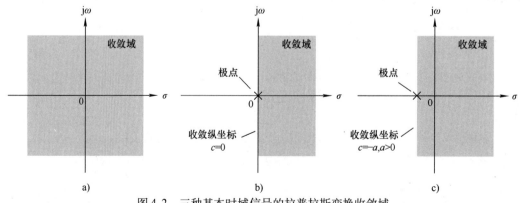

图 4.2 三种基本时域信号的拉普拉斯变换收敛域

a) 单位冲击信号 $\delta(t)$  b) 单位阶跃信号 $u(t)$  c) 单位指数信号 $u(t)e^{-at}$

从图 4.2 还可以看出，拉普拉斯变换的极点总是在收敛域之外，如图 4.2b 和 4.2c 所示；而图 4.2a 中不存在极点。所谓极点，是指使拉普拉斯变换趋于无穷大的 $s$ 取值。由于极点使变换式趋于无穷大，所以一定不在收敛域内。还有，只要收敛域包含虚轴，比如图 4.2c 中的情况，它的时域信号就可以有傅里叶变换。表 4.1 给出了三种基本时域信号的拉普拉斯变换及其收敛纵坐标。

表 4.1　三种基本时域信号的拉普拉斯变换及其收敛纵坐标

| 序号 | 时域信号 | 拉普拉斯变换 | 收敛纵坐标 |
|------|----------|--------------|------------|
| 1 | $\delta(t)$ | 1 | $-\infty$ |
| 2 | $u(t)$ | $1/s$ | 0 |
| 3 | $u(t)\mathrm{e}^{-at}$ | $1/(s+a)$ | $-a$ |

## 4.1.4　拉普拉斯变换的性质

拉普拉斯变换有许多有用的性质。比如，拉普拉斯变换可以把积分和微分变成算术运算，使交流电路的计算变得简单。再比如，利用拉普拉斯变换的终值定理，可以容易地算出时域信号在 $t\to\infty$ 时的值。本小节讨论拉普拉斯变换的其他三个性质，即线性、延迟和卷积的性质。这些性质都可以容易地用拉普拉斯变换定义式证明。下面来具体说明。

### 4.1.4.1　线性定理

线性定理就是服从叠加原理。在线性电路中，两个信号源共同作用时在某支路内产生的电流或电压一定等于两个信号源单独作用时在该支路内产生的电流或电压之和，这就是电路中的线性定理。从拉普拉斯变换的式（4.2）看，由于积分是一种线性运算，拉普拉斯变换就一定具有线性性质。下面来证明。

假设用两个常数 $a_1$ 和 $a_2$ 把时域信号 $x_1(t)$ 和 $x_2(t)$ 组成线性组合 $a_1 x_1(t) + a_2 x_2(t)$。对这个线性组合，用式（4.2）计算拉普拉斯变换

$$\begin{aligned}
X(s) &= \int_0^\infty \left[ a_1 x_1(t) + a_2 x_2(t) \right] \mathrm{e}^{-st} \mathrm{d}t \\
&= \int_0^\infty a_1 x_1(t) \mathrm{e}^{-st} \mathrm{d}t + \int_0^\infty a_2 x_2(t) \mathrm{e}^{-st} \mathrm{d}t = a_1 \int_0^\infty x_1(t) \mathrm{e}^{-st} \mathrm{d}t + a_2 \int_0^\infty x_2(t) \mathrm{e}^{-st} \mathrm{d}t \\
&= a_1 X_1(s) + a_2 X_2(s)
\end{aligned}$$

$$\tag{4.8}$$

这就证明了拉普拉斯变换的线性定理，即两个时域信号 $x_1(t)$ 和 $x_2(t)$ 线性和的拉普拉斯变换等于这两个时域信号的拉普拉斯变换 $X_1(s)$ 和 $X_2(s)$ 的线性和。拉普拉斯变换的线性定理是被经常用到的。

> 小测试：计算信号 $3\delta(t) + 5u(t)$ 的拉普拉斯变换。答：$3 + 5/s$，收敛域为不含虚轴的右半 $s$ 平面。

### 4.1.4.2　延迟定理

现在把图 4.1b 中的单位阶跃信号 $u(t)$ 右移时间 $T$，变成 $u(t-T)$，如图 4.3 所示。

$u(t-T)$的拉普拉斯变换可根据式（4.2）写为

$$X(s) = \int_0^\infty u(t-T)\mathrm{e}^{-st}\mathrm{d}t \qquad (4.9)$$

令变量代换 $t-T=\tau$，就有 $t=\tau+T$ 和 $\mathrm{d}t=\mathrm{d}\tau$，而被积函数从 $u(t-T)$ 变成 $u(\tau)$，同时积分下限从 $t=0$ 变成 $\tau=-T$。但由于 $\tau<0$ 时总有 $u(\tau)=0$，积分下限就可以从 $\tau=-T$ 右移到 $\tau=0$。式（4.9）可演算为

$$X(s) = \int_0^\infty u(\tau)\mathrm{e}^{-s(\tau+T)}\mathrm{d}\tau = \mathrm{e}^{-sT}\int_0^\infty \mathrm{e}^{-s\tau}\mathrm{d}\tau = \mathrm{e}^{-sT}X_{\mathrm{u}}(s) \qquad (4.10)$$

式中，$X_{\mathrm{u}}(s)$ 为单位阶跃信号 $u(t)$ 的拉普拉斯变换，$X_{\mathrm{u}}(s)=1/s$［式（4.10）运算中，积分变量 $\tau$ 只在积分式内部被使用，积分完成后随即消失，所以对积分结果毫无影响］。

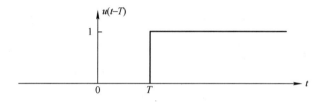

图 4.3 单位阶跃信号 $u(t-T)$ 的时域波形

式（4.10）表示，把时域中的单位阶跃信号 $u(t)$ 右移时间 $T$，结果是使它的拉普拉斯变换增加一个因子 $\mathrm{e}^{-sT}$。这就是拉普拉斯变换的延迟定理，并可叙述为：一个时域信号延迟时间 $T$ 对应于它的拉普拉斯变换乘以 $\mathrm{e}^{-sT}$。书中后面的内容中将会看到，这个延迟定理可以容易地移植到 $z$ 变换中。

### 4.1.4.3 卷积定理

卷积是信号处理中的重要操作，滤波器所执行的就是卷积操作。做卷积的前提条件是：系统是线性（Linear，L）和时不变（Time Invariant，TI）的。系统是线性的，表示满足叠加定理，而时不变表示系统特性不随时间而变。我们一般遇到的数字滤波器和离散时域系统都是线性和时不变的（Linear Time Invariant，LTI）。

本小节讨论拉普拉斯变换的卷积定理，并可叙述为：两个时域信号卷积的拉普拉斯变换等于这两个时域信号的拉普拉斯变换之积。下面先说明如何做时域卷积，然后证明卷积定理，最后用一个例子说明卷积的计算过程。

**1. 时域卷积计算**

图 4.4 表示两个连续时域信号 $x_1(t)$ 和 $x_2(t)$ 的卷积计算过程。为便于讨论，我们假设当 $t<0$ 时 $x_1(t)$ 和 $x_2(t)$ 都等于零，如图 4.4a 所示。图中的 $x_1(t)$ 和 $x_2(t)$ 可以分别看作模拟滤波器的输入信号和单位冲击响应，而两者的卷积 $y(t)$ 就是模拟滤波器的输出。下面先说明卷积的计算过程，然后给出卷积表达式［所谓单位冲击响应 $h(t)$，就是当输入为单位冲击信号 $\delta(t)$ 时的系统输出，这已在前面讲过。由此可知，输入信号 $x(t)$ 与单位冲击响应 $h(t)$ 之间的卷积就是系统的输出 $y(t)$。这就是图 4.4 中要说明的］。

在做卷积之前，先要把 $x_1(t)$ 和 $x_2(t)$ 的自变量 $t$ 改为 $\tau$（或其他任何变量名）；而把 $t$ 用作卷积 $y(t)$ 的自变量，见图 4.4c（改换变量名，不会改变函数的任何性质）。

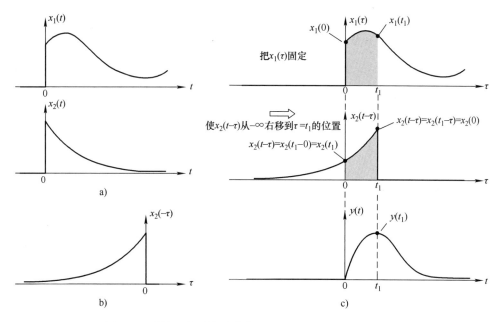

图 4.4   计算两个连续时域信号 $x_1(t)$ 和 $x_2(t)$ 的卷积 $y(t)$

卷积的第一步是把其中的一个信号在时间上倒转。在图 4.4b 中，我们把 $x_2(\tau)$ 倒转，变成 $x_2(-\tau)$；而 $x_1(\tau)$ 保持不变。我们也可以保持 $x_2(\tau)$ 不变，使 $x_1(\tau)$ 倒转，计算结果是一样的。

卷积的第二步如图 4.4c 中所示。先把时间上倒转的 $x_2(-\tau)$ 改写为 $x_2(t-\tau)$ [这个 $t$ 就是图 4.4c 中 $y(t)$ 的 $t$]，这就可以通过改变 $t$ 使 $x_2(t-\tau)$ 左右平移 [现在的 $t$ 是参量，$\tau$ 是变量；如果 $t=0$，就得到图 4.4b 中的 $x_2(-\tau)$]。现在令 $t=-\infty$，就把 $x_2(t-\tau)$ 左移到 $-\infty$ 处。然后增加 $t$，使 $x_2(t-\tau)$ 逐渐右移。每移到一处，便在 $(-\infty,\infty)$ 时间范围内对乘积 $x_1(\tau)x_2(t-\tau)$ 做一次积分；这个积分值就是在时间点 $t$ 的卷积值。现在假设把 $x_2(t-\tau)$ 右移到使它的信号起始点 $x_2(0)$ 与时间点 $t_1$ 对齐的位置。此时的 $x_2(t-\tau)$ 变成 $x_2(t_1-\tau)$，如图 4.4c 所示。

当 $\tau<0$ 时 $x_1(\tau)$ 恒为零以及当 $\tau>t_1$ 时 $x_2(t_1-\tau)$ 恒为零，所以积分区间被缩小到从 $0\sim t_1$ 的范围。在此范围内，随着 $\tau$ 从 0 增加到 $t_1$，$x_1(\tau)$ 从 $x_1(0)$ 向右变化到 $x_1(t_1)$，而 $x_2(t_1-\tau)$ 从 $x_2(t_1)$ 向右变化到 $x_2(0)$。所以，对图 4.4c 中两个阴影部分之间的乘积做积分，就得到 $t=t_1$ 时的卷积值。图 4.4c 下面的小圆点就表示此时的卷积值 $y(t_1)$。

从物理单位上讲，如果 $x_1(\tau)$ 以电压 V 为单位，而 $x_2(t-\tau)$ 由于是系统冲击响应，所以有 $t^{-1}$ 的量纲。乘积项 $x_1(\tau)x_2(t-\tau)$ 的单位就是 $Vt^{-1}$。把乘积项 $x_1(\tau)x_2(t-\tau)$ 在某个时间范围内做积分，就约去了 $t^{-1}$，还原出电压 V 的单位，即 $y(t)$ 的单位是 V。

卷积的第三步是把从 $t=-\infty\sim+\infty$ 范围内的全部卷积值 $y(t)$ 连起来，得到完整的 $x_1(t)$ 与 $x_2(t)$ 的卷积曲线，这就是图 4.4c 下面的 $y(t)$ 曲线。这也就是模拟滤波器的输出响应。

如果用数学公式来描述，信号 $x_1(t)$ 和 $x_2(t)$ 的卷积 $y(t)$ 可写为

$$y(t) \equiv x_1(t) * x_2(t) = \int_{-\infty}^{\infty} x_1(\tau) x_2(t-\tau) d\tau \qquad (4.11)$$

式中，符号"*"表示卷积运算。在上式中，时间变量 $t$ 可看做常量（就像傅里叶变换中的 $\omega$），而积分变量 $\tau$ 在积分完成后随即消失，等式两边只剩下自变量 $t$。可以看出，上式与图 4.4c 是一致的。这是指在式（4.11）和图 4.4c 中，当计算某个卷积值时，$t$ 是固定的，$\tau$ 是变化的，因而 $x_1(\tau)$ 和 $x_2(t-\tau)$ 是反方向行进的。这也就是式（4.11）和图 4.4c 被叫作卷积的原因。

对于式（4.11），还可以有另一个完全等价的卷积表达式

$$y(t) \equiv x_1(t) * x_2(t) = \int_{-\infty}^{\infty} x_1(t-\tau) x_2(\tau) d\tau \qquad (4.12)$$

上式对应于把 $x_1(t)$ 在时间上倒转而使 $x_2(t)$ 保持不变，这与图 4.4 中的情况相反。但卷积的结果是一样的。从式（4.11）和式（4.12）可以看出卷积的一个基本特征：被积函数中两个 $\tau$ 前面的符号总是一正一负。如果两个 $\tau$ 前面都是正号，就变成互相关运算；又如果两个信号是同一个信号，就变成自相关运算了。

最后一点，从图 4.4c 看，由于 $\tau$ 在 $(-\infty, 0)$ 区间内使 $x_1(\tau)$ 恒为零，式（4.11）中的积分下限就可以从 $-\infty$ 右移到 0。因而，式（4.11）变为

$$y(t) = \int_0^{\infty} x_1(\tau) x_2(t-\tau) d\tau \qquad (4.13)$$

再由于 $\tau$ 在 $(t, \infty)$ 区间内使 $x_2(t-\tau)$ 恒为零，上式中的积分上限就可以从 $\infty$ 左移到 $t$。式（4.13）又变为

$$y(t) = \int_0^t x_1(\tau) x_2(t-\tau) d\tau \qquad (4.14)$$

同理，式（4.12）也可变为

$$y(t) = \int_0^t x_1(t-\tau) x_2(\tau) d\tau \qquad (4.15)$$

**2. 卷积定理的证明**

根据式（4.2），写出式（4.13）的拉普拉斯变换式

$$Y(s) = \int_0^{\infty} \left[ \int_0^{\infty} x_1(\tau) x_2(t-\tau) d\tau \right] e^{-st} dt \qquad (4.16)$$

交换式（4.16）中的积分顺序，先做 $t$ 的积分，后做 $\tau$ 的积分

$$Y(s) = \int_0^{\infty} \left[ \int_0^{\infty} x_1(\tau) x_2(t-\tau) e^{-st} dt \right] d\tau \qquad (4.17)$$

式（4.17）中，由于方括号内以 $t$ 为积分变量，所以 $x_1(\tau)$ 与 $t$ 无关（在做 $t$ 积分时，$\tau$ 可看做常数），可以提到方括号之前

$$Y(s) = \int_0^{\infty} x_1(\tau) \left[ \int_0^{\infty} x_2(t-\tau) e^{-st} dt \right] d\tau \qquad (4.18)$$

使用变量代换 $\eta = t - \tau$，因而 $t = \eta + \tau$ 和 $dt = d\eta$，上式可演算为

$$Y(s) = \int_0^{\infty} x_1(\tau) \left[ \int_0^{\infty} x_2(\eta) e^{-s\eta} e^{-s\tau} d\eta \right] d\tau = \int_0^{\infty} x_1(\tau) \left[ \int_0^{\infty} x_2(\eta) e^{-s\eta} d\eta \right] e^{-s\tau} d\tau$$

$$(4.19)$$

式（4.19）方括号内的就是 $x_2(\eta)$ 的拉普拉斯变换，也就是 $x_2(t)$ 的拉普拉斯变换，上式即可变为

$$Y(s) = \int_0^\infty x_1(\tau)X_2(s)\mathrm{e}^{-s\tau}\mathrm{d}\tau = X_2(s)\int_0^\infty x_1(\tau)\mathrm{e}^{-s\tau}\mathrm{d}\tau \tag{4.20}$$

式（4.20）中把 $X_2(s)$ 提到积分号之前是因为 $X_2(s)$ 与 $\tau$ 无关，而剩下的积分式就是 $x_1(t)$ 的拉普拉斯变换。所以，式（4.20）就是两个拉普拉斯变换之乘积

$$Y(s) = X_1(s)X_2(s) \tag{4.21}$$

式（4.21）就是我们想要的结果：两个时域信号卷积的拉普拉斯变换等于这两个时域信号的拉普拉斯变换的乘积。

---

**小测试**：两个积分式 $\int_0^\infty x(t)\mathrm{e}^{-t}\mathrm{d}t$ 和 $\int_0^\infty x(\tau)\mathrm{e}^{-\tau}\mathrm{d}\tau$ 计算的是同一个积分吗？答：是。

---

**【例题 4.3】** 要求计算连续时域信号 $x_1(\tau)$ 和 $x_2(\tau)$ 的卷积，两个信号的波形如图 4.5a 所示。

**解**：图 4.5a 中的 $x_1(\tau)$ 可看作系统的输入信号，$x_2(\tau)$ 可看作系统的单位冲击响应，两者的卷积就是系统的输出。连续时域信号的卷积有两个等价的表达式，式（4.11）和式（4.12）。我们使用式（4.11）。这就是，把 $x_1(\tau)$ 固定，而把 $x_2(\tau)$ 在时间上倒转后变成 $x_2(-\tau)$，再写成 $x_2(t-\tau)$，就可以通过改变 $t$ 使 $x_2(t-\tau)$ 左右平移。令 $t=-\infty$，把 $x_2(t-\tau)$ 左移至 $-\infty$；然后增加 $t$，使 $x_2(t-\tau)$ 逐渐右移。

从图 4.5b 看，当 $x_2(t-\tau)$ 右移时，如果 $t<0$ 或 $t>4$，由于 $x_1(\tau)$ 与 $x_2(t-\tau)$ 无重叠部分，卷积值都为零。在 $0\leqslant t\leqslant 4$ 的区间内，可分两种情况：$0\leqslant t\leqslant 2$ 和 $2<t\leqslant 4$［这里的 $t$ 与图 4.4 中的一样，也是指 $x_2(t-\tau)$ 的波形前沿或纵坐标在 $y(t)$ 中的时间值］。

图 4.5b 表示 $0\leqslant t\leqslant 2$ 时的情况。此时，$x_1(\tau)$ 和 $x_2(t-\tau)$ 的重叠面积随 $t$ 的增加而增加，卷积值也随之增加。图中的时间假设为 $t=t_1$，卷积值等于两个阴影部分乘积之积分。由于 $x_1(\tau)$ 恒为 1，这个卷积值就等于 $x_2(t-\tau)$ 的阴影面积。这个面积可计算为 $x_2(t-\tau)$ 的高度为 1 的矩形面积减去上部的倒三角形面积

$$y(t_1) = (1 \times t_1) - \left(\frac{1}{2} \times t_1 \times \frac{t_1}{2}\right) = t_1 - \frac{t_1^2}{4}$$

在图 4.5b 中，$t_1 \approx 0.5$。由上式算出卷积值为 $y(t_1) \approx 0.5 - (0.5)^2/4 = 0.4375$，如图 4.5b 中的下图所示。

把上式中固定的 $t_1$ 改为变化的 $t$，就得到 $0\leqslant t\leqslant 2$ 区间内的一般表达式

$$y(t) = t - \frac{t^2}{4}, \quad 0 \leqslant t \leqslant 2$$

上式表示，卷积在 $0 \leqslant t \leqslant 2$ 范围内是一条抛物线。将上式对 $t$ 求导，可知当 $t = 2$ 时卷积达到最大值1。图4.5b 最下面的曲线即表示在此范围内的卷积曲线。

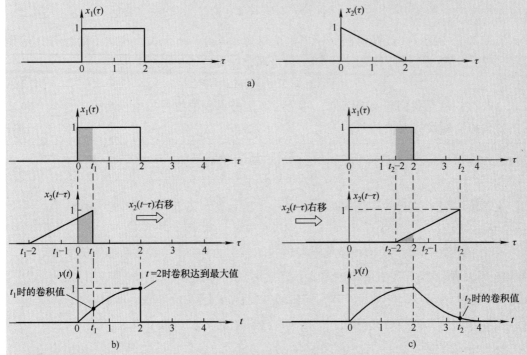

图4.5 两个时域信号的卷积计算

a) 两个时域波形　b) 当 $0 \leqslant t \leqslant 2$ 时　c) 当 $2 < t \leqslant 4$ 时

图4.5c 表示在 $2 < t \leqslant 4$ 区间内的卷积计算。图中，随着 $t$ 的增加，$x_1(\tau)$ 和 $x_2(t-\tau)$ 之间的重叠面积逐渐减少，卷积值也逐渐下降。图中的时间为 $t = t_2$，卷积值等于图中两个阴影部分乘积之积分。由于 $x_1(\tau)$ 恒为 1，这个卷积值就是 $x_2(t-\tau)$ 的阴影三角形面积，而三角形的底边长为 $2 - (t_2 - 2) = 4 - t_2$，所以三角形面积为

$$y(t_2) = \frac{1}{2}(4 - t_2)\frac{4 - t_2}{2} = \frac{(4 - t_2)^2}{4}$$

在图4.5c 中，$t_2 \approx 3.4$。由上式算得卷积值为 $y(t_2) \approx (4 - 3.5)^2/4 = 0.0625$，如图4.5c 下图所示。

把上式中固定的 $t_2$ 改为变化的 $t$，就得到在 $2 < t \leqslant 4$ 区间内的一般表达式

$$y(t) = \frac{(4 - t)^2}{4}, \quad 2 < t \leqslant 4$$

上式表示，在 $2 < t \leqslant 4$ 范围内的卷积同样是一条抛物线。由于 $y(t)$ 是单调降

的，所以当 $t=2$ 时取得最大值 1，当 $t=4$ 时取得最小值 0。$x_1(\tau)$ 和 $x_2(\tau)$ 之间完整的卷积曲线 $y(t)$ 示于图 4.5c 最下面。

举一个非常近似的例子，图中的 $x_2(t)$ 有点像简单 RC 电路的冲击响应 $h(t)$，而矩形的 $x_1(t)$ 也经常被用作电路的输入信号，作为结果的 $y(t)$ 确实很像 RC 电路在矩形波激励下的输出响应。这也就验证了【例题 4.3】卷积计算的正确性。

总结就是，连续时域中实际的滤波操作，是依靠电阻、电容和运算放大器组成的有源滤波器完成的，但从理论上讲，滤波操作是按照卷积的方式进行的。这就是，先用一连串垂线把输入信号分解成许许多多连续的曲边梯形，然后把每个曲边梯形近似为矩形，再利用【例题 4.3】中的卷积运算算出每个小矩形的输出响应，把所有的输出响应叠加起来，就得到系统的输出。而做卷积的前提是，系统是线性和时不变的。

## 4.2　z 变换的导出

z 变换有单边和双边两种定义式。这两种定义式的唯一不同点是计算区间不同。单边定义式的计算区间从 0 ~ +∞，双边定义式的计算区间从 −∞ ~ +∞。但两者实际上是相同的，因为在实际的离散时域系统中，输入信号总是从某个时间点开始的（我们无法也没有必要从 $t = -\infty$ 开始）；而离散时域系统也都是加上输入信号后才有输出的。这说明离散时域中的信号和系统都是因果型的（连续时域也是如此）。

另一方面，单边和双边 z 变换可以看作是与单边和双边拉普拉斯变换相对应的。上面的式（4.2）是单边拉普拉斯变换，双边拉普拉斯变换一般很少使用。下面先导出单边 z 变换的定义式，然后给出双边 z 变换的定义式。

### 4.2.1　单边 z 变换定义式

在第 3.3.3 节，我们用理想采样的方法导出了已采样信号 $x_S(t)$ 的时域表达式（3.6），现重复于下

$$x_S(t) = x(t) \sum_{n=-\infty}^{\infty} \delta(t - nT) \tag{4.22}$$

式中，$x(t)$ 为被采样的模拟信号；$T$ 为采样周期，右边的累加和组成了理想采样信号 $p(t)$。上式实际上表示了理想采样的操作过程：用无数个相互间隔 $T$ 的 $\delta(t-nT)$ 去乘以 $x(t)$，便完成了采样，并得到已采样信号 $x_S(t)$。

在式（4.22）中，利用乘法对加法的分配率，可以把 $x(t)$ 移到累加号之后

$$x_S(t) = \sum_{n=-\infty}^{\infty} x(t)\delta(t - nT) \tag{4.23}$$

式（4.23）中，由于输入信号 $x(t)$ 可以认为是从 $t=0$ 开始的［当 $t<0$ 时 $x(t)$ 一概为

零], 式 (4.23) 中累加运算的下限就可以从 $-\infty$ 右移到0。式 (4.23) 变为

$$x_S(t) = \sum_{n=0}^{\infty} x(t)\delta(t - nT) \qquad (4.24)$$

图4.6a 表示与式 (4.24) 对应的样点图, 其中 $x(t)$ 是一个从 $t = 0$ 开始的连续时域信号, $x_S(t)$ 也仍然被看作连续时域信号。

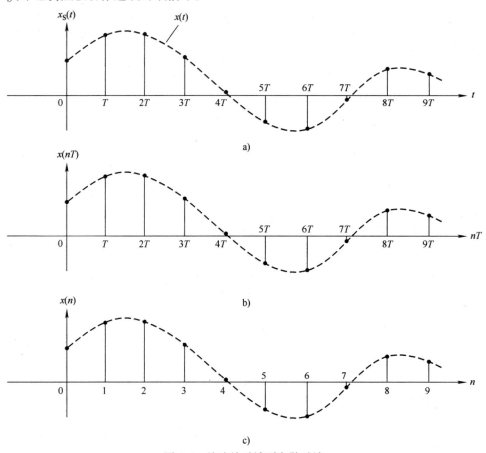

图 4.6 从连续时域到离散时域

a) 把 $x_S(t)$ 看作连续时域信号 b) 数字信号 $x(nT)$ c) 简写为数字信号 $x(n)$

对式 (4.24) 的两边分别做拉普拉斯变换

$$X_S(s) = \int_0^{\infty} \Big[ \sum_{n=0}^{\infty} x(t)\delta(t - nT) \Big] e^{-st}dt \qquad (4.25)$$

对上式交换积分和累加的计算顺序 (交换顺序的条件是所谓的 "一致收敛", 但一般都能满足)

$$X_S(s) = \sum_{n=0}^{\infty} \Big[ \int_0^{\infty} x(t)\delta(t - nT) e^{-st}dt \Big] \qquad (4.26)$$

现在来解释式 (4.25) 和式 (4.26)。在式 (4.25) 中, 我们实际上是把方括号内的累加和看成是一个整体项, 对它做拉普拉斯变换。但我们也可以把方括号内的累加和展开为无数个乘积项之和, 然后对每个乘积项分别做拉普拉斯变换 (根据上面第4.1.4.1节的线性定

理），最后把所有的拉普拉斯变换加在一起，就得到式（4.26）。

此外，在式（4.26）的每次积分运算中，$n$ 都可以看成常数。在积分式中，由于 $\delta(t-nT)$ 的存在，就可以把 $x(t)$ 改写成 $x(nT)$。再由于 $x(nT)$ 对于积分运算是常数（因为 $n$ 是常数），就可提到积分号之前。式（4.26）变为

$$X_S(s) = \sum_{n=0}^{\infty} x(nT)\left[\int_0^{\infty}\delta(t-nT)e^{-st}dt\right] \tag{4.27}$$

式（4.27）中，一旦积分完成，$t$ 就消失，只剩下 $n$ 和 $s$ 两个独立变量。在累加运算完成后，$n$ 也将消失。最后，等式右边剩下以 $s$ 为自变量的拉普拉斯变换式，而左边为 $x_S(t)$ 的拉普拉斯变换 $X_S(s)$。下面来说明式（4.27）的进一步简化过程。

由于 $\delta(t-nT)$ 的存在，使负指数 $e^{-st}$ 在 $t=nT$ 时的值被筛选了出来，也就是，$e^{-st}$ 可以用 $e^{-snT}$ 来代替。由于 $e^{-snT}$ 对于积分变量 $t$ 是常数，也可提到积分号之前。式（4.27）变为

$$X_S(s) = \sum_{n=0}^{\infty} x(nT)\left[e^{-snT}\int_0^{\infty}\delta(t-nT)dt\right] \tag{4.28}$$

式（4.28）中，当 $n$ 从 0 顺序变化到 $\infty$ 时，被积函数 $\delta(t-nT)$ 始终只是一个 $\delta$ 函数，所以积分值总是等于 1。由此，式（4.28）简化为

$$X_S(s) = \sum_{n=0}^{\infty} x(nT)e^{-snT} \tag{4.29}$$

式（4.29）右边的负指数项 $e^{-snT}$ 是不易使用的，可以绕开这个负指数项，方法是使用变量代换

$$z = e^{sT} \tag{4.30}$$

这样代换之后，就可以把式（4.29）变成我们想要的单边 $z$ 变换定义式

$$X(z) = \sum_{n=0}^{\infty} x(nT)z^{-n} \tag{4.31}$$

现在，式（4.29）中的指数函数 $e^{-snT}$ 已经变成了式（4.31）中比较容易使用的幂函数 $z^{-n}$。式（4.31）的另一个特点是，式中的 $x(nT)$ 已经可以看成是数字信号了，如图 4.6b 所示。

从式（4.31）的结构看，累加运算中的每一项都由 $x(nT)$ 和 $z^{-n}$ 两个因子组成。其中，$x(nT)$ 表示被采样信号 $x(t)$ 在 $t=nT$ 时的值，而 $z^{-n}$ 表示采样点 $x(nT)$ 在时间上比原点晚了 $n$ 个采样周期时间。$z^{-n}$ 的这个延迟特性已在前面第 4.1.4.2 节证明过，即拉普拉斯变换中的因子 $e^{-snT}$［也就是式（4.31）中的 $z^{-n}$］把时域信号右移了时间 $nT$。

需要说明的是，式（4.29）左边的下标 S 来自已采样信号 $x_S(t)$，但在式（4.31）中已被去除，只有已采样信号 $x_S(t)$ 才能有 $z$ 变换。由于式（4.31）中的累加是从 $n=0$ 开始的，所以被叫作单边 $z$ 变换定义式。

由于在同一数字信号系统中，采样率和采样周期通常是不变的，就可以略去式（4.31）和图 4.6b 中的采样周期 $T$，这使得式（4.31）变为

$$X(z) = \sum_{n=0}^{\infty} x(n)z^{-n} \tag{4.32}$$

同时，也使图 4.6b 中的 $nT$ 变成图 4.6c 中的 $n$。从现在起，对于数字信号，主要使用式（4.32）和图 4.6c 中的表示法。它们与式（4.31）和图 4.6b 中的表示法是等价的。我们还把图 4.6c 中的图形叫作信号的样点图。

---

**小测试**：有 4 个积分：① $m\int_0^\infty x(t)\,\mathrm{d}t$，② $\int_0^\infty mx(t)\,\mathrm{d}t$，③ $\int_0^\infty x(mt)\,\mathrm{d}t$，④ $m\int_0^\infty x(mt)\,\mathrm{d}(mt)$，其中 $m$ 为常数，并假设积分①存在。这 4 个积分相等吗？答：①、②和④相等，它们与③不相等。

---

### 4.2.2　双边 $z$ 变换定义式

双边 $z$ 变换定义式就是简单地把式（4.32）中累加操作的下限左移到 $-\infty$

$$X_{\mathrm{DS}}(z) = \sum_{n=-\infty}^{\infty} x(n) z^{-n} \tag{4.33}$$

由于实际的信号都可以看成是从 $t=0$ 开始的，以及实际系统的冲击响应也都是从 $t=0$ 开始的，所以双边 $z$ 变换与单边 $z$ 变换是相同的。下面第 4.2.4 节将说明这一点。

### 4.2.3　$z$ 变换的收敛域

在连续时域中，对于单边拉普拉斯变换的收敛域进行讨论（见图 4.2）；对于 $z$ 变换，也将主要讨论单边 $z$ 变换的收敛域。由于式（4.32）是以复变量 $z$ 为自变量的无穷级数，所以复变函数中的所有性质和定理都适用于 $z$ 变换，其中 $X(z)$ 的收敛域是本小节要讨论的。

从复变函数理论可知，在式（4.32）中，只要后一项与前一项的模之比随 $n$ 的增加而趋于小于 1，$X(z)$ 就收敛，否则就发散。通常，式（4.32）中后一项与前一项的模之比随 $n$ 的增加会趋于 $|z^{-1}|$。所以，只要 $|z^{-1}| < 1$，$X(z)$ 就收敛；也就是，只要 $|z| > 1$，$X(z)$ 就收敛。由此看来，在一般情况下，$X(z)$ 的收敛域应该是 $z$ 平面内单位圆的外部区域，而且一定包含无穷大处，因为 $|z|$ 越大，$|z^{-1}|$ 就越小，级数就越容易收敛。另一方面，如果式（4.32）中的信号 $x(n)$ 呈指数变化，也会对收敛域产生影响。如果指数是递减的，收敛域会扩大而进入到单位圆内部；如果指数是递增的，收敛域会缩小而位于单位圆的外部。总的来说，$X(z)$ 的收敛域应该在一个以原点为圆心、以 $r$ 为半径的圆的外部，并可表示为

$$|z| > r \tag{4.34}$$

式中，$r$ 被称为收敛域的最小半径，或被称为收敛半径（在连续时域中，拉普拉斯变换的收敛域是以纵坐标为界的，这个纵坐标被称为收敛纵坐标，见第 4.1.3 节）。而这个以 $r$ 为半径的圆可在单位圆内，也可以在单位圆外，具体取决于信号 $x(n)$ 的变化趋势。图 4.7 表示 4 种常见的 $z$ 变换收敛域。一般来说，为了保证 $z$ 变换式的完整性，需要同时给出它的收敛域。

需要说明的是，图 4.7a、b 和 c 表示的是单边 $z$ 变换的收敛域。如果是双边 $z$ 变换，那么 $z$ 变换中负指数部分［即 $z^{-n}$，见式（4.32）］的收敛域应该在某个圆的外部，而正指数部分（即 $z^n$）的收敛域应该在另一个圆的内部。两者的交集可以是一个以原点为圆心的圆环形区域，如图 4.7d 所示；但也可以没有交集而没有收敛域。下一节将讨论几个基本离散时域信号的 $z$ 变换及其收敛域。

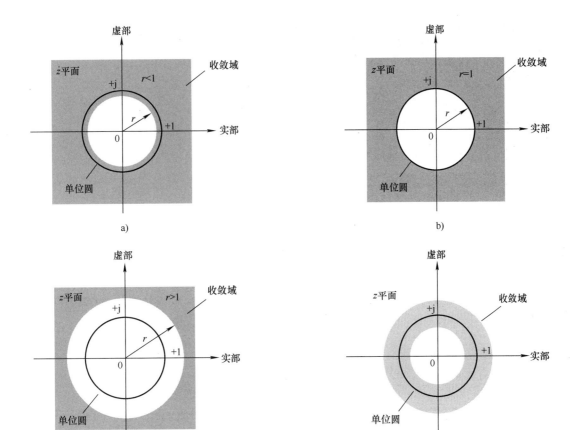

图4.7　4种常见的 z 变换收敛域

a) $r<1$　b) $r=1$　c) $r>1$　d) 双边 z 变换的圆环形收敛域

**小测试**：根据连续时域中拉普拉斯变换收敛域与极点之间的关系，z 变换的极点也一定在收敛域之外。答：是。

## 4.2.4　基本离散时域信号的 z 变换

### 4.2.4.1　单位冲击信号 $\delta(n)$ 的 z 变换

离散时域中的单位冲击信号 $\delta(n)$ 被定义为

$$\delta(n) = \begin{cases} 1, & n = 0 \\ 0, & n \neq 0 \end{cases} \tag{4.35}$$

离散时域中的单位冲击信号 $\delta(n)$ 比连续时域中的 $\delta(t)$ 简单很多，但不能简单地把离散时域中的 $\delta(n)$ 看作是对连续时域中的 $\delta(t)$ 进行采样所得。$\delta(n)$ 的样点序列如图4.8a 左边所示（样点序列就是指离散时域信号。使用样点序列这个名称显得比较简洁和通俗，有时还可简称为序列）。根据式（4.32），它的单边 z 变换可计算为

$$X_{\mathrm{d}}(z) = \sum_{n=0}^{\infty} \delta(n) z^{-n} = 1 \times z^0 + 0 \times z^{-1} + 0 \times z^{-2} + \cdots = 1 \tag{4.36}$$

由于单位冲击信号 $\delta(n)$ 的 $z$ 变换等于 1 而与复变量 $z$ 无关，它的收敛域就是整个 $z$ 平面，如图 4.8a 右边所示。而且，$\delta(n)$ 的单边和双边 $z$ 变换是相同的，都等于 1。

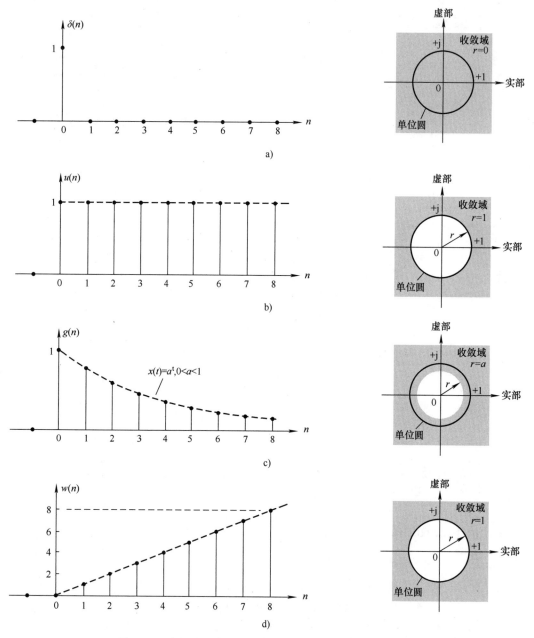

图 4.8  4 个基本离散时域信号的样点图和 $z$ 变换的收敛域

a) 单位冲击信号 $\delta(n)$   b) 单位阶跃信号 $u(n)$   c) 单位指数信号 $g(n)$   d) 斜坡信号 $w(n)$

### 4.2.4.2  单位阶跃信号 $u(n)$ 的 $z$ 变换

离散时域中的单位阶跃信号 $u(n)$ 被定义为

$$u(n) = \begin{cases} 1, & n \geqslant 0 \\ 0, & n < 0 \end{cases} \tag{4.37}$$

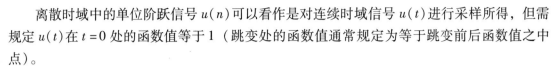

离散时域中的单位阶跃信号 $u(n)$ 可以看作是对连续时域信号 $u(t)$ 进行采样所得，但需规定 $u(t)$ 在 $t=0$ 处的函数值等于 1（跳变处的函数值通常规定为等于跳变前后函数值之中点）。

单位阶跃信号 $u(n)$ 的样点序列如图 4.8b 左边所示。根据式（4.32），它的单边 $z$ 变换可计算为

$$X_{\mathrm{u}}(z) = \sum_{n=0}^{\infty} u(n)z^{-n} = \sum_{n=0}^{\infty} z^{-n} \tag{4.38}$$

式（4.38）中，只要 $|z^{-1}| < 1$ 或者 $|z| > 1$，单位阶跃信号 $u(n)$ 的单边 $z$ 变换就收敛。式（4.38）就可用等比级数求和公式写成闭式

$$\begin{aligned} X_{\mathrm{u}}(z) &= 1 + z^{-1} + z^{-2} + \cdots \\ &= \frac{1}{1 - z^{-1}} \end{aligned} \tag{4.39}$$

由于单位冲击信号 $u(n)$ 的 $z$ 变换仅当 $|z| > 1$ 时才收敛，所以它的 $z$ 变换的收敛域为 $z$ 平面内单位圆的外部，如图 4.8b 右边所示。而且，$u(n)$ 的单边和双边 $z$ 变换也是相同的，都等于 $1/(1 - z^{-1})$。

### 4.2.4.3　单位指数信号 $g(n)$ 的 $z$ 变换

离散时域中的单位指数信号 $g(n)$ 被定义为

$$g(n) = \begin{cases} a^n, & n \geqslant 0, 0 < a < 1 \\ 0, & n < 0 \end{cases} \tag{4.40}$$

它的样点序列如图 4.8c 左边所示。根据式（4.32），它的单边 $z$ 变换可计算为

$$X_{\mathrm{g}}(z) = \sum_{n=0}^{\infty} g(n)z^{-n} = \sum_{n=0}^{\infty} a^n z^{-n} = \sum_{n=0}^{\infty} \left(\frac{z}{a}\right)^{-n} \tag{4.41}$$

式（4.41）中，如果希望 $g(n)$ 的单边 $z$ 变换收敛，就必须有 $|z/a| > 1$，或者 $|z| > a$。此时，上式也可用等比级数求和公式写成闭式

$$X_{\mathrm{g}}(z) = 1 + \left(\frac{z}{a}\right)^{-1} + \left(\frac{z}{a}\right)^{-2} + \cdots = \frac{1}{1 - (z/a)^{-1}} = \frac{1}{1 - az^{-1}} \tag{4.42}$$

由于单位指数信号 $g(n)$ 的 $z$ 变换仅当 $|z| > a$ 时才收敛，所以它的 $z$ 变换的收敛域为 $z$ 平面内以 $a$ 为半径的圆的外部，如图 4.8c 右边所示。而且，按照式（4.40）中的定义，$g(n)$ 的单边和双边 $z$ 变换也是相同的，都等于 $1/(1 - az^{-1})$。图 4.8c 的右边表示 $0 < a < 1$ 时的收敛域，它进入到了单位圆的内部。如果 $a > 1$，它的收敛域将在单位圆的外部。如果 $a = 1$，单位指数信号就变成单位阶跃信号。

> **小测试：** 一个离散时域信号 $x(n)$ 如果随着 $n$ 的增大趋于无穷大，就没有单边 $z$ 变换。
> 答：否。

### 4.2.4.4　斜坡信号 $w(n)$ 的 $z$ 变换

离散时域中的斜坡信号 $w(n)$ 被定义为

$$w(n) = \begin{cases} n, & n \geqslant 0 \\ 0, & n < 0 \end{cases} \tag{4.43}$$

它的样点序列如图 4.8d 左边所示。根据式（4.32），它的单边 $z$ 变换可写为

$$X_{\text{w}}(z) = \sum_{n=0}^{\infty} w(n)z^{-n} = \sum_{n=0}^{\infty} nz^{-n} \tag{4.44}$$

上式中，当 $n \to \infty$ 时，比值 $(n+1)/n \to 1$。所以，斜坡信号 $w(n)$ 的 $z$ 变换的收敛域与单位阶跃信号 $u(n)$ 相同，也是在单位圆的外部，如图 4.8d 右边所示。在把式（4.44）的右边写成闭式时，先要把累加运算展开为无穷多项，再把其中的每一项展开为 $n$ 项。合并同类项并利用等比级数求和公式便得到闭式表达式

$$X_{\text{w}}(z) = z^{-1} + 2z^{-2} + 3z^{-3} + 4z^{-4} + \cdots$$

$$= (z^{-1} + z^{-2} + z^{-3} + z^{-4} + \cdots) + (z^{-2} + z^{-3} + z^{-4} + \cdots) + (z^{-3} + z^{-4} + \cdots) + \cdots$$

$$= \frac{z^{-1}}{1 - z^{-1}} + \frac{z^{-2}}{1 - z^{-1}} + \frac{z^{-3}}{1 - z^{-1}} + \cdots = \frac{z^{-1} + z^{-2} + z^{-3} + \cdots}{1 - z^{-1}} = \frac{z^{-1}}{(1 - z^{-1})^2}$$

$$\tag{4.45}$$

从式（4.45）演算中的每个等比级数求和来看，都要求 $|z^{-1}| < 1$ 或者 $|z| > 1$，所以 $|z| > 1$ 应该是上式成立的条件，也是斜坡信号 $w(n)$ 的 $z$ 变换 $X_{\text{w}}(z)$ 的收敛域。最后想说，判断一个离散时域信号 $z$ 变换的收敛与发散，完全是数学上的事。连续时域中拉普拉斯变换的收敛与发散也是如此。

> **小测试**：斜坡信号 $w(n)$ 的 $z$ 变换在单位圆上是收敛的。答：否。

## 4.2.5 $z$ 平面与 $s$ 平面的映射

拉普拉斯变量被定义为

$$s = \sigma + \text{j}\omega \tag{4.46}$$

式中，$\sigma$ 的作用是保证拉普拉斯变换的收敛性；$\omega$ 表示频率。把式（4.46）代入式（4.30），得到

$$z = e^{\sigma T}e^{\text{j}\omega T} \tag{4.47}$$

由于 $e^{\text{j}\omega T}$ 的模总是等于 1，所以复变量 $z$ 的模可简单地写为

$$|z| = e^{\sigma T} \tag{4.48}$$

在 $s$ 平面内，$\sigma = 0$ 表示虚轴。从式（4.48）看，$\sigma = 0$ 表示 $|z| = 1$。所以，$s$ 平面内的虚轴映射到 $z$ 平面内的单位圆上。再从式（4.47）看，当 $z = 1$ 时，必有 $\sigma = 0$ 和 $\omega = 0$，所以 $z$ 平面内的点 $z = 1$ 对应于 $s$ 平面内的原点。现在，由于 $\sigma = 0$，式（4.47）变为 $z = e^{\text{j}\omega T}$，而 $\omega T$ 表示复数 $z$ 的幅角。所以，当 $s$ 从 $s$ 平面内的原点沿着虚轴向 $+\infty$ 和 $-\infty$ 两个方向移动时，对应于 $z$ 平面内从 $z = 1$ 出发，分别以逆时针和顺时针方向沿着单位圆移动无数圈。

在 $s$ 平面内，$\sigma > 0$ 表示右半 $s$ 平面；从式（4.48）看，$\sigma > 0$ 表示 $|z| > 1$。所以，右半 $s$ 平面映射到 $z$ 平面的单位圆外部。同理，左半 $s$ 平面映射到 $z$ 平面的单位圆内部。图 4.9 表示 $s$ 平面与 $z$ 平面之间的映射关系。这个图是根据式（4.47）画出的。

把离散时域中的 $z$ 变量与连续时域中的拉普拉斯变量 $s$ 关联起来，使得在讨论离散时域系统时可以借用连续时域系统中的理论和概念。比如，连续时域中位于左半 $s$ 平面内的极点

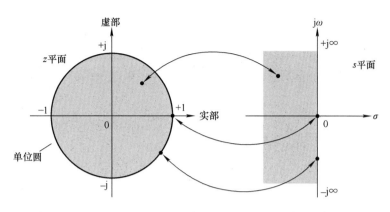

图 4.9　$s$ 平面与 $z$ 平面的映射关系

使系统稳定；相应地，离散时域中位于单位圆内部的极点也使系统稳定。再比如，$s$ 平面内位于虚轴上的一对共轭复数极点会使系统产生振荡；而离散时域系统中位于单位圆上的一对共轭复数极点也会使系统产生振荡。在连续时域中，位于原点的极点对应于单位阶跃函数［见式（4.7）］；在离散时域中，位于 $z=1$ 的极点也对应于单位阶跃序列［见式（4.39）］。同样还可以列举出更多的映射关系。

> **小测试**：$z$ 平面内的 $z=-1$ 映射到 $s$ 平面内纵坐标上的什么地方？答：$\pm\mathrm{j}(2n+1)\pi/T$，$n=0,1,2,\cdots$。

## 4.3　逆 $z$ 变换[⊖]

所谓逆 $z$ 变换就是从 $z$ 变换还原出它的时域信号，也就是时域样点序列。在式（4.32）中，我们用离散时域信号 $x(n)$ 计算出它的 $z$ 变换 $X(z)$；而如果可以把 $z$ 变换表示为式（4.32）的形式，我们实际上就得到了信号的样点序列 $x(n)$，也就完成了逆 $z$ 变换。本节介绍三种逆 $z$ 变换方法：柯西积分公式、长除法和部分分式法。

### 4.3.1　柯西积分公式

复变函数中的柯西积分公式可以用来实现逆 $z$ 变换，并有表达式

$$\frac{1}{2\pi\mathrm{j}}\oint_{C}z^{k-1}\mathrm{d}z = \begin{cases} 1, & k=0 \\ 0 & k\neq 0 \end{cases} \tag{4.49}$$

式中，$C$ 为任意一条包含原点的逆时针方向闭合路径。式（4.49）的意思是：如果 $k=0$，闭合积分等于 1；如果 $k\neq 0$，闭合积分等于 0。式中的 $2\pi\mathrm{j}$ 对应于 $z$ 平面内绕原点逆时针旋转 1 周（见附录 A.1.3.2）。

为了从 $X(z)$ 找出 $x(n)$，我们对式（4.32）两边同时乘以 $z^{k-1}/2\pi\mathrm{j}$，并沿着一条恰当的闭合路径 C 做积分。式（4.32）变为

---

⊖　作者原用"$z$ 反变换"，为与国家标准一致，现已改为"逆 $z$ 变换"。

$$\oint_C X(z)\left(\frac{z^{k-1}}{2\pi j}\right)dz = \oint_C \sum_{n=0}^{\infty} x(n)z^{-n}\left(\frac{z^{k-1}}{2\pi j}\right)dz \tag{4.50}$$

式（4.50）两边的 $1/2\pi j$ 由于是常量，都可以提到积分号之前，再对式（4.50）右边的积分和累加操作交换顺序，式（4.50）变为

$$\frac{1}{2\pi j}\oint_C X(z)z^{k-1}dz = \sum_{n=0}^{\infty}\frac{1}{2\pi j}\oint_C x(n)z^{-n}z^{k-1}dz \tag{4.51}$$

由于式（4.51）右边的 $x(n)$ 在做闭合积分时可以看作常量（做积分时，只有积分变量 $z$ 和被积函数中的 $z^{-n}z^{k-1}$ 是变化的），所以也可以提到积分号之前。式（4.51）变为

$$\frac{1}{2\pi j}\oint_C X(z)z^{k-1}dz = \sum_{n=0}^{\infty} x(n)\left(\frac{1}{2\pi j}\oint_C z^{-n+k-1}dz\right) \tag{4.52}$$

式（4.52）右边当 $n$ 从 0 变化到 $\infty$ 时有无数个积分。但根据式（4.49），只有当 $n=k$ 时的积分等于 1，其他的积分一概为 0。这样，式（4.52）右边仅剩下 $x(k)$。再把等式两边的 $k$ 改写为 $n$（变量名是可以随意改换的），便得到

$$x(n) = \frac{1}{2\pi j}\oint_C X(z)z^{n-1}dz \tag{4.53}$$

式（4.53）就是 $X(z)$ 的 $z$ 反变换计算式，其中 C 为一条在 $X(z)$ 收敛域内包含原点、沿逆时针方向的闭合路径。这样一条闭合路径应该是存在的，因为 $X(z)$ 的收敛域总是在一个以原点为中心的圆的外部。一般情况下，单位圆就是这样的一条闭合积分路径。

通常情况下，$X(z)$ 是 $z$ 的一个有理函数，比如一个关于 $z$ 的分式。这就可以用留数定理来计算式（4.53）

$$x(n) = Q \tag{4.54}$$

式中，$Q$ 为函数 $X(z)z^{n-1}$ 在闭合路径 C 内部一个极点上的留数。假设此极点为 $z_p$，被积函数 $X(z)z^{n-1}$ 就可表示为

$$X(z)z^{n-1} = \frac{\Phi(z)}{z-z_p} \tag{4.55}$$

而极点上的留数，可根据式（4.55）写为

$$Q = \Phi(z_p) \tag{4.56}$$

如果 $X(z)z^{n-1}$ 在 $z=z_p$ 处有一个 $k$ 阶极点，那么式（4.55）变为

$$X(z)z^{n-1} = \frac{\Phi_1(z)}{(z-z_p)^k} \tag{4.57}$$

而 $k$ 阶极点处的留数可计算为

$$Q = \frac{1}{(k-1)!}\frac{d^{k-1}\Phi_1(z)}{dz^{k-1}}\bigg|_{z=z_p} \tag{4.58}$$

式（4.58）等号右边的后一个分式表示计算 $\Phi_1(z)$ 的 $k-1$ 阶导数，即对 $\Phi_1(z)$ 连续求导 $k-1$ 次。

---

**小测试**：计算闭合积分 $\dfrac{1}{2\pi j}\oint_C z dz$，其中 C 为一条包含原点的逆时针方向闭合路径。答：0。

---

**【例题 4.4】**  要求计算下面两个 z 变换的逆 z 变换。

$$X(z) = \frac{z}{z-a}, \ |z| > a \tag{4.59}$$

$$X(z) = \frac{az}{(z-a)^2}, \ |z| > a \tag{4.60}$$

**解**：1）根据式（4.53），先对式（4.59）两边乘以 $z^{n-1}$，得到

$$X(z)z^{n-1} = \frac{z^n}{z-a} \tag{4.61}$$

式（4.61）表示 $X(z)z^{n-1}$ 有一个极点 $z_p = a$，而 $\varPhi(z) = z^n$。在 $|z| > a$ 的收敛域内的任何一条闭合路径都可以包含这个极点。先算出式（4.61）中仅有的一个留数

$$Q = \varPhi(z_p) = z^n \big|_{z=a} = a^n \tag{4.62}$$

根据式（4.54）得到 $X(z)$ 的逆 z 变换

$$x(n) = a^n \tag{4.63}$$

2）同样，对式（4.60）两边乘以 $z^{n-1}$

$$X(z)z^{n-1} = \frac{az}{(z-a)^2}z^{n-1} = \frac{az^n}{(z-a)^2} \tag{4.64}$$

式（4.64）表示 $X(z)z^{n-1}$ 有一个二阶极点位于 $z = a$，即 $z_p = a$ 和 $k = 2$，以及 $\varPhi_1(z) = az^n$。先算出式（4.64）在 $z = a$ 处的留数

$$Q = \frac{1}{(2-1)!} \frac{\mathrm{d}^{(2-1)}(az^n)}{\mathrm{d}z^{(2-1)}} \bigg|_{z=a} = \frac{\mathrm{d}(az^n)}{\mathrm{d}z} \bigg|_{z=a} \tag{4.65}$$

$$= na^n$$

根据式（4.56）得到 $X(z)$ 的逆 z 变换

$$x(n) = na^n \tag{4.66}$$

本例题中的 1）和 2）两个小题分别对应于 4.2.4.3 节和 4.2.4.4 节中的两个信号序列。

## 4.3.2  长除法

如果 z 变换可以表示为两个多项式之比

$$X(z) = \frac{N(z)}{D(z)} = \frac{b_0 + b_1 z^{-1} + \cdots + b_M z^{-M}}{a_0 + a_1 z^{-1} + \cdots + a_N z^{-N}} \tag{4.67}$$

就可以用长除法来计算逆 z 变换。

所谓长除法，就是用式（4.67）中的分母 $D(z)$ 除分子 $N(z)$，其形式为

$$a_0 + a_1 z^{-1} + \cdots + \frac{a_N z^{-N}[x(0) + x(1)z^{-1} + x(2)z^{-2} + \cdots]}{b_0 + b_1 z^{-1} + b_2 z^{-2} + \cdots + b_M z^{-M}}$$ 

$$(4.68)$$

上式中的除法从常数项 $x(0)$ 开始，然后做 $z^{-1}$ 项的除法，逐渐做到 $z^{-1}$ 高次项的除法。长除法的结果是把 $X(z)$ 展开为式（4.32）的形式，也就是式（4.68）中的商多项式。从这个商多项式就可得到信号的样点序列 $x(n)$，完成逆 $z$ 变换。

小测试：用长除法计算分式 $(2a^3 + 0.5a - 0.5)/(a - 0.5)$ 的值。答：$2a^2 + a + 1$。

【例题 4.5】 要求用长除法计算下面 $X(z)$ 的逆 $z$ 变换。

$$X(z) = \frac{3 + 2z^{-1} + z^{-2}}{1 + z^{-1}} \qquad (4.69)$$

解：用长除法计算的结果为

$$X(z) = 3 - z^{-1} + z^{-2} - z^{-3} + z^{-4} + \cdots \qquad (4.70)$$

所以，样点序列为

$$x(n) = \begin{cases} 3, & n = 0 \\ (-1)^n, & n > 0 \end{cases} \qquad (4.71)$$

### 4.3.3  部分分式法

如果 $z$ 变换可以表示为式（4.67）那样的两个多项式之比，我们还可以用部分分式法来计算逆 $z$ 变换。所谓部分分式法，就是把分母为高次多项式的分式变成若干个分母为低次多项式的分式之和。我们仍以式（4.67）中的分式为例。

在式（4.67）中，如果 $M \geqslant N$，应该先用长除法把分子多项式的次数 $M$ 降到小于分母多项式的次数 $N$。在做长除法时，分子和分母多项式都需按 $z^{-1}$ 的降幂排列，即分子从最高次 $b_M z^{-M}$ 排列到 $b_0$，分母从 $a_N z^{-N}$ 排列到 $a_0$。假设长除法得到的余式为 $R(z)/D(z)$，那么分子 $R(z)$ 的次数一定低于分母 $D(z)$ 的次数 $N$，而分母 $D(z)$ 就是原先式（4.67）中的分母多项式。

现在由于分子 $R(z)$ 的次数小于分母 $D(z)$ 的次数，就可以用部分分式法把分式变成若干个分母为一次或二次多项式的分式之和。此时的式（4.67）可写为

$$X(z) = \sum_i a_i z^{-i} + \sum_j \frac{B_j}{1 - b_j z^{-1}} + \sum_k \frac{C_{k0} + C_{k1} z^{-1}}{1 + c_{k1} z^{-1} + c_{k2} z^{-2}} \qquad (4.72)$$

式中，最前面的累加和表示由长除法产生的整数项；后面的两个累加和表示由部分分式法产生的两种分式，它们的分母多项式的最高次数分别为 $z^{-1}$ 和 $z^{-2}$，都不超过 $z^{-2}$。对于这样的分式，可以容易地从本章后面的表 4.2 中找到逆 $z$ 变换。下面的例题说明部分分式法的计算过程。

小测试：用部分分式法把 $1/(1 - x^2)$ 分为两个分母为一次项的分式之和。答：$0.5/(1 + x) + 0.5/(1 - x)$。

【例题 4.6】　要求用部分分式法计算 $X(z)$ 的逆 $z$ 变换。

$$X(z) = \frac{5 + 2z^{-1} - z^{-2}}{1 - z^{-2}} \tag{4.73}$$

**解：** 由于分子和分母有相同的 $z^{-2}$ 项，就先要用长除法把分子的次数降到 $z^{-2}$ 以下。这样的长除法需从最高次 $z^{-2}$ 开始，并得到

$$X(z) = 1 + \frac{4 + 2z^{-1}}{1 - z^{-2}} \tag{4.74}$$

再对式（4.74）中的分母做因式分解，然后用部分分式法分为两个分式

$$\frac{4 + 2z^{-1}}{1 - z^{-2}} = \frac{4 + 2z^{-1}}{(1 + z^{-1})(1 - z^{-1})} = \frac{A}{1 + z^{-1}} + \frac{B}{1 - z^{-1}} \tag{4.75}$$

式（4.75）中的 A 和 B 为待定系数。将式（4.75）最右边的两个分式通分相加，再令通分后的分子与原先分式的分子相等

$$4 + 2z^{-1} = A(1 - z^{-1}) + B(1 + z^{-1}) \tag{4.76}$$

即可算出常数 A 和 B

$$\begin{cases} A = 1 \\ B = 3 \end{cases} \tag{4.77}$$

把式（4.77）代入式（4.75），并结合式（4.74）得到

$$X(z) = 1 + \frac{1}{1 + z^{-1}} + \frac{3}{1 - z^{-1}} \tag{4.78}$$

这就对式（4.73）中的分式完成了部分分式法计算，把它分解成了一个常数项和两个分式。这两个分式可以通过柯西积分公式或查 $z$ 变换表来完成逆 $z$ 变换。其中，前一个分式可改写为

$$X_1(z) = \frac{z}{z + 1} \tag{4.79}$$

它有一个极点在 $z = -1$。利用留数定理可得到它的时域样点序列

$$x_1(n) = (-1)^n, \ n \geq 0 \tag{4.80}$$

式（4.78）最右边的一个分式可从表 4.2 中的第 3 行查得

$$x_2(n) = 3, \ n \geq 0 \tag{4.81}$$

最后得到

$$X(z) = 1 + \sum_{n=0}^{\infty} (-1)^n z^{-n} + 3 \sum_{n=0}^{\infty} z^{-n} = 5 + 2z^{-1} + 4z^{-2} + 2z^{-3} + 4z^{-4} + \cdots \tag{4.82}$$

信号的时域样点序列为

$$x(n) = \begin{cases} 5, & n = 0 \\ 2, & n = 1,3,5,\cdots \\ 4, & n = 2,4,6,\cdots \end{cases} \tag{4.83}$$

这就完成了式（4.73）的逆 $z$ 变换。对式（4.73），用长除法也可得到式（4.83）的相同结果。

## 4.4　z 变换的性质

前面的 4.1.4 节讨论了拉普拉斯变换的线性、延迟和卷积的特性，本节也将讨论 z 变换的这些特性。除此之外，本节还要讨论 z 变换的乘积定理和 Parseval 定理，以及初值和终值定理。这些性质都可以通过 z 变换定义式来证明。

### 4.4.1　线性定理

z 变换的线性定理可叙述为：两个离散时域信号线性和的 z 变换，等于这两个离散时域信号 z 变换的线性和，并可写为：如果

$$w(n) = ax(n) + by(n) \tag{4.84}$$

就有

$$W(z) = aX(z) + bY(z), \quad R_w \supset (R_x \cap R_y) \tag{4.85}$$

式（4.84）中的 $w(n)$、$x(n)$ 和 $y(n)$ 是 3 个离散时域信号，$a$ 和 $b$ 是两个任意的常数因子。式（4.85）中的 $W(z)$、$X(z)$ 和 $Y(z)$ 分别为式（4.84）中 3 个离散时域信号 $w(n)$、$x(n)$ 和 $y(n)$ 的 z 变换。式（4.85）右边的 $R_w$ 表示 $W(z)$ 的收敛域，它至少包含 $X(z)$ 和 $Y(z)$ 收敛域 $R_x$ 和 $R_y$ 之交集。当位于收敛域 $R_x$ 或 $R_y$ 边界上的极点被零点抵消时，$R_w$ 还可以大于 $R_x$ 和 $R_y$ 的交集。

z 变换的线性定理可以直接从 z 变换的定义式（4.32）来证明。根据式（4.32）和式（4.84），$w(n)$ 的 z 变换可写为

$$W(z) = \sum_{n=0}^{\infty} \left[ ax(n) + by(n) \right] z^{-n} \tag{4.86}$$

式（4.86）可以容易地演算为

$$W(z) = \sum_{n=0}^{\infty} \left[ ax(n)z^{-n} + by(n)z^{-n} \right] = a\sum_{n=0}^{\infty} x(n)z^{-n} + b\sum_{n=0}^{\infty} y(n)z^{-n} = aX(z) + bY(z) \tag{4.87}$$

这就证明了 z 变换的线性定理。

【例题 4.7】　要求计算离散时域信号 $x(n)$ 的 z 变换。

$$x(n) = \begin{cases} 8, & n = 0 \\ 3, & n > 0 \end{cases} \tag{4.88}$$

**解：** 信号 $x(n)$ 可改写为

$$x(n) = 5\delta(n) + 3u(n) \tag{4.89}$$

先说明式（4.89）的正确性。在式（4.89）中，当 $n = 0$ 时，$\delta(n) = 1$ 和 $u(n) = 1$，所以式（4.89）右边等于 $5 + 3 = 8$，与式（4.88）中的相同。当 $n > 0$ 时，$\delta(n) = 0$ 和 $u(n) = 1$，所以式（4.89）右边等于 3，也与式（4.88）中的相同。所以，把式（4.88）改写为式（4.89）是正确的。而式（4.89）中 $x(n)$ 的 z 变换等于 $5\delta(n)$ 和 $3u(n)$ 两者 z 变换之线性和

$$X(z) = 5 + \frac{3}{1 - z^{-1}}, \quad |z| > 1 \tag{4.90}$$

#### 4.4.2　延迟定理

延迟定理可叙述为：如果离散时域信号 $x(n)$ 被延迟（即右移）$N$ 个样点时间，那么延迟后信号的 $z$ 变换等于原先 $x(n)$ 的 $z$ 变换乘以 $z^{-N}$，并可写为
如果

$$y(n) = x(n-N) \tag{4.91}$$

就有

$$Y(z) = z^{-N}X(z) \tag{4.92}$$

在式（4.91）和式（4.92）中，$Y(z)$ 和 $X(z)$ 分别为信号 $y(n)$ 和 $x(n)$ 的 $z$ 变换，而 $y(n)$ 为 $x(n)$ 延迟 $N$ 个采样周期后的信号。

现在用图 4.10 中的单位阶跃信号 $u(n)$ 和 $u(n-3)$ 来验证延迟定理。其中，图 4.10a 为单位阶跃信号 $u(n)$，图 4.10b 为单位阶跃信号 $u(n)$ 被延迟 3 个采样周期后的信号，也就是 $u(n-3)$。原先的单位阶跃信号在 $n=0$ 时从 0 跳变到等于 1，而延迟后的 $u(n-3)$ 要等到 $n=3$ 时才跳变到等于 1。所以，$u(n-3)$ 中的每个样点都要比 $u(n)$ 中相应的样点晚出现 $3T$ 时间。这就是延迟的意思。在图 4.10b 中，所有 $n<3$ 的样点都为零，这是因为单位阶跃信号 $u(n-3)$ 的这些值都等于 0〔对于 $u(n-3)$，如果 $n-3<0$ 即 $n<3$，就有 $u(n-3)=0$〕。

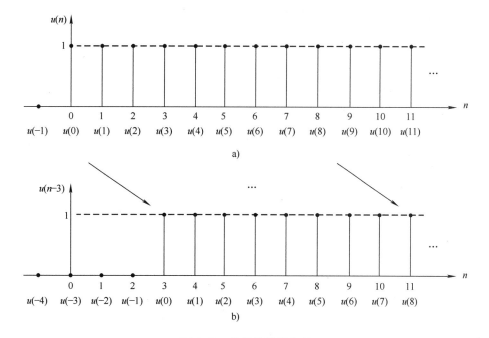

图 4.10　信号的延迟定理

a) 单位阶跃信号 $u(n)$　b) 延迟 $3T$ 时间后的单位阶跃信号 $u(n-3)$

现在对图 4.10b 中的 $u(n-3)$ 做 $z$ 变换

$$Y(z) = \sum_{n=0}^{\infty} u(n-3)z^{-n} \tag{4.93}$$

式（4.93）中，用变量代换 $n-3=k$，因而 $n=k+3$。当 $n=0$ 时 $k=-3$，这就是变量

代换后的累加运算下限。由此，式（4.93）可演算为

$$Y(z) = \sum_{k=-3}^{\infty} u(k) z^{-(k+3)} = z^{-3} \sum_{k=-3}^{\infty} u(k) z^{-k} = z^{-3} X(z) \qquad (4.94)$$

式（4.94）验证了 $z$ 变换的延迟定理，而且信号 $u(n-3)$ 与 $u(n)$ 有相同的收敛域。

在式（4.92）中，令 $N=1$，式（4.92）变为

$$Y(z) = z^{-1} X(z) \qquad (4.95)$$

式中，$z^{-1}$ 表示延迟 1 个采样周期，被叫作单位延迟。而单位延迟 $z^{-1}$ 是离散时域信号处理中最重要的框图构件。可以说，所有的离散时域系统都是基于单位延迟构建的。对于单位延迟，我们通常用图 4.11a 中的符号来表示。它的输

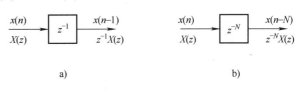

图 4.11　数字信号处理中的延迟单元
a) 单位延迟单元　b) 延迟 $N$ 个采样周期的单元

入与输出样点序列之间的时间关系与图 4.10 中的非常相似；唯一不同的是，图 4.10 中延迟了 3 个采样周期时间，而图 4.11a 中仅延迟 1 个采样周期时间。

图 4.11b 用符号 $z^{-N}$ 表示延迟 $N$ 个采样周期（符号 $z^{-N}$ 等于 $N$ 个 $z^{-1}$ 的串联和相乘），这与式（4.92）完全一样。图 4.11 的一个特点是，每个信号都同时用了时域和 $z$ 变换来标注，因为两者是完全等价的，在数字信号处理中可以随时互换。

> **小测试**：写出把离散时域信号 $y(n)=\cos bn$ 延迟 3 个采样周期后的信号表达式，并确定 $b$ 的单位。答：$y(n-3)=\cos[b(n-3)]$，弧度或度。

## 4.4.3　卷积定理

在本章前面的 4.1.4.3 节，讨论了连续时域中的卷积，本小节将讨论离散时域中的卷积，而离散时域的卷积及其计算过程都与连续时域中的非常相似。所以，知道了连续时域中的卷积，再学习本小节的内容就比较容易。

离散时域中的卷积也是数字信号处理中的重要概念，数字滤波器所执行的就是卷积运算。$z$ 变换的卷积定理可叙述为：两个离散时域信号卷积的 $z$ 变换等于这两个离散时域信号 $z$ 变换的乘积。与连续时域中的卷积计算相同的是，离散时域中的卷积运算也必须以线性和时不变性质为前提（关于离散时域系统的线性和时不变性质，将在后面的 5.7.1 节和 5.7.2 节中说明）。此外，连续时域中的卷积是通过积分实现的，而离散时域中的卷积是通过累加实现的。所以，离散时域中的卷积应该称为卷和，以示区别。但在不产生混淆的情况下，本书中仍使用大家已经习惯了的卷积这个词。下面先说明离散时域中的卷积计算，然后给出卷积表达式，最后证明卷积定理。

### 4.4.3.1　卷积的计算过程

图 4.12 表示两个离散时域信号 $x_1(n)$ 和 $x_2(n)$ 的卷积计算过程。通常认为当 $n<0$ 时 $x_1(n)$ 和 $x_2(n)$ 都等于 0，如图 4.12a 中所示。图中，$x_1(n)$ 可看作数字滤波器的输入信号，$x_2(n)$ 可看作数字滤波器的单位冲击响应，两者的卷积就是数字滤波器的输出 $y(n)$，如图 4.12c 所示。下面来说明离散时域中的卷积计算过程。

离散时域中的卷积计算是与连续时域中相似的。

第一步是把图 4.12a 中 $x_1(n)$ 和 $x_2(n)$ 的自变量从 $n$ 改为 $m$，这不会对计算产生任何影响。然后把 $n$ 用作卷积 $y(n)$ 的自变量。

第二步是把其中的一个信号在时间上倒转。在图 4.12b 中，把 $x_2(m)$ 在时间上倒转，变成 $x_2(-m)$，而 $x_1(m)$ 保持不变。我们也可以保持 $x_2(m)$ 不变，而把 $x_1(m)$ 在时间上倒转，两者的计算结果是一样的。

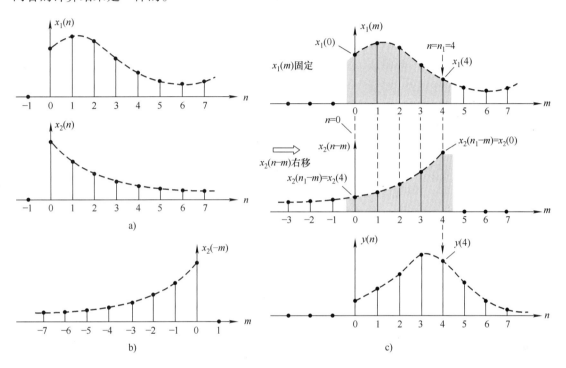

图 4.12　离散时域信号的卷积计算

a) $x_1(n)$ 和 $x_2(n)$　b) 把 $x_2(m)$ 在时间上倒转　c) 计算过程

第三步是把 $x_2(-m)$ 改写为 $x_2(n-m)$。这样，只要改变 $n$，就可以使 $x_2(n-m)$ 左右平移 [这个 $n$ 就是 $y(n)$ 中的 $n$。在做每次累加时，$n$ 可看作常数]。现在令 $n = -\infty$，就把时间上倒转的 $x_2(n-m)$ 左移到 $-\infty$ 处。

第四步是增加 $n$，使 $x_2(n-m)$ 逐渐右移。每右移到一处，便在 $m = -\infty \sim +\infty$ 的范围内对 $x_1(m)$ 与 $x_2(n-m)$ 之间的乘积项做累加。在图 4.12c 中，$x_2(n-m)$ 被右移到它的初始样点 $x_2(0)$ 与 $y(n)$ 中的时间 $n_1$（图中假设 $n_1 = 4$）对齐的位置。由于当 $m < 0$ 时 $x_1(m)$ 恒为零，以及当 $m > n_1$ 时 $x_2(n_1 - m)$ 恒为零，所以累加的范围就可缩小到从 $0 \sim n_1$，变成对图 4.12c 中两个阴影部分之间的乘积做累加。从图中看，由于 $n_1 = 4$，所以要做 5 次乘法和 4 次加法。这样得到的累加和就是此时的卷积值 $y(4)$，如图 4.12c 下面所示。

从图 4.12c 还可以看出，输入信号 $x_1(m)$ 中的每个样点在不同的时间 $n$ 对系统输出的贡献是不同的。图中的时间为 $n_1 = 4$，此时的输入样点为 $x_1(4)$，与它对应的单位冲击响应样点为 $x_2(0)$，并产生对系统输出的贡献 $x_1(4)x_2(0)$。而输入样点 $x_1(0)$ 是 4 个采样周期之前加到系统输入端的，它现在的单位冲击响应已经变成了 $x_2(4)$，并产生对系统输出的贡献 $x_1(0)x_2(4)$。输入样点 $x_1(1) \sim x_1(3)$ 的情况是相似的。$x_1(0) \sim x_1(4)$ 的 5 个输入样点的贡献总和，就是此时的输出样点 $y(4)$。

从物理单位上讲，假设 $x_1(m)$ 以 V 为单位；$x_2(n-m)$ 是系统冲击响应，所以是无量纲的数。由此，乘积项 $x_1(m)x_2(n-m)$ 的单位就是 V，它们的累加和仍以 V 为单位。这使滤波器输出信号 $y(n)$ 的单位也是 V。与之相比，连续时域中的系统冲击响应是以 $t^{-1}$ 为量纲的（$t^{-1}$ 在积分中被消去）。

卷积的最后一步，是把从 $n = -\infty \sim +\infty$ 范围内的全部卷积值集合起来，得到卷积 $y(n)$ 的样点图，如图 4.12c 下面所示。与连续时域中的卷积相比，离散时域中的卷积计算要容易很多。

**小测试**：计算两个单位冲击信号 $\delta(n)$ 与 $\delta(n-5)$ 之间的卷积。答：$\delta(n-5)$。

### 4.4.3.2　卷积表达式

在图 4.12c 的卷积计算中，卷积 $y(n)$ 的每一个值都是由 $x_1(m)$ 和 $x_2(n-m)$ 之间无数个乘积项累加而成的。注意到这一点，就可以写出信号 $x_1(n)$ 和 $x_2(n)$ 的卷积表达式

$$y(n) \equiv x_1(n) * x_2(n) = \sum_{m=-\infty}^{\infty} x_1(m)x_2(n-m) \tag{4.96}$$

式中，符号"$*$"表示离散时域中的卷积运算。在上式右边的累加式中，当 $n$ 取某个值时（比如图 4.12c 中的 $n=4$），累加变量 $m$ 要从 $-\infty$ 变化到 $+\infty$，并在累加完成后消失，而变量 $n$ 在每次累加过程中是不变的，可看作常量。此外，上式与图 4.12c 是一致的。这是指当 $m$ 从 $-\infty$ 变化到 $+\infty$ 时，$x_1(m)$ 的样点是与 $x_2(n-m)$ 的样点反向行进的。这也是被称为卷积的原因。

在式（4.96）中，$x_2(n-m)$ 是时间上倒转的，$x_1(m)$ 是不倒转的。我们也可以有另一个完全等价的卷积表达式

$$y(n) \equiv x_1(n) * x_2(n) = \sum_{m=-\infty}^{\infty} x_1(n-m)x_2(m) \tag{4.97}$$

上式把 $x_1(m)$ 在时间上倒转，而 $x_2(m)$ 保持不变。这与图 4.12c 中的情况刚好相反。如果两个 $m$ 前面都是正号，就变成离散时域中的互相关运算；又如果 $x_1(n)$ 和 $x_2(n)$ 是同一个信号，就变成离散时域中的自相关运算。在数字语音信号处理中，用得最多的就是自相关运算。

最后，从图 4.12c 看，由于 $m$ 在 $(-\infty, 0)$ 区间内变化时 $x_1(m)$ 恒为零，式（4.96）中的累加下限就可以从 $-\infty$ 右移到 0；再由于 $m$ 在 $(n, +\infty)$ 区间内变化时 $x_2(n-m)$ 恒为零，式（4.96）中的累加上限就可以从 $+\infty$ 左移到 $n$。式（4.96）就可简化为

$$y(n) \equiv x_1(n) * x_2(n) = \sum_{m=0}^{n} x_1(m)x_2(n-m) \tag{4.98}$$

同理，式（4.97）可简化为

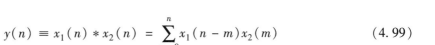

$$y(n) \equiv x_1(n) * x_2(n) = \sum_{m=0}^{n} x_1(n-m)x_2(m) \tag{4.99}$$

### 4.4.3.3　卷积定理的证明

为便于说明，先把式（4.98）中的累加上限从 $n$ 右移到 $+\infty$［这不会改变 $y(n)$ 的值］

$$y(n) \equiv x_1(n) * x_2(n) = \sum_{m=0}^{\infty} x_1(m)x_2(n-m) \tag{4.100}$$

根据式（4.32），写出上式的 $z$ 变换

$$Y(z) = \sum_{n=0}^{\infty} y(n)z^{-n} = \sum_{n=0}^{\infty} \left[ \sum_{m=0}^{\infty} x_1(m)x_2(n-m) \right] z^{-n} \tag{4.101}$$

交换上式中右边两个累加运算的顺序，即先做 $n$ 的累加，后做 $m$ 的累加。

$$Y(z) = \sum_{m=0}^{\infty} \left[ \sum_{n=0}^{\infty} x_1(m)x_2(n-m)z^{-n} \right] \tag{4.102}$$

由于方括号内是以 $n$ 为累加变量，$x_1(m)$ 就与 $n$ 无关而可以提到方括号之前

$$Y(z) = \sum_{m=0}^{\infty} x_1(m) \left[ \sum_{n=0}^{\infty} x_2(n-m)z^{-n} \right] \tag{4.103}$$

使用变量代换 $k=n-m$，因而 $n=k+m$，这又使右边的累加下限变为 $k=-m$（从 $n=0$ 算得）。上式即可演算为

$$Y(z) = \sum_{m=0}^{\infty} x_1(m) \left[ \sum_{k=-m}^{\infty} x_2(k)z^{-(k+m)} \right] = \sum_{m=0}^{\infty} x_1(m) \left[ \sum_{k=0}^{\infty} x_2(k)z^{-k} \right] z^{-m} \tag{4.104}$$

式（4.104）演算中，$k$ 的累加下限从 $k=-m$ 提高到了 $k=0$，是因为当 $k<0$ 时 $x_2(k)$ 全为零。另外，方括号内的 $m$ 是常量，所以 $z^{-m}$ 可以提到方括号之外。这样，式（4.104）方括号内的就是 $x_2(n)$ 的 $z$ 变换［在累加运算中，累加变量名可以随意改换的，比如式（4.104）中可以把 $k$ 改为 $n$］。式（4.104）变为

$$Y(z) = \sum_{m=0}^{\infty} x_1(m)X_2(z)z^{-m} = X_2(z) \sum_{m=0}^{\infty} x_1(m)z^{-m} \tag{4.105}$$

式（4.105）中可以把 $X_2(z)$ 提到累加号之前，是因为 $X_2(z)$ 与 $m$ 无关；而剩下的累加式就是 $x_1(m)$ 的 $z$ 变换式，也就是 $x_1(n)$ 的 $z$ 变换。由此，式（4.105）就是两个 $z$ 变换之乘积

$$Y(z) = X_1(z)X_2(z) \tag{4.106}$$

式（4.106）就是想要的结果，这就证明了卷积定理。

最后需要说明的是，上面的 $x_1(n)$ 和 $x_2(n)$ 都被假设为因果型信号，即当 $n<0$ 时 $x_1(n)$ 和 $x_2(n)$ 都恒为 0。但卷积定理同样适用于非因果型信号，而此时的 $z$ 变换需使用双边 $z$ 变换。证明过程是相同的。

---

**小测试**：计算 4 个累加和 $\sum_{n=1}^{3} \sum_{m=1}^{2} nm$、$\sum_{n=1}^{3} n \sum_{m=1}^{2} m$、$\sum_{m=1}^{2} \sum_{n=1}^{3} nm$ 和 $\sum_{m=1}^{2} m \sum_{n=1}^{3} n$ 的值。答：都等于 18。

**【例题 4.8】** 要求计算图 4.13 中两个离散时域信号 $x_1(m)$ 和 $x_2(m)$ 的卷积。

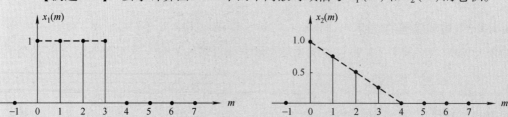

图 4.13 两个离散时域信号 $x_1(m)$ 和 $x_2(m)$ 的样点图

**解：** 做卷积时，我们固定 $x_1(m)$，而把 $x_2(m)$ 在时间上倒转，变成 $x_2(-m)$，再把 $x_2(-m)$ 改写为 $x_2(n-m)$。现在令 $n=-\infty$，把 $x_2(n-m)$ 左移到 $-\infty$ 处；然后增加 $n$ 使 $x_2(n-m)$ 右移，如图 4.14a 所示。

在右移过程中，当 $n<0$ 时，卷积值全为零；当 $n>6$ 时，卷积值也全为零；只有在 $0 \leqslant n \leqslant 6$ 的区间内，卷积值不为零。这又分两种情况：$0 \leqslant n < 4$ 和 $4 \leqslant n \leqslant 6$ [这里的 $n$ 值也是指图 4.14 中 $x_2(n-m)$ 的起始样点 $x_2(0)$ 在 $y(n)$ 中的时间值。这与图 4.12c 中是一样的]。

图 4.14a 表示 $0 \leqslant n < 4$ 时的情况。此时，$x_1(m)$ 和 $x_2(n-m)$ 的重叠面积随 $n$ 的增加而增加，卷积值也随之增加。图 4.14a 中的具体时间为 $n=2$，卷积值等于图中两个阴影部分乘积之累加和，并可计算为

$$y(2) = \left[ x_1(0) \times x_2(2) \right] + \left[ x_1(1) \times x_2(1) \right] + \left[ x_1(2) \times x_2(0) \right]$$
$$= \left[ 1 \times 0.5 \right] + \left[ 1 \times 0.75 \right] + \left[ 1 \times 1.0 \right] = 2.25$$

根据相同的算法，可以算出当 $0 \leqslant n < 4$ 时的其他 3 个卷积值：$y(0)=1$、$y(1)=1.75$、$y(3)=2.5$。用这 4 个卷积值就可画出卷积 $y(n)$ 的样点图，如图 4.14a 最下面的分图所示。

图 4.14b 表示 $4 \leqslant n \leqslant 6$ 时的情况。随着 $n$ 的增加，$x_1(m)$ 和 $x_2(n-m)$ 之间的重叠部分逐渐减少，卷积值也随之下降。图 4.14b 中的具体时间为 $n=5$，卷积值等于图 4.14b 中两个阴影部分乘积之和，并可计算为

$$y(5) = (1 \times 0.25) + (1 \times 0.5) = 0.75$$

利用相同的算法，可以算出在 $4 \leqslant n \leqslant 6$ 区间内的其他 2 个卷积值：$y(4)=1.5$ 和 $y(6)=0.25$。把这 3 个卷积值和图 4.14a 中的 4 个卷积值画在一起，就得到图 4.14b 最下面卷积 $y(n)$ 的完整样点图。

在图 4.13 和图 4.14 中，如果 $x_1(m)$ 为系统的输入信号，$x_2(m)$ 为系统的单位冲击响应，那么由于 $x_2(m)$ 为无量纲的比例常数，使输入信号 $x_1(m)$ 和卷积 $y(n)$ 有相同的物理单位，比如都是电压的单位 V。

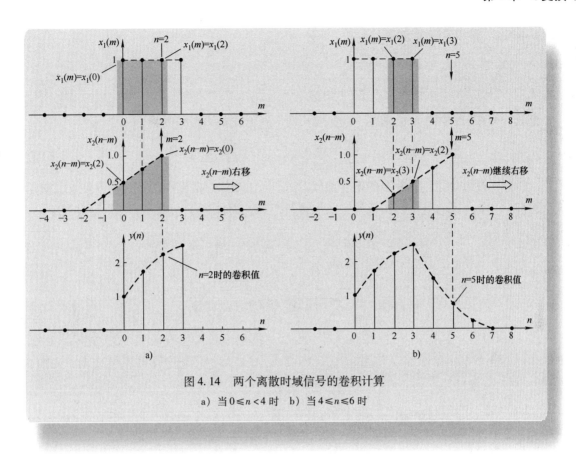

图 4.14　两个离散时域信号的卷积计算

a）当 $0 \leqslant n < 4$ 时　b）当 $4 \leqslant n \leqslant 6$ 时

### 4.4.4　乘积定理

乘积定理可叙述为：如果有两个信号序列 $x(n)$ 和 $y(n)$ 相乘得到 $w(n)$

$$w(n) = x(n)y(n) \tag{4.107}$$

那么 $w(n)$ 的 $z$ 变换就可以用 $x(n)$ 和 $y(n)$ 的 $z$ 变换表示为

$$W(z) = \frac{1}{2\pi j} \oint_C X(v) Y\left(\frac{z}{v}\right) v^{-1} \mathrm{d}v \tag{4.108}$$

式中，$X(z)$ 和 $Y(z)$ 分别为 $x(n)$ 和 $y(n)$ 的 $z$ 变换；C 为 $z$ 平面内一条包含原点的闭合曲线。而 $W(z)$ 的收敛域至少包括 $X(z)$ 和 $Y(z)$ 收敛域之交集。

在第 4.4.3 节中，说明了两个离散时域信号的卷积对应于它们频域信号（即 $z$ 变换）的乘积。而乘积定理的意思是：两个离散时域信号的乘积对应于它们频域信号的卷积。所以，乘积定理刚好与卷积定理成对偶。对于式（4.108），现在还看不出是卷积。但通过恰当的变量代换，可以把它变成卷积的形式，稍后的第 4.4.4.2 节将说明这一点。下面先证明式（4.108）。

> **小测试**：假设 $X(z) = 1/(z-1)$，要求写出 $X(z/a)$ 的表达式。答：$X(z/a) = 1/(z/a - 1) = a/(z - a)$。

### 4.4.4.1 乘积定理的证明

先对式 (4.107) 的两边取 $z$ 变换

$$W(z) = \sum_{n=-\infty}^{\infty} w(n)z^{-n} = \sum_{n=-\infty}^{\infty} x(n)y(n)z^{-n} \tag{4.109}$$

把式 (4.109) 中的 $x(n)$ 表示为逆 $z$ 变换的形式 [见式 (4.53)]

$$W(z) = \sum_{n=-\infty}^{\infty} \left[\frac{1}{2\pi j}\oint_C X(v)v^{n-1}dv\right]y(n)z^{-n} \tag{4.110}$$

式中，C 为一条包含原点的恰当的闭合曲线。式 (4.110) 方括号内的积分变量 $v$ [也就是式 (4.53) 中的积分变量 $z$] 在积分完成后自行消失，而仅剩下变量 $n$（在积分过程中，$n$ 可看作常量）。

在式 (4.110) 右边，在做方括号内的积分运算时，后面的 $y(n)z^{-n}$ 是常量，可以移到方括号内部

$$W(z) = \frac{1}{2\pi j}\sum_{n=-\infty}^{\infty}\left[\oint_C X(v)v^{n-1}y(n)z^{-n}dv\right] \tag{4.111}$$

式 (4.111) 中，把 $v^{n-1}$ 改写为 $v^n v^{-1}$，然后交换积分和累加的顺序。在这之后，由于因式 $X(v)$ 和 $v^{-1}$ 对于累加操作是常量（即与 $n$ 无关），可以提到累加号之前。这样，式 (4.111) 变为

$$W(z) = \frac{1}{2\pi j}\oint_C X(v)v^{-1}\sum_{n=-\infty}^{\infty}v^n[y(n)z^{-n}]dv \tag{4.112}$$

把式 (4.112) 中的 $v^n$ 与 $z^{-n}$ 合起来

$$W(z) = \frac{1}{2\pi j}\oint_C X(v)v^{-1}\left[\sum_{n=-\infty}^{\infty}y(n)\left(\frac{z}{v}\right)^{-n}\right]dv \tag{4.113}$$

式 (4.113) 方括号内的累加操作就是 $y(n)$ 的 $z$ 变换。不过，原先的 $z$ 现在变成了 $z/v$，但仍可以用式 (4.32) 算出方括号内的累加和是 $y(n)$ 的 $z$ 变换 $Y(z/v)$。由此，上式变为

$$W(z) = \frac{1}{2\pi j}\oint_C X(v)Y\left(\frac{z}{v}\right)v^{-1}dv \tag{4.114}$$

这就得到式 (4.108) 中的形式，也就证明了乘积定理。

> **小测试**：如果 $y(x) = 1 + a_1 x + a_2 x^2 + a_3 x^3 + \cdots$，要求写出 $y(x/b)$ 的表达式，并说明理由。
> 答：$y(x/b) = 1 + a_1(x/b) + a_2(x/b)^2 + a_3(x/b)^3 + \cdots$。由于 $b$ 仅与自变量 $x$ 有关，所以不会影响函数的结构。

### 4.4.4.2 乘积定理与频域卷积

式 (4.114) [即式 (4.108)] 中的 $z$ 变换还不是真正的频域表达式，虽然通常把 $z$ 变换归入频域表达式。把式 (4.114) 变成频域表达式，就是计算式 (4.114) 在单位圆上的值。为此，令

$$\begin{cases} v = e^{j\varphi} \\ z = e^{j\theta} \end{cases} \tag{4.115}$$

式 (4.115) 把 $v$ 和 $z$ 限制在单位圆上（$v$ 其实是另一个 $z$ 变量），这就进入了频域。当

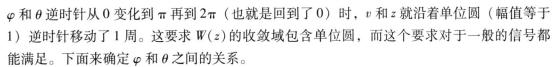

$\varphi$ 和 $\theta$ 逆时针从 0 变化到 $\pi$ 再到 $2\pi$（也就是回到了 0）时，$v$ 和 $z$ 就沿着单位圆（幅值等于 1）逆时针移动了 1 周。这要求 $W(z)$ 的收敛域包含单位圆，而这个要求对于一般的信号都能满足。下面来确定 $\varphi$ 和 $\theta$ 之间的关系。

将式（4.115）代入式（4.114），并注意到 $\mathrm{d}v = \mathrm{d}(e^{j\varphi}) = je^{j\varphi}\mathrm{d}\varphi$（$v$ 为 $\varphi$ 的函数）

$$W(e^{j\theta}) = \frac{1}{2\pi j}\int_{-\pi}^{\pi} X(e^{j\varphi})Y\left(\frac{e^{j\theta}}{e^{j\varphi}}\right)e^{-j\varphi}(je^{j\varphi})\mathrm{d}\varphi = \frac{1}{2\pi}\int_{-\pi}^{\pi} X(e^{j\varphi})Y(e^{j(\theta-\varphi)})\mathrm{d}\varphi \qquad (4.116)$$

式（4.116）就是以 $\theta$ 为自变量的两个频率响应 $X(e^{j\theta})$ 和 $Y(e^{j\theta})$ 的卷积。可以看出，被积函数中两个 $\varphi$ 前面的符号是一正一负，这就是卷积的意思。积分完成后，$\varphi$ 随即消失，仅剩下自变量 $\theta$。由于 $e^{j\theta}$ 是以 $\theta$ 的 $2\pi$ 为周期的周期函数，所以 $X(e^{j\theta})$ 和 $Y(e^{j\theta})$ 也都是以 $2\pi$ 为周期的周期函数。由此，式（4.116）中的卷积就被称为循环卷积。或者说，离散时域中的频域卷积一定都是循环卷积，因为离散时域中的频率谱都是以 $2\pi$ 为周期的周期函数。

对于循环卷积，只需计算 1 个周期内的卷积。但由于离散时域信号的频率谱是周期性的，在计算循环卷积时，会跨越周期的边界而用到相邻周期内的频率谱。这就是循环卷积与线性卷积的唯一不同点。关于循环卷积，本书后面的第 12 和第 13 章将做进一步说明。

## 4.4.5 Parseval 定理

Parseval 定理是指，一个离散时域信号在时域中包含的能量一定等于它在频域中包含的能量。所以，Parseval 定理的用处是可以在时域和频域之间来回转换，尤其是在证明某个性质时。

我们假设有一个离散时域信号 $x(n)$，它所包含的时域能量 $E$ 可表示为

$$E = \sum_{n=-\infty}^{\infty} x^2(n) \qquad (4.117)$$

现在令 $w(n) = x^2(n)$，则 $w(n)$ 的 $z$ 变换为

$$W(z) = \sum_{n=-\infty}^{\infty} x^2(n)z^{-n} \qquad (4.118)$$

式（4.118）中，令 $z = 1$，就有

$$W(1) = \sum_{n=-\infty}^{\infty} x^2(n) = E \qquad (4.119)$$

式（4.119）表示，$w(n)$ 的 $z$ 变换 $W(z)$ 在 $z = 1$ 处的值就等于离散时域信号 $x(n)$ 所包含的能量 $E$。如果 $x(n)$ 的时域能量 $E$ 是有界的，那么从式（4.119）可知 $W(z)$ 一定在 $z = 1$ 处收敛。

对于信号在频域中的能量，我们可以用式（4.116）来计算，而式（4.116）中的 $Y(e^{j\varphi})$ 与 $X(e^{j\varphi})$ 现在是同一个信号。在式（4.116）中令 $\theta = 0$，得到

$$W(1) = \frac{1}{2\pi}\int_{-\pi}^{\pi} X(e^{-j\varphi})X(e^{j\varphi})\mathrm{d}\varphi \qquad (4.120)$$

由于 $x(n)$ 是实信号，$X(e^{-j\varphi})$ 和 $X(e^{j\varphi})$ 就一定是共轭复数，它们的乘积就等于它们模的平方

$$W(1) = \frac{1}{2\pi} \int_{-\pi}^{\pi} |X(e^{j\varphi})|^2 d\varphi \tag{4.121}$$

再使用式（4.117）和式（4.119），便得到

$$\sum_{n=-\infty}^{\infty} x^2(n) = \frac{1}{2\pi} \int_{-\pi}^{\pi} |X(e^{j\varphi})|^2 d\varphi \tag{4.122}$$

这就证明了离散时域中的 Parseval 定理，而式（4.122）被叫作离散时域中的 Parseval 定理［上式的左边为时域中的能量，右边为频域中的能量。需要知道，式（4.122）右边的算式是在 DSP 中被经常用到的］。Parseval 定理的好处是把时域和频域关联了起来，使信号可以在时域和频域之间来回转换。

**【例题 4.9】** 假设 $X(z) = 1 + 2z^{-2}$，要求计算它的时域能量和频域能量。

**解：** 计算时域能量可以用式（4.117），得到时域能量等于 5。

计算频域能量可以用式（4.121），计算过程如下：

$$W(1) = \frac{1}{2\pi} \int_{-\pi}^{\pi} |1 + 2(e^{j\varphi})^{-2}|^2 d\varphi = \frac{1}{2\pi} \int_{-\pi}^{\pi} |1 + 2(e^{-j2\varphi})|^2 d\varphi$$

$$= \frac{1}{2\pi} \int_{-\pi}^{\pi} |(1 + 2\cos2\varphi) - j2\sin2\varphi|^2 d\varphi = \frac{1}{2\pi} \int_{-\pi}^{\pi} [5 + 4\cos2\varphi] d\varphi = \frac{10\pi}{2\pi} = 5$$

两者的结果表示，时域能量和频域能量都等于 5。

## 4.4.6 初值和终值定理

初值定理和终值定理的意思是，从 $x(n)$ 的 $z$ 变换 $X(z)$ 可以容易地确定时域信号的初值 $x(0)$ 和终值 $x(\infty)$。在拉普拉斯变换中同样有初值和终值定理，但 $z$ 变换中的初值定理的证明要比拉普拉斯变换中的初值定理简单很多，而终值定理的证明就比较麻烦。初值和终值定理的一个用途是对逆 $z$ 变换的结果进行验证。

### 4.4.6.1 初值定理

初值定理可叙述为：当 $z$ 趋于无穷大时，$X(z)$ 的值趋于 $x(0)$。这可写为

$$x(0) = \lim_{z \to \infty} X(z) \tag{4.123}$$

证明这一点很容易。先把 $z$ 变换的定义式（4.32）写成下面的形式

$$X(z) = \sum_{n=0}^{\infty} x(n) z^{-n} = x(0) + \sum_{n=1}^{\infty} x(n) z^{-n} \tag{4.124}$$

上式中，当 $z$ 趋于无穷大时，右边累加和中的每一项都趋于零，所以累加和也趋于零，于是得到式（4.123）。

**小测试**：假设 $X(z) = 1 + 2z^{-2} + 5z^{-5}$，要求计算 $x(n)$ 的初值 $x(0)$。答：1。

### 4.4.6.2 终值定理

终值定理可叙述为：当 $z$ 趋于 1 时，$(1 - z^{-1})X(z)$ 的值趋于信号 $x(n)$ 的终值 $x(\infty)$。

这可以写为

$$x(\infty) = \lim_{z \to 1}(1 - z^{-1})X(z) \qquad (4.125)$$

由于式（4.125）的证明比较繁复，本小节仅作解释，然后用几个离散时域信号来验证式（4.125）。

先把 $x(n)$ 看作一个离散时域系统的单位冲击响应，它的 z 变换 $X(z)$ 可以有 4 种情况。其中的 3 种情况分别为：

1）如果 $X(z)$ 有一个极点在单位圆外，系统就表现为发散，所以 $x(\infty) \to \infty$。

2）如果 $X(z)$ 的所有极点都在单位圆内，系统是稳定的，它的系统冲击响应 $x(n)$ 一定随时间的增长趋于零，所以 $x(\infty) = 0$。

3）如果 $X(z)$ 有一对共轭复数极点位于单位圆上（$z = 1$ 除外），系统响应 $x(n)$ 是振荡的，所以 $x(\infty)$ 是不确定的。

对于上面 3 种情况，式（4.125）中的因式（$1 - z^{-1}$）只是对 $X(z)$ 引入一个位于 $z = 1$ 的零点，不会对这 3 种情况中的极点进行抵消，所以不会改变 $x(n)$ 的终值。这就是说，式（4.125）中（$1 - z^{-1}$）$X(z)$ 的终值也就是 $X(z)$ 的终值。

剩下的第 4 种情况就是 $X(z)$ 有单一极点位于单位圆上的 $z = 1$。这样的 $X(z)$ 可分解为

$$X(z) = \frac{K}{1 - z^{-1}} + G(z) \qquad (4.126)$$

式中，右边第一项 $K/(1 - z^{-1})$ 的极点位于 $z = 1$；第二项 $G(z)$ 的所有极点都在单位圆内。结果是，由 $G(z)$ 产生的终值一定趋于零，而由 $K/(1 - z^{-1})$ 产生的终值等于 $K$［因为 $1/(1 - z^{-1})$ 的终值等于 1，见第 4.2.4.2 节］。两者合并的终值等于 $K$。如果把式（4.126）代入式（4.125）进行计算，可以得到相同的结果。这说明式（4.125）的计算结果与 $X(z)$ 的 4 种情况下的终值都是相同的。这也就解释了离散时域中的终值定理。由于（$1 - z^{-1}$）$X(z)$ 的终值等于 $X(z)$ 的终值，所以只要找出（$1 - z^{-1}$）$X(z)$ 的终值也就找出了 $X(z)$ 的终值。下面的【例题 4.10】用几个离散时域信号来验证式（4.125）。

小测试：假设 $X(z) = (1 + 2z^{-2})/(1 - z^{-1})$，要求计算 $x(n)$ 的终值。答：3。

**【例题 4.10】**　用单位冲击信号 $\delta(n)$、单位阶跃信号 $u(n)$ 和单位指数信号 $a^n$ 验证终值定理。

**解：**对于单位冲击信号 $\delta(n)$，由于它的 z 变换等于 1，式（4.125）的右边就可演算为

$$\lim_{z \to 1}(1 - z^{-1})X(z) = \lim_{z \to 1}(1 - z^{-1}) = 0 \qquad (4.127)$$

从信号本身看，单位冲击信号 $\delta(n)$ 的样点值，除了 $n = 0$ 以外都等于零，所以 $x(\infty) = 0$。这与式（4.127）的计算结果一样。

单位阶跃信号 $u(n)$ 的 z 变换等于 $1/(1 - z^{-1})$，所以式（4.125）的右边可演算为

$$\lim_{z \to 1}\left[(1 - z^{-1})\frac{1}{1 - z^{-1}}\right] = 1 \tag{4.128}$$

从信号本身看，由于是单位阶跃信号 $u(n)$，就有 $x(\infty) = 1$，结果也与式 (4.128) 一样。

单位指数信号 $a^n$ 的样点序列已表示在了前面的图 4.8c 中，且 $0 < a < 1$。它的 $z$ 变换等于 $1/(1 - az^{-1})$，所以式 (4.125) 的右边可演算为

$$\lim_{z \to 1}\left[(1 - z^{-1})\frac{1}{1 - az^{-1}}\right] = \frac{0}{1 - a} = 0 \tag{4.129}$$

从图 4.8c 也可看出 $x(\infty) = 0$，这与上式的结果也一样。这 3 个信号都验证了终值定理的正确性。

## 4.5　常见离散时域信号的 $z$ 变换表

表 4.2 给出了常见的离散时域信号的 $z$ 变换。表中从第 4 ~ 10 行都增加了一个 $u(n)$ 因子，只是为了表示这些信号都是因果型的，也就是，当 $n < 0$ 时所有的样点都等于零。所以，单边和双边 $z$ 变换的计算结果没有差别。下面对表中的 10 个 $z$ 变换作一说明。

表 4.2 中第 1 行以及第 3、4、5 行的 4 个 $z$ 变换，已在前面第 4.2.4 节证明过了。表 4.2 中第 2 行可以容易地用延迟定理来证明。第 6 行中的 $z$ 变换可以在式 (4.45) 中用 $z/a$ 代替 $z$ 来证明。

表 4.2　常用离散时域信号的 $z$ 变换

| 序号 | 样点序列 | $z$ 变换 | 收敛域 | 注释 |
|---|---|---|---|---|
| 1 | $\delta(n)$ | 1 | 整个 $z$ 平面 | 见 4.2.4.1 节 |
| 2 | $\delta(n - m)$ | $z^{-m}$ | $|z| > 0$ | 利用延迟定理 |
| 3 | $u(n)$ | $\dfrac{1}{1 - z^{-1}}$ | $|z| > 1$ | 见 4.2.4.2 节 |
| 4 | $a^n u(n)$ | $\dfrac{1}{1 - az^{-1}}$ | $|z| > a$ | 见 4.2.4.3 节，也可以用 $z/a$ 代替 $z$ 来计算 |
| 5 | $nu(n)$ | $\dfrac{z^{-1}}{(1 - z^{-1})^2}$ | $|z| > 1$ | 见 4.2.4.4 节 |
| 6 | $na^n u(n)$ | $\dfrac{az^{-1}}{(1 - az^{-1})^2}$ | $|z| > a$ | 在式 (4.45) 中，用 $z/a$ 代替 $z$ |
| 7 | $\cos(bn)u(n)$ | $\dfrac{1 - (\cos b)z^{-1}}{1 - 2(\cos b)z^{-1} + z^{-2}}$ | $|z| > 1$ | 把第 7 行和第 8 行中的序列组成复指数，把它代入第 4 行的 $z$ 变换中，再分离实部和虚部 |
| 8 | $\sin(bn)u(n)$ | $\dfrac{(\sin b)z^{-1}}{1 - 2(\cos b)z^{-1} + z^{-2}}$ | $|z| > 1$ | 同第 7 行的方法 |
| 9 | $r^n \cos(bn)u(n)$ | $\dfrac{1 - r(\cos b)z^{-1}}{1 - 2r(\cos b)z^{-1} + r^2 z^{-2}}$ | $|z| > r$ | 先用 $z/r$ 代替 $z$，然后用第 7 行的方法 |
| 10 | $r^n \sin(bn)u(n)$ | $\dfrac{r(\sin b)z^{-1}}{1 - 2r(\cos b)z^{-1} + r^2 z^{-2}}$ | $|z| > r$ | 同第 9 行的方法 |

第 7、第 8 行中的两个信号序列，可以用欧拉恒等式组成一个复指数函数，再用第 4 行中的方法计算复指数函数的 z 变换来证明。最后对 z 变换作分母有理化，再分离实部和虚部，便可同时得到第 7 行和第 8 行中的两个 z 变换。具体计算如下。

用表中第 7、第 8 行的样点序列组成一个复指数序列

$$cos bn + j sin bn = e^{jbn} \tag{4.130}$$

利用表中第 4 行，写出复指数序列 $e^{jbn}$ 的 z 变换

$$W(z) = \frac{1}{1 - e^{-jb}z^{-1}} \tag{4.131}$$

把上式分离成实部和虚部

$$W(z) = \frac{1}{1 - e^{jb}z^{-1}} = \frac{1}{(1 - cos bz^{-1}) - j sin bz^{-1}} = \frac{1 - cos bz^{-1} + j sin bz^{-1}}{(1 - cos bz^{-1})^2 + (sin bz^{-1})^2} \tag{4.132}$$

$$= \frac{1 - cos bz^{-1}}{1 - 2cos bz^{-1} + z^{-2}} + j \frac{sin bz^{-1}}{1 - 2cos bz^{-1} + z^{-2}}$$

比较式（4.132）和式（4.130）并利用线性性质，即可得到表中第 7、第 8 行的 z 变换式。

第 9、第 10 行中的情况是与第 7、第 8 行相似的。对于第 9、第 10 行中的信号序列，只需在第 7、第 8 行中用 z/r 代替 z，然后按照第 7、第 8 行的计算方法，就可得到第 9、第 10 行中的 z 变换。

最后想说，在用信号序列计算 z 变换时，可以将复变量 z 看作一般的实数来计算。这样，计算 z 变换就变成对一个实数等比级数求和，而目的是找出它的闭式表达式。当找出闭式表达式之后，也就知道了 z 变换的收敛域。这里的要点是：在等比级数求和时，实数与复数没有两样。利用实数的好处是便于分析和计算。需要说明的是，导出等比级数的闭式以及确定 z 变换收敛域都是数学方面的事，与 z 变换本身没有太大关系。

## 4.6　小结

z 变换共有两种定义式：单边定义式和双边定义式。式（4.33）的双边定义式是从数学的角度引出的。它的缺点是，对于大多数信号是不收敛的，这很像连续时域中的双边拉普拉斯变换[15]，所以在实际系统中极少使用。

单边 z 变换定义式是从连续时域的拉普拉斯变换导出的。这样的导出方法不仅可以把 z 变换与拉普拉斯变换关联起来，而且也符合实际的使用情况。因为在实际系统中，信号在处理时总被顺序划分为一连串的数据块，其中每一个数据块的第一个样点都可以被定义为时间零点；而系统的冲击响应也总是在输入端加上信号后才开始的。从拉普拉斯变换导出 z 变换的另一个好处是，可以在离散时域中借用连续时域中的许多性质和概念，也便于理解和记忆。

无论是 z 变换还是拉普拉斯变换，最关心的是如何从变换式导出系统的频率响应。对于拉普拉斯变换，当复变量 s 沿虚轴移动时，就得到连续时域系统的频率响应。对于 z 变换，当复变量 z 沿单位圆移动时，就得到离散时域系统的频率响应。但两者的最大不同点是，s

平面内的虚轴表示从 $-\infty \sim +\infty$ 的全部频率范围，而 $z$ 平面内的单位圆仅表示从 $-f_S/2 \sim f_S/2$（或者 $0 \sim f_S$）的频率范围。当在 $s$ 平面内从原点沿着虚轴分别移动到 $-\infty$ 和 $+\infty$ 时，对应于在 $z$ 平面内从 $z=1$ 出发，沿着单位圆分别逆时针和顺时针移动无数圈。由此可知，离散时域中的频率响应总是被限制在 $-f_S/2 \sim f_S/2$ 的范围内。所以说，离散时域系统最主要的特点是：①系统的频率特性是无限循环的；②循环的周期是从 $-f_S/2 \sim f_S/2$。

在 $z$ 变换的特性中，用得最多的是延迟特性。单位延迟 $z^{-1}$ 对信号产生一个采样周期（或称 1 个样点时间）的延迟。$z^{-1}$ 其实是存储器中的 1 个字。当样点被送入存储单元，并在下一个采样周期内取出时，就得到延迟了一个采样周期的样点。比如，上一个采样周期内的样点 $x(n)$，到当前采样周期内就变成 $x(n-1)$。离散时域系统都是依靠单位延迟 $z^{-1}$ 工作的。除了单位延迟 $z^{-1}$ 外，还要用到乘法器和加法器。但乘法器和加法器是比较好理解的，因为这两者都是没有记忆的，即计算得到的结果是立即出现在输出端上的。第 5 章将讨论用单位延迟、乘法器和加法器组成的离散时域系统的性质。

# 第 5 章　离散时域系统

离散时域系统有两种类型，一种是开关电容电路（主要在开关电容滤波器中），另一种是数字信号系统（主要是数字滤波器）。这两种类型的唯一不同点是它们的信号形式。开关电容电路以电容上的模拟电压为信号，也就是采样数据信号。数字滤波器以数字电路中的数字量为信号，也就是数字信号。本章讨论的内容主要针对数字信号系统，但同样适用于开关电容电路。

图 5.1 表示离散时域系统的外特性，它以 $x(n)$ 为输入，并产生输出 $y(n)$。这里的 $x(n)$ 和 $y(n)$ 都是离散时域信号，而且离散时域系统内部的信号也都是离散时域信号。

对于离散时域系统，将主要讨论输入与输

图 5.1　离散时域系统的外特性

出之间的关系（连续时域系统也是如此，几乎任何系统都是如此）。本章用 4 种方法来描述这一关系，这就是差分方程、单位冲击响应、传递函数和频率响应。其中，差分方程和单位冲击响应属于时域分析法，传递函数和频率响应属于频域分析法。虽然这 4 种方法看起来各不相同，但实际上是等价的，可以相互转换。这 4 种方法各有优点，都会在离散时域系统分析中被使用。

在本书中讨论的离散时域系统仅限于线性时不变（LTI）和因果型系统。实际上，在数字信号处理中遇到的绝大多数系统都属于这一类。本章的最后将说明离散时域中的线性时不变和因果型等性质。

## 5.1　差分方程

在连续时域中，使用微分方程导出输入与输出的关系，而在离散时域系统中，由于信号不是连续的，就无法使用微分方程的方法，但可以使用比较简单的差分方程的方法。

### 5.1.1　简单差分方程组

图 5.2 表示一个非常简单的离散时域系统，下面用它来说明差分方程分析法。图中的结构由单位延迟 $z^{-1}$、加法器和乘法器 3 种基本元件组成。其中，单位延迟 $z^{-1}$ 已在第 4 章讲过了，它的作用是使信号延迟一个采样周期 $T$。加法器的作用是对两个信号做加法。乘法器

利用常数因子 $a$ 对信号进行缩放。实际上，所有的离散时域系统都是由这 3 种基本元件组成的。当加上输入信号 $x(n)$ 后，就可以通过差分方程来计算输出信号 $y(n)$。图中的 $v(n)$ 是中间变量。使用中间变量的好处是，使分析变得简单。此外，信号 $y(n-1)$ 要比输出信号 $y(n)$ 在时间上晚 1 个采样周期 $T$；具体说，把 $y(n)$ 送入单位延迟 $z^{-1}$ 后，它会在下一采样周期内变成 $y(n-1)$ 出现在 $z^{-1}$ 的输出端上（在这 3 种元件中，单位延迟 $z^{-1}$ 是唯一有记忆功能的；乘法器和加法器都没有记忆功能，计算完成后立即输出结果。这些在前面章节描述过）。

在图 5.2 的结构中，当前的输出信号 $y(n)$ 等于当前的输入信号 $x(n)$ 与当前的 $v(n)$ 之和；而当前的 $v(n)$ 等于信号 $y(n-1)$ 与常数因子 $a$ 之乘积，其中 $y(n-1)$ 为 $y(n)$ 延迟一个采样周期 $T$ 后的信号。根据图 5.2 中的结构，可以容易地写出差分方程组

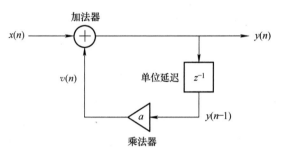

图 5.2 一个非常简单的离散时域系统

$$\begin{cases} v(n) = ay(n-1) \\ y(n) = x(n) + v(n) \end{cases} \qquad (5.1)$$

式（5.1）中，消去 $v(n)$ 后，得到输出信号与输入信号之间的关系式

$$y(n) = x(n) + ay(n-1) \qquad (5.2)$$

从式（5.2）看，图 5.2 中离散时域系统的当前输出样点 $y(n)$ 被表示为当前的输入样点 $x(n)$ 和前一个采样周期内的输出样点 $y(n-1)$ 与因子 $a$ 的乘积之和。

式（5.2）中的一个问题是，当开始计算时，系统进入第 0 采样周期，此时 $n=0$；而式（5.2）中需要 $y(n-1) = y(-1)$ 的值。这个值其实是图 5.2 中单位延迟单元 $z^{-1}$ 所记忆的样点值（此时系统虽然刚开始操作，但依然要用到延迟单元 $z^{-1}$ 中被记忆的样点）。具体的做法是，在计算开始时把 $z^{-1}$ 中的记忆样点清零，这也就是把 $y(-1)$ 置零，作为系统初始化。如果式（5.2）的右边存在 $y(n-2)$，也就是图 5.2 右边存在两个串联的单位延迟 $z^{-1}$，就要对两个单位延迟 $z^{-1}$ 中的记忆样点清零。具体说，就要把 $y(-1)$ 和 $y(-2)$ 都初始化为零。

式（5.1）中的中间变量 $v(n)$ 看起来用处不大，完全可以省去。但当离散时域系统比较复杂时，中间变量几乎是不可省的。它使差分方程编写起来很容易。总的来说，对于离散时域系统，我们可以通过写出差分方程组，来解得输出与输入之间的关系式。由于差分方程的方法要比其他的方法容易很多，所以在分析离散时域系统时，我们都会从编写差分方程开始。

最后要说明一点：在离散时域中，$x(n)$ 既可以表示一个 $n$ 从 $-\infty$ 变化到 $+\infty$ 的完整信号，也可以表示信号在当前第 $n$ 采样周期内的样点值。究竟是哪种含义，可以从上下文确定。其实，在连续时域中也有相似的用法。比如，$x(t)$ 既可以表示整个信号，也可以表示信号在时间点 $t$ 的值。

---

**小测试**：图 5.2 中总共有几个离散时域信号。答：4。

---

**【例题 5.1】** 在图 5.2 中，假设输入信号 $x(n)$ 的样点序列如图 5.3a 所示，并假设 $a = 0.5$。要求画出图 5.2 中其他 3 个信号 $y(n)$、$y(n-1)$ 和 $v(n)$ 的样点图。

**解**：先对图 5.2 中离散时域系统的操作过程作一说明；这也是任何一个离散时域系统的操作过程。离散时域系统的操作总是按采样周期的顺序进行的。对于图 5.2 中的离散时域系统，可以根据式（5.1）确定每个采样周期内的操作步骤：

1）从延迟单元 $z^{-1}$ 的输出端得到前一采样周期内存入的 $y(n)$，用作当前周期内的 $y(n-1)$；

2）取入输入信号的当前样点，并放入 $x(n)$；

3）计算样点 $y(n-1)$ 与因子 $a$ 之积，并放入 $v(n)$；

4）计算当前的输出样点 $y(n)$，它等于 $x(n)$ 与 $v(n)$ 之和；

5）把 $y(n)$ 放入延迟单元 $z^{-1}$ 的记忆样点内，等到下一采样周期内就变成 $y(n-1)$。

上面的操作步骤中还缺少系统初始化。对于图 5.2 中的系统，就是把延迟单元 $z^{-1}$ 中的记忆样点清零。这使开始滤波时的 $y(n-1) = 0$。这个初始化只需开始滤波时进行一次。我们可以把图 5.2 中的系统看作滤波器；实际上，大多数的离散时域系统都可以看作滤波器。

在完成系统初始化之后，就可以开始做滤波计算了。滤波器首先进入第 0 采样周期，此时 $n = 0$。先从延迟单元 $z^{-1}$ 的输出端得到 $y(n-1)$，它等于前一采样周期内的 $y(n)$。由于初始化的原因，$y(n-1) = 0$。然后取入当前输入样点 $x(n) = x(0) = 1$，并计算 $v(n) = v(0) = ay(-1) = 0.5 \times 0 = 0$。接下来，算出系统的输出 $y(n) = y(0) = x(0) + v(0) = 1 + 0 = 1$。最后把 $y(n) = y(0) = 1$ 存入单位延迟单元 $z^{-1}$，以备下一采样周期之用。这就完成了第 0 采样周期内的全部操作。

当系统进入第 1 采样周期后，$n = 1$。先从延迟单元 $z^{-1}$ 的输出端得到 $y(n-1) = y(0) = 1$。在取入 $x(n) = x(1) = 1$ 之后，计算 $v(n) = v(1) = ay(0) = 0.5 \times 1 = 0.5$。然后计算输出样点 $y(n) = y(1) = x(1) + v(1) = 1 + 0.5 = 1.5$。最后把 $y(1) = 1.5$ 存入延迟单元 $z^{-1}$。

当系统进入第 2 采样周期后，$n = 2$。此时 $y(n-1) = y(1) = 1.5$，而 $x(n) = x(2) = 1$，由此算得 $v(n) = v(2) = ay(n-1) = 1.5 \times 0.5 = 0.75$，然后算得 $y(n) = y(2) = x(2) + v(2) = 1 + 0.75 = 1.75$。最后把 $y(2) = 1.75$ 存入延迟单元 $z^{-1}$。

当系统进入第 3 采样周期后，$n = 3$。此时 $y(n-1) = y(2) = 1.75$，而 $x(n) = x(3) = 0$ 以及 $v(n) = v(3) = ay(2) = 1.75 \times 0.5 = 0.875$，然后算得 $y(n) = y(3) = x(3) + v(3) = 0 + 0.875 = 0.875$。最后把 $y(n) = y(3) = 0.875$ 存入延迟单元 $z^{-1}$。

接下来，系统进入第 4 采样周期，并一直循环下去。

从上面的计算可知，每个采样周期内的操作顺序是相同的。但从 $n=3$ 开始，由于输入样点恒为零，输出样点就会越来越小并趋于零。最后把上面得到的数据列于表5.1中，利用这些数据画出的样点图如图5.3b~图5.3d所示。从图5.3b和图5.3d看，$y(n-1)$确实比$y(n)$晚出现一个采样周期时间。其中，当$n=0$时的$y(n-1)=y(-1)=0$是由初始化确定的。

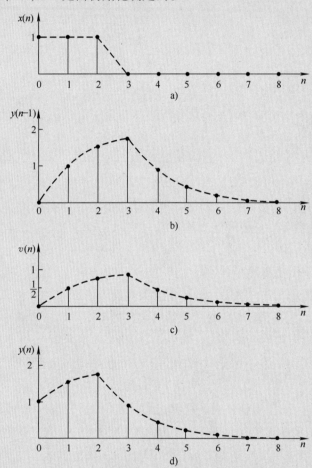

图5.3　简单离散时域系统中的信号样点图

表5.1　简单离散时域系统的信号样点值（初始化：把延迟单元 $z^{-1}$ 中的记忆样点清零）

| 采样周期 $n$ | | 0 | 1 | 2 | 3 | 4 | 5 | 6 | 7 | 8 |
|---|---|---|---|---|---|---|---|---|---|---|
| 1) $z^{-1} \rightarrow y(n-1)$ | $y(n-1)$ | 0 | 1 | 1.5 | 1.75 | 0.875 | 0.438 | 0.219 | 0.109 | 0.0547 |
| 2) 输入信号$\rightarrow x(n)$ | $x(n)$ | 1 | 1 | 1 | 0 | 0 | 0 | 0 | 0 | 0 |
| 3) $ay(n-1) \rightarrow v(n)$ | $v(n)$ | 0 | 0.5 | 0.75 | 0.875 | 0.438 | 0.219 | 0.109 | 0.0547 | 0.0273 |
| 4) $x(n)+v(n) \rightarrow y(n)$ | $y(n)$ | 1 | 1.5 | 1.75 | 0.875 | 0.438 | 0.219 | 0.109 | 0.0547 | 0.0273 |
| 5) $y(n) \rightarrow z^{-1}$ | $z^{-1}$ | 1 | 1.5 | 1.75 | 0.875 | 0.438 | 0.219 | 0.109 | 0.0547 | 0.0273 |

在上面的图 5.2 和式（5.2）中，离散时域系统的输出样点 $y(n)$ 可以表示为当前的输入样点 $x(n)$ 与前一个采样周期内的输出样点 $y(n-1)$ 之线性和。有时，离散时域系统的输出样点 $y(n)$ 还可以与前一个采样周期内的输入样点 $x(n-1)$ 有关。图 5.4 就是这样的一个离散时域系统。与图 5.2 相比，图 5.4 的左边增加了一个单位延迟 $z^{-1}$、两个乘法器和一个加法器。其中，新增加的单位延迟被用来保存前一个采样周期内的输入样点，到当前采样周期内，就变成 $x(n-1)$。

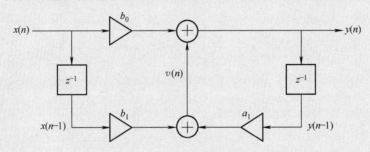

图 5.4   一个简单的离散时域系统

对于图 5.4 中的离散时域系统，可以写出差分方程组

$$\begin{cases} v(n) = b_1 x(n-1) + a_1 y(n-1) \\ y(n) = b_0 x(n) + v(n) \end{cases} \tag{5.3}$$

式中，$v(n)$ 仍为中间变量。消去 $v(n)$ 后，得到系统输入与输出之间的关系式

$$y(n) = b_0 x(n) + b_1 x(n-1) + a_1 y(n-1) \tag{5.4}$$

这样，图 5.4 中离散时域系统的输出样点 $y(n)$ 被表示为当前的输入样点 $x(n)$、前一个采样周期内的输入样点 $x(n-1)$ 和前一个采样周期内的输出样点 $y(n-1)$ 之线性和。在开始计算前，仍然要做初始化，把图中两个单位延迟 $z^{-1}$ 中的记忆样点清零，也就是使 $x(-1)=0$ 和 $y(-1)=0$。

---

**小测试**：图 5.4 中的离散时域系统在一个采样周期内要做几次加、乘和移位操作？答：2，3，2。

---

## 5.1.2   一般性的差分方程组

一般来说，离散时域系统的输出信号 $y(n)$ 不仅与前一采样周期内的输入和输出样点有关，还可以与以前多个采样周期内的输入和输出样点有关。图 5.5 就是这样一个一般性的离散时域系统，它的输出样点 $y(n)$ 与前 $M$ 个采样周期内的输入样点和前 $N$ 个采样周期内的输出样点有关。图中假设 $N > M$，但也可以 $N \leqslant M$（对于 $N$ 与 $M$ 之间的关系，将在后面第 5.3.2 节讨论）。

对于图 5.5 中的一般性离散时域系统，可以仿照式（5.3）写出差分方程组

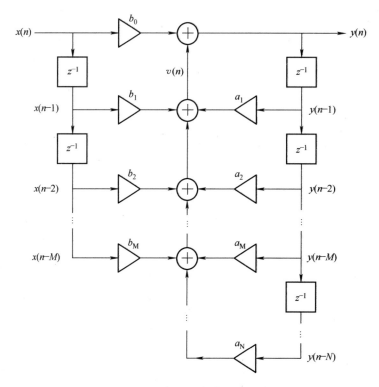

图 5.5　一般性的离散时域系统

$$\begin{cases} v(n) = \left[ b_1 x(n-1) + \cdots + b_M x(n-M) \right] + \left[ a_1 y(n-1) + \cdots + a_N y(n-N) \right] \\ y(n) = b_0 x(n) + v(n) \end{cases}$$
$$(5.5)$$

式中，$v(n)$ 仍为中间变量。消去 $v(n)$ 后，得到一般性离散时域系统的输入与输出之间的关系式

$$y(n) = b_0 x(n) + \left[ b_1 x(n-1) + \cdots + b_M x(n-M) \right] + \left[ a_1 y(n-1) + \cdots + a_N y(n-N) \right]$$

$$= \sum_{l=0}^{M} b_l x(n-l) + \sum_{k=1}^{N} a_k y(n-k)$$

$$(5.6)$$

通常，式（5.5）和式（5.6）中的 $b_0 \sim b_M$ 以及 $a_1 \sim a_N$ 都是常数。这些常数就是数字滤波器的滤波系数（图 5.5 就是一个典型的数字滤波器结构）。如果 $b_0 \sim b_M$ 以及 $a_1 \sim a_N$ 的值随输入信号的特性而变，这样的滤波器就叫自适应滤波器［比如语音处理中的线性预测（Linear Prediction，LP）滤波器等］。但本书只讨论滤波系数固定的数字滤波器，因为我们一般遇到的数字滤波器都是系数固定的，即时不变的。

## 5.2　单位冲击响应

单位冲击响应是离散时域系统的第二个分析方法。在连续时域系统中，当输入为单位冲击信号 $\delta(t)$ 时得到的系统输出就叫单位冲击响应。对于离散时域系统，情况是相似的。本小节先说明离散时域系统单位冲击响应的定义，然后计算离散时域系统的单位冲击响应。而离散时域系统的输出等于输入信号与单位冲击响应之间的卷积。

### 5.2.1　单位冲击响应的定义

　　与连续时域系统相比，离散时域系统的单位冲击响应比较简单。图 5.6 表示离散时域系统单位冲击响应的定义：当输入为单位冲击信号 $\delta(n)$ 时所得到的系统输出 $h(n)$ 就是系统的单位冲击响应。下面通过两个例题来说明如何计算离散时域系统的单位冲击响应。

图 5.6　离散时域系统的单位冲击响应

　　**【例题 5.2】**　要求确定图 5.7a 中离散时域系统的单位冲击响应，系统参数为：$b_0 = 1$，$b_1 = 0.5$。

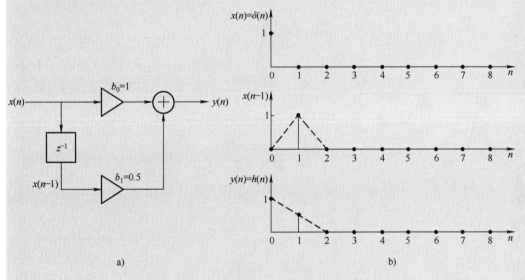

图 5.7　一个简单的离散时域系统
a）结构　b）信号样点图

　　**解：**图 5.7a 中的离散时域系统可以看作在图 5.4 中令 $a_1 = 0$ 而得。如果用单位冲击信号 $\delta(n)$ 代替图 5.7a 中的 $x(n)$，$y(n)$ 就是系统的单位冲击响应 $h(n)$。

　　在开始计算前，先把单位延迟 $z^{-1}$ 中的记忆样点清零，以完成系统初始化。

　　然后，系统进入第 0 采样周期，$n = 0$。先把单位冲击信号 $\delta(n)$ 加到输入端，并有 $x(n) = \delta(0) = 1$，再把单位延迟 $z^{-1}$ 中的记忆样点送入 $x(n-1)$，使 $x(n-1) = 0$，并算得输出 $y(n) = y(0) = b_0 x(n) + b_1 x(n-1) = 1 \times 1 + 0.5 \times 0 = 1$。最后把 $x(n) = x(0) = 1$ 存入单位延迟 $z^{-1}$。第 0 采样周期内的操作全部完成。

当系统进入第 1 采样周期后，$n=1$。输入样点 $x(n)=\delta(1)=0$，而 $x(n-1)=x(0)=1$。由此算得输出 $y(n)=y(1)=b_0\times0+b_1\times1=0.5$。最后把 $x(n)=x(1)=0$ 存入单位延迟 $z^{-1}$。

当系统进入第 2 采样周期后，$n=2$。输入样点 $x(n)=\delta(2)=0$。由于 $x(n)=x(2)=0$ 和 $x(n-1)=x(1)=0$，算得输出 $y(n)=y(2)=0$。最后把 $x(n)=0$ 存入单位延迟 $z^{-1}$。

当 $n\geq2$ 时，由于 $x(n)$ 和 $x(n-1)$ 总是为零，所以输出 $y(n)$ 也总是为零。信号 $x(n)$、$x(n-1)$ 和 $y(n)$ 的样点图如图 5.7b 所示，其中的输出信号 $y(n)$ 就是离散时域系统的单位冲击响应 $h(n)$。图中还表示，$x(n-1)$ 比 $x(n)$ 晚出现一个采样周期时间，即把 $x(n)$ 延迟一个采样周期时间便得到 $x(n-1)$；其中，当 $n=0$ 时的 $x(n-1)=x(-1)=0$ 是由初始化确定的。

**【例题 5.3】** 要求确定图 5.8a 中离散时域系统的单位冲击响应，系统参数 $a=0.5$。

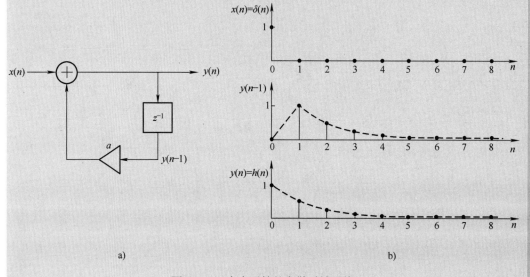

图 5.8 一个有反馈的离散时域系统

a) 结构 b) 信号样点图

**解：** 图 5.8a 中的离散时域系统就是图 5.2 中的结构。在图 5.8a 中，如果用单位冲击信号 $\delta(n)$ 代替 $x(n)$，$y(n)$ 就是系统的单位冲击响应 $h(n)$。

首先把单位延迟 $z^{-1}$ 内记忆的样点清零，以完成系统初始化。然后，系统进入第 0 采样周期，$n=0$。此时把单位冲击信号 $\delta(n)$ 加到输入端，并有 $x(n)=\delta(0)=1$，再把单位延迟 $z^{-1}$ 内的记忆样点送入 $y(n-1)$，得到 $y(n-1)=y(-1)=0$，由此算得输出 $y(n)=y(0)=x(0)+ay(-1)=1+0.5\times0=1$。最后把 $y(0)=1$ 存入单位延迟 $z^{-1}$ 内。第 0 采样周期内的操作全部完成。

当系统进入第 1 采样周期后，$n=1$。输入样点 $x(n)=x(1)=\delta(1)=0$，并从

单位延迟 $z^{-1}$ 得到 $y(n-1) = y(0) = 1$，由此算得输出 $y(n) = y(1) = 0 + a \times 1 = 0.5$。最后把 $y(1) = 0.5$ 存入单位延迟 $z^{-1}$。

当系统进入第 2 采样周期后，$n = 2$。输入样点 $x(n) = x(2) = \delta(2) = 0$ 而 $y(n-1) = y(1) = 0.5$。所以输出样点 $y(n) = y(2) = 0 + a \times 0.5 = 0.25$。最后把 $y(2) = 0.25$ 存入单位延迟 $z^{-1}$。

当 $n > 2$ 时，情况与 $n = 2$ 时相似。不同的是，输出样点越来越小，使 $y(n-1)$ 也越来越小，而 $x(n)$ 总是等于零。所以，接下来得到 $y(3) = 0.125$、$y(4) = 0.0625$ 等，永远趋于零而达不到零。信号 $x(n)$、$y(n-1)$ 和 $y(n)$ 的样点图如图 5.8b 中所示，其中的输出信号 $y(n)$ 就是图 5.8a 中离散时域系统的单位冲击响应 $h(n)$。

---

小测试：如果【例题 5.3】中的 $a = -0.5$，系统单位冲击响应会有什么样的样点序列？
答：$1$，$-0.5$，$0.25$，$-0.125$，$0.0625$，$\cdots$。

---

## 5.2.2　用单位冲击响应计算系统输出

说明了离散时域系统的单位冲击响应 $h(n)$ 之后，下面可以像连续时域中那样，用输入信号 $x(n)$ 与单位冲击响应 $h(n)$ 之间的卷积来确定系统的输出响应 $y(n)$。不过，离散时域中的卷积是通过累加而非积分完成的，所以要比连续时域中的简单些。此外，离散时域中的单位冲击信号 $\delta(n)$ 和单位冲击响应 $h(n)$ 都是无量纲的样点序列。这也不同于连续时域中的情况〔连续时域中的 $\delta(t)$ 和 $h(t)$ 都以 $t^{-1}$ 为量纲〕。

图 5.9　离散时域系统的输出 $y(n)$ 等于输入 $x(n)$ 与系统冲击响应 $h(n)$ 之卷积

前面的图 5.1 表示离散时域系统的输入和输出的关系，这里的图 5.9 把它表示为卷积的形式。关于离散时域中的卷积计算过程，已在前面第 4.4.3.1 节讨论过，下面仅对其中的要点作一说明。

### 5.2.2.1　卷积计算过程

图 5.10a 中的 $x(n)$ 为输入信号，它的前 4 个样点分别为 0.5、1、1、0.5，后面的样点全为零。图 5.10a 中的 $h(n)$ 为系统的单位冲击响应，它的样点序列为 1, 0.5, 0.25, 0.125, $\cdots$，与图 5.8b 中的 $h(n)$ 相同。计算输出信号 $y(n)$ 就是计算 $x(n)$ 和 $h(n)$ 之间的卷积。

首先，图 5.10a 中的自变量 $n$ 都要改为 $m$，而把 $n$ 用于输出信号 $y(n)$。在进行卷积计算时，先把 $h(m)$ 在时间上反转，变成 $h(-m)$，如图 5.10b 所示，再变成 $h(n-m)$，以便能通过改变 $n$ 而左右平移，如图 5.10c 所示。图 5.10c 中 $n = 2$，表示正在计算 $n = 2$ 时的卷积值 $y(2)$。

现在对图 5.10c 中的阴影部分计算乘积的累加和，并得到卷积值 $y(2) = 1.625$。用同样

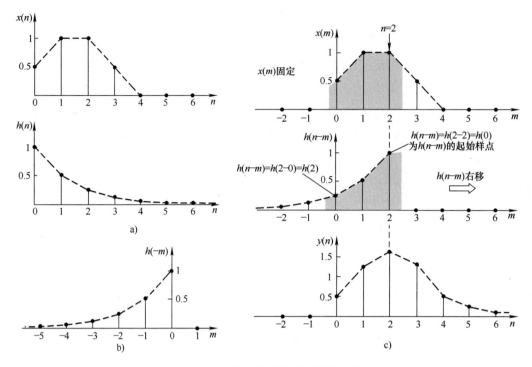

图 5.10  用卷积计算离散时域系统的输出响应 $y(n)$

的方法可以算出输出信号 $y(n)$ 在其他时间点上的样点值。不过，当 $n<0$ 时，由于 $x(m)$ 和 $h(n-m)$ 之间没有重叠部分，使 $y(n)$ 恒为零。当 $n>0$ 时，由于 $h(n)$ 总是不等于零，使 $x(m)$ 和 $h(n-m)$ 之间总是有重叠部分，因而 $y(n)$ 永远不等于零。表 5.2 仅给出从 $n=0\sim$ $n=6$ 的 7 个输出样点值的计算过程。最后得到的 $y(n)$ 的样点序列示于图 5.10c 中。这个样点序列是无限长的。

表 5.2  图 5.10 中的卷积计算

| $n$ | 卷积和 | 数值计算 | $y(n)$ |
|---|---|---|---|
| 0 | $x(0)h(0)$ | $0.5\times1$ | 0.5 |
| 1 | $x(0)h(1)+x(1)h(0)$ | $0.5\times0.5+1\times1$ | 1.25 |
| 2 | $x(0)h(2)+x(1)h(1)+x(2)h(0)$ | $0.5\times0.25+1\times0.5+1\times1$ | 1.625 |
| 3 | $x(0)h(3)+x(1)h(2)+x(2)h(1)+x(3)h(0)$ | $0.5\times0.125+1\times0.25+1\times0.5+0.5\times1$ | 1.3125 |
| 4 | $x(0)h(4)+x(1)h(3)+x(2)h(2)+x(3)h(1)$ | $0.5\times0.0625+1\times0.125+1\times0.25+0.5\times0.5$ | 0.53125 |
| 5 | $x(0)h(5)+x(1)h(4)+x(2)h(3)+x(3)h(2)$ | $0.5\times0.03125+1\times0.0625+1\times0.125+0.5\times0.25$ | 0.328125 |
| 6 | $x(0)h(6)+x(1)h(5)+x(2)h(4)+x(3)h(3)$ | $0.5\times0.015625+1\times0.03125+1\times0.0625+0.5\times0.125$ | 0.1640625 |

需要知道，图 5.10 中的卷积运算是以系统的线性和时不变（LTI）为前提的。在图 5.10c 中，无论信号 $h(n-m)$ 如何随 $n$ 移动，计算公式是不变的。这是利用了时不变的性质。然后，在用累加计算卷积值时，用到了线性系统的叠加定理。所以，线性和时不变（LTI）是卷积运算的前提。本章后面的第 5.7.1 节和第 5.7.2 节将讨论线性和时不变的性质。

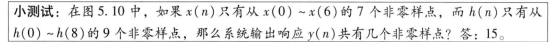

小测试：在图 5.10 中，如果 $x(n)$ 只有从 $x(0) \sim x(6)$ 的 7 个非零样点，而 $h(n)$ 只有从 $h(0) \sim h(8)$ 的 9 个非零样点，那么系统输出响应 $y(n)$ 共有几个非零样点？答：15。

### 5.2.2.2　卷积公式

前面第 4.4.3 节也曾讨论过卷积公式，所以这里仅对卷积公式的要点作一说明。先从图 5.10c 看，如果 $m < 0$，$x(m)$ 就等于零；如果 $m > n$，$x(n-m)$ 就等于零；所以累加运算实际上被缩小到了从 $0 \sim n$ 的范围。相应地，卷积公式可改写为

$$y(n) = \sum_{m=0}^{n} x(m)h(n-m) \tag{5.7}$$

对于式（5.7），我们还有另一种完全等价的表达式

$$y(n) = \sum_{m=0}^{n} x(n-m)h(m) \tag{5.8}$$

与连续时域中的卷积公式一样，我们也可以有更一般性的卷积表达式。这就是，把累加下限从 $m = 0$ 左移到 $m = -\infty$，同时把累加上限从 $m = n$ 右移到 $m = \infty$。此时的式（5.7）和式（5.8）分别变为

$$y(n) = \sum_{m=-\infty}^{\infty} x(m)h(n-m) \tag{5.9}$$

和

$$y(n) = \sum_{m=-\infty}^{\infty} x(n-m)h(m) \tag{5.10}$$

但一般来说，实际的系统和信号都是因果型的，所以式（5.7）与式（5.9）以及式（5.8）与式（5.10）的计算结果是一样的。最后，系统的输出响应可写为

$$y(n) = x(n) * h(n) \tag{5.11}$$

式（5.11）可以用来表示式（5.7）~ 式（5.10）中的任意一个。

为了帮助理解和记忆，现在来说明式（5.7）~ 式（5.10）四个卷积公式的两个共同点。第一，变量 $m$ 是卷积计算中累加操作的变量，而且在每个卷积公式中总是一正一负。这就是说，当 $m$ 变化时，两个因式 $x(n)$ 和 $h(n)$ 的样点走向是相反的。第二，在计算每一个卷积值时，$n$ 是常量，变化的只是 $m$。当完成一个卷积值计算后，才改变 $n$ 值，以计算下一个卷积值。此时 $n$ 又变成了常量。

小测试：如果用式（5.8）来计算 $y(10)$，要求写出这个算式？答：$y(10) = \sum_{m=0}^{10} x(10-m)h(m)$。

## 5.3　传递函数

离散时域系统中的传递函数是以 $z$ 变换表示的输入与输出之间的关系式，如图 5.11 所示。图 5.11 中，$X(z)$ 为输入信号 $x(n)$ 的 $z$ 变换，$Y(z)$ 为输出信号 $y(n)$ 的 $z$ 变换，$H(z)$ 就是离散时域系统的传递函数，它等于系统单位冲击响应 $h(n)$ 的 $z$ 变换（这在下面第 5.3.3 节说

明）。在图 5.9 中，把 $x(n)$、$y(n)$ 和 $h(n)$ 分别改写为 $X(z)$、$Y(z)$ 和 $H(z)$，再把卷积改写为乘法，就得到图 5.11 中的结构。

图 5.11　离散时域系统的输入 $X(z)$、

本节先对前面图 5.4 中的简单结构导出传递函数，然后扩展到图 5.5 中一般性离散时域系统的传递函数，最后说明离散时域系统的零极点。

输出 $Y(z)$ 和传递函数 $H(z)$

之间的关系

## 5.3.1　简单结构的传递函数

前面的式（5.4）表示图 5.4 中简单离散时域系统的输出与输入之间的关系，现把它重复于下

$$y(n) = b_0 x(n) + b_1 x(n-1) + a_1 y(n-1) \tag{5.12}$$

这是一个差分方程。其中，$x(n)$ 为输入信号，$x(n-1)$ 为输入信号 $x(n)$ 延迟一个样点时间后的信号；$y(n)$ 为输出信号，$y(n-1)$ 为输出信号延迟一个样点时间后的信号。

在前面 4.4.2 节，我们说明了离散时域信号中的延迟定理：如果离散时域信号 $x(n)$ 被延迟了 $N$ 个样点时间，那么延迟后的信号的 $z$ 变换就等于原先 $x(n)$ 的 $z$ 变换 $X(z)$ 乘以 $z^{-N}$。由此，我们可以把式（5.12）改写为 $z$ 变换的形式

$$Y(z) = b_0 X(z) + b_1 z^{-1} X(z) + a_1 z^{-1} Y(z) \tag{5.13}$$

离散时域系统传递函数的定义式是与连续时域系统相似的，它等于系统输出信号的 $z$ 变换与输入信号的 $z$ 变换之比。从式（5.13）可以容易地写出这个比值

$$H(z) \equiv \frac{Y(z)}{X(z)} = \frac{b_0 + b_1 z^{-1}}{1 - a_1 z^{-1}} \tag{5.14}$$

式（5.14）就是图 5.4 中简单离散时域系统的传递函数表达式。这是一个分式，分式的分子和分母都是以 $z^{-1}$ 为自变量的多项式。需要注意的是，式（5.14）分母中系数 $a_1$ 的前面是负号，而差分方程（5.12）中对应项的前面是正号，两者的符号刚好相反。原因是，系统中存在的反馈结构，使输出信号 $y(n)$ 和 $y(n-1)$ 分别位于式（5.12）的两边。

## 5.3.2　一般性的传递函数

可以从离散时域系统一般性的差分方程，即式（5.6），导出离散时域系统一般性的传递函数。使用与上面相同的方法，即对式（5.6）的两边分别做 $z$ 变换，然后计算输出与输入信号的 $z$ 变换之比

$$H(z) \equiv \frac{Y(z)}{X(z)} = \frac{\displaystyle\sum_{l=0}^{M} b_l z^{-l}}{1 - \displaystyle\sum_{k=1}^{N} a_k z^{-k}} \tag{5.15}$$

$$= \frac{b_0 + b_1 z^{-1} + \cdots + b_M z^{-M}}{1 - a_1 z^{-1} - \cdots - a_N z^{-N}}$$

上式就是离散时域系统一般性的传递函数，这与前面简单离散时域系统传递函数的式（5.14）在形式上是相似的；即它是一个分式，而且分子和分母都是以 $z^{-1}$ 为自变量的多项式。在离散时域系统的分析和设计中，主要使用传递函数的方法。这有两个显著优点：一是比卷积的方法简单许多；二是从传递函数可以容易地得到系统的频率特性（稍后说明）。这也是把传递函数归入频域分析的原因。同样，差分方程（5.6）中系数 $a$ 的前面是正号，所以式（5.15）传递函数分母中 $a$ 系数的前面是负号。这也是由图5.5 中的反馈结构引起的。

最后，对于离散时域系统的传递函数，分子中 $z^{-1}$ 的次数通常要小于分母中 $z^{-1}$ 的次数；也就是说，式（5.15）中的 $M$ 一般要小于 $N$。因为如果 $M \geqslant N$，可以先做一次长除法把它变成 $M < N$（具体见前面第4.3.3 节的部分分式法），这就化简了传递函数。下面的例题用来说明这一点。

**【例题 5.4】** 在下面的传递函数中，$M = 3$，$N = 2$，所以 $M > N$。要求把它变成常见的 $M < N$ 的形式。

$$H(z) = \frac{2 + 3z^{-1} + 2z^{-2} + z^{-3}}{1 + z^{-1} + z^{-2}} \tag{5.16}$$

**解：** 先用长除法使上式变成 $M < N$ 的形式。但做长除法时，应该从 $z^{-1}$ 的最高次开始；也就是，分子从 $z^{-3}$ 开始，分母从 $z^{-2}$ 开始。为此，先把式（5.16）改写为

$$H(z) = \frac{z^{-3} + 2z^{-2} + 3z^{-1} + 2}{z^{-2} + z^{-1} + 1} \tag{5.17}$$

对式（5.17）用长除法后，得到

$$H(z) = 1 + z^{-1} + \frac{1 + z^{-1}}{1 + z^{-1} + z^{-2}} \tag{5.18}$$

式（5.18）右边的分式中，$M = 1$ 和 $N = 2$，所以 $M < N$。这是我们想要的。式（5.18）右边的 1 表示输入信号直接进入输出信号，而 $z^{-1}$ 表示输入信号延迟一个采样周期后进入输出信号。最右边的分式表示对输入信号做滤波后再进入输出信号。

### 5.3.3 从单位冲击响应计算传递函数

上一小节是从差分方程导出传递函数，这一节是从系统的冲击响应导出传递函数。在图5.6中，系统的输入是单位冲击信号 $\delta(n)$，由它产生的系统输出就是系统的单位冲击响应 $h(n)$。如果把图中的输入信号 $\delta(n)$ 和输出信号 $h(n)$ 分别做 $z$ 变换，这两个 $z$ 变换之比就是系统的传递函数 $H(z)$。由于输入信号 $\delta(n)$ 的 $z$ 变换等于1，所以系统单位冲击响应 $h(n)$ 的 $z$ 变换就是系统的传递函数 $H(z)$。这可以写为

$$H(z) = \sum_{n=0}^{\infty} h(n) z^{-n} \tag{5.19}$$

式（5.19）就是从单位冲击响应 $h(n)$ 算出的离散时域系统的传递函数。对于 FIR 数字滤波器，单位冲击响应 $h(n)$ 的长度是有限的，所以适合于用式（5.19）来计算传递函数。对于 IIR 数字滤波器，单位冲击响应 $h(n)$ 是无限长的，所以不太适合用式（5.19）来计算传递函数，而通常被表示为式（5.15）那样的分式（本书后面几章将专门讨论 FIR 和 IIR 数字滤波器）。

> **小测试**：假设离散时域系统的单位冲击响应为 $h(n) = (-0.8)^n$，$n = 0, 1, 2, \cdots$。写出它的传递函数。答：$H(z) = 1/(1 + 0.8z^{-1})$。

### 5.3.4 传递函数的零极点

离散时域系统零极点的定义也是与连续时域系统一样的。这就是，零点被定义为使传递函数等于零的那些 $z$ 的取值，极点被定义为使传递函数趋于无穷大的那些 $z$ 的取值。在式（5.14）中，简单离散时域系统的唯一零点 $z_z = -b_1/b_0$，因为当 $z = z_z = -b_1/b_0$ 时，式（5.14）中的分子等于零，使传递函数 $H(z) = 0$。零点 $z_z$ 的下标 z 是零点的意思。

这个离散时域系统的唯一极点 $z_p = a_1$，因为当 $z = z_p = a_1$ 时，式（5.14）中的分母等于零，使传递函数 $H(z)$ 趋于无穷大（极点 $z_p$ 的下标 p 是极点的意思）。这表示，复变量 $z$ 是不可以等于 $z_p$ 的，或者说，复变量 $z$ 是不可以到达 $z$ 平面内的 $z_p$ 点的。实际上，变量 $z$ 只能在单位圆上移动才有意义。这对应于连续时域中的变量 $s$ 只能在虚轴上移动。

**【例题 5.5】** 要求确定图 5.12a 中离散时域系统的零极点，系统参数为：$c_0 = 0.5$，$b_0 = 1.6$，$b_1 = 0.8$，$a_1 = 0.6$。

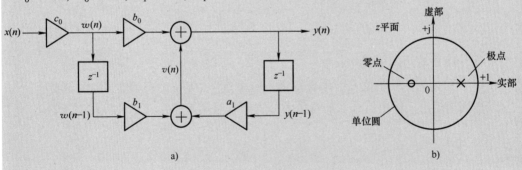

图 5.12　一个有反馈的离散时域系统

a）结构　b）零极点图

**解**：图 5.12a 中的 $w(n)$ 和 $v(n)$ 为中间变量。先根据图 5.12a，写出离散时域系统的差分方程组

$$\begin{cases} v(n) = b_1 w(n-1) + a_1 y(n-1) \\ w(n) = c_0 x(n) \\ y(n) = b_0 w(n) + v(n) \end{cases} \tag{5.20}$$

式（5.20）中，消去 $w(n)$ 和 $v(n)$ 后，得到系统输入与输出之间的关系式

$$y(n) = c_0 b_0 x(n) + c_0 b_1 x(n-1) + a_1 y(n-1) \tag{5.21}$$

把式（5.21）中的各个信号分别转换成 $z$ 变换的形式。其中，$x(n)$ 和 $y(n)$ 的 $z$ 变换分别为 $X(z)$ 和 $Y(z)$，而 $x(n-1)$ 和 $y(n-1)$ 的 $z$ 变换可以用延迟定理写为 $z^{-1}X(z)$ 和 $z^{-1}Y(z)$。这就得到

$$Y(z) = c_0 b_0 X(z) + c_0 b_1 z^{-1} X(z) + a_1 z^{-1} Y(z) \tag{5.22}$$

从式（5.22）得到离散时域系统的传递函数

$$H(z) \equiv \frac{Y(z)}{X(z)} = c_0 \frac{b_0 + b_1 z^{-1}}{1 - a_1 z^{-1}} \tag{5.23}$$

与式（5.14）相比，式（5.23）只是多了一个比例因子 $c_0$（因为图 5.12a 中多了一个以 $c_0$ 为乘数的乘法器），所以式（5.23）与式（5.14）有完全相同的零极点。系统的唯一零点 $z_z = -b_1/b_0$ 和唯一极点 $z_p = a_1$。乘数 $c_0$ 毫不影响系统的零极点；$c_0$ 的唯一功能是使系统中的所有信号按比例放大或缩小。对式（5.23）代入已知数据后，得到离散时域系统的零点 $z_z = -0.5$ 和极点 $z_p = 0.6$。零极点的位置示于图 5.12b 中。

对于像式（5.15）那样的一般性的传递函数，零极点的定义是相同的，即系统的零点为分子多项式的根，系统的极点为分母多项式的根。

【例题 5.6】　要求确定图 5.13a 中离散时域系统的零极点，系统参数为：$b_1 = 1.3$，$b_2 = 0.4$，$a_1 = 0.4$，$a_2 = -0.13$。

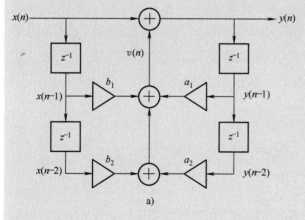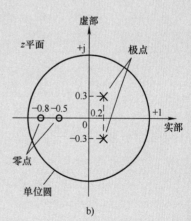

图 5.13　一个有反馈的离散时域系统

a）结构　b）零极点图

**解**：图 5.13a 中的 $v(n)$ 为中间变量。$x(n-1)$ 和 $x(n-2)$ 分别由 $x(n)$ 延迟一个和两个采样周期所得，$y(n-1)$ 和 $y(n-2)$ 分别由 $y(n)$ 延迟一个和两个采样周期所得。先写出离散时域系统的差分方程组

$$\begin{cases} v(n) = b_1 x(n-1) + b_2 x(n-2) + a_1 y(n-1) + a_2 y(n-2) \\ y(n) = x(n) + v(n) \end{cases} \tag{5.24}$$

消去 $v(n)$ 后，得到系统输出与输入之间的关系式

$$y(n) = x(n) + b_1 x(n-1) + b_2 x(n-2) + a_1 y(n-1) + a_2 y(n-2) \tag{5.25}$$

把式（5.25）转换成 $z$ 变换的形式

$$Y(z) = X(z) + b_1 X(z) z^{-1} + b_2 X(z) z^{-2} + a_1 Y(z) z^{-1} + a_2 Y(z) z^{-2} \tag{5.26}$$

从式（5.26）得到离散时域系统的传递函数

$$H(z) \equiv \frac{Y(z)}{X(z)} = \frac{1 + b_1 z^{-1} + b_2 z^{-2}}{1 - a_1 z^{-1} - a_2 z^{-2}} \tag{5.27}$$

代入已知数据后，得到

$$H(z) = \frac{1 + 1.3 z^{-1} + 0.4 z^{-2}}{1 - 0.4 z^{-1} + 0.13 z^{-2}} \tag{5.28}$$

现在来确定式（5.28）中分子和分母多项式的根。对于分子的二次三项式，可以容易地通过因式分解求出它的两个根：

$$\begin{cases} z_{z1} = -0.5 \\ z_{z2} = -0.8 \end{cases} \tag{5.29}$$

对于分母的二次三项式，先算出它的判别式

$$\Delta = b^2 - 4ac = (-0.4)^2 - 4 \times 1 \times 0.13 = -0.36 \tag{5.30}$$

由于判别式 $\Delta < 0$，分母多项式的根是一对共轭复数

$$\begin{cases} z_{p1} = 0.2 + j0.3 \\ z_{p2} = 0.2 - j0.3 \end{cases} \tag{5.31}$$

式（5.29）和式（5.31）表示图 5.13a 中的离散时域系统有两个实数零点 $z_{z1} = -0.5$、$z_{z2} = -0.8$ 和两个共轭复数极点 $z_{p1,2} = 0.2 \pm j0.3$。四个零极点的位置如图 5.13b 所示。

## 5.4  频率响应

在连续时域系统中，只要用 $j\omega$ 代替复变量 $s$，就把传递函数变成频率响应。相似地，如果用 $e^{j\omega T}$ 代替复变量 $z$，就把离散时域中的传递函数变成频率响应表达式。

在分析频率响应时，有两种方法。一种是通过对频率响应表达式的计算来确定系统的频

率特性，这叫解析法。另一种是通过零极点矢量来确定系统的频率特性，这叫图解法。本节分别说明这两种方法。在讨论频率响应时，角频率 $\omega$ 和频率 $f$ 都可以用来表示频率，两者只差一个比例常数 $2\pi$。或者说，只是水平轴的比例尺相差 $2\pi$ 倍。除了 $\omega$ 和 $f$ 外，本节还将介绍另一个频率参数：归一化频率 $\Omega$。

## 5.4.1　什么是频率响应

频率响应有三个基本特征。第一，频率响应只是线性系统才有的。第二，频率响应表示系统输出的幅值和相位随输入正弦量信号的频率而变的特性，所以频率响应包括幅值响应和相位响应两部分。第三，频率响应是稳态特性，所有的暂态过程都已结束。

在对线性系统进行频率响应测量时，首先要把输入正弦量信号的振幅和相位分别固定为 1 和 0，然后改变正弦量信号的频率，并记录下正弦量输出信号的振幅和相位的变化。这样记录下来的振幅和相位的变化，就是线性系统的频率响应。图 5.14 就是这样一个概念化的测试结构。图中的要点是，信号的频率是逐点改变的，所以在测量时，信号的频率是固定的。而图 5.14 中的结构同时适用于连续时域系统和离散时域系统［下面第 5.4.4 节将说明如何从单位冲击响应 $h(n)$ 直接导出离散时域系统的频率响应］。

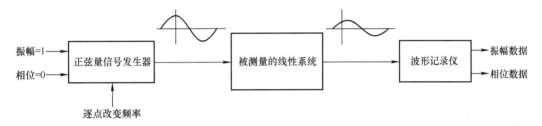

图 5.14　概念化的频率响应测试结构

## 5.4.2　解析法

对于离散时域系统的传递函数，只要令 $z = \mathrm{e}^{\mathrm{j}\omega T}$，就可得到系统的频率响应表达式。由于复指数 $\mathrm{e}^{\mathrm{j}\omega T}$ 的重要性，本小节先解释复指数 $\mathrm{e}^{\mathrm{j}\omega T}$ 的含义，然后说明如何用解析法导出离散时域系统的频率响应。

### 5.4.2.1　复指数 $\mathrm{e}^{\mathrm{j}\omega T}$

首先需要知道，复指数 $\mathrm{e}^{\mathrm{j}\omega T}$ 的模总是等于 1。为证明这一点，可以用欧拉恒等式（2.12）把复指数 $\mathrm{e}^{\mathrm{j}\omega T}$ 展开为一对正弦和余弦信号之和

$$\mathrm{e}^{\mathrm{j}\omega T} = \cos\omega T + \mathrm{j}\sin\omega T \tag{5.32}$$

上式右边复数的模等于正弦和余弦函数平方和的平方根。由于正弦和余弦函数的角度相同，这个平方根就一定等于 1。这就是说，复指数 $\mathrm{e}^{\mathrm{j}\omega T}$ 的模也一定等于 1；也就是，矢量 $\mathrm{e}^{\mathrm{j}\omega T}$ 的末端总是被限制在 $z$ 平面内的单位圆上，如图 5.15 所示。

然后需要知道，在复指数 $\mathrm{e}^{\mathrm{j}\omega T}$ 中，$\omega$ 是信号的角频率（通常也称频率），以 rad/s 为单位，$T$ 是采样周期，以 s 为单位。所以，乘积 $\omega T$ 以 rad 为单位，表示复指数的幅角，也就是

$e^{j\omega T}$与水平轴的夹角（见图5.15）。当信号频率 $\omega$ 变化时，复指数 $e^{j\omega T}$ 的矢量末端会在单位圆上移动。移动的距离和方向取决于 $\omega$ 变化的大小和方向。比如，在图5.15中，由于现在的频率 $\omega$ 比较低，使 $e^{j\omega T}$ 位于第一象限内。但随着 $\omega$ 的增加或减小，$e^{j\omega T}$ 可以位于其他三个象限内。

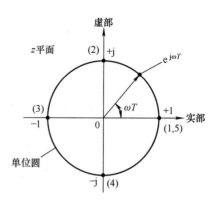

图5.15　复指数 $e^{j\omega T}$ 的矢量末端总是被限制在 $z$ 平面内的单位圆上

现在对复指数 $e^{j\omega T}$ 的含义总结如下：复指数 $e^{j\omega T}$ 的矢量末端总是位于 $z$ 平面内的单位圆上。而且，

1）当信号频率 $\omega = 0$ 时，$e^{j\omega T}$ 的矢量末端在实轴的 $z = 1$ 处；

2）当信号频率 $\omega = \omega_s/4(\omega_s = 2\pi f_S)$ 时，$e^{j\omega T}$ 的矢量末端已沿单位圆逆时针转过了90°，到达虚轴的 $z = +j$ 处；

3）当信号频率 $\omega = \omega_s/2$ 时，$e^{j\omega T}$ 的矢量末端又沿单位圆逆时针转过了90°，到达负实轴的 $z = -1$ 处；

4）当信号频率 $\omega = 3\omega_s/4$ 时，$e^{j\omega T}$ 的矢量末端再沿单位圆逆时针转过了90°，到达虚轴的 $z = -j$ 处；

5）当信号频率 $\omega = \omega_s$ 时，$e^{j\omega T}$ 的矢量末端再转过90°，回到实轴的 $z = 1$ 处。

所以，$e^{j\omega T}$ 是以 $\omega T$ 的 $2\pi$ 为周期的周期函数。图5.15中表示了 $e^{j\omega T}$ 移动时到达的这些位置。

**小测试**：复指数 $e^{j\omega T}$ 是以 $\omega$ 的 $\omega_s$ 为周期的周期函数。答：是。

### 5.4.2.2　归一化频率

在上面的图5.15中，复指数 $e^{j\omega T}$ 的幅角为 $\omega T$。而 $\omega T$ 还可表示为

$$\omega T = \frac{\omega}{f_S} = 2\pi \frac{\omega}{\omega_s} \tag{5.33}$$

式（5.33）中，$\omega T$ 被表示为两个频率之比，即信号频率 $\omega$ 与采样率 $\omega_s$ 之比的 $2\pi$ 倍，其中 $\omega$ 为变量，$\omega_s$ 为常量。由于 $\omega T$ 与 $\omega$ 成正比，所以 $\omega T$ 也可看作一个频率变量，我们把这个频率变量叫作归一化频率，通常用 $\Omega$ 表示。这样，式（5.33）变为

$$\Omega \equiv \omega T = 2\pi \frac{\omega}{\omega_s} \tag{5.34}$$

使用归一化频率 $\Omega$ 的好处是，不需要知道信号频率 $\omega$ 的具体值，而只需知道信号频率 $\omega$ 与采样率 $\omega_s$ 之比值。比如，$\Omega = 0$ 表示 $\omega = 0$；$\Omega = \pi/2$ 表示 $\omega = \omega_s/4$；$\Omega = \pi$ 表示 $\omega = \omega_s/2$；$\Omega = 2\pi$ 表示 $\omega = \omega_s$ 等。此外，归一化频率 $\Omega$ 以弧度为单位，并以 $2\pi$ 为周期。这些要点都在上一小节中讲到过。

表5.3给出了信号频率 $\omega$ 与归一化频率 $\Omega$ 之间的对应关系。表5.3中的第3行表示另一种不常用的归一化频率 $\Omega$ 的定义，它被简单地定义为 $\omega/\omega_s$，而非 $2\pi(\omega/\omega_s)$。我们一般使用第2行中的定义，但有时会用到第3行中的定义。两者是很容易根据上下文区分的。

表 5.3　信号频率 $\omega$ 与归一化频率 $\Omega$ 之间的对应关系

| 信号频率与采样率之比 $\omega/\omega_s$ | 0 | 0.25 | 0.5 | 0.75 | 1 |
|---|---|---|---|---|---|
| 归一化频率 $\Omega = \omega T = 2\pi(\omega/\omega_s)$（以弧度为单位） | 0 | $0.5\pi$ | $\pi$ | $1.5\pi$ | $2\pi$ |
| 另一种不常用的归一化频率 $\Omega = \omega/\omega_s$ | 0 | 0.25 | 0.5 | 0.75 | 1 |

**小测试**：如果一个低通滤波器在采样率 $f_S = 1\text{kHz}$ 时的截止频率为 $100\text{Hz}$，那么当采样率提高到 $f_S = 1\text{MHz}$ 时，滤波器的截止频率就会按比例提高到 $100\text{kHz}$。但从归一化频率 $\Omega$ 看，两者的截止频率是一样的，都等于 $0.2\pi$。答：是。

### 5.4.2.3　从传递函数导出频率响应

在用传递函数导出频率响应时，继续使用上面式（5.23）中的简单传递函数。在式（5.23）中，用 $e^{j\omega T}$ 代替 $z$ 之后，就得到系统的频率响应表达式

$$H(e^{j\omega T}) = \frac{b_0 + b_1 e^{-j\omega T}}{1 - a_1 e^{-j\omega T}} \tag{5.35}$$

在进一步说明时，最好代入具体数值。比如，假设 $b_0 = b_1 = a_1 = 1$。初看起来，这三个数值似乎太巧合了。但在实际的离散时域系统或滤波器中，有时会遇到这种情况。

把这些数值代入式（5.35）后，得到

$$H(e^{j\omega T}) = \frac{1 + e^{-j\omega T}}{1 - e^{-j\omega T}} \tag{5.36}$$

接下来的化简需要一点小技巧。由于目的是把式（5.36）的右边分离成幅值和相位两部分，以便确定系统的幅值和相位响应，所以这里需要用到欧拉恒等式（2.14）和式（2.15）。因为式（5.36）的分子和分母与这两个欧拉恒等式有点相似，这就有可能把分子和分母写成两个正弦量函数，进而分离出幅值和相位。

做法是，对分子和分母分别提出公因子 $e^{-j\omega T/2}$

$$H(e^{j\omega T}) = \frac{e^{-j\omega T/2}(e^{j\omega T/2} + e^{-j\omega T/2})}{e^{-j\omega T/2}(e^{j\omega T/2} - e^{-j\omega T/2})} = \frac{e^{j\omega T/2} + e^{-j\omega T/2}}{e^{j\omega T/2} - e^{-j\omega T/2}} \tag{5.37}$$

然后改写为

$$H(e^{j\omega T}) = \frac{1}{j} \frac{\dfrac{e^{j\omega T/2} + e^{-j\omega T/2}}{2}}{\dfrac{e^{j\omega T/2} - e^{-j\omega T/2}}{2j}} \tag{5.38}$$

最后用欧拉恒等式（2.14）和式（2.15），得到想要的频率响应表达式

$$H(e^{j\omega T}) = e^{-j\pi/2} \frac{\cos(\omega T/2)}{\sin(\omega T/2)} \tag{5.39}$$

$$= e^{-j\pi/2} \cot(\omega T/2)$$

式（5.39）中，右边的复指数项（由 $1/j$ 变化而来）表示频率响应的相位，它等于 $-\pi/2$，是常量。这就是说，不管频率如何变化，输出信号的相位总是落后输入信号 $\pi/2$（这一定是指正弦量信号，因为只有正弦量信号才有相位可言）。而式（5.39）右边的余切函数则表示系统的幅值响应，即系统的幅值响应是一条余切曲线。不过，这样来解释

式（5.39）会有两个错误，虽然式（5.39）本身没有错。这将在下面第5.4.2.4节说明。

最后想说，如果式（5.35）中的系数$b_0$、$b_1$和$a_1$各不相同，因而无法使用欧拉恒等式，那就只能把分子和分母分别分离成实部和虚部，再通过分母有理化（即把分母转化为实数）的方法，导出系统的幅值和相位响应。

> **小测试**：从离散时域系统的传递函数导出频率响应的一个方法，是把$z$变量限制在单位圆上。答：是。

### 5.4.2.4　频率响应曲线

为了简洁的原因，可以改用归一化频率$\Omega$来表示频率响应。这就是把式（5.34）代入式（5.39）

$$H(e^{j\Omega}) = e^{-j\pi/2}\cot\left(\frac{\Omega}{2}\right) \tag{5.40}$$

在式（5.40）右边的余切函数中，当$\Omega/2 = 0$即$\omega = 0$时，$\cot(\Omega/2) \to \infty$；当$\Omega/2 = \pi/4$即$\omega = \omega_s/4$时，$\cot(\Omega/2) = 1$；当$\Omega/2 = \pi/2$即$\omega = \omega_s/2$时，$\cot(\Omega/2) = 0$等。而系统的相位响应，从式（5.40）中的复指数$e^{-j\pi/2}$看，总是等于$-\pi/2$。这样算出的$\Omega$从$0 \sim 2\pi$（即$\omega$从$0 \sim \omega_s$）的一个周期内在9个频率点上的幅值和相位数据分别示于表5.4中的第3行和第5行。

表5.4　$H(e^{j\Omega})$的幅值和相位在一个周期内的9个值

| 1) | 归一化频率$\Omega$ | 0 | $0.25\pi$ | $0.5\pi$ | $0.75\pi$ | $\pi$ | $1.25\pi$ | $1.5\pi$ | $1.75\pi$ | $2\pi$ |
|---|---|---|---|---|---|---|---|---|---|---|
| 2) | $\Omega/2$ | 0 | $0.125\pi$ | $0.25\pi$ | $0.375\pi$ | $0.5\pi$ | $0.625\pi$ | $0.75\pi$ | $0.875\pi$ | $\pi$ |
| 3) | 有错误的幅值 | $\infty$ | 2.414 | 1 | 0.414 | 0 | -0.414 | -1 | -2.414 | $-\infty$ |
| 4) | 改正后的幅值 | $\infty$ | 2.414 | 1 | 0.414 | 0 | 0.414* | 1* | 2.414* | $\infty$* |
| 5) | 有错误的相位 | $-\pi/2$ | $-\pi/2$ | $-\pi/2$ | $-\pi/2$ | $-\pi/2$ | $-\pi/2$ | $-\pi/2$ | $-\pi/2$ | $-\pi/2$ |
| 6) | 改正后的相位 | $-\pi/2$ | $-\pi/2$ | $-\pi/2$ | $-\pi/2$ | 0** | $\pi/2$* | $\pi/2$* | $\pi/2$* | $\pi/2$* |

注："*"表示把幅值由负变正，同时把相位改变$\pi$；"**"表示，由于相位奇对称的要求，在$\Omega = \pi$时的相位必须为零。

但表5.4中的第3行和第5行各存在一个错误。这是因为离散时域系统的幅值响应是关于$\Omega = \pi$偶对称的，但第3行中的幅值响应不是偶对称。另外，离散时域系统的相位响应是关于$\Omega = \pi$奇对称的，表中第5行的相位响应也不是奇对称。出错的原因是，没有把离散时域系统的频率响应限制在$\Omega$从$0 \sim \pi$的范围内，而是从$\Omega = 0$一直计算到$\Omega = 2\pi$。改正的方法很简单：

1）把表中第3行的幅值响应超过$\Omega = \pi$的数据都改成绝对值；

2）把表中第5行的相位响应超过$\Omega = \pi$的数据都改成相反数$\pi/2$（因为幅值从负变正，相位需改变$\pi$）。这样改正后的幅值和相位响应被分别示于表中的第4行和第6行。此外，我们还把第5行中$\Omega = \pi$时的相位$-\pi/2$改成第6行中的0。这是因为$\Omega = \pi$时的幅值等于0，使相位变成不确定，或者说是随意的。但为了保证第6行中相位的奇对称，我们只能使它等于0。

用表5.4中第4行和第6行的数据画出的频率响应曲线如图5.16中所示。图中仅画出了从$0 \sim 2\pi$或$0 \sim \omega_s$频率范围内的响应曲线，同时也表示这些曲线是以$2\pi$或$\omega_s$为周期而向正、负两侧无限延伸的。而且，幅值是关于 $\pi$ 或 $\omega_s/2$ 偶对称的，相位是关于 $\pi$ 或 $\omega_s/2$ 奇对称的。从图 5.16 还可以看出，使用归一化频率 $\Omega$ 后，曲线就与 $\omega_s$ 无关。

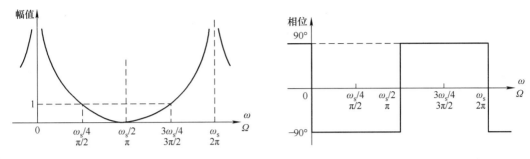

图 5.16　一个简单离散时域系统的频率响应，水平轴用了实际频率和归一化频率两种标尺

小测试：图 5.16 中的频率响应曲线只有在 $[0, \omega_s/2]$ 或 $[0, \pi]$ 范围内的是实际有用的，其他频率范围内的特性都可以从这个频率范围内的特性导出。答：是。

## 5.4.3　图解法

图解法的特点是，可以从 $z$ 平面内的零极点位置来确定系统的频率特性。特别是，如果只想知道少数频率点上的响应特性，图解法是最简单的。图解法的缺点是达不到解析法那样的精度。

连续时域中的图解法是通过复变量 $s$ 沿虚轴移动来确定频率响应的。相似地，离散时域中的图解法是通过复变量 $z$ 沿单位圆移动来完成的。两者的主要区别是，在连续时域中，当沿着 $s$ 平面内的虚轴移动时，频率范围可以从 $-\infty$ 到 $+\infty$。在离散时域中，当沿着 $z$ 平面内的单位圆移动时，虽然可以移动无数圈，但由于周期性的原因，实际上被限制在从 $0 \sim \omega_s$ 或者从 $-\omega_s/2 \sim \omega_s/2$ 的频率范围内。这也可以看出离散时域系统的一大特点，即所有的频率特性都是以 $0 \sim \omega_s$ 为周期无限重复的。再由于幅值曲线是关于 $\omega_s/2$ 偶对称的和相位曲线是关于 $\omega_s/2$ 奇对称的，所以实际有用的频率范围（也就是实际上可以关注和处理的范围）被缩小到了从 $0 \sim \omega_s/2$ 的范围。

### 5.4.3.1　用零极点矢量计算频率响应

为便于说明和比较，仍然使用上面解析法中的简单离散时域系统。先把传递函数的式（5.14）重复于下

$$H(z) = \frac{b_0 + b_1 z^{-1}}{1 - a_1 z^{-1}} \tag{5.41}$$

使用上一节中的假设 $b_0 = b_1 = a_1 = 1$。上式变为

$$H(z) = \frac{1 + z^{-1}}{1 - z^{-1}} \tag{5.42}$$

从式（5.42）可以看出它有一对零极点，零点 $z_z = -1$，极点 $z_p = 1$。图 5.17 表示这一对零极点在 $z$ 平面内的位置，两者分别位于正、负实轴上，而且都在单位圆上。

用上面的式（5.42）确定零极点时，多少有点麻烦。但如果对式（5.42）的分子和分

母同乘以 $z$，把 $z^{-1}$ 换成 $z$，确定零极点就非常容易。此时的式（5.42）变为

$$H(z) = \frac{z+1}{z-1} \qquad (5.43)$$

与式（5.42）相比，式（5.43）中的零极点可以一眼看出。这是把传递函数中的 $z^{-1}$ 换成 $z$ 的好处，而式（5.43）与式（5.42）是等价的 [不过，式（5.42）用来画系统框图结构会比较容易。画框图结构时，先要把 $H(z)$ 变成 $Y(z)/X(z)$，再转换成时域信号 $y(n)$、$y(n-1)$ 等]。

把式（5.43）中的分子改写为 $z-(-1)$，可以使系统的零极点位置更为清晰

$$H(z) = \frac{z-(-1)}{z-1} \qquad (5.44)$$

现在对式（5.44）使用变量代换 $z = e^{j\omega T}$，得到系统的频率响应表达式

$$H(e^{j\omega T}) = \frac{e^{j\omega T} - (-1)}{e^{j\omega T} - 1} \qquad (5.45)$$

式（5.45）中，分子是两个复数相减，得到一条从 $z = -1$ 指向 $e^{j\omega T}$ 的复矢量 $\boldsymbol{r}_z$。由于复矢量 $\boldsymbol{r}_z$ 由零点 $z_z = -1$ 产生，所以被叫作零点矢量。分母中两个复数相减，得到一条从 $z = 1$ 指向 $e^{j\omega T}$ 的复矢量 $\boldsymbol{r}_p$。由于复矢量 $\boldsymbol{r}_p$ 由极点 $z_p = 1$ 产生，所以被叫作极点矢量。两条复矢量 $\boldsymbol{r}_z$ 和 $\boldsymbol{r}_p$ 如图 5.17 中所示。图中假设复变量 $z$ 沿单位圆移动到 $e^{j\omega T}$ 的位置，它的幅角为 $\omega T$。这表示信号频率等于 $\omega$，而归一化频率 $\Omega = \omega T$。

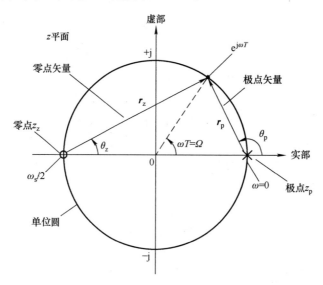

图 5.17　一个简单离散时域系统的零极点位置和零极点矢量

现在把式（5.45）改写为零点矢量与极点矢量之比

$$H(e^{j\omega T}) = \frac{\boldsymbol{r}_z}{\boldsymbol{r}_p} = \frac{\rho_z e^{j\theta_z}}{\rho_p e^{j\theta_p}} = \frac{\rho_z}{\rho_p} e^{j(\theta_z - \theta_p)} \qquad (5.46)$$

式中，$\rho_z$ 和 $\theta_z$ 为零点矢量 $\boldsymbol{r}_z$ 的模和幅角；$\rho_p$ 和 $\theta_p$ 为极点矢量 $\boldsymbol{r}_p$ 的模和幅角。根据复数相除的法则，它们的模相除，而幅角相减。这就得到式（5.46）中最右边的表达式。这也是图解

法中使用的频率响应表达式。式（5.46）还可以分离成模和幅角的形式

$$\left| H(\mathrm{e}^{\mathrm{j}\omega T}) \right| = \frac{\rho_z}{\rho_p} \qquad (5.47)$$

$$\theta(\omega) = \theta_z - \theta_p \qquad (5.48)$$

### 5.4.3.2　频率响应的图解法解释

现在可以用图 5.17 并结合式（5.47）和式（5.48）来解释离散时域系统的频率响应，先解释幅值响应。在图 5.17 中，当 $z = 1$ 时，$\omega = 0$，极点矢量的长度 $\rho_p = 0$，零点矢量的长度 $\rho_z = 2$。根据式（5.47），幅值 $\rightarrow \infty$。当 $z$ 点移动到虚轴上的 $+\mathrm{j}$ 时，$\omega = \omega_s/4$，极点矢量与零点矢量的长度相等，根据式（5.47），幅值 $= 1$。当 $z$ 点移动到负实轴上的 $-1$ 时，$\omega = \omega_s/2$，零点矢量的长度 $\rho_z = 0$，极点矢量的长度 $\rho_p = 2$。根据式（5.47），幅值 $= 0$。这些幅值响应与图 5.16 中的完全一样。

相位响应可解释为：在图 5.17 的一、二象限内，以零点 $z_z$、极点 $z_p$ 和 $z = \mathrm{e}^{\mathrm{j}\omega T}$ 为顶点的三角形一定是直角三角形（立于直径上的圆周角必为直角），而 $\theta_p$ 为此三角形的外角，所以有 $\theta_p = \theta_z + \pi/2$（三角形的外角等于与它不相邻的两个内角之和）。这可改写为 $\theta_z - \theta_p = -\pi/2$。而 $\theta_z - \theta_p$ 就是式（5.48）中的相位 $\theta(\omega)$，所以相位 $\theta(\omega)$ 恒为 $-\pi/2$。但当 $z = \mathrm{e}^{\mathrm{j}\omega T}$ 位于三、四象限时，$\theta_z$ 和 $\theta_p$ 都为负值，且 $\theta_z > \theta_p$，所以 $\theta_z - \theta_p = \pi/2$，而非 $-\pi/2$。这就保证了相位是奇对称的。

归纳起来说，上面用图解法算出的幅值和相位响应与图 5.16 中的完全一样。而且，由于离散时域系统的频率响应是以 $\omega_s$ 为周期而无限重复的，所以上面确定的从 $0 \sim \omega_s$ 频率范围内的特性，也就代表了其他所有频率区内的特性。

最后需要说明，当零点矢量沿单位圆移动并穿过位于单位圆上的零点时，相位会突变 $180°$。比如在图 5.17 中，当变量 $z = \mathrm{e}^{\mathrm{j}\omega T}$ 沿上半个单位圆逆时针方向移动并穿过零点 $z_z = -1$（即频率为 $\omega_s/2$）时，穿越前的零点矢量幅角为 $90°$，穿越后的零点矢量幅角为 $-90°$。这使零点矢量在穿越单位圆上零点的前后，幅角（即相位）突变 $180°$。这与表 5.4 中把第 5 行的数据改正成第 6 行的数据是一回事。所以说，幅角突变 $180°$ 是表 5.4 中数据改正的根本原因；或者说，第 5 行中的错误是因为没有考虑到幅角的突变。

### 5.4.3.3　一般性离散时域系统的频率响应

从简单离散时域系统频率响应的式（5.46），可以推广到一般性离散时域系统的频率响应

$$H(\mathrm{e}^{\mathrm{j}\omega T}) = K \frac{r_{z1} r_{z2} \cdots r_{zM}}{r_{p1} r_{p2} \cdots r_{pN}}$$

$$= K \frac{\rho_{z1} \rho_{z2} \cdots \rho_{zM}}{\rho_{p1} \rho_{p2} \cdots \rho_{pN}} \mathrm{e}^{\mathrm{j}\left[ (\theta_{z1} + \theta_{z2} + \cdots + \theta_{zM}) - (\theta_{p1} + \theta_{p2} + \cdots + \theta_{pN}) \right]} \qquad (5.49)$$

式中，$K$ 为常数比例因子；$\rho_{z1} \sim \rho_{zM}$ 和 $\theta_{z1} \sim \theta_{zM}$ 分别为 $M$ 个零点矢量的模和幅角；$\rho_{p1} \sim \rho_{pN}$ 和 $\theta_{p1} \sim \theta_{pN}$ 分别为 $N$ 个极点矢量的模和幅角。

也可以把式（5.49）中的幅值和相位分离开来［像式（5.47）和式（5.48）那样］，即

$$\left| H(\mathrm{e}^{\mathrm{j}\omega T}) \right| = K \frac{\rho_{z1}\rho_{z2}\cdots\rho_{zM}}{\rho_{p1}\rho_{p2}\cdots\rho_{pN}} \tag{5.50}$$

$$\theta(\omega) = (\theta_{z1} + \theta_{z2} + \cdots + \theta_{zM}) - (\theta_{p1} + \theta_{p2} + \cdots + \theta_{pN}) \tag{5.51}$$

式（5.49）、式（5.50）和式（5.51）就是图解法中使用的频率响应表达式，并可叙述为：如果一个离散时域系统有 $M$ 个零点和 $N$ 个极点，那么它的频率响应的幅值等于 $M$ 个零点矢量长度的乘积（包括常数 $K$）与 $N$ 个极点矢量长度的乘积之比，而频率响应的相位等于 $M$ 个零点矢量幅角之和与 $N$ 个极点矢量幅角之和的差值。

### 5.4.4 离散时域中的傅里叶变换[7]

上面说明了离散时域系统的频率响应，它等于离散时域系统的传递函数在单位圆上的值。但也可以用连续时域中的傅里叶变换来导出离散时域系统的频率响应。这被叫作离散时域傅里叶变换（Discrete Time Fourier Transform，DTFT）。下面来说明这一点。

现在需要从离散时域返回到连续时域。这就要用到第 3 章讨论过的已采样信号 $x_S(t)$，因为已采样信号 $x_S(t)$ 兼有连续时域和离散时域的特性。利用这个二重性，我们可以把离散时域中的信号看作连续时域中的信号。这样，一般离散时域系统的单位冲击响应 $h(n)$，也可以看作连续时域中的信号 $h(t)$，因而可以计算它的傅里叶变换（假设傅里叶变换存在）

$$H(\omega) = \int_0^\infty h(t)\mathrm{e}^{-\mathrm{j}\omega t}\mathrm{d}t \tag{5.52}$$

由于 $h(t)$ 是因果型信号，所以上式中的积分下限已经从 $-\infty$ 提高到了 0。再由于 $h(t)$ 只在 $t = nT$ 的时间点不为零，上式中的积分就变为累加运算，即

$$H(\omega) = \sum_{n=0}^\infty h(nT)\mathrm{e}^{-\mathrm{j}n\omega T} \tag{5.53}$$

或写为

$$H(\omega) = \sum_{n=0}^\infty h(n)\mathrm{e}^{-\mathrm{j}n\omega T} \tag{5.54}$$

式（5.54）即表示离散时域系统冲击响应的频率谱。更一般地说，对于任意一个离散时域信号 $x(n)$，计算它的 $z$ 变换 $X(z)$ 在单位圆上的值，就得到这个离散时域信号 $x(n)$ 的频率谱。这就是 DTFT（离散时域傅里叶变换）的意思。如果与式（5.19）比较，就会发现式（5.54）的右边等于式（5.19）的右边在单位圆上的值。这也就验证了经常说的一句话：离散时域系统的传递函数在单位圆上的值，就是离散时域系统的频率响应。

## 5.5 四种分析方法之间的联系

图 5.18 表示本章讨论的差分方程、单位冲击响应 $h(n)$、传递函数 $H(z)$ 和频率响应 $H(\mathrm{e}^{\mathrm{j}\omega T})$ 等四种分析方法之间的联系。图中表示：

1）从差分方程通过代换 $x(n) = \delta(n)$，可以得到单位冲击响应 $h(n)$；

2）从差分方程通过 $z$ 变换，可以得到传递函数；

3）单位冲击响应与传递函数通过 $z$ 变换和逆 $z$ 变换相互转换；

4）传递函数通过代换 $z = e^{j\omega T}$ 转换成频率响应；

5）从单位冲击响应 $h(n)$ 通过 DTFT 算出频率响应。

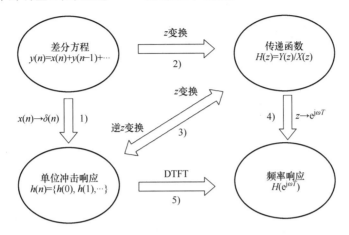

图 5.18 离散时域系统四种分析方法之间的转换关系

**小测试**：离散时域系统的频率响应 $H(e^{j\Omega})$ 与 $H[e^{j(\Omega+2\pi)}]$ 是同一个函数吗？答：是。

**【例题 5.7】** 假设离散时域系统有图 5.19a 中的结构，要求：

1）写出差分方程，并确定输入与输出之间的时域关系式；

2）从时域关系式导出单位冲击响应；

3）从时域关系式导出传递函数；

4）从单位冲击响应导出传递函数，并计算零极点；

5）从传递函数导出频率响应表达式；

6）从单位冲击响应导出频率响应表达式。

**解**：1）这个离散时域系统有差分方程组

$$\begin{cases} w(n) = c_0 x(n) \\ v(n) = b_1 w(n-1) \\ y(n) = b_0 w(n) + v(n) \end{cases} \tag{5.55}$$

式（5.55）中消去 $w(n)$ 和 $v(n)$，得到

$$y(n) = c_0 b_0 x(n) + c_0 b_1 x(n-1) \tag{5.56}$$

代入数据后，得到系统输入与输出之间的时域关系式

$$y(n) = x(n) - 0.5 x(n-1) \tag{5.57}$$

2）式（5.57）中，用 $\delta(n)$ 代替 $x(n)$，输出 $y(n)$ 就是系统的单位冲击响应 $h(n)$

$$h(n) = \delta(n) - 0.5\delta(n-1) \tag{5.58}$$

再从式（5.58）算出 $h(n)$ 的样点序列：当 $n=0$ 时，式（5.58）右边的 $\delta(n)=1$，而 $\delta(n-1)=0$，所以 $h(0)=1$；当 $n=1$ 时，式（5.58）右边的 $\delta(n)=0$，而 $\delta(n-1)=1$，所以 $h(1)=-0.5$；当 $n<0$ 或 $n>1$ 时，$h(n)=0$。这就得到单位冲击响应 $h(n)$ 的样点序列，如图 5.19b 所示。

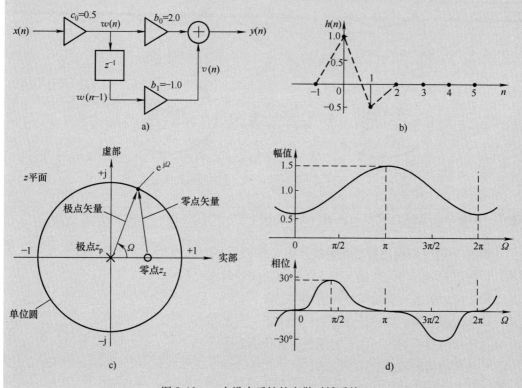

图 5.19　一个没有反馈的离散时域系统

a）结构　b）单位冲击响应　c）零极点位置　d）大致的频率响应

3）从时域表达式（5.57）导出传递函数是很简单的，只要对式（5.57）做 $z$ 变换，也就是，把 $x(n)$ 和 $y(n)$ 分别变成 $X(z)$ 和 $Y(z)$，以及把 $x(n-1)$ 变成 $z^{-1}X(z)$。式（5.57）变为

$$Y(z)=X(z)-0.5z^{-1}X(z) \tag{5.59}$$

从式（5.59）就可写出系统的传递函数

$$H(z)\equiv\frac{Y(z)}{X(z)}=1-0.5z^{-1} \tag{5.60}$$

4）从单位冲击响应导出传递函数也是很简单的，只要对图 5.19b 中的 $h(n)$ 做 $z$ 变换

$$H(z)=\sum_{n=0}^{\infty}h(n)z^{-n}=1\times z^{0}-0.5\times z^{-1}=1-0.5z^{-1} \tag{5.61}$$

式（5.61）与式（5.60）完全一样。传递函数也可以通过对式（5.58）的两边分别做 z 变换导出，其中 $\delta(n)$ 的 z 变换等于 1，$\delta(n-1)$ 的 z 变换等于 $z^{-1}$（用延迟定理）。

在计算传递函数的零极点时，可以先对式（5.60）的右边乘以 $z/z$，式（5.60）变为

$$H(z) = \frac{z-0.5}{z} \tag{5.62}$$

从式（5.62）看，传递函数有一个零点 $z_z = 0.5$ 和一个极点 $z_p = 0$。由于极点 $z_p = 0$ 位于 z 平面内的原点，它对幅值响应就没有影响（因为极点矢量的模恒等于 1），但可以影响相位，使相位响应减少 $\Omega$ 弧度（见图 5.19c）。系统的零极点位置如图 5.19c 中所示。

5）从传递函数导出频率响应，只要在式（5.60）或式（5.61）中用 $e^{j\Omega}$ 代替 z，得到

$$H(e^{j\Omega}) = 1 - 0.5e^{-j\Omega} \tag{5.63}$$

从式（5.63）确定频率响应的幅值和相位比较麻烦（分析步骤是：先把 $e^{-j\Omega}$ 写成 $\cos\Omega - j\sin\Omega$，再分成实部 $1 - 0.5\cos\Omega$ 和虚部 $0.5\sin\Omega$，最后写出模和幅角的形式，才能确定频率响应的幅值和相位），但用图解法会很容易，这就是，用图 5.19c 中的零、极点矢量来计算频率响应。其中，幅值响应等于零点矢量的模与极点矢量的模之比，但由于极点矢量的模恒等于 1，所以幅值响应就等于零点矢量的长度。这个长度在 $\Omega = 0$ 时为 0.5，在 $\Omega = \pi/2$ 时为 1.12，在 $\Omega = \pi$ 时为 1.5。相位响应等于零点矢量的幅角与极点矢量的幅角之差。这个相位在 $\Omega = 0$ 时为零，在 $\Omega = \pi/2$ 时接近 30°，在 $\Omega = \pi$ 时又回到零。利用这些数据画出的系统幅值和相位响应如图 5.19d 所示。

6）从单位冲击响应导出频率响应可以用 DTFT，并有

$$H(\omega) = \sum_{n=0}^{\infty} h(n)e^{-jn\omega T} = 1 - 0.5e^{j\omega T} \tag{5.64}$$

这个结果与式（5.63）相同。

---

**小测试**：计算图 5.19d 中 $\Omega = 1.4$ 弧度时的频率和相位。答：频率 $= 0.22\omega_s$，相位 $\approx 28.3°$。

## 5.6　复变量、零极点和系统响应之间的比喻

实际上，离散时域传递函数中的复变量 z 只能沿单位圆移动，而达不到 z 平面内的零极点（假设零极点不在单位圆上）。但零极点对于系统特性又是关键性的。有个比喻可以用来

说明这一点。当乘坐环城大巴旅游时，看到了高楼、公园等。这些景点就像 $z$ 平面内的零极点。虽然到不了那里，但会使人心情愉快。在连续时域中有相似的情况，即连续时域中的复变量 $s$ 只能沿纵坐标移动，而达不到 $s$ 平面内的零极点（假设零极点不在纵坐标上）。这就像我们乘坐高铁从一个城市到另一个城市，沿途看到的高山峡谷就像 $s$ 平面内的零极点。虽然无法到达那里，但会使我们旅途愉快。这两个比喻也许能从一个侧面来说明复变量、零极点与系统特性之间的关系。

## 5.7    离散时域系统的性质

在本章开始时曾提到：本书中讨论的离散时域系统都属于线性时不变（LTI）和因果型的系统。本章上面讨论的离散时域系统的四种分析方法，也都是以 LTI 和因果型为前提的。实际上，我们在数字信号处理中遇到的绝大部分离散时域系统都属于这一类。本节的目的是来解释离散时域系统的 LTI 和因果型的性质。本节的最后将讨论离散时域系统的稳定性问题。

### 5.7.1    线性与非线性

对于线性特性，我们最熟悉的就是欧姆定理。欧姆定理是指电阻上流过的电流大小总与电阻两端的电压成正比。这个比值就是电阻的阻值，而电阻因此被称为线性元件。所以，欧姆定理也曾被叫作线性定理或比例定理等。二极管和晶体管就与电阻不同，它们所流过的电流一般与所加的电压不成比例，所以被叫作非线性元件。非线性是很难处理的；但如果信号很小，这些元件的操作被限制在很小的电流或电压范围内，此时的元件就可以近似地被看作线性元件。这便是电路理论中的小信号概念。

离散时域系统的线性性质可以叙述为：对于一个离散时域系统，假设有两个输入信号 $x_1(n)$ 和 $x_2(n)$ 分别产生输出信号 $y_1(n)$ 和 $y_2(n)$。如果用 $x_1(n)$、$x_2(n)$ 与任意两个常数 $a$ 和 $b$ 组成新的输入序列

$$x(n) = ax_1(n) + bx_2(n) \tag{5.65}$$

而系统的输出序列就可表示为

$$y(n) = ay_1(n) + by_2(n) \tag{5.66}$$

这样的离散时域系统就被称为具有线性性质。如果式（5.66）不成立，系统便是非线性的。线性系统一定满足叠加定理，而满足叠加定理的系统一定是线性系统。

【例题 5.8】 证明下式表示一个非线性系统。

$$y(n) = x^2(n) \tag{5.67}$$

解：为了证明式（5.67）的非线性，我们只需找出一个使式（5.66）不成立的输入序列。为简单起见，我们令式（5.66）中的 $a = b = 1$，并选择 $x_1(n) = u(n)$ 和 $x_2(n) = 2u(n)$。把 $x_1(n) = u(n)$ 代入式（5.67），得到 $y_1(n) = u^2(n)$；把

$x_2(n) = 2u(n)$ 代入式（5.67），得到 $y_2(n) = 4u(n)$。而把 $x_1(n) + x_2(n) = 3u(n)$ 代入式（5.67）得到 $y(n) = 9u(n)$。现在由于 $y(n) = 9u(n) \neq ay_1(n) + by_2(n) = 5u(n)$，所以式（5.67）不是线性系统，而是非线性系统。

### 5.7.2 时变与时不变

时变与时不变是指离散时域系统的特性是否随时间而变。如果特性不随时间而变，这样的系统就是时不变的。如果系统的特性随时间而变，就是时变系统，比如自适应滤波器。我们在本书中仅讨论时不变系统。

离散时域中的时不变系统可叙述为：如果输入序列 $x(n)$ 产生输出序列 $y(n)$，而输入序列 $x(n-n_d)$ 产生输出序列 $y(n-n_d)$，其中 $n_d$ 为任意整数，这样的系统就叫时不变系统。这里的 $x(n-n_d)$ 比 $x(n)$ 晚出现 $n_d$ 个样点时间，而 $y(n-n_d)$ 又比 $y(n)$ 晚出现 $n_d$ 个样点时间（假设 $n_d > 0$）。虽然时间延迟了，但得出的结果没变，这就是时不变系统。时不变有时也称为移不变。

**【例题 5.9】** 现在来证明式（5.68）表示的是一个时变系统[7]：

$$y(n) = x(2n), \quad n = 0, 1, 2, 3, \cdots \tag{5.68}$$

**解**：式（5.68）表示的系统从输入信号中取出偶数样点组成输出序列，而扔掉所有的奇数样点。这实际上是一个 2:1 抽取器（抽取器在后面第 10 章讨论）。现在把 $x(n)$ 右移 $n_0$ 个样点后得到 $x_1(n)$，即 $x_1(n) = x(n-n_0)$。如果系统是时不变的，那么从式（5.68）可以算出 $y_1(n) = x_1(2n) = x[2(n-n_0)] = x(2n-2n_0)$。但如果用式（5.68）直接对 $x_1(n)$ 进行计算，得到 $y_2(n) = x(2n-n_0)$。由于 $y_2(n) \neq y_1(n)$，式（5.68）表示的系统就不符合时不变的定义，是一个时变系统。下面用图 5.20 来具体说明，图中使用 $n_0 = 2$。

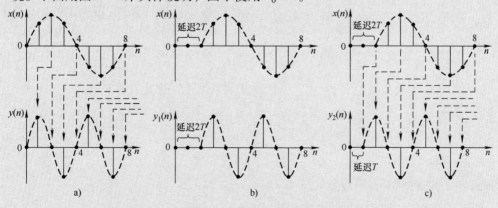

图 5.20 一个时变系统的样点图

a) 由 $x(n)$ 产生 $y(n)$　b) 时不变系统的输出 $y_1(n)$　c) 时变系统的输出 $y_2(n)$

图 5.20a 表示根据式（5.68）用输入 $x(n)$ 产生的输出 $y(n)$。图 5.20b 表示时不变系统的输入与输出；输入 $x(n)$ 延迟了 $2T$ 时间，输出 $y_1(n)$ 也同样延迟了 $2T$ 时间。图 5.20c 则表示时变系统的情况。图中虽然输入 $x(n)$ 延迟了 $2T$ 时间，但根据式（5.68）算出的输出 $y_2(n)$ 只延迟了一个样点时间 $T$。由于 $y_2(n) \neq y_1(n)$，式（5.68）表示的就不是时不变系统，而是时变系统。由此可知，抽取器是时变系统。同样，插值器也是时变系统（插值器也在第 10 章讨论）。

## 5.7.3　因果型与非因果型

离散时域系统的因果型性质可叙述为：如果两个输入序列 $x_1(n)$ 和 $x_2(n)$ 对所有 $n \leqslant n_0$ 是相等的，而且它们的输出序列 $y_1(n)$ 和 $y_2(n)$ 对所有 $n \leqslant n_0$ 也是相等的，这个离散时域系统就是因果型的。这个意思是说，因果型系统的当前输出样点只取决于当前和过去的输入样点，与将来的输入样点无关。

因果型系统也可以用冲击响应来定义。这就是，如果离散时域系统是因果型的，就应满足

$$h(n) = 0, \ n < 0 \tag{5.69}$$

换句话说，当系统的输入端还没有加上实际的输入信号时，系统的输出必须为零。这当然是对的，并由此得出结论：所有实际的离散时域系统都是因果型的。但有时为了分析的方便，会把数字滤波器做成非因果型的，尤其是在用软件进行计算时，因为此时的数据是可以事先存入存储器的。

除了系统是因果型外，也可以说信号是因果型的，只要这个信号在 $n < 0$ 时全为零。这可叙述为：如果一个离散时域信号可以像因果型数字滤波器的单位冲击响应那样，这个信号就是因果型的。

除式（5.69）外，因果型系统还有另一个判定方法，这就是看它的传递函数的收敛域。如果传递函数 $H(z)$ 的收敛域包含 $z = \infty$，系统就是因果型的。这是很容易解释的。因为这种传递函数必有形式

$$H(z) = 1 + a_1 z^{-1} + a_2 z^{-2} + \cdots \tag{5.70}$$

式中，$z$ 越大，$H(z)$ 就越容易收敛，所以 $H(z)$ 的收敛域一定包含 $z = \infty$。反之，如果一个离散时域系统的传递函数 $H(z)$ 有形式

$$H(z) = b_1 z + 1 + a_1 z^{-1} + a_2 z^{-2} + \cdots \tag{5.71}$$

由于 $b_1 z$ 项的存在，$H(z)$ 的收敛域就无法包含 $z = \infty$。所以，式（5.71）表示的是非因果型系统，或者是非因果型信号。

【例题 5.10】　要求解释为什么式（5.71）表示的是一个非因果型的离散时域系统。

**解**：先把式（5.71）写为

$$H(z) \equiv \frac{Y(z)}{X(z)} = b_1 z + 1 + a_1 z^{-1} + a_2 z^{-2} + \cdots \tag{5.72}$$

式（5.72）可改写为

$$Y(z) = b_1 z X(z) + X(z) + a_1 z^{-1} X(z) + a_2 z^{-2} X(z) + \cdots \tag{5.73}$$

对式（5.73）做逆 $z$ 变换，其中 $Y(z)$ 的逆变换为 $y(n)$，$X(z)$ 的逆变换为 $x(n)$，$z^{-1}X(z)$ 和 $z^{-2}X(z)$ 的逆变换分别为 $x(n-1)$ 和 $x(n-2)$，而 $zX(z)$ 的逆变换为 $x(n+1)$。由此得到

$$y(n) = b_1 x(n+1) + x(n) + a_1 x(n-1) + a_2 x(n-2) + \cdots \tag{5.74}$$

式（5.74）中，$x(n)$ 为当前输入样点，$x(n-1)$ 为前一个采样周期内的输入样点，而 $x(n+1)$ 为下一个采样周期内的输入样点。这就是说，当前的输出样点 $y(n)$ 还与将来的输入样点有关，这就是非因果型系统。

## 5.7.4　离散时域系统的稳定性

离散时域系统的稳定性可定义为：如果有界的输入信号产生有界的输出信号，这个离散时域系统是稳定的。这可以写为：如果

$$|x(n)| < M_1 \tag{5.75}$$

就有

$$|y(n)| < M_2 \tag{5.76}$$

这个系统就是稳定的，其中 $M_1$ 和 $M_2$ 是两个任意的数。

根据上面的稳定性定义，我们可以有两种判定方法，一种是用单位冲击响应来判定，另一种是用极点来判定。

### 5.7.4.1　用单位冲击响应的判定方法

对于线性时不变（LTI）系统，只要它的单位冲击响应 $h(n)$ 的绝对累加和是有界的（即不趋于无穷大），这个系统就是稳定的。这个条件可以写为

$$\sum_{n=0}^{\infty} |h(n)| < \infty \tag{5.77}$$

对于式（5.77），先证明它是充分的，然后证明它是必要的。

在证明式（5.77）为充分条件时，我们可以写出 LTI 系统的输出信号表达式

$$y(n) = \sum_{k=0}^{\infty} x(n-k)h(k) \tag{5.78}$$

对式（5.78）两边取绝对值

$$|y(n)| = \left| \sum_{k=0}^{\infty} x(n-k)h(k) \right| \tag{5.79}$$

式 (5.79) 可改写为

$$|y(n)| \le \sum_{k=0}^{\infty} |x(n-k)| \cdot |h(k)| \tag{5.80}$$

由于输入信号 $x(n)$ 是有界的, 我们假设它不超过 $M_1$。上式可变为

$$|y(n)| \le M_1 \sum_{k=0}^{\infty} |h(k)| \tag{5.81}$$

再由于 $h(n)$ 的绝对累加和不趋于无穷大, 上式右边的值就不会超过另一个数 $M_2$

$$|y(n)| \le M_2 < \infty \tag{5.82}$$

这就证明了式 (5.77) 是充分的。

在证明式 (5.77) 为必要条件时, 只需找出一个不满足式 (5.77) 的输入序列使 $y(n)$ 趋于无穷大。比如, 这个输入序列对于所有的 $n$ 都有 $x(n) = \pm M_1$, 或写为

$$x(n) = \{\cdots, M_1, -M_1, M_1, -M_1, M_1, \cdots\} \tag{5.83}$$

这说明 $x(n)$ 是有界的。

现在假设对于式 (5.78) 中所有的 $k$, $x(n-k)$ 和 $h(k)$ 都有相同的正负号

$$\text{sgn}[x(n_0 - k)] = \text{sgn}[h(k)] \tag{5.84}$$

式中, sgn 为取正负号算子。如果式 (5.84) 成立, 那么式 (5.78) 中的每个累加项都是正值。而输出样点 $y(n)$ 就可计算为

$$y(n) = \sum_{k=0}^{\infty} |M_1| \cdot |h(k)|$$
$$= |M_1| \sum_{k=0}^{\infty} |h(k)| \tag{5.85}$$

式 (5.85) 表示: 即使 $x(n)$ 是有界的, 只要 $h(n)$ 的绝对累加和不是有界的, $y(n)$ 也一定不是有界的。这就证明了式 (5.77) 是必要的。由此得出结论: 式 (5.77) 是离散时域系统稳定性的充分必要条件。

> **小测试**: 如果一个离散时域系统的单位冲击响应 $h(n) = 1/(n+1)$, 这个离散时域系统是稳定的。答: 否, 因为 $h(n)$ 组成的级数 (称为调和级数) 是发散的。

### 5.7.4.2 用极点的判定方法

上面的式 (5.77) 从单位冲击响应 $h(n)$ 来判定离散时域系统的稳定性。我们也可以从传递函数的极点位置来判别稳定性。在前面的第 4.2.5 节中, 根据 $s$ 平面与 $z$ 平面之间的映射关系, 讲到了离散时域系统稳定性的问题。这可以分为四种情况:

1) 如果所有的极点都在单位圆内, 这个离散时域系统是稳定的;

2) 如果有一个极点在单位圆外, 这个离散时域系统是不稳定的;

3) 如果有一对共轭复数极点在单位圆上, 这个离散时域系统也是不稳定的;

4) 如果有一个单极点在单位圆上的 $z=1$, 其他极点都在单位圆内, 这个离散时域系统是边缘稳定的。

上面的1）和2）是很好理解的，所以下面仅对3）和4）作进一步说明。

| |
|---|
| **小测试**：如果一个离散时域系统有传递函数 $H(z)=1/(1+0.6z^{-1}+1.01z^{-2})$，这个离散时域系统是稳定的。答：否。 |

### 5.7.4.3　单极点在单位圆上的 $z=1$

如果离散时域系统有单极点位于 $z=1$，它可以有图5.21中的结构。这个结构与图5.2的唯一不同点是，图5.2中的系数 $a$ 等于1。从图5.21中的结构可以容易地写出差分方程

$$y(n)=x(n)+y(n-1) \tag{5.86}$$

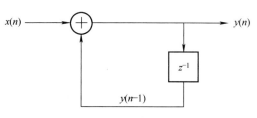

图5.21　单极点位于 $z=1$ 的离散时域系统

对上式两边取 $z$ 变换，经整理后得到传递函数

$$H(z)=\frac{1}{1-z^{-1}} \tag{5.87}$$

从图5.21可知，如果输入端加上单位冲击信号 $\delta(n)$，系统的输出响应恒等于1，即 $y(n)=1$，$n=0,1,2,\cdots$。从上面的式（5.77）来看，系统是不稳定的。但如果输入信号 $x(n)$ 的平均值为零，输出信号的平均值也为零，系统是可以稳定的。

所以，当系统有一个单极点位于 $z=1$ 时，系统的稳定性取决于输入信号：如果输入信号的平均值等于零，系统是稳定的；如果输入信号的平均值不等于零，系统是不稳定的。这样的系统被称为是边缘稳定的。此外，图5.21中的结构被称为积分器；它被广泛用于像 $\Sigma-\Delta$ 转换器这样的系统中。它的优点是结构简单，而且有很好的低通特性，即极大的低频增益。

### 5.7.4.4　单位圆上有一对共轭复数极点

如果离散时域系统有一对位于单位圆上的共轭复数极点，它可以有图5.22中的结构。从图中的结构可以容易地写出它的差分方程

$$y(n)=x(n)+a_1y(n-1)+a_2y(n-2) \tag{5.88}$$

对式（5.88）两边取 $z$ 变换，整理后得到传递函数

$$H(z)=\frac{1}{1-a_1z^{-1}-a_2z^{-2}} \tag{5.89}$$

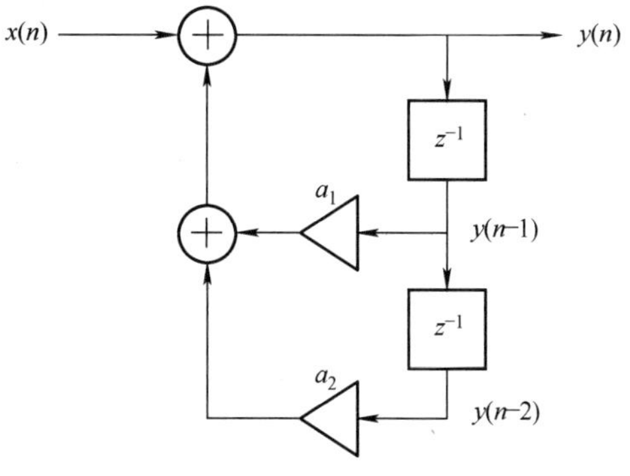

图5.22　一对共轭复数极点位于单位圆上的离散时域系统

为保证图5.22中的离散时域系统有一对位于单位圆上的共轭复数极点，系数 $a_1$ 和 $a_2$ 必须满足条件

$$\begin{cases}|a_2|=1\\ a_1^2+4a_2<0\end{cases} \tag{5.90}$$

从式（5.90）解得

$$\begin{cases} a_2 = -1 \\ |a_1| < 2 \end{cases} \tag{5.91}$$

满足式（5.91）的解有无穷多组，其中的一组解是：$a_1 = 1$ 和 $a_2 = -1$。用这一组解和式（5.88）可以画出离散时域系统的结构，如图 5.23a 所示。

用这一组解代入式（5.89），得到离散时域系统的传递函数

$$H(z) = \frac{1}{1 - z^{-1} + z^{-2}} \tag{5.92}$$

从式（5.92）可以算出它的一对共轭复数极点：$z_{\mathrm{p1,p2}} = (1 \pm \mathrm{j}\sqrt{3})/2 \approx 0.5 \pm \mathrm{j}0.866$，如图 5.23b 中所示。这一对共轭复数极点确实在单位圆上。

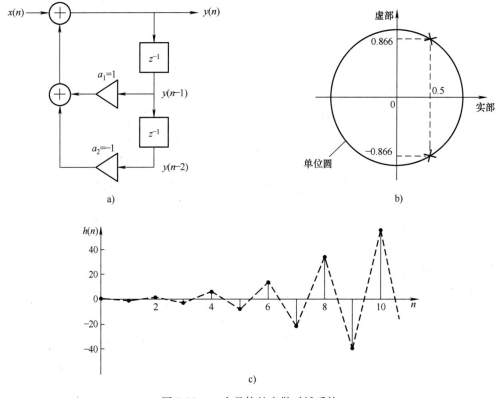

图 5.23　一个具体的离散时域系统

a）结构　b）一对位于单位圆上的共轭复数极点　c）单位冲击响应

用单位冲击信号 $\delta(n)$ 代替图 5.23a 中的输入信号 $x(n)$，就可以从图中算出系统的单位冲击响应 $h(n)$。这些数据被列于表 5.5 中，表中的 $y(n)$ 就是单位冲击响应 $h(n)$。利用这些数据可以画出系统的冲击响应样点图，如图 5.23c 所示。这个单位冲击响应是一个振荡发散的序列。如果用式（5.77）来判定，这个离散时域系统是不稳定的。

最后，对上面两小节的讨论归纳为：

1）如果离散时域系统在 $z = 1$ 处有一个单极点，这个离散时域系统的稳定性取决于输入信号，这样的系统被叫作是边缘稳定的；

2）如果系统有一对共轭复数极点位于单位圆上，系统是不稳定的。

**表 5.5　实际系统的单位冲击响应 $h(n)$**（初始化：对 2 个延迟单元 $z^{-1}$ 内的记忆样点清零）

| 采样周期 $n$ | −1 | 0 | 1 | 2 | 3 | 4 | 5 | 6 | 7 | 8 | 9 |
|---|---|---|---|---|---|---|---|---|---|---|---|
| 1）上面的 $z^{-1} \to y(n-1)$ | — | 0 | 1 | — | — | — | — | — | — | — | — |
| 2）下面的 $z^{-1} \to y(n-2)$ | — | 0 | 0 | — | — | — | — | — | — | — | — |
| 3）取入 $x(n)$ | — | 1 | 0 | 0 | 0 | 0 | 0 | 0 | 0 | 0 | 0 |
| 4）计算 $y(n) = x(n) + y(n-1) - y(n-2)$ | — | 1 | −1 | 2 | −3 | 5 | −8 | 13 | −21 | 34 | −55 |
| 5）$y(n) \to$ 上面的 $z^{-1}$ | 0 | 1 | 1 | −1 | 2 | −3 | 5 | −8 | 13 | −21 | 34 |
| 6）$y(n-1) \to$ 下面的 $z^{-1}$ | 0 | 0 | −1 | 2 | −3 | 5 | −8 | 13 | −21 | 34 | −55 |

## 5.8　小结

　　本章从四个方面讨论了离散时域系统的性质。其中，差分方程和单位冲击响应是从时域描述离散时域系统的性质，传递函数和频率响应是从频域描述离散时域系统的性质。这四个方面是可以互相转换的。比如，从差分方程可以画出离散时域系统的结构。从系统结构可以导出系统的传递函数和单位冲击响应。把 $z$ 变量限制在单位圆上，就从传递函数得到频率响应。在对离散时域系统进行分析和计算时，都会用到这四个方面的性质。可以说，理解和掌握了这四个方面的内容，就有了离散时域系统最基本的概念，也就可以应对绝大多数的离散时域系统问题。

　　本章还讨论了离散时域系统的线性、时不变和因果型的性质。我们遇到的绝大部分离散时域系统都属于这一类。本章的最后讨论了离散时域系统的稳定性问题：只要离散时域系统的单位冲击响应的绝对累加和是有界的，这个系统就是稳定的，否则系统是不稳定的。此外，如果离散时域系统的极点都在单位圆内，系统也是稳定的。如果系统的一个极点在单位圆外，系统就是不稳定的。如果系统的极点在单位圆上，系统可以是边缘稳定的或不稳定的。

# 第6章  数字滤波器的概述

离散时域信号处理的主要内容是数字滤波器。数字滤波器可分两类：无限冲击响应（Infinite Impulse Response，IIR）数字滤波器和有限冲击响应（Finite Impulse Response，FIR）数字滤波器。本章的目的是说明这两种滤波器的特性和两者之间的不同点。对于两种滤波器的特性，我们将从差分方程、传递函数、零极点和相位等四方面来说明，然后比较详细地讨论 FIR 数字滤波器的线性相位特性。本章的最后对 FIR 和 IIR 数字滤波器的优缺点作一比较，并给出两者的选择原则。

## 6.1  什么是 IIR 数字滤波器和 FIR 数字滤波器

图 6.1 表示两种不同结构的数字滤波器。图 6.1a 中的结构是有反馈的，图 6.1b 中的结构是没有反馈的。现在假设在两个滤波器的输入端分别加上单位冲击信号 $\delta(n)$，两个滤波器的输出信号就是滤波器的单位冲击响应。下面来计算这两个数字滤波器的单位冲击响应。

### 6.1.1  IIR 数字滤波器的单位冲击响应

我们先计算图 6.1a 中 IIR 数字滤波器的单位冲击响应。在开始计算之前，需完成系统初始化。这就是，把图 6.1a 中被延迟单元 $z^{-1}$ 保存的记忆样点清零。

当输入端加上单位冲击信号 $\delta(n)$ 时，滤波器进入第 0 采样周期，即 $n=0$。先从延迟单元 $z^{-1}$ 的输出端得到 $y_1(n-1)=0$[$y_1(n-1)$ 已被初始化为零]，再取入 $x_1(n)=\delta(0)=1$，并算出输出样点 $y_1(n)=y_1(0)=x_1(n)+0.8y_1(n-1)=1+0=1$。最后把 $y_1(n)=1$ 存入延迟单元 $z^{-1}$。

当进入第 1 采样周期后，$n=1$。先从延迟单元 $z^{-1}$ 的输出端得到 $y_1(n-1)=y_1(0)=1$，再取入 $x_1(n)=\delta(1)=0$，并算出输出 $y_1(n)=y_1(1)=x_1(1)+0.8y_1(n-1)=0+0.8=0.8$。最后把 $y_1(n)=y_1(1)=0.8$ 存入延迟单元 $z^{-1}$。

接下来，我们可以算出输出信号依次为 $y_1(2)=0.64$，$y_1(3)=0.512$，$y_1(4)=0.410$，$y_1(5)=0.328$，$y_1(6)=0.262$，$y_1(7)=0.210$ 等。虽然 $y_1(n)$ 随 $n$ 的增加而逐渐减小，但永远达不到零。由于 $x_1(n)=\delta(n)$ 为单位冲击信号，所以 $y_1(n)$ 就是图 6.1a 中滤波器的单位冲击响应。由此可知，图 6.1a 中的滤波器有无限长的冲击响应，所以被叫作无限冲击响应滤波器，也就是 IIR 数字滤波器。计算得到的数据示于表 6.1 中，用表 6.1 中 $y_1(n)$ 的数据画出的样点图如图 6.1a 下面所示。

> **小测试**：如果图 6.1a 中 IIR 数字滤波器的唯一的系数从 0.8 变成 1.2，其他参数不变，滤波器的输出会趋于零还是会发散。原因是什么？答：发散，唯一的极点从单位圆内移到了单位圆外。

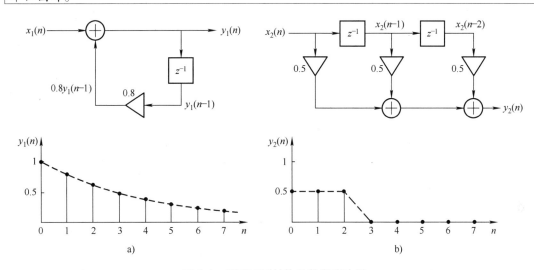

图 6.1　两种不同结构的数字滤波器

a) IIR 结构与单位冲击响应　b) FIR 结构与单位冲击响应

**表 6.1　IIR 数字滤波器的计算结果**（初始化：把 $z^{-1}$ 内的记忆样点清零）

| 采样周期 $n$ | | 0 | 1 | 2 | 3 | 4 | 5 | 6 | 7 |
|---|---|---|---|---|---|---|---|---|---|
| 1）延迟单元 $z^{-1} \rightarrow y_1(n-1)$ | $y_1(n-1)$ | 0 | 1 | 0.8 | 0.64 | 0.512 | 0.410 | 0.328 | 0.262 |
| 2）取入 $x_1(n)$ | $x_1(n)$ | 1 | 0 | 0 | 0 | 0 | 0 | 0 | 0 |
| 3）计算 $y_1(n) = x_1(n) + 0.8y_1(n-1)$ | $y_1(n)$ | 1 | 0.8 | 0.64 | 0.512 | 0.410 | 0.328 | 0.262 | 0.210 |
| 4）$y_1(n) \rightarrow$ 延迟单元 $z^{-1}$ | $z^{-1}$ | 1 | 0.8 | 0.64 | 0.512 | 0.410 | 0.328 | 0.262 | 0.210 |

## 6.1.2　FIR 数字滤波器的单位冲击响应

图 6.1b 表示一个简单的 FIR 数字滤波器结构。在开始滤波计算前，同样需把两个延迟单元 $z^{-1}$ 内的记忆样点清零。当输入端加上 $x_2(n) = \delta(n)$ 时，滤波器进入第 0 采样周期，$n = 0$。先从两个延迟单元的输出端得到 $x_2(n-1) = 0$ 和 $x_2(n-2) = 0$（因为已被初始化为零）。再取入 $x_2(n) = \delta(0) = 1$，算得输出 $y_2(n) = 0.5x_2(n) + 0.5x_2(n-1) + 0.5x_2(n-2) = 0.5 + 0 + 0 = 0.5$。最后把 $x_2(n) = 1$ 和 $x_2(n-1) = 0$ 存入各自的延迟单元内，以备下一个采样周期内使用。

当进入第 1 采样周期后，$n = 1$。先从两个延迟单元输出端得到 $x_2(n-1) = 1$ 和 $x_2(n-2) = 0$，再取入 $x_2(n) = \delta(1) = 0$，算出输出 $y_2(n) = 0.5x_2(n) + 0.5x_2(n-1) + 0.5x_2(n-2) = 0 + 0.5 + 0 = 0.5$。最后把 $x_2(n) = 0$ 和 $x_2(n-1) = 1$ 存入各自的延迟单元。

然后，进入第 2 采样周期，做相同的操作。

当进入第 3 采样周期后,由于此时的输入样点 $\delta$(3)和两个延迟单元中的记忆样点都为零,使输出样点 $y_2(3)$ 也等于零。

从第 4 采样周期开始,情况与第 3 采样周期完全一样,使输出永远为零。这就是,图 6.1b 中的滤波器只有最前面的 3 个输出样点不为零,所以这个滤波器就被叫作 FIR 数字滤波器,即有限冲击响应数字滤波器。计算得到的数据示于表 6.2 中,输出 $y_2(n)$ 的样点图如图 6.1b 下面所示。

表 6.2　FIR 数字滤波器的计算结果 (初始化:把两个 $z^{-1}$ 内的记忆样点清零)

| 采样周期 $n$ | | 0 | 1 | 2 | 3 | 4 | 5 | 6 | 7 |
|---|---|---|---|---|---|---|---|---|---|
| 1) 左边延迟单元 $z^{-1}$→$x_2(n-1)$ | $x_2(n-1)$ | 0 | 1 | 0 | 0 | 0 | 0 | 0 | 0 |
| 2) 右边延迟单元 $z^{-1}$→$x_2(n-2)$ | $x_2(n-2)$ | 0 | 0 | 1 | 0 | 0 | 0 | 0 | 0 |
| 3) 输入信号→$x_2(n)$ | $x_2(n)$ | 1 | 0 | 0 | 0 | 0 | 0 | 0 | 0 |
| 4) 计算 $y_2(n)=0.5x_2(n)+0.5x_2(n-1)+0.5x_2(n-2)$ | $y_2(n)$ | 0.5 | 0.5 | 0.5 | 0 | 0 | 0 | 0 | 0 |
| 5) $x_2(n)$→左边延迟单元 $z^{-1}$ | 左边 $z^{-1}$ | 1 | 0 | 0 | 0 | 0 | 0 | 0 | 0 |
| 6) $x_2(n-1)$→右边延迟单元 $z^{-1}$ | 右边 $z^{-1}$ | 0 | 1 | 0 | 0 | 0 | 0 | 0 | 0 |

最后对本节的内容作一小结。本节讨论了 IIR 数字滤波器与 FIR 数字滤波器之间最基本的不同点:IIR 数字滤波器由于内部结构中有反馈 (图 6.1a),会有无限长的冲击响应;而 FIR 数字滤波器由于内部结构中没有反馈 (图 6.1b),它的冲击响应只有最前面的几个样点不为零。FIR 数字滤波器的另一个特点是,所有的信号都是从左向右横向移动的 (图 6.1b)。这就是 FIR 数字滤波器也被称为横向滤波器的原因。而 IIR 滤波器因为有反馈,所以被称为递归型滤波器。

小测试:一个数字滤波器是 IIR 还是 FIR 仅取决于它们的内部结构中是否有反馈。答:是。

## 6.2　IIR 数字滤波器和 FIR 数字滤波器的比较

上一节说明了 IIR 数字滤波器和 FIR 数字滤波器的主要不同点,即单位冲击响应的长度不同。本节将说明它们之间的其他不同点,包括差分方程、传递函数、零极点、稳定性、相位等方面。通过对两种滤波器性能的比较,可以对数字滤波器有进一步的了解。

### 6.2.1　差分方程

IIR 数字滤波器:利用图 6.1a,可以写出 IIR 数字滤波器的输入与输出之间的时域关系式

$$y_1(n)=x(n)+0.8y_1(n-1) \tag{6.1}$$

上式中,IIR 数字滤波器当前的输出样点 $y_1(n)$ 被表示为当前的输入样点 $x(n)$ 和前一个采样周期内的输出样点 $y(n-1)$ 之线性和。

FIR 数字滤波器:利用图 6.1b,可以写出 FIR 数字滤波器的输入与输出之间的时域关系式

$$y_2(n) = 0.5x(n) + 0.5x(n-1) + 0.5x(n-2) \tag{6.2}$$

上式中，FIR 数字滤波器当前的输出样点 $y_2(n)$ 被表示为当前的输入样点 $x(n)$ 和前两个采样周期内的输入样点 $x(n-1)$、$x(n-2)$ 之线性和，并与以前采样周期内的输出样点无关。

结论：IIR 数字滤波器输出信号的差分表达式中包含了过去采样周期内的输出样点，而 FIR 数字滤波器输出信号的差分表达式中只包含过去采样周期内的输入样点，与过去采样周期内的输出样点无关。

## 6.2.2　传递函数

IIR 数字滤波器：在图 6.1a 中，把 $x(n)$ 换成 $X(z)$，把 $x(n-1)$ 换成 $z^{-1}X(z)$，把 $y(n)$ 换成 $Y(z)$，就得到 $X(z)$ 与 $Y(z)$ 之间的关系式

$$Y(z) = X(z) + 0.8Y(z)z^{-1} \tag{6.3}$$

从式（6.3）解得 IIR 数字滤波器的传递函数

$$H_{\text{IIR}}(z) \equiv \frac{Y(z)}{X(z)} = \frac{1}{1 - 0.8z^{-1}} \tag{6.4}$$

FIR 数字滤波器：在图 6.1b 中，把 $x(n)$、$x(n-1)$ 和 $x(n-2)$ 分别换成 $X(z)$、$z^{-1}X(z)$ 和 $z^{-2}X(z)$，再把 $y(n)$ 换成 $Y(z)$，也可得到 $X(z)$ 与 $Y(z)$ 之间的关系式

$$Y(z) = 0.5X(z) + 0.5X(z)z^{-1} + 0.5X(z)z^{-2} \tag{6.5}$$

从式（6.5）解得 FIR 数字滤波器的传递函数

$$H_{\text{FIR}}(z) \equiv \frac{Y(z)}{X(z)} = 0.5(1 + z^{-1} + z^{-2}) \tag{6.6}$$

结论：FIR 数字滤波器的传递函数只是一个多项式；而 IIR 数字滤波器的传递函数是一个分式，且分式的分母是一个关于 $z^{-1}$ 的多项式。

> **小测试**：如果一个数字滤波器的差分方程为 $y(n) = x(n) + a_1 y(n-1)$，它的传递函数就是 $H(z) = 1/(1 + a_1 z^{-1})$。答：否。

## 6.2.3　零极点与稳定性

IIR 数字滤波器：从式（6.4）看，IIR 数字滤波器的传递函数是有极点的，这个极点 $z_p = 0.8$。由于极点 $z_p = 0.8 < 1$，所以图 6.1a 中的 IIR 数字滤波器是稳定的。

FIR 数字滤波器：从式（6.6）看，FIR 数字滤波器的传递函数只有零点、没有极点，所以 FIR 数字滤波器总是稳定的，这叫无条件稳定。

结论：IIR 数字滤波器的传递函数是一个关于 $z^{-1}$ 的分式，所以是有极点的。如果极点不在单位圆内，滤波器就不稳定。FIR 数字滤波器的传递函数是一个关于 $z^{-1}$ 的多项式，只有零点没有极点，所以 FIR 数字滤波器是无条件稳定的。

## 6.2.4　相位

IIR 数字滤波器：对于式（6.4），利用变量代换 $z = e^{j\Omega}$，得到 IIR 数字滤波器的频率响应

$$H_{\mathrm{IIR}}(\mathrm{e}^{\mathrm{j}\Omega}) = \frac{1}{1 - 0.8\mathrm{e}^{-\mathrm{j}\Omega}} = \frac{1}{1 - 0.8(\cos\Omega - \mathrm{j}\sin\Omega)}$$

$$= \frac{1}{(1 - 0.8\cos\Omega) + \mathrm{j}0.8\sin\Omega} \tag{6.7}$$

$$= \frac{(1 - 0.8\cos\Omega) - \mathrm{j}0.8\sin\Omega}{1.64 - 1.6\cos\Omega}$$

式（6.7）化简时使用了分母有理化的方法。由于式（6.7）中的分母变成了实数，所以分子复数的幅角就是频率响应中的相位

$$\angle H_{\mathrm{IIR}}(\mathrm{e}^{\mathrm{j}\Omega}) = -\tan^{-1}\frac{0.8\sin\Omega}{1 - 0.8\cos\Omega} \tag{6.8}$$

上面的 $\Omega$ 为归一化频率，也就是，$\Omega = \omega T = 2\pi(\omega/\omega_{\mathrm{s}}) = 2\pi(f/f_{\mathrm{S}})$。

表 6.3 表示用式（6.8）算出的 IIR 数字滤波器的相位响应数据，图 6.2a 表示用表 6.3 中的数据画出的 IIR 数字滤波器的相位曲线〔从（$\Omega = \pi$）~（$\Omega = 2\pi$）的曲线可以根据相位关于 $\Omega = \pi$ 的奇对称画出〕。从图 6.2a 中的曲线很容易看出 IIR 数字滤波器的相位是非线性的。

**表 6.3　IIR 数字滤波器的相位响应数据**

| $\Omega/\pi$ | 0 | 0.1 | 0.2 | 0.3 | 0.4 | 0.5 | 0.6 | 0.7 | 0.8 | 0.9 | 1 |
|---|---|---|---|---|---|---|---|---|---|---|---|
| 度（°） | 0 | 18 | 36 | 54 | 72 | 90 | 108 | 126 | 144 | 162 | 180 |
| $\sin\Omega$ | 0 | 0.309 | 0.588 | 0.809 | 0.951 | 1.0 | 0.951 | 0.809 | 0.588 | 0.309 | 0 |
| $\cos\Omega$ | 1 | 0.951 | 0.809 | 0.588 | 0.309 | 0 | $-0.309$ | $-0.588$ | $-0.809$ | $-0.951$ | $-1$ |
| $1 - 0.8\cos\Omega$ | 0.2 | 0.239 | 0.353 | 0.530 | 0.753 | 1 | 1.247 | 1.470 | 1.647 | 1.761 | 1.8 |
| $0.8\sin\Omega/(1 - 0.8\cos\Omega)$ | 0 | 1.034 | 1.333 | 1.221 | 1.010 | 0.8 | 0.610 | 0.440 | 0.286 | 0.140 | 0 |
| 相位/rad | 0 | 0.802 | 0.927 | 0.885 | 0.790 | 0.675 | 0.548 | 0.415 | 0.279 | 0.139 | 0 |
| 相位/$\pi$ | 0 | 0.256 | 0.295 | 0.282 | 0.251 | 0.215 | 0.174 | 0.132 | 0.089 | 0.044 | 0 |

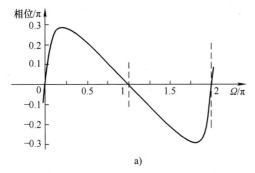 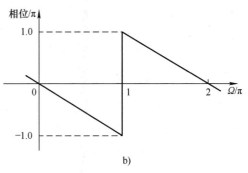

图 6.2　两种数字滤波器的相位特性

a) IIR 的相位是非线性的　b) FIR 的相位是线性的

FIR 数字滤波器：对于式（6.6），使用变量代换 $z = \mathrm{e}^{-\mathrm{j}\omega T}$，得到 FIR 滤波器的频率特性

$$H_{\mathrm{FIR}}(\mathrm{e}^{\mathrm{j}\omega T}) = 0.5(1 + \mathrm{e}^{-\mathrm{j}\omega T} + \mathrm{e}^{-\mathrm{j}2\omega T}) = 0.5\mathrm{e}^{-\mathrm{j}\omega T}(\mathrm{e}^{\mathrm{j}\omega T} + 1 + \mathrm{e}^{-\mathrm{j}\omega T})$$

$$= 0.5\mathrm{e}^{-\mathrm{j}\omega T}\left(1 + 2\frac{\mathrm{e}^{\mathrm{j}\omega T} + \mathrm{e}^{-\mathrm{j}\omega T}}{2}\right) \tag{6.9}$$

$$= \mathrm{e}^{-\mathrm{j}\omega T}(0.5 + \cos\omega T)$$

从式（6.9）中的复指数项得到滤波器的相位

$$\angle H_{\text{FIR}}(e^{j\omega T}) = -\omega T = -\Omega \qquad (6.10)$$

用式（6.10）画出的 FIR 数字滤波器的相位曲线，如图 6.2b 所示。由于相位曲线是一条直线，所以是线性相位（表 6.3 中的数据和图 6.2b 中的曲线都存在与表 5.4 第 3 行和第 5 行相同的错误，这将在后面的表 6.4 和图 6.6 中纠正）。

结论：比较式（6.8）和式（6.10）可知，IIR 数字滤波器的相位与频率不成比例，FIR 数字滤波器的相位与频率成正比。相位与频率成比例就是线性相位。线性相位的好处是，所有的频率分量在经过滤波器后都有相同的时间延迟，因而滤波后的波形仍能保持原先的形状。不过，FIR 数字滤波器的线性相位是有条件的，这个条件就是滤波系数需对称，比如图 6.1b 中那样，两边的两个 0.5 的滤波系数是以中间 0.5 的滤波系数为偶对称的。如果是奇对称（此时中间样点必须为零），它的相位除了线性部分外，还需加上 90° 的相位。下一节将比较详细地说明线性相位的问题。

> 小测试：如果零点在单位圆上，就一定会引起频率响应相位的 180° 突变？答：是。

## 6.3　FIR 数字滤波器的线性相位

上面比较了 IIR 数字滤波器与 FIR 数字滤波器的相位特性。IIR 数字滤波器由于传递函数中存在极点而无法做到线性相位；FIR 数字滤波器可以通过系数的对称性实现线性相位。本节的目的是比较详细地讨论 FIR 数字滤波器的线性相位特性。

### 6.3.1　什么是线性相位

线性相位已经在本书的前面说过多次。所谓线性相位，就是滤波器频率响应中的相位部分是与频率成正比的。比如，前面式（6.9）中的情况：$H_{\text{FIR}}(e^{j\omega T})$ 的相位等于 $-\omega T$，它与频率 $\omega$ 之比等于 $-T$，而 $T$ 是采样周期，是常数，所以相位与频率成正比。实际 FIR 数字滤波器的情况要复杂一些。但无论多复杂，都必须满足正比例关系才可以是线性相位。我们先假设一个 FIR 数字滤波器有相位表达式

$$\angle H(e^{j\omega T}) = -\frac{\omega T}{2} \qquad (6.11)$$

这个相位表达式是比较常见的。它的意思是，相位与频率成正比，而且相位等于 $-\omega T$ 的一半。当信号频率 $\omega$ 到达 $\omega_s/2$ 时，可以算出 $\omega T = \Omega = \pi$。这个意思是，如果信号频率 $\omega = \omega_s/2$，根据式（6.11），相位就等于 $-\pi/2$。如果信号频率 $\omega = \omega_s/4$，相位就等于 $-\pi/4$。或者说，当信号的频率 $\omega = \omega_s/2$ 时，信号就被延迟 $\pi/2$（指正弦量信号）；当信号的频率 $\omega = \omega_s/4$，信号就被延迟 $\pi/4$（也是指正弦量信号）。但两者折合成的时间延迟是相同的，都等于 $T/2$，这就是线性相位。下面来进一步说明。

为方便讨论，我们把式（6.11）改写为

$$\angle H(e^{j\omega T}) = -\frac{\omega}{2}T = -\frac{2\pi f}{2}\frac{1}{f_S} = -180°\frac{f}{f_S} \qquad (6.12)$$

式（6.12）用度而非弧度来表示相位，就比较好理解。

现在假设采样率$f_S = 1000\,\text{Hz}$。从式（6.12）看：

1）当信号频率$f = 0$时，相位也等于零（由于$f = 0$表示直流，所以是没有相位可言的，或者说，相位是随意的）；

2）当信号频率$f = f_S/4 = 250\,\text{Hz}$时，输出信号落后输入信号45°（指正弦量信号）；

3）当信号频率$f = f_S/2 = 500\,\text{Hz}$时，输出信号落后输入信号90°，$f = f_S/2 = 500\,\text{Hz}$是这个离散时域系统可以处理的最高频率。

假设输入信号中有100Hz和200Hz两个余弦分量，它们的幅值分别等于1和0.5，相位都等于零，见图6.3a上面两图。两者的合成信号就是滤波器的输入信号，如图6.3a的下图。

图6.3b表示输入信号经过IIR数字滤波器后的输出信号。由于IIR数字滤波器没有线性相位特性，所以图6.3b上面的100Hz频率分量被延迟了90°，而中间的200Hz频率分量也被延迟了90°。这就不是线性相位。结果是，图6.3b下面的合成输出信号的形状发生了改变，原因是，两个频率分量经过滤波器的时间延迟不同。

图6.3c表示线性相位的情况，输出信号是经过了具有线性相位的FIR数字滤波器后得到的。图中表示，信号中的100Hz频率分量被延迟了90°，而200Hz频率分量被延迟了180°。这就是线性相位（即相位与频率成正比，两者就有相同的时延）。结果是，图6.3c下面合成输出信号的形状几乎没有改变，只是在时间上被延迟了2.5ms。这个2.5ms对于100Hz的频率分量是90°的相移，对于200Hz的频率分量是180°的相移（这里假设输入信号经过滤波器后，幅度没有改变）。

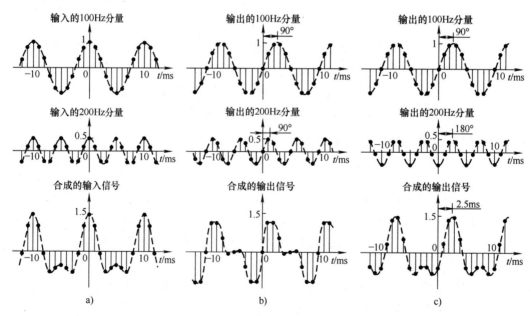

图6.3　滤波器的线性和非线性相位

a）输入信号　b）非线性相位的输出信号　c）线性相位的输出信号

　　总的来说，线性相位就是使信号中所有的频率分量都有相同的时间延迟，以使信号经过滤波器后的形状保持不变，如图 6.3c 下图所示。这在通信、语音、图像等应用方面是非常有用的。

## 6.3.2　FIR 数字滤波系数的四种对称形式

　　FIR 数字滤波器具有线性相位的前提是，它的滤波系数满足对称性。这个对称性可以是偶对称，也可以是奇对称。此外，FIR 数字滤波器的滤波系数还可以有奇数个和偶数个两种情况。把系数的奇偶对称性和系数个数的奇偶性组合起来，FIR 数字滤波器的滤波系数可以有四种对称形式：①奇数偶对称；②偶数偶对称；③奇数奇对称；④偶数奇对称。这四种对称形式如图 6.4 所示。

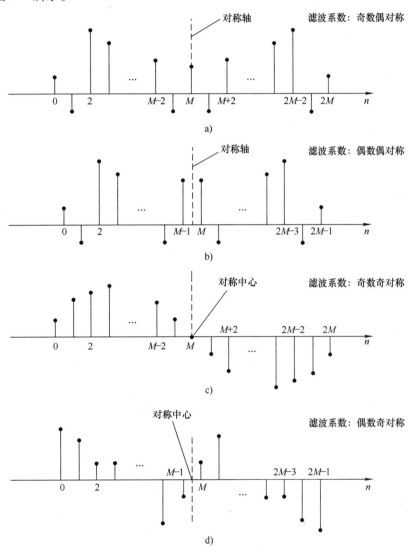

图 6.4　FIR 数字滤波器滤波系数的四种对称形式

a）奇数偶对称　b）偶数偶对称　c）奇数奇对称　d）偶数奇对称

具有这四种对称形式的滤波器被分别叫作第Ⅰ、Ⅱ、Ⅲ和Ⅳ类数字滤波器需要知道，FIR 数字滤波器的滤波系数就是滤波器的单位冲击响应。因为如果在 FIR 数字滤波器的输入端加上单位冲击信号 $\delta(n)$，在输出端得到的就是滤波器的滤波系数（可参阅图 6.1b）。这就是说，图 6.4 中的 4 个样点图也就是 4 种 FIR 数字滤波器的单位冲击响应 $h(n)$。由此，也可以把图 6.4 中的滤波系数叫作样点序列。下面来说明图 6.4 中的 4 个样点图。

在图 6.4a 中，滤波系数的样点数为 $2M+1$ 个，是奇数。而且，这 $2M+1$ 个样点是关于第 $M$ 个样点偶对称的（偶对称也叫轴对称）。所以，图 6.4a 中的滤波系数是奇数偶对称的。图 6.4b 中的滤波系数的样点数为 $2M$ 个，是偶数。而且，所有样点是关于第 $M-1$ 个样点与第 $M$ 个样点之间的中点偶对称的。所以，图 6.4b 中的滤波系数是偶数偶对称的。

在图 6.4c 中，滤波系数的样点数为 $2M+1$ 个，是奇数；而所有样点是关于第 $M$ 个样点奇对称的（奇对称也叫中心对称）。所以，图 6.4c 中的滤波系数是奇数奇对称的。同样，图 6.4d 中的滤波系数是偶数奇对称的，因为所有的样点是关于第 $M-1$ 个样点与第 $M$ 个样点之间的中点奇对称的。

从图 6.4 可以看出这 4 种 FIR 数字滤波器的一些特点。比如，图 6.4b 和图 6.4d 中的对称轴或对称中心在两个样点之间，这对应于半个样点时间。再有，图 6.4c 中的第 $M$ 个样点必须为零，才可以使滤波系数是奇对称的。但其他 3 种对称形式就没有这个要求；比如，图 6.4a 中的第 $M$ 个样点，由于是偶对称的，可以不为零。下面先讨论滤波系数为偶对称的情况，然后讨论滤波系数为奇对称的情况。在每次讨论时，总是先讨论滤波系数为奇数个的情况，再讨论滤波系数为偶数个的情况。

## 6.4　FIR 滤波系数偶对称的线性相位

### 6.4.1　滤波系数为奇数偶对称的情况（第 I 类滤波器）

图 6.1b 中的 FIR 数字滤波器有 3 个偶对称的滤波系数，所以是奇数偶对称的情况；式（6.10）是滤波器的相位表达式。本小节将导出具有奇数偶对称滤波系数的一般性 FIR 数字滤波器的相位表达式。这样的 FIR 数字滤波器如图 6.5 所示，它有 $2M+1$ 个滤波系数和 $2M$ 个单位延迟。滤波系数的对称性如图 6.4a 中所示。

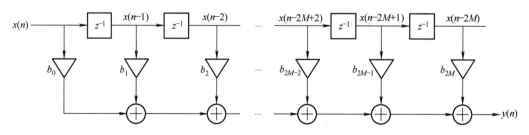

图 6.5　奇数偶对称滤波系数的 FIR 数字滤波器结构

图 6.5 中的 FIR 数字滤波器除了有奇数个滤波系数外，还要求滤波系数是偶对称的。这就要求 $b_0 = b_{2M}$、$b_1 = b_{2M-1}$ 和 $b_2 = b_{2M-2}$ 等。对图 6.5 中的 FIR 数字滤波器写出差分方程

$$y(n) = b_0 x(n) + b_1 x(n-1) + b_2 x(n-2) + \cdots + b_{2M} x(n-2M) \tag{6.13}$$

把式（6.13）两边换成 $z$ 变换

$$Y(z) = b_0 X(z) + b_1 X(z) z^{-1} + b_2 X(z) z^{-2} + \cdots + b_{2M} X(z) z^{-2M} \tag{6.14}$$

由式（6.14）得到滤波器的传递函数

$$H(z) \equiv \frac{Y(z)}{X(z)} = b_0 + b_1 z^{-1} + b_2 z^{-2} + \cdots + b_{2M} z^{-2M} \tag{6.15}$$

并可改写为

$$H(z) = (b_0 + b_{2M} z^{-2M}) + (b_1 z^{-1} + b_{2M-1} z^{-2M+1}) + \cdots + (b_{M-1} z^{-M+1} + b_{M+1} z^{-M-1}) + b_M z^{-M} \tag{6.16}$$

由于滤波系数是关于中间的滤波系数 $b_M$ 偶对称的，式（6.16）又可改写为

$$H(z) = b_0(1 + z^{-2M}) + b_1(z^{-1} + z^{-2M+1}) + \cdots + b_{M-1}(z^{-M+1} + bz^{-M-1}) + b_M z^{-M} \tag{6.17}$$

把 $z = \mathrm{e}^{\mathrm{j}\omega T}$ 代入式（6.17），并对右边提取公因子 $\mathrm{e}^{-\mathrm{j}M\omega T}$

$$H(\mathrm{e}^{\mathrm{j}\omega T}) = \mathrm{e}^{-\mathrm{j}M\omega T}\{b_0(\mathrm{e}^{\mathrm{j}M\omega T} + \mathrm{e}^{-\mathrm{j}M\omega T}) + b_1[\mathrm{e}^{\mathrm{j}(M-1)\omega T} + \mathrm{e}^{-\mathrm{j}(M-1)\omega T}] + \cdots + b_{M-1}(\mathrm{e}^{\mathrm{j}\omega T} + \mathrm{e}^{-\mathrm{j}\omega T}) + b_M\} \tag{6.18}$$

使用欧拉恒等式（2.16）后，式（6.18）变为

$$H(\mathrm{e}^{\mathrm{j}\omega T}) = \mathrm{e}^{-\mathrm{j}M\omega T}\{2b_0\cos(M\omega T) + 2b_1\cos[(M-1)\omega T] + \cdots + 2b_{M-1}\cos(\omega T) + b_M\} \tag{6.19}$$

式（6.19）右边的复指数项表示滤波器的相位响应；花括号里的是实数，所以是滤波器的幅值响应

$$|H(\mathrm{e}^{\mathrm{j}\omega T})| = |2b_0\cos(M\omega T) + 2b_1\cos[(M-1)\omega T] + \cdots + 2b_{M-1}\cos(\omega T) + b_M| \tag{6.20}$$

这个幅值响应由直流分量 $b_M$ 和 $M$ 个不同频率的余弦函数叠加而成。这些余弦函数可以使幅值在有些频率区内出现负值，这就要通过取绝对值变成正值。此时，如果因取绝对值使幅值从负变正，相位就要改变 $\pi$ 或 $180°$。

式（6.19）右边的指数项表示滤波器的相位响应

$$\angle H(\mathrm{e}^{\mathrm{j}\omega T}) = -M\omega T \tag{6.21}$$

从式（6.21）看，首先，相位与频率 $\omega$ 成正比，所以滤波器具有线性相位特性。其次，相位与 $M$ 成正比，所以 $M$ 越大，延迟就越大。当 $M=1$ 时，信号只被延迟一个样点时间。这就是图 6.1b 中的情况。对于图 6.1b 中的滤波器，由于 3 个滤波系数都是 0.5，式（6.20）变为（用 $\Omega$ 代替 $\omega T$）

$$|H(\mathrm{e}^{\mathrm{j}\Omega})| = |0.5 + \cos\Omega| \tag{6.22}$$

式（6.21）由于 $M=1$ 而变为（也用 $\Omega$ 代替 $\omega T$）

$$\angle H(\mathrm{e}^{\mathrm{j}\Omega}) = -\Omega \tag{6.23}$$

用式（6.22）和式（6.23）算出的频率响应数据列于表 6.4 中。用表 6.4 中的数据画出的频率响应曲线如图 6.6a 和 b 所示。图 6.6a 中还表示了式（6.22）中 $\cos\Omega$ 与 0.5 的相加过程，并指出在 $2\pi/3 < \Omega < 4\pi/3$ 的频率区内，由于幅值从负变正，相位需改变 $180°$。这其实是信号频率 $\Omega$ 从 $z=1$ 出发，沿上半个单位圆逆时针方向移动时穿过单位圆上的零点所

致，见图 6.6c。稍后的【例题 6.1】将说明这一点。

表 6.4　图 6.1b 中有 3 个滤波系数的奇数偶对称 FIR 数字滤波器的频率响应数据

| 归一化频率 $\Omega/\pi$ | 0 | 0.1 | 0.2 | 0.3 | 0.4 | 0.5 | 0.6 | 2/3 | 0.7 | 0.8 | 0.9 | 1.0 |
|---|---|---|---|---|---|---|---|---|---|---|---|---|
| $\cos\Omega$ | 1 | 0.951 | 0.809 | 0.588 | 0.309 | 0 | -0.309 | -0.5 | -0.588 | -0.809 | -0.951 | -1 |
| 幅值 = $\lvert\cos\Omega+0.5\rvert$ | 1.5 | 1.451 | 1.309 | 1.088 | 0.809 | 0.5 | 0.191 | 0 | 0.088* | 0.309* | 0.451* | 0.5* |
| 相位 = $-\Omega/(°)$ | 0 | -18 | -36 | -54 | -72 | -90 | -108 | 60** | 54* | 36* | 18* | 0* |

注：" * "表示把幅值由负变正，相位需改变 180°；" * * "表示相位突变 180°。

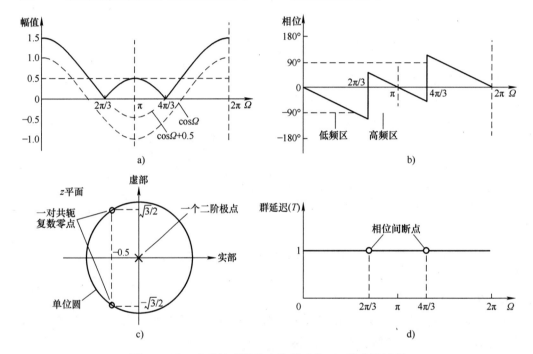

图 6.6　有 3 个滤波系数的奇数偶对称 FIR 数字滤波器
a) 幅值响应　b) 相位响应　c) 零极点位置　d) 群延迟

现在对图 6.6a 和 b 中的频率曲线作几点说明。

1) 从图 6.6a 的幅值曲线看，这是一个低通滤波器。虽然截止频率不太明显，但大概在 0.3π 附近。

2) 从图 6.6b 的相位曲线看，滤波器在低频区和高频区都是线性相位，但两者之间有一个相位跳变点（跳变点的幅值响应为零，因为此时信号频率 $\Omega$ 正好在零点上）。由于是低通滤波器，我们主要关心低频区的情况，即低频区是线性相位的。

3) 从图 6.6a 中的幅值下降到零，可知滤波器至少有一对共轭复数零点位于单位圆上（图中的相位跳变点就是由这些零点产生的）。我们可以有两种方法来计算零点的位置。其中的一个方法是用式（6.22）

$$\Omega = \cos^{-1}(-0.5) = \pm\frac{2\pi}{3} = \pm120° \qquad (6.24)$$

式（6.24）表示两个零点对称地位于幅角等于 ±120° 的单位圆上，如图 6.6c 所示。

另一种方法是根据图 6.1b 中的结构写出滤波器的传递函数

$$H(z) = 0.5(1 + z^{-1} + z^{-2})\qquad(6.25)$$

再改写为

$$H(z) = 0.5\frac{z^2 + z + 1}{z^2}\qquad(6.26)$$

式（6.26）表示传递函数有两个零点和一个二阶极点。由于极点位于 $z$ 平面内的原点，所以只影响相位而不影响幅值。从式（6.26）的分子就可算出滤波器的两个共轭复数零点

$$z_{z1,z2} = -\frac{1}{2} \pm j\frac{\sqrt{3}}{2}\qquad(6.27)$$

由于两个共轭复数的模都等于 1，所以这两个共轭复数零点一定对称地位于单位圆上，且有 $\pm 2\pi/3$ 的幅角。这与式（6.24）是一致的。

最后，我们用群延迟来解释滤波器的相位。群延迟等于相位响应对于频率的导数之负值

$$\tau(\omega) = -\frac{\mathrm{d}}{\mathrm{d}\omega}\angle\left[H(\mathrm{e}^{\mathrm{j}\omega T})\right]\qquad(6.28)$$

而群延迟同样可以用来表示滤波器或系统的相位特性。这就是，群延迟等于常数表示线性相位；群延迟不等于常数表示偏离了线性相位。此外，群延迟 $\tau(\omega)$ 还表示滤波器对信号中各频率分量的时间延迟。比如，对于式（6.23），群延迟可计算为把 $\Omega$ 变成 $\omega T$

$$\tau_{\mathrm{FIR}}(\omega) = -\frac{\mathrm{d}(-\omega T)}{\mathrm{d}\omega} = T\qquad(6.29)$$

群延迟等于 $T$，表示滤波器对所有频率成分的延迟都等于一个样点时间，如图 6.6d 所示。图中除了由零点产生的间断点外，其他地方处处连续（由于间断点处的幅值响应为零，所以不会对信号产生任何影响）。

> **小测试**：图 6.6b 中的相位突变 180°，是因为复矢量 $z = \mathrm{e}^{\mathrm{j}\omega T}$ 的末端沿单位圆移动经过零点时，零点矢量突然反向的原因。答：是。

## 6.4.2　滤波系数为偶数偶对称的情况（第 Ⅱ 类滤波器）

如果滤波器的滤波系数为偶数个，情况会与上面的奇数个有所不同，但滤波器仍然是线性相位的。为便于讨论，我们仍使用比较简单的滤波器。它有 4 个滤波系数和 3 个延迟单元，如图 6.7 所示。偶数偶对称滤波系数的样点图如图 6.4b 所示。

对于图 6.7 中的 FIR 数字滤波器，可以容易地仿照式（6.15）写出它的传递函数

$$H(z) \equiv \frac{Y(z)}{X(z)} = b_0 + b_1 z^{-1} + b_2 z^{-2} + b_3 z^{-3}\qquad(6.30)$$

把 $z = \mathrm{e}^{\mathrm{j}\omega T}$ 代入式（6.30）。由滤波系数偶对称可知 $b_0 = b_3$ 和 $b_1 = b_2$，并对式（6.30）右边提取公因子 $\mathrm{e}^{-\mathrm{j}3\omega T/2}$

$$H(\mathrm{e}^{\mathrm{j}\omega T}) = \mathrm{e}^{-\mathrm{j}3\omega T/2}\left[b_0(\mathrm{e}^{\mathrm{j}3\omega T/2} + \mathrm{e}^{-\mathrm{j}3\omega T/2}) + b_1(\mathrm{e}^{\mathrm{j}\omega T/2} + \mathrm{e}^{-\mathrm{j}\omega T/2})\right]\qquad(6.31)$$

利用欧拉恒等式（2.14），式（6.31）变为

$$H(\mathrm{e}^{\mathrm{j}\omega T}) = \mathrm{e}^{-\mathrm{j}3\omega T/2}\left(2b_0\cos\frac{3\omega T}{2} + 2b_1\cos\frac{\omega T}{2}\right)\qquad(6.32)$$

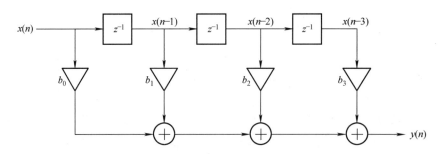

图 6.7　滤波系数为偶数偶对称的 FIR 数字滤波器

滤波器的幅值响应可写为

$$|H(e^{j\omega T})| = \left| 2b_0 \cos\frac{3\omega T}{2} + 2b_1 \cos\frac{\omega T}{2} \right| \tag{6.33}$$

式（6.33）表示，幅值响应是由两个余弦函数叠加而成［与式（6.22）相比，式（6.33）中没有了常数项］。对式（6.33）右边取绝对值，是因为不取绝对值，在某些频率区域内的幅值会出现负值。

式（6.32）右边的复指数项表示滤波器的相位（还需考虑幅值从负变正时相位改变 180°）

$$\angle H(e^{j\omega T}) = -\frac{3\omega T}{2} \tag{6.34}$$

从式（6.34）不难推广到一般的偶数偶对称滤波系数的 FIR 滤波器的相位响应

$$\angle H(e^{j\omega T}) = -\frac{(2M-1)\omega T}{2} = -M\omega T + \frac{\omega T}{2} \tag{6.35}$$

式中，$2M$ 为滤波系数的个数，是偶数；$2M-1$ 为滤波器中的延迟单元个数。在图 6.7 中，由于 $M=2$，就可从式（6.35）算出滤波器有 $3\omega T/2$ 的相位延迟。

式（6.35）也表示滤波器的相位是与频率 $\omega$ 成正比的，所以图 6.7 中的滤波器也有线性相位特性。而且，$M$ 越大，延迟单元就越多，延迟就越大。不过，式（6.34）和式（6.35）都表示，现在的相位除了有整数个采样周期 $T$ 外，还有半个采样周期。原因就在于滤波系数的个数为偶数。实际上，具有线性相位的 FIR 数字滤波器的延迟时间等于从第一个滤波系数 $b_0$ 到滤波系数对称中心的时间差。在图 6.5 中，中间的滤波系数是第 $M$ 个滤波系数，所以延迟时间等于 $MT$，为整数个采样周期 $T$。在图 6.7 中，对称中心位于 $b_1$ 与 $b_2$ 之间的中点，所以它的延迟时间中出现了半个采样周期。

现在来计算图 6.7 中偶数偶对称滤波系数 FIR 数字滤波器的频率响应、零极点位置和群延迟，并画出相应的曲线图。先假设图 6.7 中 FIR 数字滤波器的四个滤波系数都等于 0.5。所以，式（6.33）变为（用 $\Omega$ 代替 $\omega T$）

$$|H(e^{j\Omega})| = \left| \cos\frac{3\Omega}{2} + \cos\frac{\Omega}{2} \right| \tag{6.36}$$

式（6.34）变为（也用 $\Omega$ 代替 $\omega T$）

$$\angle H(e^{j\Omega}) = -\frac{3\Omega}{2} \tag{6.37}$$

用式（6.36）和式（6.37）算出的频率响应数据见表6.5，用表6.5中的数据画出的频率响应曲线如图6.8a和b所示。

表6.5　有4个滤波系数的偶数偶对称 FIR 数字滤波器的频率响应数据

| 归一化频率 $\Omega/\pi$ | 0 | 0.1 | 0.2 | 0.3 | 0.4 | 0.5 | 0.6 | 0.7 | 0.8 | 0.9 | 1.0 |
|---|---|---|---|---|---|---|---|---|---|---|---|
| $\cos(\Omega/2)$ | 1 | 0.988 | 0.951 | 0.891 | 0.809 | 0.707 | 0.588 | 0.454 | 0.309 | 0.156 | 0 |
| $\cos(3\Omega/2)$ | 1 | 0.891 | 0.588 | 0.156 | -0.309 | -0.707 | -0.951 | -0.988 | -0.809 | -0.454 | 0 |
| 幅值 = $\mid\cos(\Omega/2)+\cos(3\Omega/2)\mid$ | 2 | 1.879 | 1.539 | 1.047 | 0.500 | 0 | 0.363* | 0.534* | 0.500* | 0.298* | 0* |
| 相位 = $-3\Omega/2/$(°) | 0 | -27 | -54 | -81 | -108 | 45** | 18* | -9* | -36* | -63* | 90** |

注："*"表示把幅值由负变正，相位需改变180°；"＊＊"表示相位突变180°。

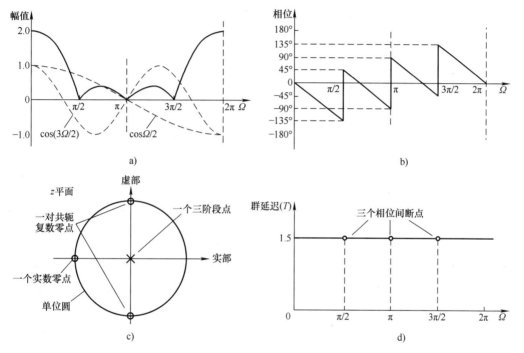

图6.8　有4个滤波系数的偶数偶对称 FIR 数字滤波器
a）幅值响应　b）相位响应　c）零极点位置　d）群延迟

前面对图6.6a和b中频率曲线的解释也适用于这里的图6.8a和b，即图6.8a中的曲线也表示这是一个低通滤波器。如果从图6.8b的相位曲线看，滤波器在 $0\sim2\pi$ 的全部频率区内有三个相位跳变点，所以相位曲线是分段线性相位的。此外，从图6.8a中的幅值三次下降到零，可知滤波器应该有三个零点在单位圆上。但用式（6.36）确定这三个零点的位置有些不易，可以通过传递函数来计算。根据图6.7中的结构，写出滤波器的传递函数［也见式（6.30），并假设四个滤波系数都等于0.5］

$$H(z) = 0.5(1 + z^{-1} + z^{-2} + z^{-3}) \tag{6.38}$$

或改写为

$$H(z) = 0.5\,\frac{z^3 + z^2 + z + 1}{z^3} = 0.5\,\frac{(z+1)(z^2+1)}{z^3} \tag{6.39}$$

式（6.39）表示传递函数有三个零点和一个三阶极点。这三个零点都在单位圆上，其中，两个零点位于 $z = \pm j$，第三个零点位于 $z = -1$；而一个三阶极点位于 $z$ 平面内的原点。零极点位置见图6.8c。

滤波器的群延迟可以用式（6.29）计算

$$\tau_{\text{FIR}}(\omega) = -\frac{\text{d}}{\text{d}\omega}\left(-\frac{3\omega T}{2}\right) = 1.5T \tag{6.40}$$

群延迟等于 $1.5T$ 表示滤波器对所有频率成分的延迟都等于 1.5 个样点时间，如图 6.8d 所示。图中还表示了三处相位间断点；这些间断点处的幅值为零，所以同样对信号不产生任何影响。其实，除了上面式（6.36）和式（6.37）表示的解析法外，还可以用图解法来分析；而且图解法可以揭示更多的性质和概念。下面的【例题 6.1】就用图解法来分析图 6.7 中的结构。

> **小测试**：如果一个数字滤波器不是线性相位的，那么当一个正弦量的数字信号通过这个滤波器后，输出信号就会有非线性失真，不再是一个单一的正弦量数字信号了。答：否。

**【例题 6.1】** 要求用图解法分析图 6.7 中滤波器的频率特性，假设图中的 4 个滤波系数都等于 0.5。

**解**：用图解法分析滤波器的频率特性，首先要确定滤波器传递函数的零极点。用式（6.39）确定的滤波器零极点位置示于图 6.8c 中。为便于说明，把图 6.8c 复制到这里的图 6.9 中。

在图 6.9 中，假设信号频率 $\Omega$ 沿上半个单位圆移动到 $z = e^{j\Omega}$。此时频率响应的幅值等于三条零点矢量长度之积与极点矢量长度三次方的比值；而频率响应的相位等于三条零点矢量幅角之和与极点矢量幅角三倍的差值。现在把信号频率 $\Omega$ 沿单位圆拉回到 $z = 1$。此时，三条零点矢量的长度分别为 $\sqrt{2}$、2 和 $\sqrt{2}$，而极点矢量的长度为 1，可以算得幅值响应为 2［包括式（6.39）中的常数因子 0.5］。如果使信号频率 $\Omega$ 沿单位圆移动到 $z = +j$。三条零点矢量的长度分别变为 0、$\sqrt{2}$ 和 2，极点矢量的长度仍为 1，所以幅值响应为零。如果继续使信号频率 $\Omega$ 沿单位圆向 $z = -1$ 移动，$r_{z1}$ 的长度开始从零增加，而 $r_{z2}$ 和 $r_{z3}$ 的长度逐渐下降，所以幅值响应先从零开始增加，后又下降。当信号频率 $\Omega$ 沿单位圆到达 $z = -1$ 时，由于 $r_{z2}$ 的长度为零而使幅值响应等于零。这个情况与图 6.8a 中用解析法得到的结果是一致的。

用图解法估算相位稍有复杂，因为要牵涉到零极点矢量的幅角。当频率 $\Omega = 0$ 时，$z = e^{j0} = 1$，三条零点矢量的幅角分别为 $-45°$、$0°$ 和 $45°$，而极点矢量的幅角为零，由此算出的相位响应也为零。当频率 $\Omega$ 沿单位圆移动到非常接近 $z = +j$ 时，三条零点矢量的幅角分别接近 $0°$、$45°$ 和 $90°$，而极点矢量的幅角为 $90°$，相减后得到相位 $-135°$。只要此时的频率 $\Omega$ 略微增加一点，零点矢量 $r_{z1}$ 便突然反向，它

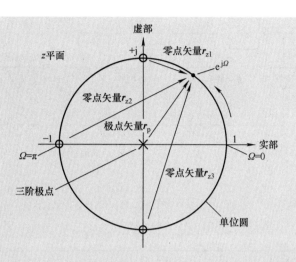

图 6.9　用图 6.7c 中的滤波器零极点位置和零极点矢量来分析幅值和相位响应

的幅角从 0 变成 180°，而其他两个零点矢量和三阶极点矢量的幅角基本没变。这使相位突变 180°而变成 45°。由此可知，离散时域系统频率响应中的相位突变是因为有零点位于单位圆上。

当信号频率 $\Omega$ 继续沿单位圆逆时针向 $z = -1$ 移动时，三个零点矢量的幅角都逐渐增加，但三阶极点矢量的幅角增加得更快，使相位越来越负。当频率 $\Omega$ 移动到非常接近 $z = -1$ 时，三个零点矢量的幅角分别接近 225°、90°和 135°，而三阶极点矢量的幅角非常接近 180°，由此算出的相位响应非常接近 $-90°$。当频率 $\Omega$ 穿越 $z = -1$ 时，相位突变 180°，变成 90°。结果是，用图解法估算的这些相位值与图 6.8b 中用解析法计算的完全一致。至于图 6.9 中下半个单位圆的情况，由于幅值响应是关于 $\Omega = \pi$ 偶对称的和相位响应是关于 $\Omega = \pi$ 奇对称的，所以下半个单位圆的幅值响应与上半个单位圆完全一样，但相位响应变成相反数。这就完成了用图解法对图 6.7 中滤波器的频率响应分析。

### 6.4.3　信号延迟半个采样周期的含义

上面讲到，当偶对称滤波系数的个数为偶数时，滤波器的延迟时间中包含了半个样点时间。而在离散时域中，样点所在的时间点都是采样周期的整数倍，所以半个采样周期时间会是什么含义呢？这是本小节要说明的。

用图示来回答这个问题比较方便。假设把一个频率等于 $\omega_s/8$ 的余弦信号送入图 6.7 中的 FIR 数字滤波器。由于滤波器的系数是偶数偶对称的，所以信号被延迟了 $3T/2$ 的时间。为便于讨论，我们假设图 6.7 中的 4 个滤波系数 $b_0 \sim b_3$ 都等于 0.25，而且输入余弦信号的振幅等于 1、相位等于 0。这就是图 6.10a 和 b 中的情况。

在计算输出信号 $y(n)$ 之前，需把图 6.10a 中 3 个延迟单元中保存的记忆样点清零，以完成系统初始化。当开始滤波时，滤波器进入第 0 采样周期，$n = 0$。先从三个延迟单元的输

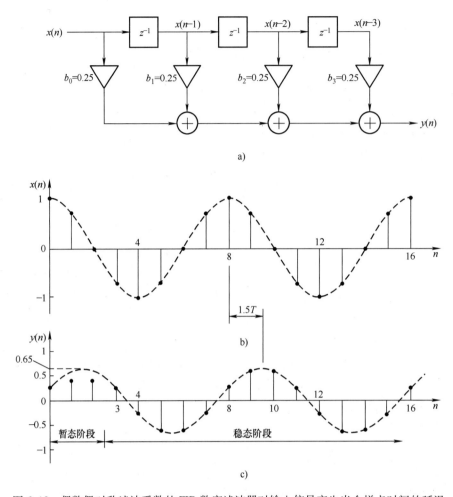

图 6.10  偶数偶对称滤波系数的 FIR 数字滤波器对输入信号产生半个样点时间的延迟

出端分别取出 $x(n-1)$、$x(n-2)$ 和 $x(n-3)$。这三个样点由于系统初始化都等于零。然后取入输入样点 $x(n)=x(0)=1$ （见图 6.10b），算出输出样点 $y(n)=y(0)=1\times0.25=0.25$。最后把 $x(n)$、$x(n-1)$ 和 $x(n-2)$ 存入各自的延迟单元。这就完成了第 0 采样周期内的全部操作。

　　然后，滤波器进入第 1 采样周期，$n=1$。先从三个延迟单元的输出端分别取出 $x(n-1)$、$x(n-2)$ 和 $x(n-3)$，其中 $x(n-1)=1$ 和 $x(n-2)=x(n-3)=0$。再取入 $x(n)=x(1)=0.707$，计算输出样点 $y(n)=y(1)=0.707\times0.25+1\times0.25=0.428$。最后把 $x(n)$、$x(n-1)$ 和 $x(n-2)$ 存入各自的延迟单元。这就完成了第 1 采样周期内的全部操作。

　　当进入第 2 采样周期后，滤波器执行与第 1 采样周期内相同的操作，并得到输出样点 $y(n)=y(2)=0.428$。然后滤波器一直工作下去。图 6.10b 和 c 分别表示滤波器的输入和输出信号的样点图；而表 6.6 列出了输入和输出信号的前 11 个样点值。下面来解释这些样点。

　　从图 6.10b、6.10c 和表 6.6 看，在第 0~第 2 的 3 个采样周期内，滤波器实际上处于起始的暂态阶段。只是到了第 2 采样周期结束时，三个延迟单元中才保存了真正的输入信号样点值，即 $x(n)=0$、$x(n-1)=0.707$ 和 $x(n-2)=1$。这就是说，从第 3 采样周期开始，FIR

数字滤波器才进入稳态阶段，并以 8 个样点为周期而循环变化（因为余弦信号的频率等于采样率的 1/8）。

**表 6.6 图 6.10a 中 FIR 数字滤波器的计算结果**（初始化：把三个延迟单元内的记忆样点清零）

| 采样周期 $n$ | 0 | 1 | 2 | 3 | 4 | 5 | 6 | 7 | 8 | 9 | 10 |
|---|---|---|---|---|---|---|---|---|---|---|---|
| 1）左 $z^{-1} \rightarrow x(n-1)$ | 0 | 1 | 0.707 | 0 | -0.707 | -1 | -0.707 | 0 | 0.707 | 1 | 0.707 |
| 2）中 $z^{-1} \rightarrow x(n-2)$ | 0 | 0 | 1 | 0.707 | 0 | -0.707 | -1 | -0.707 | 0 | 0.707 | 1 |
| 3）右 $z^{-1} \rightarrow x(n-3)$ | 0 | 0 | 0 | 1 | 0.707 | 0 | -0.707 | -1 | -0.707 | 0 | 0.707 |
| 4）取入 $x(n)$ | 1 | 0.707 | 0 | -0.707 | -1 | -0.707 | 0 | 0.707 | 1 | 0.707 | 0 |
| 5）计算 $y(n)$ | 0.25 | 0.427 | 0.427 | 0.25 | -0.25 | -0.604 | -0.604 | -0.25 | 0.25 | 0.604 | 0.604 |
| 6）$x(n) \rightarrow$ 左 $z^{-1}$ | 1 | 0.707 | 0 | -0.707 | -1 | -0.707 | 0 | 0.707 | 1 | 0.707 | 0 |
| 7）$x(n-1) \rightarrow$ 中 $z^{-1}$ | 0 | 1 | 0.707 | 0 | -0.707 | -1 | -0.707 | 0 | 0.707 | 1 | 0.707 |
| 8）$x(n-2) \rightarrow$ 右 $z^{-1}$ | 0 | 0 | 1 | 0.707 | 0 | -0.707 | -1 | -0.707 | 0 | 0.707 | 1 |

对于半个采样周期的含义，先要找出 $y(n)$ 对于 $x(n)$ 的时间延迟。由于 $x(n)$ 为余弦函数，所以 $y(n)$ 也一定可以表示为余弦函数。因此，最好的方法是画一条穿过所有输出样点 $y(n)$ 的余弦曲线，如图 6.10c 中的虚线所示（最前面的 3 个样点属于暂态过程，画虚线时不予考虑）。然后对两个余弦函数的相位进行比较，并发现图 6.10c 中用虚线表示的 $y(n)$ 的余弦曲线确实比图 6.10b 中 $x(n)$ 的余弦曲线落后了 $1.5T$ 的时间。由此可知，数字信号之间的时间延迟关系应该用还原出的模拟信号来解释。实际上，数字信号的几乎所有的参数都应该通过还原出的最低频率区内的模拟信号来解释。

此外，从图 6.10b 和 c 还可以估算出滤波器在信号频率点（即 $\omega = \omega_s/8$）上的幅值响应。由于图 6.10c 中的振幅大约为 0.65，所以在此频率点上的幅值响应也在 0.65 左右。另一方面，我们也可以用式（6.33）来计算幅值响应。把 $\omega T = 2\pi/8 = \pi/4$ 和 $b_0 = b_1 = 0.25$ 代入式（6.33），可算出

$$\left. |H(e^{j\omega T})| \right|_{\omega T = \pi/4} = \left| 2 \times 0.25 \times \cos\frac{3 \times \pi/4}{2} + 2 \times 0.25 \times \cos\frac{\pi/4}{2} \right| = 0.65 \qquad (6.41)$$

两个幅值响应的数据是一致的。这又验证了图 6.10b、图 6.10c 和式（6.33）的正确性。

从上面的分析可以得出一个很有用的结论：在分析两个数字信号之间的相位或时间关系时，最好的方法是从数字信号画出连续时域中最低频率区内的模拟信号，然后从模拟信号来判断两者的相位或时间关系。

> **小测试**：从图 6.10b 和 c 看，与输入信号 $x(n)$ 相比，滤波器的输出信号 $y(n)$ 仍是同频率的正弦量信号。原因是，图 6.10a 中的滤波器是线性和时不变的。答：是。

## 6.5　FIR 滤波系数奇对称的相位特性

上面讨论了当滤波系数为偶对称时 FIR 数字滤波器的线性相位特性。当滤波系数为奇对称时，FIR 数字滤波器也有线性相位特性。不过，这个线性相位不是纯粹的线性相位，而是

在线性相位上再增加一个90°的相移。由于这种相位在通信等领域有特殊用途，通常也归入线性相位，也称它为广义线性相位。本小节就来讨论滤波系数奇对称的FIR数字滤波器的相位特性，而且也分为奇数奇对称和偶数奇对称两种情况，也是先讨论奇数奇对称，后讨论偶数奇对称。

### 6.5.1 滤波系数为奇数奇对称的情况（第Ⅲ类滤波器）

图6.11表示一个奇数奇对称滤波系数的FIR数字滤波器。滤波器结构与图6.5中的完全一样，也有$2M+1$个滤波系数和$2M$个单位延迟单元。但两者在滤波系数的对称性上是不同的；图6.5中的滤波系数是偶对称的（即$b_0 = b_{2M}$、$b_1 = b_{2M-1}$、$b_2 = b_{2M-2}$等），而图6.11中的滤波系数是奇对称的（即$b_0 = -b_{2M}$、$b_1 = -b_{2M-1}$、$b_2 = -b_{2M-2}$等）。前面的图6.4c中已经画出了奇数奇对称滤波系数的样点序列。图中表示，在奇数奇对称的滤波系数中，处于中间位置的$b_M$必须为零。

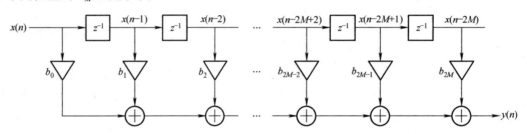

图6.11 滤波系数为奇数奇对称的FIR数字滤波器

按照第6.4.1节的相同方法，写出图6.11中FIR数字滤波器的差分方程

$$y(n) = b_0 x(n) + b_1 x(n-1) + b_2 x(n-2) + \cdots + b_{2M} x(n-2M) \tag{6.42}$$

把式（6.42）两边换成$z$变换

$$Y(z) = b_0 X(z) + b_1 X(z) z^{-1} + b_2 X(z) z^{-2} + \cdots + b_{2M} X(z) z^{-2M} \tag{6.43}$$

由式（6.43）得到滤波器的传递函数

$$H(z) \equiv \frac{Y(z)}{X(z)} = b_0 + b_1 z^{-1} + b_2 z^{-2} + \cdots + b_{2M-1} z^{-2M+1} + b_{2M} z^{-2M} \tag{6.44}$$

或者

$$H(z) = (b_0 + b_{2M} z^{-2M}) + (b_1 z^{-1} + b_{2M-1} z^{-2M+1}) + \cdots + (b_{M-1} z^{-M+1} + b_{M+1} z^{-M-1}) + b_M z^{-M} \tag{6.45}$$

由于这些滤波系数是关于中间的滤波系数$b_M$奇对称的，且$b_M = 0$，式（6.45）变为

$$H(z) = b_0(1 - z^{-2M}) + b_1(z^{-1} - z^{-2M+1}) + \cdots + b_{M-1}(z^{-M+1} - z^{-M-1}) \tag{6.46}$$

把$z = \mathrm{e}^{\mathrm{j}\omega T}$代入式（6.46），并对式（6.46）右边提取公因子$\mathrm{e}^{-\mathrm{j}M\omega T}$

$$H(\mathrm{e}^{\mathrm{j}\omega T}) = \mathrm{e}^{-\mathrm{j}M\omega T}[b_0(\mathrm{e}^{\mathrm{j}M\omega T} - \mathrm{e}^{-\mathrm{j}M\omega T}) + b_1(\mathrm{e}^{\mathrm{j}(M-1)\omega T} - \mathrm{e}^{-\mathrm{j}(M-1)\omega T}) + \cdots + b_{M-1}(\mathrm{e}^{\mathrm{j}\omega T} - \mathrm{e}^{\mathrm{j}\omega T})] \tag{6.47}$$

利用欧拉恒等式（2.15），式（6.47）变为

$$H(\mathrm{e}^{\mathrm{j}\omega T}) = \mathrm{e}^{-\mathrm{j}M\omega T}\mathrm{e}^{\mathrm{j}\pi/2}[2b_0 \sin M\omega T + 2b_1 \sin(M-1)\omega T + \cdots + 2b_{M-1}\sin\omega T] \tag{6.48}$$

式（6.48）右边的复指数 $e^{j\pi/2}$ 是由欧拉恒等式分母中的 j 变来的。

式（6.48）右边方括号内的是实数，所以滤波器的幅值响应可写为

$$|H(e^{j\omega T})| = |2b_0 \sin M\omega T + 2b_1 \sin(M-1)\omega T + \cdots + 2b_{M-1}\sin\omega T| \tag{6.49}$$

这个幅值响应是由 M 个不同频率的正弦函数叠加而成的。同样，这些正弦函数可以使幅值在有些频率区域出现负值，所以还要通过取绝对值变成正值，而此时的相位需改变 π 或180°。

式（6.48）右边的两个复指数项表示滤波器的相位

$$\angle H(e^{j\omega T}) = -M\omega T + \frac{\pi}{2} \tag{6.50}$$

式中，M 为滤波器中延迟单元数量的一半。

从式（6.50）可以看出，滤波系数为奇数奇对称的 FIR 数字滤波器的相位由两部分组成：前一项 $-M\omega T$ 是与频率 ω 成正比的，后一项 π/2 是固定的常量。而常量的意思是，信号中的任何频率分量通过滤波器后，都会有 π/2 的相位提前。但这个 π/2 的相位对于不同的频率分量所产生的时间延迟（实际上是时间提前）是不同的。低频分量的时间延迟大；高频分量的时间延迟小。所以，这样的 FIR 数字滤波器就不是真正意义上的线性相位。但是，奇对称的 FIR 数字滤波器所提供的90°相位可以用来从余弦信号导出正弦信号。当有了一对同频率的正弦和余弦信号时，就可以实现通信中会用到的希尔伯特（Hilbert）变换。

小测试：当滤波系数为奇对称时，就要用到欧拉恒等式中的正弦函数变换式，结果就因分母中的 j 而多出了90°的相位。答：是。

## 6.5.2　滤波系数为偶数奇对称的情况（第 Ⅳ 类滤波器）

对于滤波系数为偶数奇对称的 FIR 数字滤波器，我们使用与前面第 6.4.2 节中相同的结构，如图 6.12 所示；但滤波系数需改为偶数奇对称的。下面先导出滤波器的频率响应，然后推广到一般结构的频率响应表达式。前面图 6.4d 中给出了偶数奇对称滤波系数的样点序列。

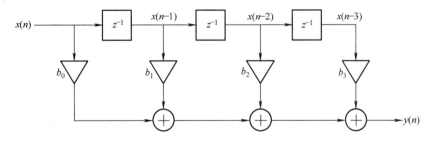

图 6.12　滤波系数为偶数奇对称的 FIR 数字滤波器

对于图 6.12 中的 FIR 数字滤波器，可以容易地写出传递函数

$$H(z) \equiv \frac{Y(z)}{X(z)} = b_0 + b_1 z^{-1} + b_2 z^{-2} + b_3 z^{-3} \tag{6.51}$$

由于滤波系数是奇对称的，所以有 $b_0 = -b_3$ 和 $b_1 = -b_2$。式（6.51）可改写为

$$H(z) = b_0(1 - z^{-3}) + b_1(z^{-1} - z^{-2}) \tag{6.52}$$

把 $z = e^{j\omega T}$ 代入式（6.52），并对右边提取公因子 $e^{-j3\omega T/2}$

$$H(e^{j\omega T}) = e^{-j3\omega T/2}\left[ b_0(e^{j3\omega T/2} - e^{-j3\omega T/2}) + b_1(e^{j\omega T/2} - e^{j\omega T/2}) \right] \qquad (6.53)$$

利用欧拉恒等式（2.15），式（6.53）变为

$$H(e^{j\omega T}) = e^{-j3\omega T/2} e^{j\pi/2}\left( 2b_0\sin\frac{3\omega T}{2} + 2b_1\sin\frac{\omega T}{2} \right) \qquad (6.54)$$

式（6.54）右边的 $e^{j\pi/2}$ 也是由欧拉恒等式分母中的 j 变来的。

在式（6.54）的右边，圆括号内的是实数，所以滤波器的幅值响应可写为

$$\left| H(e^{j\omega T}) \right| = \left| 2b_0\sin\frac{3\omega T}{2} + 2b_1\sin\frac{\omega T}{2} \right| \qquad (6.55)$$

这个幅值响应是由两个不同频率、振幅分别为 $2b_0$ 和 $2b_1$ 的正弦函数叠加而成。此外，如果因取绝对值而使幅值从负变正，相位就要改变180°或 π。

式（6.54）右边的两个指数项则表示滤波器的相位响应

$$\angle H(e^{j\omega T}) = -\frac{3\omega T}{2} + \frac{\pi}{2} \qquad (6.56)$$

从式（6.56）可以容易地推广到一般的滤波系数为偶数奇对称的 FIR 数字滤波器的相位响应

$$\angle H(e^{j\omega T}) = -\frac{(2M-1)\omega T}{2} + \frac{\pi}{2} \qquad (6.57)$$

式中，$2M$ 为滤波系数的个数；$2M-1$ 为滤波器中延迟单元的个数。

从式（6.57）可以看出，滤波系数为偶数奇对称的 FIR 数字滤波器的相位也由两部分组成：前一项 $-(2M-1)\omega T/2$ 是与频率 ω 成正比的，后一项 π/2 是与频率无关的常数。与上一小节一样，图6.12 中的 FIR 数字滤波器并不能提供真正意义上的线性相位，但可以提供额外的90°相移（指正弦量信号）。

> **小测试**：如果滤波器有偶数个滤波系数，那么滤波系数奇对称的关键是位于中间位置的滤波系数必须为零。答：否（因为不存在中间位置的滤波系数）。

## 6.6　IIR 数字滤波器和 FIR 数字滤波器之间的选择

在实际应用中，究竟选择 IIR 数字滤波器还是 FIR 数字滤波器，主要取决于两种滤波器的优缺点。本节先说明两者的主要优缺点，然后说明两者的选择原则。

1）FIR 数字滤波器可以设计成具有线性相位。这对于许多应用是非常重要的。IIR 数字滤波器的相位响应是非线性的，尤其在通带边缘处。

2）FIR 数字滤波器是没有反馈的，所以是无条件稳定的。IIR 数字滤波器由于存在反馈，就存在不稳定的可能性。

3）IIR 数字滤波器由于包含反馈，所以有比较陡峭的过渡带。而 FIR 数字滤波器要用许多零点来实现陡峭的过渡带，所以会占用较多的处理时间和储存量。但另一方面，FIR 数字滤波器可以采用多相技术（一种大大节省计算量的方法，见参考文献［7］）和 FFT 的快速卷积算法（见第13.8 节），以提高 FIR 数字滤波器的运算速度。所以在滤波效率方面，

两者相差不大。

4）在设计 IIR 数字滤波器时，都是从模拟滤波器出发，经过恰当的变换来实现的。而 FIR 数字滤波器的设计是数字滤波器所特有的。当要求实现非常特殊的频率响应（比如包含多个通带或阻带）时，一般会选用 FIR 数字滤波器，而非 IIR 数字滤波器。

5）当用计算器手工做滤波器设计时，FIR 数字滤波器会比 IIR 数字滤波器复杂一些。不过，现在的数字滤波器设计都是用软件完成的，所以 FIR 数字滤波器的设计也已经变得很规范和容易了。

根据上面对 IIR 和 FIR 数字滤波器优缺点的比较，我们可以大致给出 IIR 数字滤波器与 FIR 数字滤波器之间的选择原则：

1）当很窄的过渡带和快速的滤波计算是滤波器设计的仅有指标时，可以选择 IIR 数字滤波器。

2）当要求线性相位时，应该使用 FIR 数字滤波器。

3）虽然 IIR 数字滤波器需要较少的计算量和存储量，因而有较好的滤波效率，但 FIR 数字滤波器由于线性相位和无条件稳定的特点，得到了越来越多的使用。随着硬件技术的发展，FIR 数字滤波器已逐渐成为数字滤波器设计的第一选择。

# 6.7　小结

数字滤波器分为 IIR 和 FIR 两类。理解和掌握数字滤波器，就是理解和掌握 IIR 数字滤波器和 FIR 数字滤波器。本章首先通过两个实例解释了什么是 IIR 和 FIR，并说明了有反馈通路的滤波器有无限长的冲击响应，没有反馈通路的滤波器只有一定长度的冲击响应。本章然后比较了 IIR 数字滤波器和 FIR 数字滤波器在差分方程、传递函数、零极点、频率响应和相位等方面的特点。一般来说，IIR 数字滤波器有较好的滤波效率并且只需要较少的计算量；而 FIR 数字滤波器由于线性相位和无条件稳定的优点，得到了越来越多的使用。实际上，FIR 数字滤波器已成为数字滤波器设计的第一选择。本章按照滤波系数的对称性和个数的奇偶性，把 FIR 数字滤波器分为 4 种类型，并比较详细地分析了它们的线性相位特性。而线性相位是数字滤波器所特有的。模拟滤波器只能做到接近线性相位（比如贝塞尔滤波器）。

到本章为止，我们已经从总体上说明了离散时域信号和系统的主要性质。在后面的第 8 章和第 9 章，我们将讨论 IIR 和 FIR 数字滤波器的设计方法。在这之前，我们用第 7 章说明数字滤波器的结构实现。

# 第7章 数字滤波器的结构

本章讨论数字滤波器在结构上的实现，即如何利用延迟单元、加法器和乘法器组成想要的计算流程。在具体实现时，我们将从差分方程和传递函数导出滤波器的结构。本书前面实际上已经用到了数字滤波器的结构，本章只是比较系统地说明这一点。

数字滤波器的结构可以有直接、串联和并联三种形式。本章先说明这些基本的数字滤波器结构实现，然后比较详细地说明 IIR 数字滤波器的结构实现，最后简要说明 FIR 数字滤波器的结构实现。

## 7.1 直接形式

首先假设所讨论的数字滤波器有差分方程

$$y(n) = b_0 x(n) + b_1 x(n-1) + b_2 x(n-2) + a_1 y(n-1) + a_2 y(n-2) \tag{7.1}$$

式中，$b_0$、$b_1$、$b_2$ 和 $a_1$、$a_2$ 都是常数。这些常数也就是数字滤波器的滤波系数。

所谓直接形式，就是根据差分方程直接画出的数字滤波器结构。比如，我们可以容易地从式（7.1）直接画出图7.1a中的数字滤波器结构。画图时，先把式（7.1）右边的前三项 $x(n)$、$x(n-1)$ 和 $x(n-2)$ 画在图中的左边，再把式（7.1）右边的后两项 $y(n-1)$ 和 $y(n-2)$ 画在图中的右边。最后把输入 $x(n)$ 画在最左边，把输出 $y(n)$ 画在最右边，便得到图7.1a

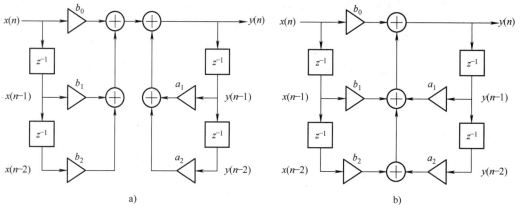

图7.1 数字滤波器结构的直接形式

a）直接画出的结构　b）直接形式结构

中的结构。由于图中 5 个乘法器的输出都是相加的关系，就可以把图 7.1a 画成图 7.1b 中比较简洁的形式（图 7.1a 和图 7.1b 在计算上没有任何差别）。而图 7.1b 中的结构就被叫作数字滤波器的直接形式结构。

图 7.1b 中用了 4 个单位延迟、5 个乘法器和 3 个加法器，其中的 3 个加法器实际上完成了 4 次加法（图 7.1a 中也做了 4 次加法）。这 4 次加法通常是用累加器完成的。虽然从理论上讲，使用加法器和使用累加器对计算结果没有任何不同，但由于计算机中的有限字长效应问题，两者的计算精度会有所不同。累加器的精度总是优于加法器的精度（因为用加法器计算时，需不断地对中间结果做四舍五入和存取存储器的操作，降低了精度；而累加器通常有很高的精度）。此外，除差分方程外，我们还可以从数字滤波器的传递函数画出像图 7.1b 中的数字滤波器直接形式结构。下面的【例题 7.1】用来说明这一点。

【例题 7.1】　要求画出数字滤波器结构的直接形式，数字滤波器有传递函数

$$H(z) \equiv \frac{Y(z)}{X(z)} = \frac{1 + 3z^{-1}}{1 + 2z^{-1} - 0.5z^{-2}} \qquad (7.2)$$

解：式（7.2）中的传递函数可改写为

$$Y(z) + 2z^{-1}Y(z) - 0.5z^{-2}Y(z) = X(z) + 3z^{-1}X(z) \qquad (7.3)$$

再改写为

$$Y(z) = X(z) + 3z^{-1}X(z) - 2z^{-1}Y(z) + 0.5z^{-2}Y(z) \qquad (7.4)$$

式（7.4）与式（7.1）的不同点是，式（7.1）中用了时域信号，式（7.4）用了 $z$ 变换的频域信号。但时域信号与频域信号是可以互换的。所以，用式（7.4）也可以画出数字滤波器的直接形式结构，如图 7.2 所示。需要注意的是，式（7.2）分母中的系数 2 和 $-0.5$ 到了式（7.4）中分别变成 $-2$ 和 0.5。这是在等式整理中被改变的，而且只是反馈通路中的 $a$ 系数才有这种情况（也见第 5.3.1 节）。

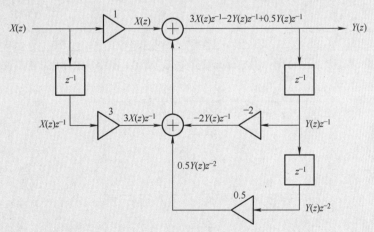

图 7.2　用传递函数画出的数字滤波器直接形式结构

与模拟滤波器一样，数字滤波器也是有阶数的。模拟滤波器的阶数等于电路中储能元件

的个数。比如，电路中有两个电容，就是二阶滤波器。对于数字滤波器，它的阶数等于结构中处于反馈通路内单位延迟单元的数量。在图 7.1 中，反馈通路内共有两个单位延迟单元，所以是二阶滤波器。图 7.2 中也是一个二阶滤波器［也见式（7.2）］。

除了图 7.1b 中的直接形式外，滤波器结构还可以有其他两种直接形式，即直接形式 I 和直接形式 II。下面来说明如何从图 7.1b 导出这两种形式。

## 7.1.1　直接形式 I

图 7.1b 中的 4 个延迟单元 $z^{-1}$ 可以合并成 2 个。为此，我们把图 7.1b 中的结构退回到图 7.1a 中的结构，然后把 4 个延迟单元移到中间位置，就得到图 7.3 中的数字滤波器结构。这个结构与图 7.1a 中的结构在功能上完全一样，不同的只是计算顺序。在图 7.1a 中，信号先被延迟，再做乘法和加法。在图 7.3 中，信号先做乘法，再被延迟和做加法。

图 7.3 中的 4 个延迟单元可以合并成 2 个延迟单元，如图 7.4 所示。图 7.4 中的结构便叫作数字滤波器的直接形式 I。直接形式 I 把延迟单元从 4 个减少到了 2 个，而合并后的 2 个延迟单元同时为 $x(n)$ 和 $y(n)$ 提供延迟通路。

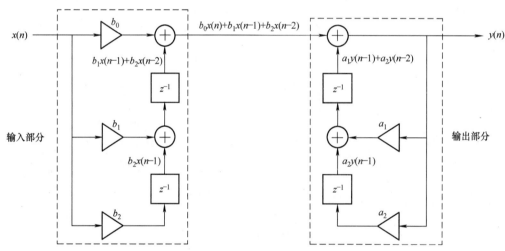

图 7.3　把图 7.1a 中的 4 个延迟单元移到中间位置后，数字滤波器的功能不变

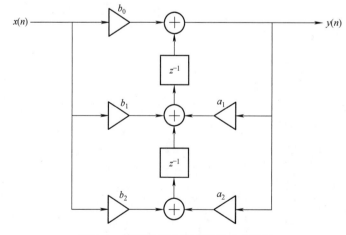

图 7.4　数字滤波器的直接形式 I 结构

【例题 7.2】　要求画出数字滤波器的直接形式 I 结构，滤波器有差分方程

$$y(n) = 1.2x(n) + 2.5x(n-1) - 0.3y(n-1) \tag{7.5}$$

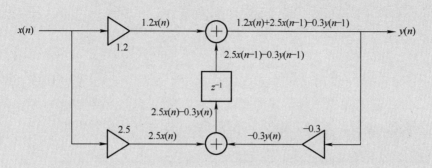

图 7.5　用式（7.5）画出的数字滤波器的直接形式 I 结构

**解：** 在图 7.4 中，令 $a_2 = 0$ 和 $b_2 = 0$，并代入 $b_0 = 1.2$，$b_1 = 2.5$ 和 $a_1 = -0.3$，就得到图 7.5 中与式（7.5）对应的数字滤波器直接形式 I 结构。

## 7.1.2　直接形式 II

直接形式 II 在形式上是与直接形式 I 相同的，只是交换了内部信号的位置。在直接形式 I 中，与输入信号 $x(n)$ 对应的滤波系数 $b_0$、$b_1$ 和 $b_2$ 在左边，与输出信号 $y(n)$ 对应的滤波系数 $a_1$ 和 $a_2$ 在右边，如图 7.4 所示。在直接形式 II 中，与输出信号 $y(n)$ 对应的滤波系数 $a_1$ 和 $a_2$ 在左边，与输入信号 $x(n)$ 对应的滤波系数 $b_0$、$b_1$ 和 $b_2$ 在右边，如图 7.6 所示。

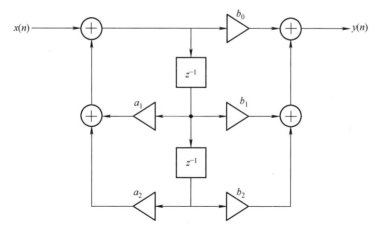

图 7.6　数字滤波器的直接形式 II 结构

归纳起来说，直接形式 I 的顺序是先做输入部分，后做输出部分，与差分方程中的顺序相同；直接形式 II 的顺序是先做输出部分，后做输入部分，与差分方程中的顺序相反。

小测试：在直接形式Ⅰ和直接形式Ⅱ的结构中，信号经过延迟单元的流向是相同的，都是自上而下的。答：否。

**【例题7.3】** 要求画出数字滤波器的直接形式Ⅱ结构，数字滤波器有差分方程

$$y(n) = x(n) + 2.1x(n-1) + 8.5x(n-2) - 3.5x(n-3) - 0.3y(n-1) + 0.1y(n-2)$$

$$(7.6)$$

**解：** 从形式上看，式 (7.6) 比式 (7.1) 多了一项 $-3.5x(n-3)$，所以在结构中应该多一个延迟单元。数字滤波器的直接形式Ⅱ，可以按照图7.6画成图7.7中的样子。由于式 (7.6) 中 $b_0 = 1$，所以图中省去了一个乘法器。

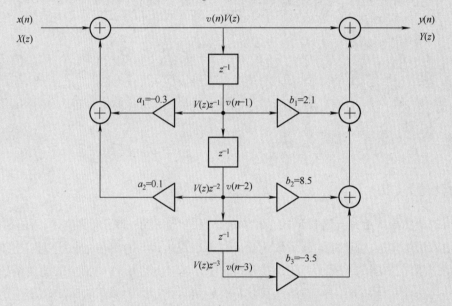

图7.7 从式 (7.6) 画出的数字滤波器直接形式Ⅱ结构

现在来验证图7.7是正确的。为使证明变得简单，我们引入中间变量 $v(n)$，如图7.7所示。从 $v(n)$ 可以得到 $v(n-1)$、$v(n-2)$ 和 $v(n-3)$ 等3个经过不同延迟的时域信号。先根据图7.7写出差分方程组

$$\begin{cases} v(n) = x(n) + a_1 v(n-1) + a_2 v(n-2) \\ y(n) = v(n) + b_1 v(n-1) + b_2 v(n-2) + b_3 v(n-3) \end{cases} \quad (7.7)$$

把式 (7.7) 变成 $z$ 变换

$$\begin{cases} V(z) = X(z) + a_1 V(z)z^{-1} + a_2 V(z)z^{-2} \\ Y(z) = V(z) + b_1 V(z)z^{-1} + b_2 V(z)z^{-2} + b_3 V(z)z^{-3} \end{cases} \quad (7.8)$$

式 (7.8) 中消去变量 $V(z)$ 后，得到 $Y(z)$ 与 $X(z)$ 之间的关系式

$$\frac{Y(z)}{1 + b_1 z^{-1} + b_2 z^{-2} + b_3 z^{-3}} = \frac{X(z)}{1 - a_1 z^{-1} - a_2 z^{-2}} \quad (7.9)$$

把式（7.9）改写为

$$Y(z) = X(z) + b_1 z^{-1} X(z) + b_2 z^{-2} X(z) + b_3 z^{-3} X(z) + a_1 z^{-1} Y(z) + a_2 z^{-2} Y(z)$$

$$(7.10)$$

再把式（7.10）还原成时域表达式

$$y(n) = x(n) + b_1 x(n-1) + b_2 x(n-2) + b_3 x(n-3) + a_1 y(n-1) + a_2 y(n-2)$$

$$(7.11)$$

代入数据后，得到

$$y(n) = x(n) + 2.1 x(n-1) + 8.5 x(n-2) - 3.5 x(n-3) - 0.3 y(n-1) + 0.1 y(n-2)$$

$$(7.12)$$

式（7.12）与式（7.6）完全一样，所以图 7.7 中的直接形式 II 是正确的。图中的时域信号旁边都被标注了 $z$ 变换信号，因为时域信号和 $z$ 变换信号是等价和可互换的。

## 7.2　典范形式

典范形式是由直接形式 I 和直接形式 II 组成的，但阶数被限制为只有一阶和二阶（一阶和二阶分别指反馈通路内有一个和两个延迟单元）。在数字滤波器的结构设计中，一般都采用一阶和二阶典范形式的串联和并联结构。所以，一阶和二阶典范形式是数字滤波器结构中的基本构件。下面来分别说明。

### 7.2.1　二阶典范形式

图 7.4 中的直接形式 I 和图 7.6 中的直接形式 II 都被称为数字滤波器的二阶典范形式。它们的共同点是，使用了最少的硬件量，也就是，只用了两个延迟单元。我们把这两种典范形式的数字滤波器结构重复于图 7.8 中。在图 7.8a 的直接形式 I 中，与输入信号对应的系数 $b_0$、$b_1$ 和 $b_2$ 在结构的左边，与输出信号对应的系数 $a_1$ 和 $a_2$ 在结构的右边。在图 7.8b 的直接形式 II 中，情况刚好相反，与输入信号对应的系数 $b_0$、$b_1$ 和 $b_2$ 在结构的右边，与输出信号对应的系数 $a_1$ 和 $a_2$ 在结构的左边。

### 7.2.2　一阶典范形式

图 7.9a 中的形式被称为直接形式 I 的一阶典范形式，图 7.9b 中的形式被称为直接形式 II 的一阶典范形式。它们的共同点也是使用了最少的硬件量，也就是，只用了一个延迟单元。当图 7.8 中二阶典范形式的系数 $b_2$ 和 $a_2$ 都为零时，便退化为一阶典范形式。

### 7.2.3　计算的精度

如果不考虑数字滤波器中数字量的有限字长问题（比如数字量都用浮点数来表示），

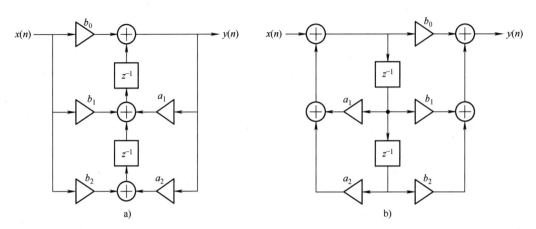

图 7.8　两种二阶典范形式

a）直接形式 I　　b）直接形式 II

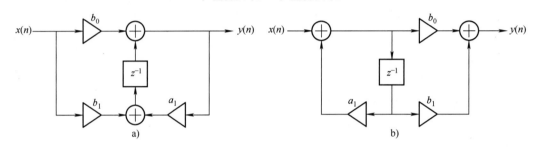

图 7.9　两种一阶典范形式

a）直接形式 I　　b）直接形式 II

图 7.8 中两种结构的滤波性能是完全一样的，图 7.9 中两种结构的滤波性能也是完全一样的。但如果考虑到数字滤波器中数字量的有限字长效应，比如数字量用 8 位二进制定点数表示时，把系数 $b_0$、$b_1$ 和 $b_2$ 放在前半部的直接形式 I 一般要比把系数 $a_1$ 和 $a_2$ 放在前半部的直接形式 II，在计算精度上要好一些。因为系数 $a_1$ 和 $a_2$ 表示反馈，会使数字滤波器的频率响应在某个频率点有很大的峰值。这使数字滤波器中的信号有很大的动态范围，进而影响数字信号的精度。这就是数字滤波器的有限字长效应问题。但现在的信号处理机都采用了浮点数结构，使有限字长效应小到可以忽略。

> **小测试：** 典范形式其实就是直接形式 I 和直接形式 II，但只是一阶和二阶。高阶的直接形式 I 和 II 不属于典范形式。答：是。

## 7.3　串联结构

串联结构是指整个数字滤波器是由几个直接形式 I 或直接形式 II 串联而成的结构，如图 7.10 所示。

图 7.10 中的结构也可以用直接形式 I 串联组成。此外，图 7.10 中的结构还可以扩展到更多个直接形式 I 或直接形式 II 的串联，具体取决于数字滤波器的传递函数。下面用一个例

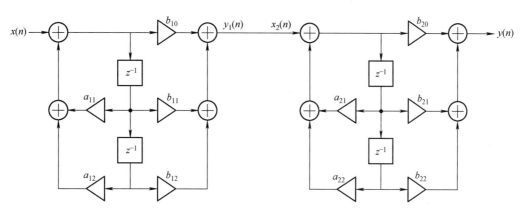

图 7.10　用两个直接形式 Ⅱ 串联组成的串联结构

子来说明如何从传递函数导出串联结构。

假设一个数字滤波器有传递函数

$$H(z) \equiv \frac{Y(z)}{X(z)} = \frac{1 + z^{-3}}{1 + 1.5z^{-1} + 1.5z^{-2} - 1.25z^{-3}} \tag{7.13}$$

对式 (7.13) 的分子和分母分别做因式分解

$$\begin{aligned} H(z) &= \frac{(1 - z^{-1})(1 + z^{-1} + z^{-2})}{1 + (-0.5z^{-1} + 2z^{-1}) + (-z^{-2} + 2.5z^{-2}) - 1.25z^{-3}} \\ &= \frac{(1 - z^{-1})(1 + z^{-1} + z^{-2})}{(1 - 0.5z^{-1}) + 2z^{-1}(1 - 0.5z^{-1}) + 2.5z^{-2}(1 - 0.5z^{-1})} \\ &= \frac{(1 - z^{-1})(1 + z^{-1} + z^{-2})}{(1 - 0.5z^{-1})(1 + 2z^{-1} + 2.5z^{-2})} \end{aligned} \tag{7.14}$$

并改写为两个分式之积

$$H(z) = H_1(z)H_2(z) = \frac{1 - z^{-1}}{1 - 0.5z^{-1}} \cdot \frac{1 + z^{-1} + z^{-2}}{1 + 2z^{-1} + 2.5z^{-2}} \tag{7.15}$$

式 (7.15) 中，$H_1(z)$ 可以用一阶典范形式实现，$H_2(z)$ 可以用二阶典范形式实现，如图 7.11 所示。

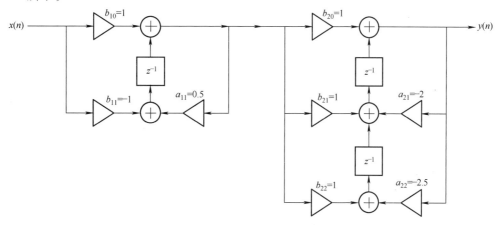

图 7.11　用两个直接形式 Ⅰ 的典范形式组成的数字滤波器串联结构

需要注意的是，把式（7.15）分母中的 $-0.5$、$+2$ 和 $+2.5$ 三个系数放入图 7.11 时，需改变前面的符号而分别变成 $+0.5$、$-2$ 和 $-2.5$。如果你尝试把式（7.15）变成式（7.1）的形式，就会发现为什么会改变正负号。另一点需要说明的是，在式（7.15）的传递函数 $H_2(z)$ 中，由于分母中 $z^{-2}$ 的系数 2.5 大于 1，两个极点中至少有一个位于单位圆之外，使系统不稳定。所以式（7.13）表示的数字滤波器是不可用的。

> **小测试**：任何一个高次多项式在实数范围内做因式分解时，总可以分解到每个因式的最高次数不超过 2。答：是。

# 7.4　并联结构

并联结构是指整个数字滤波器是由几个直接形式 I 或直接形式 II 并联组成的结构。图 7.12 表示用直接形式 I 组成的并联结构。图中，数字滤波器总的输出 $y(n)$ 等于上下两个滤波级输出 $y_1(n)$、$y_2(n)$ 之和，即 $y(n)=y_1(n)+y_2(n)$。

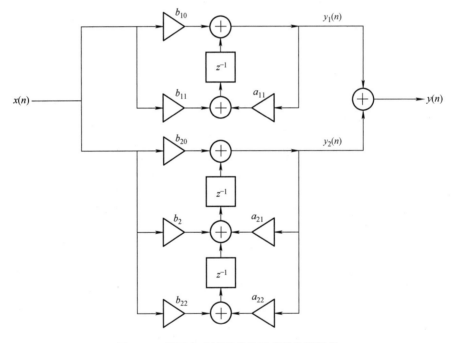

图 7.12　用两个直接形式 I 组成的并联结构

图 7.12 中的结构也可以用直接形式 II 并联组成。此外，图 7.12 中的结构也可以扩展成更多的直接形式 I 或直接形式 II 的并联。

# 7.5　横向结构

本章前面讨论的数字滤波器结构，由于存在反馈，所以都是用于 IIR 数字滤波器的。对于无反馈的 FIR 数字滤波器，都是用横向结构实现的（FIR 数字滤波器也称横向滤波器），

如图 7.13 所示。我们可以容易地写出它的差分方程

$$y(n) = b_0 x(n) + b_1 x(n-1) + b_2 x(n-2) + b_3 x(n-3) + b_4 x(n-4) + b_5 x(n-5)$$

$$= \sum_{i=0}^{5} b_i x(n-i)$$

(7.16)

式（7.16）可改写为 $z$ 变换的形式

$$Y(z) = \sum_{i=0}^{5} b_i z^{-i} X(z)$$

(7.17)

并得到 FIR 数字滤波器的传递函数

$$H(z) \equiv \frac{Y(z)}{X(z)} = \sum_{i=0}^{5} b_i z^{-i}$$

(7.18)

可以看出，FIR 数字滤波器的传递函数不是一个分式，而是一个多项式，所以没有极点。图 7.13 中的横向结构可以扩展到包含更多的延迟单元，以获得更好的频率特性。写出了传递函数之后，就可以分析 FIR 数字滤波器的频率特性，包括它的幅值响应和相位响应（具体见第 6 章）。

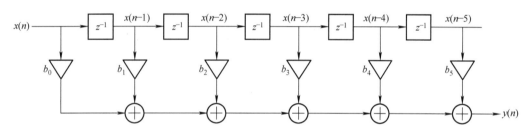

图 7.13　只能用于 FIR 数字滤波器的横向结构

在 IIR 数字滤波器中，有一阶滤波器和二阶滤波器等。这个阶数是指数字滤波器传递函数中分母多项式的最高次数。但 FIR 数字滤波器的传递函数只是一个多项式，没有分母，所以也就没有阶数可言。通常情况下用抽头数来表示 FIR 数字滤波器的复杂程度。这个抽头数是指 FIR 数字滤波器传递函数多项式中的项数。比如，图 7.13 中的 FIR 数字滤波器共有从 $b_0 \sim b_5$ 的 6 个系数，就像一个带有 6 个抽头的线圈。所以，对于 FIR 数字滤波器，通常会说 6 抽头 FIR 数字滤波器，或者 56 抽头 FIR 数字滤波器等。一般情况下，FIR 数字滤波器会有很多抽头，有时为了得到极好的截止特性，可以有数百个抽头（比如在 $\Sigma - \Delta$ 转换器中）。其中的一个原因是，在获取很陡的滤波器截止特性（也就是很窄的过渡带）时，零点没有极点那样有效。不过，我们通常还是喜欢使用 FIR 数字滤波器，因为它有线性相移和无条件稳定的优点（无条件稳定的优点在实际使用中是非常重要的，因为有些 IIR 数字滤波器，当单位圆内的极点非常靠近单位圆时，会由于有限字长误差的原因，在运行数小时后出现不稳定）。

> 小测试：横向结构是专门为 FIR 数字滤波器使用的，IIR 数字滤波器是无法使用的。
> 答：是。

【**例题7.4**】 要求画出数字滤波器的结构图，数字滤波器有传递函数

$$H(z) = \frac{Y(z)}{X(z)} = \frac{1 - z^{-6}}{1 - z^{-1}} \tag{7.19}$$

**解**：从式（7.19）看，这是一个 IIR 数字滤波器。但分式的分子和分母都有一个 $1 - z^{-1}$ 的因子。两个因子约去后，传递函数中不再有分母

$$\frac{Y(z)}{X(z)} = \frac{(1 - z^{-1})(1 + z^{-1} + z^{-2} + z^{-3} + z^{-4} + z^{-5})}{1 - z^{-1}} \tag{7.20}$$

$$= 1 + z^{-1} + z^{-2} + z^{-3} + z^{-4} + z^{-5}$$

所以，这是一个 6 抽头的 FIR 数字滤波器。图 7.14 表示它的横向结构图。由于所有的滤波系数都等于 1，图中就不需要乘法器，结构变得很简单。许多 FIR 数字滤波器都有这个优点。这也是我们偏好 FIR 数字滤波器的一个原因。

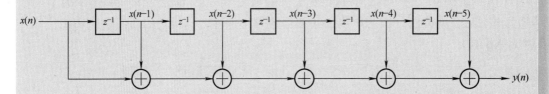

图 7.14　用横向结构实现式（7.20）中的 FIR 数字滤波器

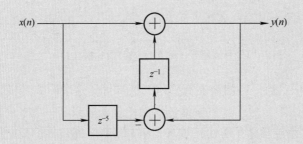

图 7.15　用反馈结构实现式（7.19）中的 IIR 数字滤波器

我们也可以直接从式（7.19）画出结构图。为此，先把式（7.19）改写成差分方程的形式

$$y(n) = x(n) - x(n-6) + y(n-1) \tag{7.21}$$

用式（7.21）就可画出图 7.15 中的 IIR 数字滤波器结构图。这个结构图也可以仿照图 7.9a 画出。由于图 7.15 中包含了一个极点，使它的结构比图 7.14 中简单很多，但多了一个延迟单元。当 FIR 数字滤波器有许多抽头时，如果能找到像图 7.15 中带有反馈的等效结构，可以节省不少的计算时间。

## 7.6 小结

本章讨论了数字滤波器的结构实现。其中，最自然的实现形式就是直接形式，即直接按照差分方程中的顺序画出的结构。结果是，与输入有关的 $b$ 系数在结构的左边，与输出有关的 $a$ 系数在结构的右边。不过，直接形式中的延迟单元是可以两两合并的。这样合并之后，就得到直接形式 I 和直接形式 II 两种形式。

由于包含一个或两个延迟单元的直接形式 I 和直接形式 II 是数字滤波器结构中最常用的构件，所以被叫作典范形式。在数字滤波器设计中，我们一般都用一阶和二阶的典范形式组成高阶滤波器结构（在模拟滤波器中，我们也总是用一阶和二阶滤波器组成高阶滤波器）。

上面说到的直接形式和典范形式都是用于 IIR 数字滤波器的。对于 FIR 数字滤波器，我们通常用横向结构。在横向结构中，信号总是从左边的输入端一直流向右边的输出端，中间不存在反馈通路。FIR 数字滤波器是依靠零点工作的，所以通常要用许多的延迟单元和系数（也称抽头）才能达到想要的频率特性。但这种数字滤波器是无条件稳定的。

# 第 8 章　IIR 数字滤波器的设计

本章介绍 IIR 数字滤波器的两种设计方法：零极点放置法和双线性变换法。其中的双线性变换法是从选择一个模拟滤波器开始的，然后通过变量代换导出想要的 IIR 数字滤波器的传递函数。本章先说明 IIR 数字低通滤波器的性能指标，然后介绍这两种设计方法。

## 8.1　性能指标

图 8.1 表示 IIR 数字低通滤波器的性能指标。它与一般的模拟低通滤波器的频率曲线很相似。不同的是，模拟低通滤波器的阻带会一直向右延伸至无穷，而图 8.1 中的幅值曲线是以 $f_S/2$ 为偶对称且以 $f_S$ 为周期向两侧无限重复的（在 $f_S/2$ 处的幅值可以不为零，取决于该频率点上是否存在零点）。从图中的低通响应可以容易地导出高通、带通和带阻滤波器的幅值响应曲线，而 IIR 数字低通滤波器设计的目标是使它的幅值曲线完全位于图中的灰色区域内。

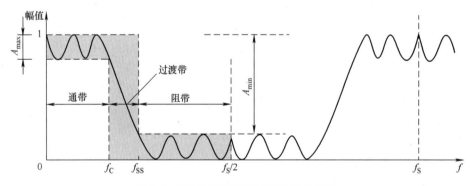

图 8.1　IIR 数字低通滤波器的性能指标

在图 8.1 中，IIR 数字低通滤波器的性能指标包括通带内的最大变化量 $A_{max}$、阻带内的最小衰减量 $A_{min}$、通带的截止频率 $f_C$ 和阻带的起始频率 $f_{SS}$。IIR 数字低通滤波器的通带截止频率 $f_C$ 和阻带起始频率 $f_{SS}$ 除了用实际的频率值表示外，还可以表示为与采样率之比 $f_C/f_S$ 和 $f_{SS}/f_S$，这也叫归一化频率。通带截止频率 $f_C$ 和阻带起始频率 $f_{SS}$ 之间的区域叫作过渡带。一般要求过渡带尽可能窄。此外，通带内的最大变化量 $A_{max}$ 和阻带内的最小衰减量 $A_{min}$ 通常用分贝（dB）来表示，但也可以表示为与通带内幅值之比，而通带内的幅值通常被认为等于 1。

## 8.2　零极点放置法

本书前面曾多次提到零极点位置与频率响应的关系，并在第 5.4 节做过集中讨论。其要点可归纳为

1）在 $z$ 平面内，从 $z = 1$ 出发，沿上半个单位圆移动到 $z = -1$，对应于信号频率从 $\omega = 0$ 变化到 $\omega = \omega_S/2$，如图 5.17 所示。

2）数字滤波器的幅值响应与零点矢量成正比，与极点矢量成反比。

基于这两个要点，我们可以得出零极点放置法的设计步骤：

1）如果想对某个频率点的信号分量进行放大，就可以把极点放在单位圆内靠近该频率点的地方。如果极点与单位圆的距离非常近，那么由极点引起的数字滤波器的通带宽度可以近似地计算为极点到单位圆距离的两倍。

2）如果想对某个频率点的信号分量完全抑制，可以把零点放在单位圆的这个频率点上。

3）零极点放置好后，就可以写出传递函数和计算频率响应，然后画出数字滤波器的结构实现，以完成数字滤波器设计。

由于零极点放置的设计方法比较简单，我们就用下面的【例题 8.1】来说明零极点放置法的设计过程。

> **小测试**：如果想用一个零点和一个极点设计一个高通滤波器，零点就应该放在 $z = -1$ 的地方，而极点应该放在正实轴上略小于 $z = 1$ 的地方。答：否，应该零点放在 $z = 1$，极点放在单位圆内的负实轴上。

【**例题 8.1**】　要求用零极点放置法设计一个 IIR 窄带通滤波器，写出数字滤波器的传递函数和差分方程，并画出结构实现和频率响应曲线图。数字滤波器指标为：

1）通带中心位于 250Hz；

2）$-3$dB 的通带宽度为 20Hz；

3）完全抑制直流和 500Hz 的信号；

4）采样频率为 1000Hz。

**解**：首先确定零极点在 $z$ 平面内的位置。由于要求完全抑制直流和 500Hz 的信号，我们必须把两个零点分别放在单位圆上 $z = \pm 1$ 的地方。这是因为 $z = \pm 1$ 正好对应于直流和 500Hz 的频率点，这两个零点就正好可以完全抑制信号中的直流和 500Hz 的分量。

其次，我们需要使频率等于 250Hz 的信号完全通过；而 250Hz 的频率正好对应于单位圆上 90° 幅角的频率点。所以，我们必须把一对共轭复数极点放在单位圆内的虚轴上且靠近 $z = \pm j$ 的地方。极点的具体位置可以用 20Hz 的通带宽度来确定。

由于带宽可以认为近似地等于极点到单位圆距离的两倍（见图8.2b）。由于单位圆一周对应于1000Hz频率，所以20Hz的带宽对应于单位圆上的长度为$(20\text{Hz}/1000\text{Hz})\times 2\pi = 0.126$（单位圆的半径长为1，所以单位圆的周长为$2\pi$，或近似等于6.28）。这就是说，20Hz对应于单位圆上0.126的长度。由此，得到极点到单位圆的距离$d = 0.126/2 = 0.063$。分析的结果为：需把两个极点分别放置在正、负虚轴上离开单位圆0.063的地方。由此，这两对零极点可表示为

$$\begin{cases} z_{z1,z2} = \pm 1 \\ z_{p1,p2} = \pm j0.937 \end{cases} \tag{8.1}$$

图8.2a表示带通滤波器的零极点位置。

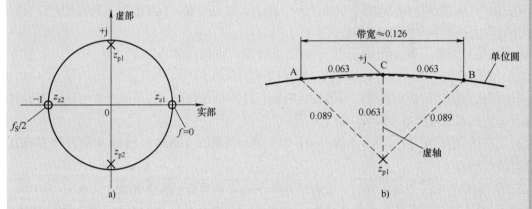

图8.2　带通滤波器

a）零极点位置　b）把$z_{p1}$附近的区域放大后的情况

图8.2b表示把图8.2a中极点$z_{p1}$附近的区域放大后的情况。在图8.2b中，通带的宽度被表示为单位圆上等于0.126的长度（因为A、B两点的极点矢量长度都是C点极点矢量长度的$\sqrt{2}$倍，所以A、B两频率点上的幅值响应下降到了C点的$1/\sqrt{2}$，即$-3\text{dB}$）。如果把0.126转换成实际频率，就是$(0.126/2\pi)\times 1000\text{Hz} = 20\text{Hz}$。这个20Hz就是我们想要的通带宽度。

根据数字滤波器的零极点位置，可以容易地写出数字滤波器的传递函数

$$H(z) = K\frac{(z-1)(z+1)}{(z-j0.937)(z+j0.937)} = K\frac{z^2-1}{z^2+0.878} \tag{8.2}$$

式中，当$z = \pm 1$时，$H(z) = 0$，这是带通滤波器所要求的。当$z = \pm j$时，$|H(z)| = 16.39K$。由于要求通带内幅值为1，所以$K = 1/16.39 = 0.061$。式（8.2）变为

$$H(z) = 0.061\times\frac{z^2-1}{z^2+0.878} \tag{8.3}$$

式（8.3）就是设计完成的窄带通滤波器的传递函数。用 $z^2$ 除式（8.3）的分子和分母，得到数字滤波器的另一个等价的传递函数

$$H(z) = 0.061 \times \frac{1 - z^{-2}}{1 + 0.878z^{-2}} \tag{8.4}$$

虽然式（8.3）和式（8.4）是等价的，但式（8.3）用来计算零极点比较方便，而式（8.4）用来导出差分方程或数字滤波器结构比较方便。现在就可以从式（8.4）写出数字滤波器的差分方程

$$y(n) = 0.061x(n) - 0.061x(n-2) - 0.878y(n-2) \tag{8.5}$$

有了差分方程式，就可画出窄带通滤波器的结构图，如图 8.3a 所示。而窄带通滤波器的幅值响应可以在图 8.2a 中根据零极点矢量画出，如图 8.3b 所示。

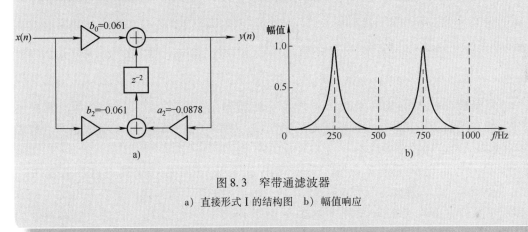

图 8.3　窄带通滤波器

a）直接形式 I 的结构图　b）幅值响应

## 8.3　双线性变换法

双线性变换法是把模拟滤波器从 $0 \sim \infty$ 频率范围内的特性压缩到数字滤波器从 $0 \sim f_S/2$ 的频率范围内。所以，这样的压缩一定是非线性的，这使数字滤波器的频率特性相对于原先模拟滤波器的频率特性产生弯曲。本节中介绍的预弯曲方法可以用来矫正这一问题。这使双线性变换法成为最主要的 IIR 数字滤波器设计方法。

由于在双线性变换法中会用到四种不同的频率参数，我们先用表 8.1 对这些频率参数的下标用法作一说明。在表 8.1 中，模拟滤波器有归一化、实际频率和预弯曲后等三种频率参

表 8.1　双线性变换法中频率下标的用法

| 下标 | 用于 | 表示 | 举例 |
|---|---|---|---|
| 1 | 模拟滤波器 | 频率归一化的 | $H_1(s)$：模拟滤波器频率归一化的传递函数 |
| $a$ | 模拟滤波器 | 实际频率的 | $H_a(s)$：模拟滤波器实际频率的传递函数 |
| $w$ | 模拟滤波器 | 预弯曲后 | $\omega_{wC}$：模拟滤波器预弯曲后的截止频率 |
| （无） | 数字滤波器 | （不用下标） | $\omega_C$：数字滤波器的截止频率 |

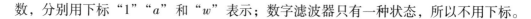

数，分别用下标"1""a"和"w"表示；数字滤波器只有一种状态，所以不用下标。

## 8.3.1 变换原理

双线性变换法本身是很简单的，它是利用下面的双线性变换式把模拟滤波器的传递函数 $H(s)$ 变换成数字滤波器的传递函数 $H(z)$

$$s = \frac{2}{T} \times \frac{z-1}{z+1} \tag{8.6}$$

式中，$T$ 为数字滤波器的采样周期，而常数因子 $2/T$ 在设计过程中会自行消去，所以如果去掉 $2/T$（令 $2/T=1$）也不会影响设计结果。正如前面已经提到的，双线性变换式（8.6）的一个缺点是，使数字滤波器的频率响应相对于模拟滤波器的频率响应产生弯曲。

为说明这一点，需要把式（8.6）变换成频域表达式。这就是，把模拟滤波器中的 $s$ 代换成 $j\omega_a$，把数字滤波器中的 $z$ 代换成 $e^{j\omega T}$。结果是把模拟滤波器的频率响应与数字滤波器的频率响应对应了起来。在使用欧拉恒等式（2.14）和式（2.15）简化后，得到

$$\omega_a = \frac{2}{T}\tan\frac{\omega T}{2} \tag{8.7}$$

式中，$\omega_a$ 为模拟滤波器的实际频率；$\omega$ 为数字滤波器的实际频率。上式表示，如果用式（8.6）做双线性变换，那么模拟滤波器的频率 $\omega_a$ 与数字滤波器的频率 $\omega$ 就成正切函数关系。这就是双线性变换的非线性。

为画出 $\omega_a$ 与 $\omega$ 之间的关系曲线，先要算出 $\omega_a$ 与 $\omega$ 之间的对应频率点，见表 8.2。表 8.2 中的频率 $\omega_a$ 与 $\omega$ 都被表示为与 $\omega_S/2$ 之比，而表中的第一行～第四行表示用式（8.7）从 $\omega$ 逐步变换到 $\omega_a$ 的计算过程［计算中略去了式（8.7）中的 $2/T$］。比如，第一行中的 0.1 表示数字滤波器的频率等于 $0.1\times(\omega_S/2)$。第二行表示从数字滤波器的频率值 $0.1\times(\omega_S/2)$ 算出式（8.7）中的 $\omega T/2 = 0.5\omega/(\omega_S/2\pi) = 0.5\pi[\omega/(\omega_S/2)]$，代入 $\omega=0.1\times(\omega_S/2)$ 后变成 $\omega T/2 = 0.5\pi[0.1\times(\omega_S/2)/(\omega_S/2)] = 0.157$。第三行用 $\omega T/2 = 0.157$ 算出 $\tan(\omega T/2)$ 的值 0.158。最后一行用 $\tan(\omega T/2)$ 算出 $\omega_a$ 的值 0.101。计算的结果是：数字滤波器的 $\omega=0.1$ 对应于模拟滤波器的 $\omega_a=0.101$。

表 8.2 数字滤波器的频率 $\omega$ 与模拟滤波器的频率 $\omega_a$ 的对应关系

| 数字滤波器的频率 $\omega/(\omega_S/2)$ | 0.1 | 0.2 | 0.3 | 0.4 | 0.5 | 0.6 | 0.7 | 0.8 | 0.9 |
|---|---|---|---|---|---|---|---|---|---|
| $\omega T/2 = 0.5\pi[\omega/(\omega_S/2)]$（弧度） | 0.157 | 0.314 | 0.471 | 0.628 | 0.785 | 0.942 | 1.100 | 1.257 | 1.414 |
| $\tan(\omega T/2)$ | 0.158 | 0.325 | 0.510 | 0.727 | 1 | 1.376 | 1.963 | 3.078 | 6.314 |
| 模拟滤波器的频率 $\omega_a/(\omega_S/2)$ | 0.101 | 0.207 | 0.324 | 0.463 | 0.637 | 0.876 | 1.249 | 1.959 | 4.019 |

用表 8.2 中的数据画出的数字滤波器与模拟滤波器之间的频率对应曲线，如图 8.4 所示。这是一条正切曲线。这条曲线适用于所有利用双线性变换的设计。

图 8.4 清晰地表示出双线性变换法使频率发生弯曲的情况，这使设计出来的数字滤波器的频率响应产生偏差。比如，要求数字滤波器的截止频率为 $0.3\times(\omega_S/2)$。为此，需要先把 $0.3\times(\omega_S/2)$ 用作实际频率模拟滤波器的截止频率。然后，用双线性变换式（8.6）从模拟滤波器变换到数字滤波器。这在图 8.4 中表示为：从纵坐标的 $0.3\times(\omega_S/2)$ 沿水平虚线到达

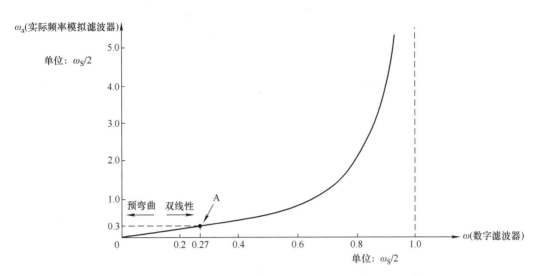

图 8.4　模拟滤波器实际频率与数字滤波器实际频率的对应曲线

A 点，再沿垂直虚线到达横坐标的 $0.27 \times (\omega_S/2)$。所以，使用双线性变换的式（8.6）得到的不是原来想要的 $0.3 \times (\omega_S/2)$ 的截止频率，而变成了 $0.27 \times (\omega_S/2)$ 的截止频率。这就是由双线性变换的非线性产生的频率偏差。

这个问题可以用预弯曲来纠正。预弯曲是这样进行的：在开始设计时，用数字滤波器的截止频率 $\omega_C$ 代替式（8.7）右边的 $\omega$，得到预弯曲后的数字滤波器截止频率 $\omega_{wC}$

$$\omega_{wC} = \frac{2}{T}\tan\frac{\omega_C T}{2} \tag{8.8}$$

现在用具体数据来说明式（8.8）。假设要设计的数字滤波器的截止频率 $\omega_C = 0.27$，然后用式（8.8）算出预弯曲后的截止频率 $\omega_{wC} = 0.3$［式（8.8）的计算过程对应于图 8.4 中从横坐标的 $\omega = 0.27$ 经过 A 点到达纵坐标 $\omega_a = 0.3$ 的路径］。然后，把预弯曲后数字滤波器的截止频率 $\omega_{wC} = 0.3$ 用作模拟滤波器的截止频率。接下来，当我们用双线性变换式（8.6）把模拟滤波器的传递函数转换成数字滤波器的传递函数时，数字滤波器的截止频率 $\omega_C$ 就刚好等于所要求的设计值［双线性变换的式（8.6）对应于图 8.4 中从纵坐标的 $\omega_a = 0.3$ 经过 A 点返回到横坐标上 $\omega = 0.27$ 的路径］。所以，预弯曲的结果是，使设计完成的数字滤波器的截止频率刚好等于设计要求的截止频率。

【例题 8.2】　想用双线性变换法设计一个数字滤波器。滤波器的截止频率 $f_C = 150\text{Hz}$，采样率 $f_S = 1000\text{Hz}$。要求计算预弯曲后的模拟滤波器截止频率 $f_{wC}$。

**解：**先把截止频率 $f_C = 150\text{Hz}$ 变成截止频率 $\omega_C = 300\pi\ \text{rad/s}$，把采样率变成采样周期 $T = 0.001\text{s}$。然后用式（8.8）对数字滤波器的截止频率 $\omega_C$ 做预弯曲

$$\omega_{wC} = \frac{2}{T}\tan\frac{\omega_C T}{2} \tag{8.9}$$

$$= \frac{2}{0.001}\tan\frac{300\pi \times 0.001}{2} = 1019\text{rad/s} = 162.2\text{Hz}$$

式（8.9）中，数字滤波器的截止频率 $\omega_C = 300\pi \approx 942\text{rad/s}$ 被变成预弯曲后的截止频率 $\omega_{wC} = 1019\text{rad/s}$，即 $f_{wC} = 162.2\text{Hz}$。预弯曲使截止频率变高了。在接下来把预弯曲后的截止频率 $\omega_{wC}$ 用做模拟滤波器的截止频率，并用双线性变换把模拟滤波器变换成数字滤波器时，可以正好得到截止频率等于 150Hz 的数字滤波器。

上面得到的预弯曲后的截止频率 $\omega_{wC}$ 可以用表 8.2 中的步骤进行验证。验证时，先把 $\omega_{wC}$ 除以 $\omega_S/2$，得到模拟滤波器的截止频率

$$\omega_{aC} = \frac{\omega_{wC}}{\omega_S/2} = \frac{2\omega_{wC}}{\omega_S} = \frac{2 \times 1019}{1000 \times 2\pi} = \frac{1019}{1000 \times \pi} = 0.324 \qquad (8.10)$$

然后在表 8.2 中，从 $\omega_a/(\omega_S/2) = 0.324 = \omega_{aC}$ 找出对应的数字滤波器的截止频率 $\omega_C = 0.3$。这正好是需要的数字滤波器的截止频率。这说明预弯曲是正确的。

最后对双线性变换法的设计思路作一小结：双线性变换法的设计思路，是把模拟滤波器从 $0 \sim \infty$ 频率范围内的特性压缩到数字滤波器从 $0 \sim \omega_S/2$ 的频率范围内。完成这一压缩的就是双线性变换式（8.6）中包含的正切函数，因为只有正切函数才能做到这一点。

使用双线性变换的另一个好处是，由变换得到的数字滤波器与原来的模拟滤波器有相同的阶数，所以不会增加数字滤波器的复杂性。此外，式（8.6）中的 $2/T$ 在设计过程中会自行抵消而消失，所以这个 $2/T$ 是可以略去的。在式（8.6）中加入 $2/T$ 的目的是使等式两边有相同的量纲，也见式（8.7）。双线性变换的缺点是，模拟滤波器与数字滤波器在频率上成非线性的正切函数关系，但可以用预弯曲来纠正。

## 8.3.2　设计步骤

1）从数字滤波器的设计指标找出频率归一化的模拟低通滤波器的传递函数 $H_1(s)$。这实际上包括 3 个小步骤：首先选择模拟滤波器的类型，比如巴特沃思、切比雪夫或椭圆滤波器等；然后根据所选滤波器的幅值响应曲线，确定滤波器的阶数。最后，根据滤波器的类型和阶数，从滤波器系数表中找出频率归一化的模拟低通滤波器的传递函数 $H_1(s)$。

2）对数字滤波器的截止频率 $\omega_C$ 或 $\omega_{CL}$、$\omega_{CH}$ 做预弯曲。具体说，对于低通或高通滤波器，只有截止频率 $\omega_C$ 需做预弯曲，并可用式（8.8）来计算预弯曲后的截止频率

低通或高通滤波器：
$$\omega_{wC} = \tan\frac{\omega_C T}{2} \qquad (8.11)$$

对于带通或带阻滤波器，有两个截止频率需要做预弯曲，即通带或阻带的低端截止频率 $\omega_{CL}$ 和高端截止频率 $\omega_{CH}$。而预弯曲后的截止频率同样可以用式（8.8）来计算

带通或带阻滤波器：
$$\begin{cases} \omega_{w\mathrm{CL}} = \tan \dfrac{\omega_{\mathrm{CL}} T}{2} \\[3mm] \omega_{w\mathrm{CH}} = \tan \dfrac{\omega_{\mathrm{CH}} T}{2} \end{cases}$$
(8.12)

然后从预弯曲后的截止频率 $\omega_{w\mathrm{CL}}$ 和 $\omega_{w\mathrm{CH}}$ 算出通带或阻带的中心频率和带宽

中心频率：
$$\omega_{w0} = \sqrt{\omega_{w\mathrm{CL}} \omega_{w\mathrm{CH}}}$$
(8.13)

带宽：
$$\omega_{w\mathrm{B}} = \omega_{w\mathrm{CH}} - \omega_{w\mathrm{CL}}$$
(8.14)

3）通过下面的频率变换式把步骤 2）中算出的、被预弯曲后的 $\omega_{w\mathrm{C}}$ 或 $\omega_{w0}$、$\omega_{w\mathrm{B}}$ 代入由步骤 1）中确定的归一化的模拟低通滤波器 $H_1(s)$，得到预弯曲后实际频率模拟滤波器的传递函数 $H_{wa}(s)$

低通至低通：
$$s \rightarrow \frac{s}{\omega_{w\mathrm{C}}}$$
(8.15)

低通至高通：
$$s \rightarrow \frac{\omega_{w\mathrm{C}}}{s}$$
(8.16)

低通至带通：
$$s \rightarrow \frac{s^2 + \omega_{w0}^2}{s\omega_{w\mathrm{B}}}$$
(8.17)

低通至带阻：
$$s \rightarrow \frac{s\omega_{w\mathrm{B}}}{s^2 + \omega_{w0}^2}$$
(8.18)

4）利用双线性变换，把实际频率模拟滤波器的传递函数 $H_{wa}(s)$ 变换成想要的数字滤波器的传递函数 $H(z)$。具体方法是，把双线性变换式
$$s = \frac{z-1}{z+1}$$
(8.19)

代入步骤 3）中导出的 $H_{wa}(s)$。上式中略去了式（8.6）中的 $2/T$；稍后将说明略去 $2/T$ 是完全可以的。

## 8.3.3　双线性变换法的要点说明

1）双线性变换法包含两个串联的设计过程：先用上面的式（8.15）~式（8.18），把模拟滤波器归一化的传递函数 $H_1(s)$ 变换成预弯曲后的实际频率的模拟滤波器传递函数 $H_{wa}(s)$；再用双线性变换式（8.19）把预弯曲后的实际频率的模拟滤波器传递函数 $H_{wa}(s)$ 变换成想要的数字滤波器传递函数 $H(z)$。

2）在式（8.6）中，如果令 $2/T = 1$（即略去 $2/T$），变换的结果是一样的，因为常数因子 $2/T$ 到后来会自行消去。下面的【例题 8.3】用来说明这一点。

3）双线性变换法的设计细节不易理解，好在都可以用软件工具进行自动化设计，所以不必强求完全理解，但知道一点双线性变换法的设计原理可以增加我们对 DSP 的理解。

**【例题 8.3】** 假设有一个最简单的一阶模拟低通滤波器

$$H_1(s) = \frac{1}{s+1} \tag{8.20}$$

这个传递函数是直接从模拟滤波器系数表中找出的。它的截止频率 $\omega_{1C} = 1$，所以式（8.20）是频率归一化的模拟低通滤波器的传递函数。要求说明双线性变换式中的常数因子 $2/T$，在设计过程中是会自行约去的。

**解：** 现在假设需要设计的数字滤波器的截止频率为 $\omega_C$。先用式（8.8）对截止频率 $\omega_C$ 做预弯曲

$$\omega_{wC} = \frac{2}{T} \tan \frac{\omega_C T}{2} \tag{8.21}$$

式（8.21）中的 $\omega_{wC}$ 就是预弯曲后的截止频率。接下来，就可以用式（8.15）~式（8.18）中的某个频率变换式（取决于是低通、高通、带通还是带阻滤波器）把式（8.20）中归一化的传递函数 $H_1(s)$ 变换成预弯曲后实际频率的模拟滤波器传递函数 $H_{wa}(s)$。由于是模拟低通滤波器，我们就用式（8.15）做频率变换

$$H_{wa}(s) = H_1(s)\big|_{s=s/\omega_{wC}} = \frac{1}{\dfrac{s}{\omega_{wC}}+1} = \frac{1}{\dfrac{s}{(2/T)\tan(\omega_C T/2)}+1} = \frac{1}{\dfrac{T}{2}\dfrac{s}{\tan(\omega_C T/2)}+1} \tag{8.22}$$

式（8.22）计算中使用了式（8.21），其中的 $\omega_C$ 为设计指标中规定的数字滤波器的截止频率。

接下来，做双线性变换，即把式（8.6）代入上式，得到想要的数字滤波器的传递函数，即

$$H(z) = \frac{1}{\dfrac{T}{2} \times \dfrac{2}{T} \dfrac{z-1}{z+1} \times \dfrac{1}{\tan(\omega_C T/2)}+1} = \frac{1}{\dfrac{z-1}{z+1} \times \dfrac{1}{\tan(\omega_C T/2)}+1} \tag{8.23}$$

式（8.23）中的因子 $2/T$ 已被约去。这说明，略去式（8.6）~式（8.8）中的因子 $2/T$，对设计结果没有影响。式（8.23）就是我们想要的 IIR 数字滤波器的传递函数［这是一个一阶的数字滤波器，式（8.20）中模拟滤波器也是一阶的，两者有相同的阶数。这已经在前面讲到过］。现在得到了数字滤波器的传递函数 $H(z)$，也就基本完成了 IIR 数字滤波器的设计。

# 8.4 小结

本章讨论了 IIR 数字滤波器的两种设计方法：零极点放置法和双线性变换法。其中的零极点放置法适用于最简单 IIR 数字滤波器的设计。当零极点放置完成后，就可以根据零极点

的位置，写出 IIR 数字滤波器的传递函数，并确定 IIR 数字滤波器的频率响应。

　　双线性变换法是从模拟滤波器开始的。当模拟滤波器被确定之后，可以通过恰当的变换导出数字滤波器的传递函数。双线性变换法的基本点是把模拟滤波器从 0 ~ ∞ 频率范围内的特性压缩到数字滤波器从 $0 ~ \omega_S/2$ 的频率范围。它的缺点是使模拟滤波器与数字滤波器之间的频率关系发生弯曲。本章介绍的预弯曲方法可以用来解决这一问题。

# 第 9 章　FIR 数字滤波器的设计

前一章讨论的 IIR 数字滤波器的设计方法虽然比较容易，但无法用于 FIR 数字滤波器的设计，因为那样设计出来的数字滤波器会同时包含零点和极点，而极点会产生无限长的冲击响应。所以，FIR 数字滤波器的设计就无法从模拟滤波器开始，只能用数字滤波器特有的设计方法。这就是本章要讨论的窗函数和等纹波两种设计方法。本章先讨论 FIR 数字滤波器的性能指标，以说明 FIR 数字滤波器与 IIR 数字滤波器的不同点。

## 9.1　FIR 数字滤波器的性能指标

前面的第 8.1 节曾对 IIR 数字滤波器的性能指标作过比较详细的说明，其中的大多数定义同样适用于 FIR 数字滤波器，所以本节只讨论 FIR 数字滤波器特有的性能指标定义。

FIR 低通滤波器的幅值响应指标是与图 8.1 中 IIR 低通滤波器的指标相似的。它也分三个频率区，即通带、过渡带和阻带，而满足设计要求的 FIR 低通滤波器的幅值响应曲线也应该完全位于图中的灰色区域内。在图 8.1 中，$f_C$ 为通带截止频率，$A_{max}$ 为通带内的最大变化量，$f_{SS}$ 为阻带起始频率，$A_{min}$ 为阻带内的最小衰减量。FIR 数字滤波器通带内的最大变化量 $A_{max}$ 和阻带内的最小衰减量 $A_{min}$ 也被表示为与通带内的幅值之比，而更多的时候会把这个比值转化成以 dB 为单位。

但在 FIR 数字滤波器中，由于无法确定 −3dB 频率点（因为 FIR 数字滤波器有不同于 IIR 数字滤波器的设计方法，稍后说明这一点），一般就不使用像模拟或 IIR 数字滤波器那样的截止频率 $f_C$ 参数，而使用通带边缘频率 $f_P$，以表示通带的端点频率。有时还把 IIR 数字滤波器的阻带起始频率叫作阻带边缘频率，但仍用 $f_{SS}$ 来表示。另一方面，由于 FIR 数字滤波器有多种设计方法，所以在 FIR 数字滤波器之间也会有略微不同的参数定义。

最后一点，在 FIR 数字滤波器设计中，我们会经常把频率表示为与采样率 $f_S$ 之比，比如，$f_P/f_S$ 和 $f_{SS}/f_S$ 等。但是在模拟滤波器设计中，信号频率会表示为与截止频率之比 $f/f_C$。这个做法一直延续到了数字 IIR 数字滤波器的设计中。

【例题 9.1】　要求以线性比例尺画出 FIR 低通滤波器的幅值响应允许范围，滤波器指标为：

　　1）通带边缘频率 = 100Hz；

2）通带内的纹波 <1dB；

3）阻带边缘频率 =200Hz；

4）阻带内的衰减 > −20dB；

5）采样率 =800Hz。

**解：** 通带内的纹波为 1dB，折合成线性值为 0.89。阻带最小衰减为 −20dB，折合成线性值为 0.1。按照这些指标画出的 FIR 低通滤波器幅值响应允许范围如图 9.1 所示。从图中看，这个 FIR 低通滤波器的指标要求很低，所以很容易达到。

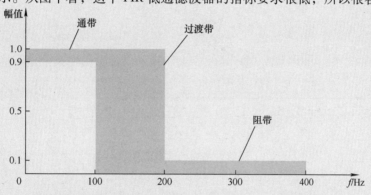

图 9.1　用线性比例尺画出的 FIR 低通滤波器的幅值响应指标

## 9.2　窗函数法

窗函数法的意思是：理想数字滤波器由于过渡带为零而有无限长的冲击响应，所以无法用于 FIR 数字滤波器设计。解决的办法是用一个一定宽度的窗函数对无限长的冲击响应进行截取，把截取得到的数字序列用作数字滤波器的冲击响应（即滤波系数），以组成 FIR 数字滤波器。由此，窗函数设计法中有两个要点：理想数字滤波器和窗函数。下面来分别讨论。

### 9.2.1　理想数字滤波器

#### 9.2.1.1　理想数字低通滤波器

先回顾连续时域中的周期信号是如何展开为傅里叶级数的（见附录 A.2），这可以用图 9.2 来说明。图 9.2a 中的周期信号 $x(t)$ 是以 $T$ 为周期的矩形波。每个矩形波的宽度为 $2B$，高度为 1。

由于 $x(t)$ 是周期信号，就可展开为傅里叶级数。根据傅里叶级数的展开规则，从 $x(t)$ 是偶函数可知展开式中只有余弦项而没有正弦项。其中直流项的系数等于图 9.2a 中矩形波信号的平均值

$$a_0 = \frac{2B}{T} \tag{9.1}$$

而每个余弦项的系数可根据余弦信号之间的正交性计算为

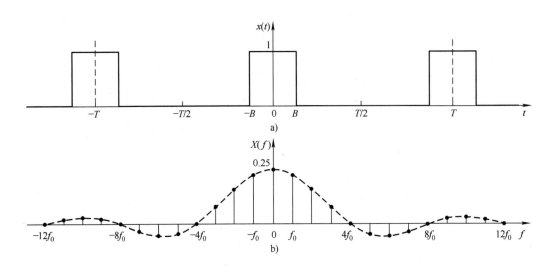

图 9.2　连续时域中的周期信号 $x(t)$

a）时域波形　b）频率谱

$$a_n = \frac{2}{T}\int_{-T/2}^{T/2} x(t)\cos(n\times 2\pi f_0 \times t)\,\mathrm{d}t = \frac{2}{T}\int_{-B}^{B}\cos(2n\pi f_0 t)\,\mathrm{d}t$$

$$= \frac{2}{n\pi}\sin\left(2n\pi\frac{B}{T}\right) \tag{9.2}$$

式中，$f_0 = 1/T$ 为 $x(t)$ 的频率。

在进一步计算时，我们假设 $B = T/8$。这就可以从式（9.1）算出 $a_0 = 0.25$。在用式（9.2）计算各余弦项系数时，可以先把式（9.2）写成 sinc 函数的形式

$$a_n = \frac{1}{2}\frac{\sin\left(\dfrac{n\pi}{4}\right)}{\dfrac{n\pi}{4}} = 0.5\,\mathrm{sinc}\left(\frac{n}{4}\right) \tag{9.3}$$

然后从附录 A.1.2 中查出对应 sinc $x$ 的值，即可根据式（9.3）得到 $a_n$ 的值，见表 9.1。

表 9.1　傅里叶级数中的余弦项系数

| $a_1$ | $a_2$ | $a_3$ | $a_4$ | $a_5$ | $a_6$ | $a_7$ | $a_8$ | $a_9$ | $a_{10}$ | $a_{11}$ | $a_{12}$ | … |
|---|---|---|---|---|---|---|---|---|---|---|---|---|
| 0.450 | 0.319 | 0.150 | 0 | -0.090 | -0.160 | -0.064 | 0 | 0.050 | 0.064 | 0.041 | 0 | … |

表 9.1 ［即式（9.2）］中的每个余弦项都可以展开为一对正、负频率的复指数项

$$a_n\cos 2n\pi f_0 t = a_n\frac{\mathrm{e}^{\mathrm{j}2n\pi f_0 t} + \mathrm{e}^{-\mathrm{j}2n\pi f_0 t}}{2} = \frac{a_n}{2}\mathrm{e}^{\mathrm{j}2n\pi f_0 t} + \frac{a_n}{2}\mathrm{e}^{-\mathrm{j}2n\pi f_0 t} \tag{9.4}$$

从式（9.4）可以得到正、负频率复指数项的系数 $a_n/2$（这里的系数就是幅值，因为相

位恒为零）。把表 9.1 中的这些系数收集起来，可以组成表 9.2 中的序列。

**表 9.2 傅里叶级数的正、负频率复指数项系数**

| ··· | $c_{-6}$ | $c_{-5}$ | $c_{-4}$ | $c_{-3}$ | $c_{-2}$ | $c_{-1}$ | $c_0$ | $c_1$ | $c_2$ | $c_3$ | $c_4$ | $c_5$ | $c_6$ | ··· |
|---|---|---|---|---|---|---|---|---|---|---|---|---|---|---|
| ··· | $-0.080$ | $-0.045$ | 0 | 0.075 | 0.160 | 0.225 | 0.250 | 0.225 | 0.160 | 0.075 | 0 | $-0.045$ | $-0.080$ | ··· |

表 9.2 中的 $c_0 = a_0 = 0.25$，是因为直流项不需分成两项。用表 9.2 中的数据就可画出信号 $x(t)$ 的频率谱 $X(f)$，如图 9.2b 所示。由于图 9.2a 中的矩形波是偶对称的，所以所有余弦项的相位都等于零，这被称为零相位信号［原因是图 9.2a 中的 $x(t)$ 矩形波是以纵坐标偶对称的，这又使矩形波成为非因果型信号］。零相位信号或系统的一个特点是，它的频率谱 $X(f)$ 与幅值谱 $|X(f)|$ 完全一样［假设 $X(f)$ 无负值］。

现在来比较图 9.2a 和 b。图 9.2a 中的周期信号 $x(t)$ 在图 9.2b 中变成了频域中的无数条谱线，而每两条相邻谱线之间的距离都等于时域信号 $x(t)$ 的基频 $f_0$（$f_0 = 1/T$）。在图 9.2a 中，由于矩形波的宽度 $B$ 等于信号周期 $T$ 的 $1/8$，所以图 9.2b 中每 4 条谱线中就有一条的幅值为零［位于中间的谱线 $X(0)$ 除外］。如果 $B = T/4$，那么图 b 中每 2 条谱线中就有一条的幅值为零，依此类推。

> **小测试**：1）如果图 9.2a 中矩形波的宽度 $B = T/2$，那么图 9.2b 中除了中间直流项以外的所有谱线的高度都为零。2）如果图 9.2a 中不是矩形波，就无法做到零相位信号。答：是，否。

根据时域与频域的对偶原理，可以把图 9.2a 中的时域波形看成是频域信号，而把图 9.2b 中的频域信号看成是离散时域中的样点图，这就变成了图 9.3 中的情况。

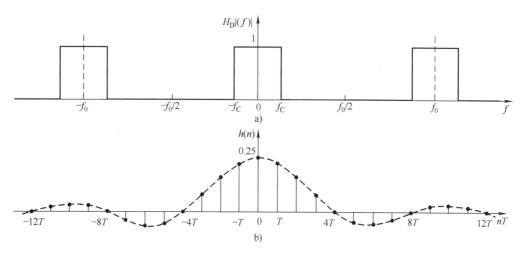

图 9.3 频域中的周期信号 $H_D(f)$

a）频域谱形 b）时域样点图

现在利用图 9.2 中的参数来确定图 9.3 中的参数。首先，图 9.2a 中时域信号的周期为 $T$；相应地，图 9.3a 中频域信号的周期 $f_0$ 就是信号的采样率。其次，图 9.2a 中的 $B = T/8$；相应地，图 9.3a 中的 $f_C = f_0/8$ 就是数字滤波器的截止频率。然后，图 9.2b 中每两个相邻谱

线之间的距离为 $f_0$；相应地，图 9.3b 中每两个相邻样点之间的距离为 $T$。最后，图 9.2a 中的时域波形具有图 9.2b 中的频率谱；相似地，图 9.3b 中的样点图具有图 9.3a 中的频率谱。这样，就把图 9.2 中的图形参数与图 9.3 中的图形参数关联了起来。

根据上面的对应关系，用 $f_C$ 和 $f_0$ 分别代替式（9.2）中的 $B$ 和 $T$，就可得到关于图 9.3b 中时域样点图的计算式

$$b_n = \frac{2}{n\pi}\sin\left(2n\pi\frac{f_C}{f_0}\right), \quad n = 1,2,3,\cdots \tag{9.5}$$

而直流项系数可仿照式（9.1）计算为

$$b_0 = \frac{2f_C}{f_0} \tag{9.6}$$

但式（9.5）和式（9.6）中的 $b_0$ 和 $b_n$ 还不是图 9.3b 中的 $h(n)$；在经过下面的修改后才能把 $b_n$ 变成 $h(n)$。

为便于讨论，我们对式（9.5）做两个代换

1）由于 $f_0$ 实际上是数字滤波器的采样率（见图 9.3a），所以把 $f_0$ 改为 $f_S$。

2）把图 9.3a 中的 $f_C$ 和 $f_0$（$f_0$ 就是 $f_S$）变换成归一化频率，即变成与 $f_S$ 之比。所以有 $f_S = 1$ 和 $f_C = f_C/f_S$（在 FIR 数字滤波器设计中，通常把各个频率值表示为与 $f_S$ 之比值，这也被叫作归一化频率）。这样代换之后，式（9.5）和式（9.6）变为

$$b_n = \begin{cases} 2f_C, & n = 0 \\ 4f_C\dfrac{\sin(2n\pi f_C)}{2n\pi f_C}, & n = 1,2,3,\cdots \end{cases} \tag{9.7}$$

其中的分式是一个 sinc 函数；而式（9.6）中的直流项系数，在式（9.7）中变为 $b_0 = 2f_C$。由于使用归一化频率后 $f_S = 1$，所以式（9.7）中不见了 $f_S$。

再把式（9.7）中对应的每个余弦项分拆成一对正、负频率的复指数项；而正、负频率复指数项的系数才是数字滤波器的单位冲击响应 $h(n)$［根据式（9.4）中的含义，这里的 $h(n)$ 也是简单地等于 $b_n/2$，见式（9.7）］。

$$h(n) = \begin{cases} 2f_C, & n = 0 \\ 2f_C\dfrac{\sin(2n\pi f_C)}{2n\pi f_C}, & n = \pm1, \pm2, \pm3,\cdots \end{cases} \tag{9.8}$$

式（9.8）中，$f_C$ 为滤波器的归一化截止频率，即 $f_C = f_C/f_S$。上式中的分式仍然是一个 sinc 函数。由于 sinc 函数是偶函数，所以 $h(n)$ 也是偶函数。

式（9.8）就是我们想要的 FIR 数字滤波器的单位冲击响应。解得了 FIR 数字滤波器的单位冲击响应，也就基本上完成了 FIR 数字滤波器的设计。只要我们知道了理想低通滤波器的截止频率 $f_C$ 和采样率 $f_S$，就可以用式（9.8）算出 FIR 数字滤波器的冲击响应 $h(n)$，而冲击响应也就是 FIR 数字滤波器的滤波系数。下面的【例题 9.2】将说明如何从 $f_C$ 和 $f_S$ 计算冲击响应 $h(n)$。

> **小测试**：如果把图 9.3a 中矩形波的宽度 $2f_C$ 增加一倍，那么图 9.3b 的样点序列中应该每几个中有一个零样点？答：2。

【**例题 9.2**】　要求计算滤波器的单位冲击响应 $h(n)$，已知理想低通滤波器的采样率为 1000Hz 和截止频率为 250Hz。

**解**：首先算出截止频率 $f_C$ 与采样率 $f_S$ 之比：$f_C/f_S = 250\text{Hz}/1000\text{Hz} = 0.25$。再根据式（9.8）算出理想低通滤波器的单位冲击响应 $h(n)$。当 $n=0$ 时，$h(0) = 2f_C = 0.5$。当 $n \neq 0$ 时，$h(n)$ 可计算为

$$h(n) = 2 \times 0.25 \times \frac{\sin(n \times 2\pi \times 0.25)}{n \times 2\pi \times 0.25} = \frac{\sin(0.5n\pi)}{n\pi} \tag{9.9}$$

由式（9.9）算出的数据归纳在表 9.3 中。

表 9.3　理想低通滤波器的单位冲击响应 $(f_C/f_S = 0.25)$

| $h(0)$ | $h(\pm 1)$ | $h(\pm 2)$ | $h(\pm 3)$ | $h(\pm 4)$ | $h(\pm 5)$ | $h(\pm 6)$ | $h(\pm 7)$ | $h(\pm 8)$ | $h(\pm 9)$ | $h(\pm 10)$ | $h(\pm 11)$ | $h(\pm 12)$ | … |
|---|---|---|---|---|---|---|---|---|---|---|---|---|---|
| 0.5 | 0.318 | 0 | -0.106 | 0 | 0.064 | 0 | -0.045 | 0 | 0.035 | 0 | 0.029 | 0 | … |

用表 9.3 中的数据画成的样点图，如图 9.4b 中所示；而图 9.4a 是要求的频率特性。比较图 9.3 和图 9.4 可知，两个图中的频率谱和样点图的形状基本相同。但图 9.4a 中的截止频率 $f_C$ 比图 9.3a 中的高一倍，这使图 9.4b 中零样点的个数比图 9.3b 中的多一倍。

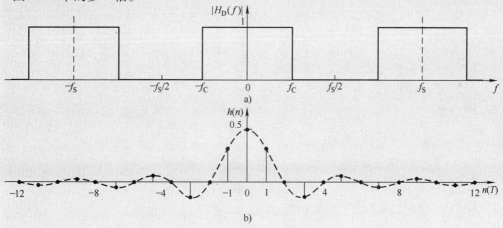

图 9.4　理想低通滤波器 $(f_C = f_S/4)$

a）频率特性　b）时域样点图

式（9.8）是计算理想低通滤波器冲击响应 $h(n)$ 的公式。在式（9.8）中，如果改变截止频率 $f_C$，就可得到不同截止频率的理想低通滤波器。比如在上面的【**例题 9.2**】中，截止频率 $f_C$ 从图 9.3 中的 0.125 增加到了 0.25，也就是把截止频率从等于 $f_S/8$ 增加到等于 $f_S/4$。此时理想低通滤波器的截止频率正好等于 $f_S/2$ 的一半。这种理想低通滤波器被叫作半带滤波器。半带滤波器的通带 $f_C$ 等于数字滤波器可以达到的最大通带 $f_S/2$ 的一半。

下面的【例题9.3】将计算五种不同截止频率低通滤波器的冲击响应。这些滤波器也都是零相位的 FIR 低通滤波器。

【例题9.3】 要求计算五种不同截止频率的理想低通滤波器的单位冲击响应 $h(n)$，已知滤波器的采样率为 1000Hz，截止频率分别为 500Hz、250Hz、125Hz、62.25Hz 和 95Hz。

**解：** 1）当截止频率 $f_C$ 为 500Hz 时，$f_C$ 与采样率 $f_S$ 之比 $f_C/f_S = 500Hz/1000Hz = 0.5$。用式（9.8）算出的滤波器单位冲击响应 $h_1(n)$ 见表9.4。其中，$h_1(0) = 2f_C = 1$，其他的 $h_1(n)$ 全为零。这是一个全通滤波器（全通滤波器是指输入信号的所有频率分量无衰减地到达输出端的滤波器）。

2）当截止频率 $f_C = 250Hz$ 时，$f_C$ 与采样率 $f_S$ 之比 $f_C/f_S = 250Hz/1000Hz = 0.25$。用式（9.8）算出的滤波器单位冲击响应 $h_2(n)$ 也见表9.4；其中 $h_2(0) = 0.5$。这是一个半通带滤波器。

3）当截止频率 $f_C = 125Hz$ 时，$f_C$ 与采样率 $f_S$ 之比 $f_C/f_S = 125Hz/1000Hz = 0.125$。用式（9.8）算出的滤波器单位冲击响应 $h_3(n)$ 也见表9.4；其中 $h_3(0) = 0.25$。这是一个 1/4 通带滤波器。

4）当截止频率 $f_C = 62.5Hz$ 时，$f_C$ 与采样率 $f_S$ 之比 $f_C/f_S = 62.5Hz/1000Hz = 0.0625$。用式（9.8）算出的滤波器单位冲击响应 $h_4(n)$ 也见表9.4；其中 $h_4(0) = 0.125$。这是一个 1/8 通带滤波器。

5）当 $f_C = 95Hz$ 时，$f_C$ 与采样率 $f_S$ 之比 $f_C/f_S = 95Hz/1000Hz = 0.095$。用式（9.8）算出的滤波器单位冲击响应 $h_5(n)$ 也见表9.4；其中 $h_5(0) = 0.095$。滤波器的通带与 $f_S$ 不是整数倍关系。

表9.4 五种不同截止频率的理想低通滤波器的单位冲击响应（采样率为1000Hz）

| | $f_C$/Hz | $f_C/f_S$ | $h$(0) | $h$($\pm1$) | $h$($\pm2$) | $h$($\pm3$) | $h$($\pm4$) | $h$($\pm5$) | $h$($\pm6$) | $h$($\pm7$) | $h$($\pm8$) | $h$($\pm9$) | $h$($\pm10$) | $h$($\pm11$) | ... |
|---|---|---|---|---|---|---|---|---|---|---|---|---|---|---|---|
| $h_1$(n) | 500 | 0.5 | 1 | 0 | 0 | 0 | 0 | 0 | 0 | 0 | 0 | 0 | 0 | 0 | ... |
| $h_2$(n) | 250 | 0.25 | 0.5 | 0.318 | 0 | -0.160 | 0 | 0.064 | 0 | -0.045 | 0 | 0.035 | 0 | -0.029 | ... |
| $h_3$(n) | 125 | 0.125 | 0.25 | 0.225 | 0.160 | 0.075 | 0 | -0.045 | -0.080 | -0.032 | 0 | 0.025 | 0.032 | 0.021 | ... |
| $h_4$(n) | 62.5 | 0.0625 | 0.125 | 0.122 | 0.113 | 0.098 | 0.080 | 0.059 | 0.038 | 0.017 | 0 | -0.014 | -0.023 | -0.027 | ... |
| $h_5$(n) | 95 | 0.095 | 0.19 | 0.179 | 0.148 | 0.104 | 0.054 | 0.010 | -0.023 | -0.039 | -0.040 | -0.028 | -0.098 | 0.081 | ... |

现在把表9.4中的 $h_1(n) \sim h_5(n)$ 画成样点图，如图9.5所示。图9.6是与图9.5中的冲击响应对应的频域响应。

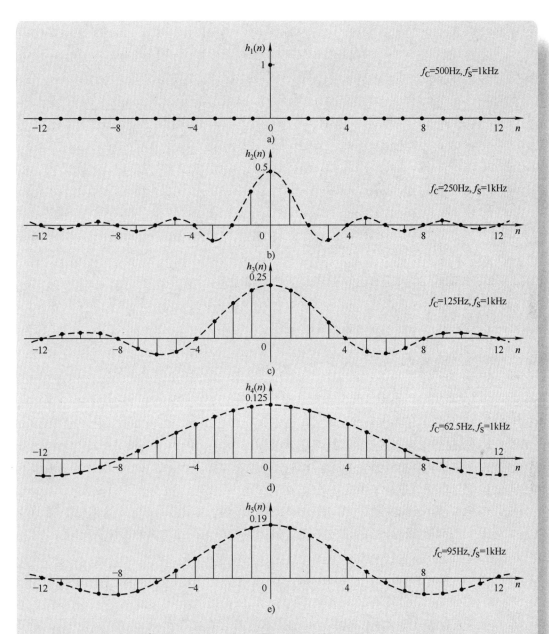

图 9.5　五种不同截止频率的理想低通滤波器的单位冲击响应样点图

a) 全通滤波器　b) 半通带滤波器　c) 1/4 通带滤波器　d) 1/8 通带滤波器　e) 非整数倍通带滤波器

最后需要说明，图 9.3、图 9.4 和图 9.5（包括下面的图 9.7）中的样点图都是向两侧无限延伸的，所以这些滤波器都还不是 FIR 数字滤波器。我们需要对这些冲击响应做修改，才能变成 FIR 数字滤波器。这在下面第 9.2.2 节讨论。

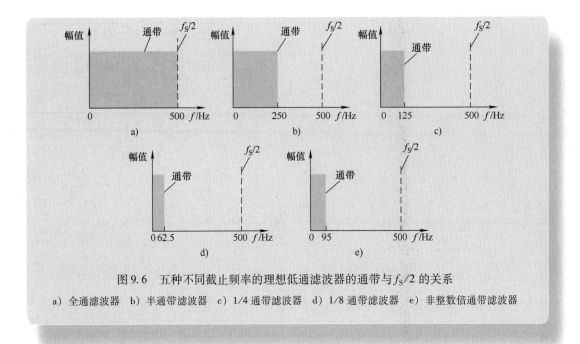

图 9.6　五种不同截止频率的理想低通滤波器的通带与 $f_S/2$ 的关系

a）全通滤波器　b）半通带滤波器　c）1/4 通带滤波器　d）1/8 通带滤波器　e）非整数倍通带滤波器

小测试：从图 9.5 中的低通滤波器样点图可以得出结论：截止频率越高，样点变化越快；截止频率越低，样点变化越缓。答：是。

### 9.2.1.2　从理想低通滤波器到理想高通滤波器

本小节说明如何从理想低通滤波器导出理想高通滤波器，下一小节将说明如何从理想低通和高通滤波器导出理想带通和带阻滤波器。

首先，图 9.5a 是全通滤波器，图 9.5b 是低通滤波器。如果从图 9.5a 全通滤波器的冲击响应中减去图 9.5b 低通滤波器的冲击响应，就得到相应的高通滤波器的冲击响应

$$
h_{HP}(n) = \begin{cases} 1 - 2f_C, & n = 0 \\ -2f_C \dfrac{\sin(2n\pi f_C)}{2n\pi f_C}, & n = \pm 1, \pm 2, \pm 3, \cdots \end{cases} \tag{9.10}
$$

式中，$f_C$ 为理想低通滤波器的截止频率，也就是理想高通滤波器 $h_{HP}(n)$ 的截止频率。下面的图 9.7b 表示以 $f_C$ 为截止频率的理想高通滤波器的冲击响应 $h_{HP}(n)$；而图 9.7a 表示截止频率 $f_C = 250\text{Hz}$ 的理想低通滤波器的冲击响应 $h_{LP}(n)$，这是一个半带滤波器。表 9.5 中给出了低通和高通滤波器冲击响应 $h_{LP}(n)$ 和 $h_{HP}(n)$ 的样点值。

表 9.5　理想低通、高通、带通和带阻滤波器的单位冲击响应 （$f_S = 1\text{kHz}$）

| | $f_C$ 或 $f_{CL}$ | $f_{CH}$ | $n=0$ | $\pm 1$ | $\pm 2$ | $\pm 3$ | $\pm 4$ | $\pm 5$ | $\pm 6$ | $\pm 7$ | $\pm 8$ | $\pm 9$ | $\pm 10$ |
|---|---|---|---|---|---|---|---|---|---|---|---|---|---|
| $h_{LP}(n)$ | 250Hz | | 0.5 | 0.318 | 0 | -0.160 | 0 | 0.064 | 0 | -0.045 | 0 | 0.035 | 0 |
| $h_{HP}(n)$ | 250Hz | | 0.5 | -0.318 | 0 | 0.160 | 0 | -0.064 | 0 | 0.045 | 0 | -0.035 | 0 |
| $h_{BP}(n)$ | 125Hz | 250Hz | 0.25 | 0.093 | -0.159 | -0.181 | 0 | 0.109 | 0.053 | -0.013 | 0 | 0.010 | -0.032 |
| $h_{BS}(n)$ | 125Hz | 250Hz | 0.75 | -0.093 | 0.318 | 0.202 | 0 | -0.019 | -0.053 | 0.013 | 0 | -0.055 | 0.032 |

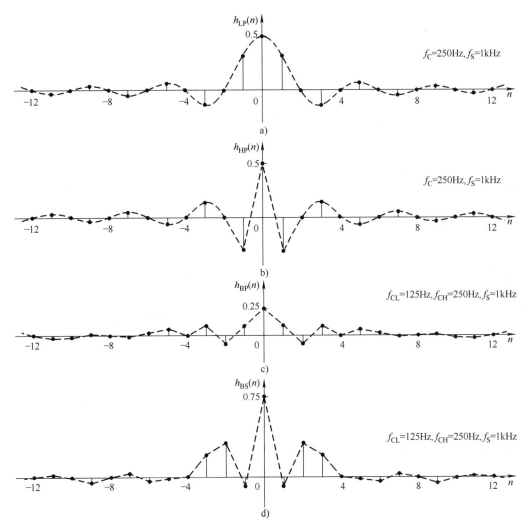

图 9.7　理想高通滤波器的单位冲击响应

a) 低通　b) 高通　c) 带通　d) 带阻

### 9.2.1.3　从理想低通滤波器到理想带通和带阻滤波器

现在有了理想低通和高通滤波器的冲击响应表达式，就可以用这两个表达式并结合全通滤波器导出带通和带阻滤波器的冲击响应表达式。这里的要点是：低通滤波器的截止频率必须低于高通滤波器的截止频率。而低通和高通滤波器的截止频率之间的频率区，就是带通滤波器的通带或带阻滤波器的阻带。

具体说，带通滤波器的冲击响应可以表示为全通滤波器的冲击响应与低通和高通滤波器冲击响应之差

$$h_{BP}(n) = \begin{cases} 2f_{CH} - 2f_{CL}, & n = 0 \\ 2f_{CH}\dfrac{\sin(2n\pi f_{CH})}{2n\pi f_{CH}} - 2f_{CL}\dfrac{\sin(2n\pi f_{CL})}{2n\pi f_{CL}}, & n \neq 0 \end{cases} \tag{9.11}$$

而带阻滤波器的冲击响应可以表示为低通和高通滤波器的冲击响应之和

$$
h_{\mathrm{BS}}(n) = \begin{cases} 1 - 2(f_{\mathrm{CH}} - f_{\mathrm{CL}}), & n = 0 \\[2mm] 2f_{\mathrm{CL}} \dfrac{\sin(2n\pi f_{\mathrm{CL}})}{2n\pi f_{\mathrm{CL}}} - 2f_{\mathrm{CH}} \dfrac{\sin(2n\pi f_{\mathrm{CH}})}{2n\pi f_{\mathrm{CH}}}, & n \neq 0 \end{cases} \tag{9.12}
$$

这两个理想带通和带阻滤波器的冲击响应也列于表 9.5 中，它们的样点图如图 9.7c 和 d 所示。由于图 9.5 中所有滤波器的冲击响应都是偶对称的，这样导出的高通、带通和带阻滤波器的冲击响应也都是偶对称的。

> **小测试**：在图 9.7b 和 d 的样点图中，中间的样点 $h(0)$ 与它两侧的两个样点 $h(\pm 1)$ 有最大的跳变值，这才可以使理想高通滤波器在频率等于 $f_{\mathrm{S}}/2$ 处的增益 $H(-1)$ 等于 1。
> 答：是。

### 9.2.1.4　小结（理想数字滤波器）

本小节说明了理想数字滤波器的产生。它的思路来自连续时域中的傅里叶级数展开。当连续时域中的周期信号展开为傅里叶级数后，便得到频域中的离散线谱。由于数字滤波器的频率谱是连续和周期性的，如果把它展开为傅里叶级数，就得到离散时域中的样点图，这也就是理想数字滤波器的单位冲击响应。不过，这样产生的冲击响应是无限长的，是无法用 FIR 数字滤波器实现的。下面要讨论的窗函数法可以用来解决这一问题。

## 9.2.2　窗函数

窗函数法就是用一个窗函数对理想数字滤波器的无限长的冲击响应进行截取，把理想数字滤波器变成有限长冲击响应的实际的 FIR 数字滤波器。这样的窗函数可以有多种选择，包括矩形窗、汉宁窗、汉明窗、Blackman 窗和 Kaiser 窗等。这些窗函数有不同的截取误差，并与窗函数的频域特性有关。为此，本小节主要讨论窗函数的频域特性。

> **小测试**：窗函数是由一些样点组成的；滤波器的冲击响应也是由一些样点组成的。但窗函数和冲击响应有不同的用途：窗函数是与信号相乘的，而冲击响应是与信号做卷积的，所以两者是不同的。答：是。

> **小测试**：离散时域中的窗函数的频率谱也是一个以 $f_{\mathrm{S}}$ 为周期的周期函数。答：是。

### 9.2.2.1　矩形窗

矩形窗是最简单的窗函数，如图 9.8b 所示。矩形窗的参数就是它的长度，用 $N$ 表示。图 9.8b 中 $N = 15$。矩形窗内的样点值都等于 1，矩形窗外的样点值都等于 0。

矩形窗的频率谱：在导出矩形窗 $w(n)$ 的频率谱时，为便于计算，先把图 9.8b 中的窗函数 $w(n)$ 右移 7 个样点时间，变成 $w_1(n)$，如图 9.9a 所示。然后，写出它的 $z$ 变换

$$
W_1(z) = 1 + z^{-1} + \cdots + z^{-(N-1)} = \frac{1 - z^{-N}}{1 - z^{-1}} \tag{9.13}
$$

式（9.13）中的 $N$ 在图 9.9a 中等于 15。所以，窗函数 $W_1(z)$ 有 15 个零点均匀地分布在单位圆上，其中位于 $z = 1$ 的零点被分母中的极点抵消。这个零极点分布如图 9.9b 所示。

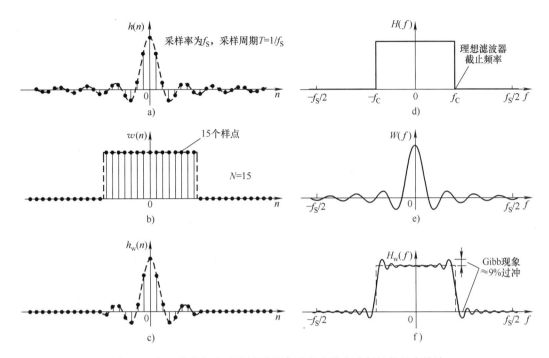

图 9.8　窗函数使加窗后滤波器频率谱的边缘变成斜坡状且有纹波

a) 理想低通滤波器的冲击响应 $h(n)$ 是 sinc 函数　b) 矩形窗函数 $w(n)$　c) 加窗后的理想滤波器冲击响应 $h_w(n)$

d) 冲击响应 $h(n)$ 的频率谱 $H(f)$　e) 窗函数 $w(n)$ 的频率谱 $W(f)$　f) 加窗后冲击响应 $h_w(n)$ 的频率谱 $H_w(f)$

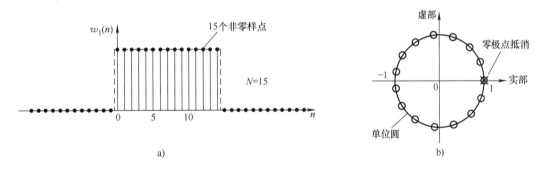

图 9.9　矩形窗函数 $w_1(n)$

a) 时域样点图　b) 零极点分布

矩形窗 $w_1(n)$ 的频率谱就是它的 $z$ 变换在单位圆上的值。这就可以用式（9.13）来计算

$$W_1(\mathrm{e}^{\mathrm{j}\omega T}) = \frac{1 - \mathrm{e}^{-\mathrm{j}N\omega T}}{1 - \mathrm{e}^{-\mathrm{j}\omega T}} = \mathrm{e}^{-\mathrm{j}(N-1)\omega T/2} \frac{\mathrm{e}^{\mathrm{j}N\omega T/2} - \mathrm{e}^{-\mathrm{j}N\omega T/2}}{\mathrm{e}^{\mathrm{j}\omega T/2} - \mathrm{e}^{-\mathrm{j}\omega T/2}} \tag{9.14}$$

式（9.14）中，右边的负指数项 $\mathrm{e}^{-\mathrm{j}(N-1)\omega T/2}$ 表示相位特性，代入 $N = 15$ 后，得到 $\mathrm{e}^{-\mathrm{j}(N-1)\omega T/2} = \mathrm{e}^{-\mathrm{j}7\omega T}$。这表示信号有 $7\omega T$ 的相位延迟，也就是 $7T$ 的时间延迟。这个 $7T$ 的时间延迟，就是我们把图 9.8b 中原先的矩形窗 $w(n)$ 右移 7 个样点时间后产生的。

式（9.14）右边的分式表示 $W_1(f)$ 的幅值谱。我们把分式的分子和分母分别写成两个正弦函数，再把分式写成 sinc 函数

$$| W(e^{j\Omega}) | = \frac{\sin(N\Omega/2)}{\sin(\Omega/2)} = N\frac{\text{sinc}(N\Omega/2)}{\text{sinc}(\Omega/2)}$$

$$= N\frac{\text{sinc}(N\Omega/2)}{\text{sinc}(\Omega/2)} \tag{9.15}$$

式中，$N$ 为常数因子，它是在式（9.15）中从正弦函数变成 sinc 函数时产生的。如果想避免常数因子 $N$，通常的做法是在式（9.13）的右边乘以 $1/N$，使所有样点值都从 1 下降到 $1/N$，因而它们之和等于 1。这就消除了式（9.15）中的 $N$。式（9.15）中的分式是两个 sinc 函数之比，其中 $\Omega = \omega T$ 为归一化频率。当实际频率 $f$ 或 $\omega$ 从 0 变化到 $f_S/2$ 或 $\omega_S/2$ 时，$\Omega$ 从 0 变化到 $\pi$，而 $\Omega/2$ 则从 0 变化到 $\pi/2$。在式（9.15）中略去常数因子 $N$ 后，就可画出矩形窗的频率谱 $W(f)$，如图 9.8e 中所示。由于式（9.15）中的分母相对于分子是一个缓慢变化的 sinc 函数，而且它的值总是略小于 1 ［当 $\Omega/2 = \pi/2$ 时，$\text{sinc}(\Omega/2) \approx 0.637$］，所以曲线的形状非常接近分子中快速变化的 sinc 函数；或者说，幅值谱 $W(f)$ 非常接近一个 sinc 函数。这就是图 9.8e 中的频率曲线。

从图 9.9b 看，除了位于 $z = 1$ 的零点被分母中的极点抵消外，另外还有 $N - 1 = 14$ 个零点均匀地分布在单位圆上，所以频率谱 $W(f)$ 在正负两个频率方向上各有 $(N-1)/2 = 7$ 次过零点。由于在 $z = -1$ 处没有零点，所以频率谱 $W(f)$ 在 $f_S/2$ 处的值不等于零（见图 9.8e）。

> **小测试**：离散时域中的矩形窗的频率谱是两个 sinc 函数之比，所以不是一个单纯的 sinc 函数，虽然形状与 sinc 函数相近。答：是。

**【例题 9.4】** 现在来计算图 9.8b 中的样点图的 $z$ 变换。

**解**：这个 $z$ 变换可计算为

$$W(z) = z^7 + z^6 + \cdots + 1 + \cdots + z^{-6} + z^{-7} = z^7(1 + z^{-1} + \cdots +$$

$$z^{-7} + z^{-13} + z^{-14}) = z^7 \times \frac{1 - z^{-15}}{1 - z^{-1}} \tag{9.16}$$

式（9.16）右边的因子 $z^7$ 的意思是，把信号 $w_1(n)$ 左移 7 个样点时间就得到图 9.8b 中的 $w(n)$。而上式右边的分式就是图 9.9a 中 $w_1(n)$ 的 $z$ 变换。

矩形窗引起频域卷积：图 9.8f 中的 $H_w(f)$ 是图 9.8c 中加窗后滤波器冲击响应 $h_w(n)$ 的频率谱。在离散时域信号处理中，两个信号的相乘对应于它们频率谱的卷积（见第 4.4.4.2 节的乘积定理）。所以，$H_w(f)$ 是由 $H(f)$ 和 $W(f)$ 之间的卷积产生的。下面来说明这个卷积。

本书前面已经对卷积做过多次讨论，其中第 3.4.2 节对频域中的卷积给出了比较详细的说明。所以本小节主要说明窗函数卷积的特点，并使用图 9.10 中的曲线（图 9.10 应该看成是从图 9.8 引申出来的）。

图 9.10 中的曲线是很容易解释的。在图 9.10a 中，$W(f_A - \zeta)$ 的峰值远离 $H(\zeta)$ 的矩形，使卷积值近似为零。在图 9.10b 中，$f = 0$，使 $W(-\zeta)$ 的峰值与 $H(\zeta)$ 的矩形中点对齐，卷积值达到最大。在图 9.10c 中，$W(f_B - \zeta)$ 的峰值与 $H(\zeta)$ 的矩形边缘对齐，卷积值达到最大值

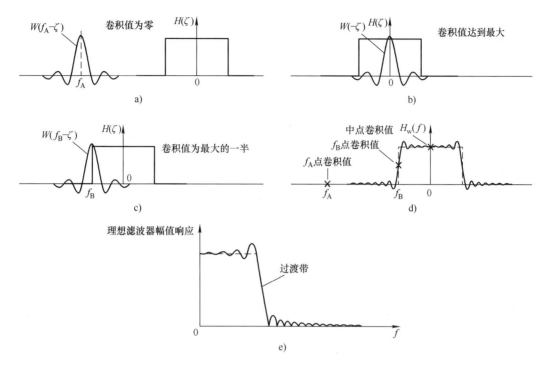

图 9.10　理想滤波器的频率谱 $H(f)$ 与窗函数频率谱 $W(f)$ 之间的卷积过程

的一半。图 9.10d 中表示 $H(f)$ 与 $W(f)$ 的完整卷积曲线 $H_w(f)$。取出图 9.10d 中曲线的正向部分并取绝对值，就得到图 9.10e 中加窗后理想滤波器的幅值响应曲线。

最后，通过对图 9.10 中 $H(\zeta)$ 与 $H_w(f)$ 的比较，来说明窗函数卷积的特点，即矩形窗对理想低通滤波器频率谱 $H(f)$ 的两点改变：

1）窗函数 $W(f)$ 使图 9.10a 中理想滤波器的矩形谱 $H(f)$ 变成图 9.10d 中的等腰梯形 $H_w(f)$。增加窗函数 $w(n)$ 的宽度 $N$，可以减小 $H_w(f)$ 两腰的宽度。由于 $H_w(f)$ 的两腰就是图 9.10e 中滤波器的过渡带，所以增加宽度 $N$ 可以使滤波器的过渡带变窄。

2）图 9.10d 中的 $H_w(f)$ 出现了纹波，也称振铃。这是由窗函数 $W(\zeta)$ 的纹波（下面称侧瓣）产生的，见图 9.10b 和图 9.10c。无论把 $w(n)$ 的宽度 $N$ 增加到多大，纹波总是存在；而且纹波的最大幅度几乎不随 $N$ 而变，总是等于信号满幅的 9% 左右。我们把这种纹波的大小基本不随 $w(n)$ 的宽度而变的现象，叫作 Gibb 现象，如图 9.8f 所示。

Gibb 现象是很容易用图 9.8 解释的，因为无论 $w(n)$ 的宽度如何改变，$W(f)$ 总保持 sinc 的谱形，而 sinc 函数的纹波幅度与 $w(n)$ 的宽度无关（Gibb 现象是由图 9.8b 中矩形窗两侧边缘的突跳引起的。通过使用两侧缓坡状的窗函数，可以减弱或消除 Gibb 现象，但缺点是使图 9.8f 中梯形的两腰变宽，进而使过渡带变宽。这将在本章后面讨论）。本章下面要讨论的其他窗函数，对理想低通滤波器频率谱 $H(f)$ 的改变，都要比矩形窗缓和许多。

矩形窗频率谱的画法：窗函数的频率谱 $W(f)$ 一般都被表示为图 9.11c 中的曲线，并以分贝为单位，但水平轴的频率仍用线性刻度（也有用对数刻度的，尤其当 $N$ 很大时）。这里讲两个问题：

1）如何从图 9.8e 中幅值的线性表示法转换成图 9.11c 中的分贝表示法；

2）如何确定图 9.11c 中的侧瓣数量，或者说，侧瓣数量是由窗函数中的什么参数决定的（在图 9.11a 中，处于中间位置最大的钟形脉冲叫主瓣，两侧所有较小的钟形脉冲都叫侧瓣；在图 9.11b 和 c 中，最左边为主瓣，其他都是侧瓣）。

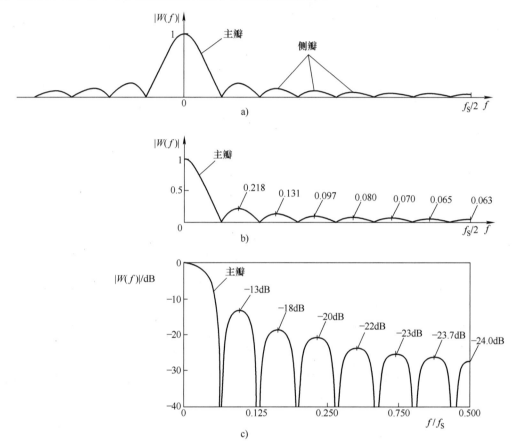

图 9.11　把图 9.8e 中的频率谱 $W(f)$ 变成用分贝表示的单边谱

a）把图 9.8e 中的频率谱 $W(f)$ 变成幅值谱 $|W(f)|$　b）把幅值谱 $|W(f)|$ 变成单边谱

c）对单边谱的幅值取对数后变成用分贝表示的单边谱

图 9.11 中表示把图 9.8e 中的线性表示法转换成分贝表示法的三个步骤。

第一，把图 9.8e 中的频率谱 $W(f)$ 变成幅值谱 $|W(f)|$。这一步很简单；我们只需把频率谱 $W(f)$ 中的负值改为正值，如图 9.11a 所示。

第二，由于幅值谱 $|W(f)|$ 是偶对称的，我们只需取正频率部分，这就得到图 9.11b 中的幅值谱。这样的幅值谱也叫单边谱。

第三，把单边幅值谱 $|W(f)|$ 取常用对数，再乘以 20，变成以分贝为单位，如图 9.11c 所示。用分贝表示幅值的好处是，既可以扩大幅值的表示范围，又可以展示小幅值的细节（这被称为对数的压扩特性）。经过这三步之后，就得到图 9.11c 中、我们经常见到的窗函数频率谱。需要注意的是，图 9.11c 中水平轴的频率值表示为 $f$ 与 $f_S$ 之比值，这也是一种归一化频率，具体见表 5.3。此外，通常还把频率谱中最大的峰值看作 1，比如图 9.11c 中的主瓣。其他所有侧瓣的峰值都被表示为与最大值之比。

对于前面提出的第二个问题，即如何确定侧瓣的数量，可以用图 9.12 来回答。在图 9.12a 左边，矩形窗 $w_6(n)$ 的宽度为 6 个样点，即 $N=6$。对 $w_6(n)$ 计算 $z$ 变换

$$W_6(z) = \frac{1-z^{-6}}{1-z^{-1}} \tag{9.17}$$

式（9.17）表示，$W_6(z)$ 有 6 个零点和 1 个极点，其中 6 个零点均匀地分布在单位圆上；而分子上位于 $z=1$ 的零点与分母中的极点相抵消，只剩下 5 个零点，如图 9.12a 中间所示。对于侧瓣的数量，可以从图中的 $z=1$ 出发，沿着单位圆逆时针移动。要经过两个零点后才能到达 $z=-1$。这就是说，走过了半个主瓣和两个侧瓣（由于 $z=-1$ 处有一个零点，使幅值等于零）。由此，当 $N=6$ 时，频率谱在左右两侧各有 2 个完整的侧瓣。推广到一般情况，位于主瓣每一侧的侧瓣数量可计算为 $(N-2)/2$。图 9.12a 的右边为 $w_6(n)$ 的幅值谱 $|W_6(f)|$，每侧各有两个侧瓣。

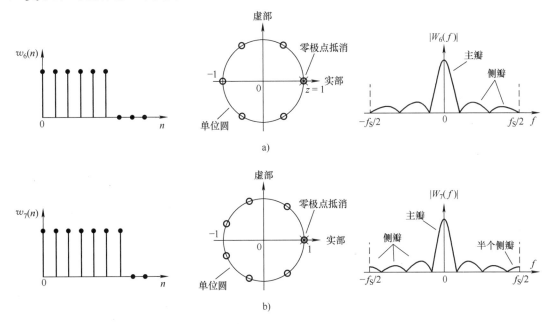

图 9.12　矩形窗的宽度与幅值谱侧瓣数量的关系

a）矩形窗 $w_6(n)$ 的宽度为 6 个样点，幅值谱 $|W_6(f)|$ 两侧各有 2 个侧瓣　b）矩形窗 $w_7(n)$ 的宽度

为 7 个样点，幅值谱 $|W_7(f)|$ 两侧各有 2.5 个侧瓣

在图 9.12b 左边，矩形窗 $w_7(n)$ 的宽度为 7 个样点，即 $N=7$。对 $w_7(n)$ 计算 $z$ 变换

$$W_7(z) = \frac{1-z^{-7}}{1-z^{-1}} \tag{9.18}$$

式（9.18）表示，$W_7(z)$ 有 7 个零点和 1 个极点，其中 7 个零点均匀地分布在单位圆上；而分子上位于 $z=1$ 的零点与分母中的极点相互抵消，只剩下 6 个零点，如图 9.12b 中间所示。它两侧的侧瓣数量可计算为：$(N-2)/2=2.5$，即左右两侧各有 2.5 个侧瓣，如图 9.12b 右边所示。与图 9.12a 中的 $W_6(z)$ 相比，图 9.12b 右边两侧各多了半个侧瓣。原因是 $W_7(z)$ 在 $z=-1$ 处没有零点，所以出现了半个侧瓣。

归纳起来说，如果矩形窗有 $N$ 个样点，那么它的侧瓣总数为 $N-2$。如果 $N$ 是偶数，侧瓣总数也是偶数，所以在主瓣的两侧各有整数个侧瓣。如果 $N$ 为奇数，侧瓣总数为奇数，在主瓣的两侧就会出现半个侧瓣。这是因为奇数个样点的矩形窗的 $z$ 变换 $W(z)$ 在 $z=-1$ 处没有零点。

> **小测试**：如果一个矩形窗有 32 个样点，这个窗函数共有 31 个侧瓣。答：否。

矩形窗小结：本小节讨论了矩形窗的时域、频域和卷积特性；而把矩形窗的曲线图和参数与其他窗函数的曲线图和参数一起放在后面的图 9.15 和表 9.6 中，以方便查阅和比对。上面对矩形窗的分析方法和得到的结论，同样适用于下面要讨论的其他窗函数。我们会经常看到包含许多侧瓣的窗函数幅值谱（见图 9.15），因为这些窗函数包含了非常多的样点数。在比较详细地说明了矩形窗的特点之后，就可以讨论几个复杂一些的窗函数，这些是汉宁窗、汉明窗、Blackman 窗和 Kaiser 窗。

### 9.2.2.2 汉宁窗

汉宁窗有表达式

$$w_{\text{han}}(n) = \frac{1}{2}\left(1 - \cos\frac{2n\pi}{N-1}\right), \quad n = 0,1,2,\cdots,N-1 \tag{9.19}$$

式（9.19）表示汉宁窗的宽度为 $N$ 个样点，宽度以外的样点都为零（所有的窗函数都是如此）。汉宁窗的时域样点图示于图 9.13 中。汉宁窗可以看成是一个向上平移的余弦曲线。曲线的中间值等于 1，并向两侧逐渐下降到零。由于两端的两个样点都等于零，所以汉宁窗的实际长度只有 $N-2$ 个样点，比矩形窗少两个样点。所以，它的 $z$ 变换也会少两项，使它的零点也比矩形窗少两个。其实，这两个零点是被抵消的，这在稍后说明。

我们可以从式（9.19）导出汉宁窗的频率谱。先把式（9.19）中的窗函数分解为幅值等于 0.5 的直流分量和 $N$ 个余弦值，而每个余弦值又可以用欧拉恒等式分解成一对正、负频率的复指数（这里的复指数是常数，不是旋转复矢量）。然后就可以用等比级数求和的公式算出汉宁窗 $w_{\text{han}}(n)$ 的 $z$ 变换 $W_{\text{han}}(z)$。这里略去了具体的计算过程。

这样得到的 $W_{\text{han}}(z)$ 是一个分式。分式的分子有相似于矩形窗的形式 $1-z^{-N}$；这表示也有 $N$ 个零点均匀地分布在单位圆上。而 $W_{\text{han}}(z)$ 的分母有形式 $(1-z^{-1})(1-2\cos\theta z^{-1} + z^{-2})$，其中 $\theta=2\pi/(N-1)$。在分母的 3 个极点中，一个实数极点位于 $z=1$，另外一对共轭复数极点与单位圆上离 $z=1$ 最近的两个零点重合。于是，这三个极点与位于直流和最低频的 2 个零点相互抵消，如图 9.14b 所示。这使汉宁窗有很小的 $-31\text{dB}$ 的最大侧瓣峰值，以及 $-18\text{dB}/$倍频的滚降率，如图 9.15b 所示。不过，与矩形窗相比，虽然侧瓣的峰值下降了，滚降率也增加了，但主瓣加宽了一倍。对于频谱分析，主瓣加宽会降低分辨率。对于数字滤波器，主瓣加宽会使过渡带变宽。但由于汉宁窗有极好的 $-18\text{dB}/$倍频的滚降率，使它成为频谱分析中几乎用得最多的窗函数。

汉宁窗的特点可归纳为：它的第一侧瓣的峰值比主瓣的峰值下降了 31dB。此后的侧瓣以 $-18\text{dB}/$倍频的滚降率下降。主瓣的宽度为 $4f_{\text{S}}/N$（宽度中还包括了负频率方向的一半）。与之相比，矩形窗的第一侧瓣的峰值只比主瓣下降了 13dB，而之后的侧瓣只有 $-6\text{dB}/$倍频的滚降率，但矩形窗的主瓣很窄，只有 $2f_{\text{S}}/N$，仅为汉宁窗的一半。主瓣很窄是个优点，因为这可以使数字滤波器的过渡带变窄。

汉宁窗的时域样点图和它的幅值谱分别示于图 9.13 和图 9.15b 中。作为比较，我们也把矩形窗的样点图示于图 9.13 中，把它的零极点图示于图 9.14a 中，以及把它的频率谱示于图 9.15a 中。

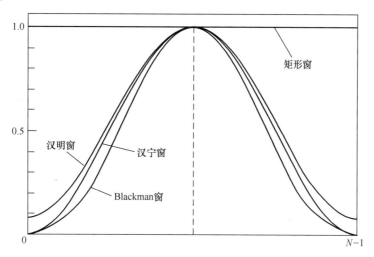

图 9.13　四种常用窗函数的时域样点图（为清晰起见，把样点图画成了曲线图）

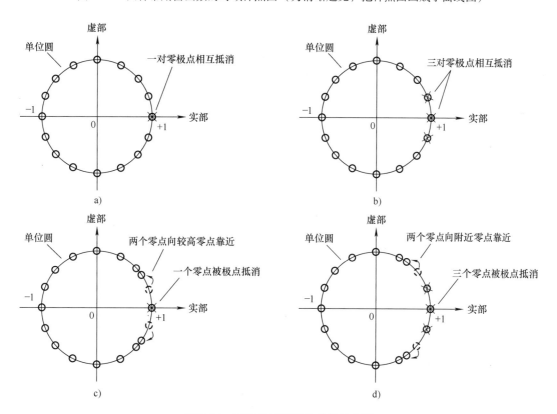

图 9.14　四种常用窗函数的零极点图

a）矩形窗　b）汉宁窗　c）汉明窗　d）Blackman 窗

图中假设 $N$ 为偶数，所以在 $z = -1$ 处都有一个零点

### 9.2.2.3 汉明窗

汉明窗有表达式

$$w_{\mathrm{ham}}(n) = 0.54 - 0.46\cos\frac{2n\pi}{N-1}, \quad n = 0,1,2,\cdots,N-1 \qquad (9.20)$$

汉明窗的时域形状示于图 9.13 中。汉明窗也是一个向上平移的余弦函数，也可以看成是直流项和 $N$ 个余弦项之和，但它的直流项和余弦项有不同的幅度。汉明窗的中间值也等于 1，也是向两侧逐渐下降但不到零，而是到 0.08。这比汉宁窗多两个样点。因此，汉明窗比汉宁窗多两个零点，而与矩形窗相同。

汉明窗的特点是被设计成使它的第一侧瓣峰值降到一个最小值，同时又保持与汉宁窗大致相同的主瓣宽度。从零极点的位置看，它位于 $z=1$ 两侧的两个低频零点，不是像汉宁窗那样被极点抵消掉了，而是被移到频率较高的两个零点的附近（见图 9.14c），用以降低第一侧瓣的高度。这样的结果是，使第三侧瓣变成最大峰值。这个最大的侧瓣峰值要比汉宁窗下降了 10dB，变成 −41dB。但是，由于我们只是移动了最低频的两个零点，而不是用极点来抵消，所以汉明窗的频率谱只靠一个位于 $z=1$ 处的极点来产生滚降率，所以只有 −6dB/倍频的滚降率。这与矩形窗相同。对于主瓣宽度，汉明窗和汉宁窗基本相同。不过，汉明窗很低的第一侧瓣峰值在 FIR 数字滤波器设计中是很有用的。在频谱分析中，也可以提高分辨率。比如，在估算语音信号频率谱时，几乎都使用汉明窗（因为语音信号中的多个谐振峰有时会靠得很近）。

汉明窗的特点可归纳为，第一侧瓣的峰值达到一个最小值。第三侧瓣的峰值是所有侧瓣中的最大者，它比主瓣下降了 41dB。在这之后的侧瓣只有 −6dB/倍频的滚降率。主瓣的宽度为 $4f_{\mathrm{S}}/N$，与汉宁窗相同，比矩形窗宽一倍。它的幅值谱示于图 9.15c 中。

> **小测试**：把振幅等于 1 的余弦函数缩小至 0.46，再向上平移 0.54，就得到汉明窗。答：是。

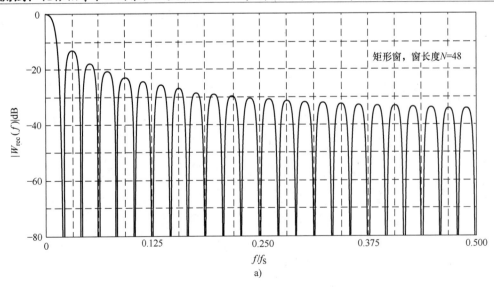

图 9.15　四种常用窗函数的频率谱

a）矩形窗

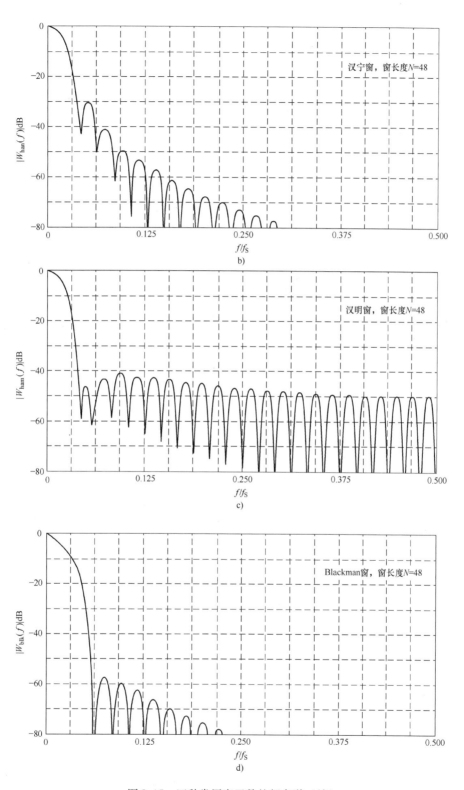

图 9.15　四种常用窗函数的频率谱（续）

b）汉宁窗　c）汉明窗　d）Blackman 窗

### 9.2.2.4 Blackman 窗

Blackman 窗是由汉宁窗和汉明窗组合而成的，并有表达式

$$w_{\text{blk}}(n) = 0.42 - 0.5\cos\frac{2n\pi}{N-1} + 0.08\cos\frac{4n\pi}{N-1}, \quad n = 0,1,2,\cdots,N-1 \quad (9.21)$$

它的时域样点图也示于图 9.13 中，中间值为 1，向两侧逐渐下降到零，这与汉宁窗相同。同样，位于直流的零点和两个离开 $z=1$ 最近的零点被三个极点所抵消，结果得到 $-18\text{dB}$/倍频的滚降率。此外，频率最低的两个零点被移向与频率较高的零点靠拢。这与汉明窗相同，用以降低第一侧瓣的峰值。它的零极点位置示于图 9.14d 中，它的幅值谱示于图 9.15d 中。

Blackman 窗的特点是，侧瓣有 $-18\text{dB}$/倍频的滚降率和 $-57\text{dB}$ 的最大侧瓣峰值。从图 9.15d 还可以看出，主瓣的宽度被加宽到了矩形窗的三倍，或者汉明窗和汉宁窗的 1.5 倍。所以，使用这个窗函数会进一步降低频率谱的分辨率和加宽数字滤波器的过渡带。

由于 Blackman 窗有非常低的 $-57\text{dB}$ 侧瓣峰值，用 Blackman 窗实现的 FIR 数字滤波器的最大阻带衰减可以低到 $-74\text{dB}$。需要知道，用窗函数设计 FIR 数字滤波器时，最大阻带衰减是由窗函数类型决定的，与窗函数的宽度无关（见表 9.6）。

> **小测试**：Blackman 窗的优点是侧瓣特别低，缺点是主瓣非常宽。答：是。

### 9.2.2.5 Kaiser 窗[7]

对窗函数有两个相互制约的基本要求：

1）主瓣尽可能窄；

2）侧瓣的峰值尽可能低。

本节要讨论的 Kaiser 窗能很好地解决这一问题。它的思路是，把窗函数的能量尽可能地集中到主瓣内。Kaiser 窗几乎达到了在一定侧瓣峰值条件下把尽可能多的能量集中到主瓣意义下的最佳结构。

Kaiser 窗与长球面波函数的研究密切相关，但缺点是难以计算。而 Kaiser 发现可以用修正的零阶第一类贝塞尔函数构成几乎最佳的窗函数。这样的窗函数计算起来容易很多。这就是 Kaiser 窗，它有表达式

$$w_{\text{kai}}(n) = \frac{I_0\left[\beta\sqrt{1-(1-2n/N)^2}\right]}{I_0[\beta]}, \quad n = 0,1,2,\cdots,N-1 \quad (9.22)$$

式中，$I_0[\cdot]$ 为修正的零阶第一类贝塞尔函数，并可容易地通过幂级数来计算

$$I_0[x] = 1 + \sum_{m=1}^{\infty}\left[\frac{(x/2)^m}{m!}\right]^2 \quad (9.23)$$

在式（9.23）的累加运算中，只要取前 15 项就可满足大多数的应用要求。

与其他窗函数不同的是，Kaiser 窗除了长度 $N$ 外，还可以通过改变形状参数 $\beta$ 来改变窗函数的时域形状，用以调节主瓣宽度与侧瓣高度之间的关系，达到最佳的应用状态。图 9.16 表示 Kaiser 窗的时域形状。当 $\beta=0$ 时，Kaiser 窗与矩形窗完全一样；当 $\beta=6$ 时，Kaiser 窗与 Blackman 窗很相似。所以，可以使用不同的 $N$ 和 $\beta$ 组合，以达到在主瓣宽度与侧瓣高度之间的最佳折中。如果窗函数的两侧缓慢趋于零（如 $\beta=6$），侧瓣会降低而主瓣会变宽；反之（如 $\beta=0$），侧瓣会变高而主瓣会变窄。此外，如果增加 $N$ 并保持 $\beta$ 不变，主瓣

会变窄，而侧瓣高度变化不大。

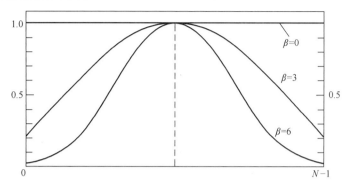

图 9.16　Kaiser 窗函数的时域形状

此外，Kaiser 还找出了两个经验公式［下面的式（9.25）和式（9.26）］，使设计者可以从过渡带宽度和阻带衰减来预测数字滤波器设计中所需的 $N$ 和 $\beta$ 值。Kaiser 发现在绝大多数情况下，纹波峰值 $\delta$ 是由 $\beta$ 决定的。Kaiser 首先把 $\delta$ 转换成常数 $A$

$$A = -20\log_{10}\delta \tag{9.24}$$

然后 Kaiser 找出了 $\beta$ 与 A 之间的经验公式

$$\beta = \begin{cases} 0.1102(A - 8.7), & A > 50 \\ 0.5842(A - 21)^{0.4} + 0.07886(A - 21), & 21 \leqslant A \leqslant 50 \\ 0.0, & A < 21 \end{cases} \tag{9.25}$$

而且，Kaiser 发现为达到预期的 $A$ 和过渡带宽度 $\Delta\Omega$ 值，$N$ 必须满足

$$N = \frac{A - 8}{2.285\Delta\Omega} + 1 \tag{9.26}$$

有了式（9.25）和式（9.26），Kaiser 窗的滤波器设计就变得非常简单（即不必使用迭代和试探）。对于式（9.26）中的过渡带宽度 $\Delta\Omega$，在低通滤波器的情况下可计算为

$$\Delta\Omega = \Omega_{SS} - \Omega_P \tag{9.27}$$

其中，数字滤波器的通带边缘频率 $\Omega_P$ 被定义为在 $|H(e^{j\Omega})| \geqslant 1 - \delta$ 条件下的最高频率，阻带起始频率 $\Omega_{SS}$ 被定义为在 $|H(e^{j\Omega})| \leqslant \delta$ 条件下的最低频率。下面的【例题 9.5】用来说明 Kaiser 窗的设计步骤。

> **小测试**：窗函数频率谱中的侧瓣起伏对应于数字滤波器通带和阻带内的纹波，主瓣的宽度对应于过渡带的宽度。答：是。

【**例题 9.5**】　用 Kaiser 导出的经验公式来设计 Kaiser 窗 FIR 低通滤波器。

**解**：1）确定滤波器指标要求，这就是确定边缘频率 $\Omega_P$ 和 $\Omega_{SS}$ 以及通带和阻带内的最大纹波。我们假设滤波器指标为：$\Omega_P = 0.4\pi$、$\Omega_{SS} = 0.6\pi$、$\delta_p = 0.01$ 和 $\delta_s = 0.001$。由于用窗函数设计的数字滤波器有相同的 $\delta_p$ 和 $\delta_s$，所以把通带和阻带

内的最大纹波都改为 $\delta = 0.001$。

2）理想滤波器的截止频率 $\Omega_C$ 等于 $\Omega_P$ 与 $\Omega_{SS}$ 之间的中点（不同于 IIR 数字滤波器截止频率的定义）

$$\Omega_C = \frac{\Omega_{SS} + \Omega_P}{2} = 0.5\pi \tag{9.28}$$

3）确定 Kaiser 窗的参数。先算出过渡带宽度 $\Delta\Omega$ 和 $A$

$$\Delta\Omega = \Omega_{SS} - \Omega_P = 0.2\pi, \quad A = -20\log_{10}\delta = 60 \tag{9.29}$$

把这两个数值代入式（9.25）和式（9.26），得到

$$\beta = 5.653, \quad N = 38 \tag{9.30}$$

4）滤波器的冲击响应用式（9.8）和式（9.22）计算

$$h(n) = \frac{\sin[(n-\alpha)\omega_C]}{(n-\alpha)\pi} \times \frac{I_0[\beta\sqrt{1-[1-2(n-\alpha)/N]^2}]}{I_0[\beta]}, \quad n = 0,1,2,\cdots,N-1 \tag{9.31}$$

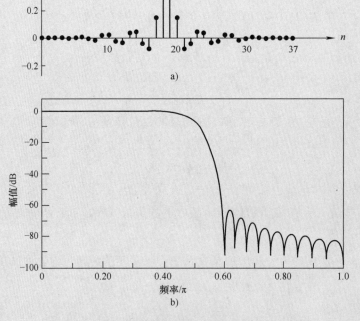

图 9.17 设计完成的第 II 类 FIR 低通滤波器的特性
a）冲击响应  b）频率响应

式中，右边第一项为理想滤波器的冲击响应；右边第二项就是 Kaiser 窗。常数 $\alpha = (N-1)/2 = 18.5$，仅用来使冲击响应 $h(n)$ 右移 18.5 个样点时间后变成因果型

信号。这使信号通过滤波器后都会有 18.5$T$ 的延迟。由于 $N=38$ 为偶数，所以滤波器属于第 Ⅱ 类线性相位滤波器（见第 6.4.2 节）。用式（9.31）算出的滤波器冲击响应 $h(n)$ 的样点图如图 9.17a 所示；用 $h(n)$ 算出的滤波器频率响应如图 9.17b 所示。图 9.17b 中在 $\Omega=\pi$ 频率点上的幅值等于零，这是第 Ⅱ 类线性相位系统的特点。因为这类滤波器在 $\Omega=\pi$ 有一个零点，所以一定有 $H(z)_{z=-1}=0$。

#### 9.2.2.6　窗函数的比较

表 9.6 给出了五种窗函数的两个主要参数：主瓣宽度和最大侧瓣峰值。五种窗函数各有特点，以适合各种用途。窗函数的主瓣宽度决定了滤波器过渡带的宽度，而最大侧瓣峰值决定了滤波器在通带和阻带内的纹波大小。需要知道，对于同一个窗函数，通带和阻带内的纹波是相同的。比如，汉宁窗的最大侧瓣峰值比主瓣低 31dB。通过卷积计算，可以确定这些侧瓣会引起通带内 0.055dB 的纹波。这个 0.055dB 的纹波可以折合成 0.0063 的线性值。由此可知，阻带内的线性纹波也等于 0.0063。换算成分贝后，便得到阻带内 $-44$dB 的最小衰减量。

这就是说，用窗函数法设计出的滤波器在通带和阻带内总是有相同的纹波，而且纹波的大小仅与窗函数的类型有关。这是设计者无法改变的。所以，在设计窗函数 FIR 数字滤波器时，首先要对表 9.6 中的数据进行比较，以选择适合的窗函数。

表 9.6 中右边给出了 Kaiser 窗与其他四种窗函数特性相近时的 $\beta$ 值。比如，$\beta=4.86$ 的 Kaiser 窗特性与汉明窗比较接近。但 Kaiser 窗的过渡带宽度要比其他的等值窗函数窄很多，大约是其他等值窗函数过渡带宽度的 2/3。

表 9.6　五种窗函数的主要特性比较

| 窗函数 | 主瓣宽度（归一化） | 过渡带宽度（归一化） | 最大侧瓣峰值/dB | 通带纹波/dB | 阻带衰减/dB | 等值 Kaiser 窗的 $\beta$ | 等值 Kaiser 窗的近似过渡带宽度 |
|---|---|---|---|---|---|---|---|
| 矩形窗 | 1/$N$ | 0.9/$N$ | $-13$ | 0.74 | $-21$ | 0 | 0.4/$N$ |
| 汉宁窗 | 2/$N$ | 3.1/$N$ | $-31$ | 0.055 | $-44$ | 3.86 | 2.0/$N$ |
| 汉明窗 | 2/$N$ | 3.3/$N$ | $-41$ | 0.019 | $-53$ | 4.86 | 2.0/$N$ |
| Blackman 窗 | 3/$N$ | 5.5/$N$ | $-57$ | 0.0017 | $-75$ | 7.04 | 3.5/$N$ |

小测试：用窗函数法设计的 FIR 数字滤波器有固定的通带纹波和阻带衰减，这是因为 FIR 数字滤波器的幅值谱是由窗函数幅值谱与信号的幅值谱做卷积产生的。答：否（是与理想滤波器的幅值谱做卷积产生的）。

### 9.2.3　窗函数法的设计步骤

窗函数法可以有五个设计步骤：

1）确定理想滤波器的频率响应 $H_D(f)$。

2）用式（9.8）、式（9.10）、式（9.11）或式（9.12），算出理想滤波器的单位冲击响应 $h_D(n)$。

3）在表9.6中，选择一个能满足通带和阻带纹波要求的窗函数。再根据表中滤波器的过渡带宽度 $\Delta f$ 与滤波器冲击响应长度 $N$ 之间的大致关系，确定滤波器的冲击响应长度 $N$。其中，滤波器的过渡带宽度 $\Delta f$ 被表示为与采样率之比，也就是归一化的过渡带宽度。

4）从选择的窗函数和 $N$ 值算出窗函数值 $w(n)$，然后用 $w(n)$ 去乘以 $h_D(n)$，得到想要的实际 FIR 数字滤波器的单位冲击响应 $h(n)$。而 FIR 数字滤波器的单位冲击响应 $h(n)$ 就是滤波器的滤波系数。

5）由于冲击响应 $h(n)$ 的 $N$ 个值的累加和一般不等于1，所以在用作低通滤波器时，会使滤波器通带内的幅值响应偏离1。解决的办法是把 $h(n)$ 的累加和调整到等于1。对于高通、带通和带阻滤波器，应该针对不同的频率区作相应的调整。

上面的【例题9.5】已经解释了 Kaiser 窗函数法的设计过程。下面的【例题9.6】则用来对其他四种窗函数设计法进行比较和说明（矩形、汉宁、汉明和 Blackman 四种窗函数法有相同的设计过程）。

总的来说，用窗函数法设计数字滤波器是比较简单的，并不需要太多的计算，而且也有多种设计软件来帮助计算 $h(n)$。不过，用窗函数法设计出来的数字滤波器并不是最佳的，或者说，这样设计出来的数字滤波器在实现时需要较多的硬件量和计算量。下面要介绍的等纹波法可以在等纹波（即切比雪夫滤波器）的意义下达到最佳的滤波效果。

【例题9.6】 要求用窗函数法计算 FIR 低通滤波器的系数，使满足要求：通带边缘频率为 1.5kHz，过渡带宽度为 1kHz，阻带衰减大于 50dB，采样率为 10kHz。

**解：** 从表9.6中的阻带最小衰减量看，只有汉明窗和 Blackman 窗可以满足阻带衰减大于 50dB 的要求。我们选择比较简单的汉明窗。过渡带宽度与采样率之比 $\Delta f = 1\text{kHz}/10\text{kHz} = 0.1$。在表9.6中，汉明窗的过渡带宽度等于 $N/3.3$，由此算出 $N = 3.3/\Delta f = 3.3/0.1 = 33$，我们取 $N = 33$ 个样点。滤波器的系数取自 $h_D(n)$ 的中间部分从 $n = -16 \sim n = 16$ 的 33 个样点。窗函数的计算公式为

$$w_{\text{ham}}(n) = 0.54 - 0.46\cos\frac{2n\pi}{N-1}, \quad n = 0, 1, 2, \cdots, N-1 \qquad (9.32)$$

另一方面，截止频率可计算为 $f_C = 1.5\text{kHz}/10\text{kHz} = 0.15$。然后就可用式（9.8）计算理想低通滤波器的冲击响应 $h_D(n)$。当 $n = 0$ 时，$h_D(n) = 2 \times f_C = 0.3$。当 $n \neq 0$ 时，可计算为

$$h_D(n) = 2f_C\frac{\sin(2n\pi f_C)}{2n\pi f_C}, \quad n = 1, 2, \cdots, (N-1)/2 \qquad (9.33)$$

式（9.32）和式（9.33）的计算结果示于表9.7中。

表 9.7　滤波器系数的计算结果

| $n$ | $h_D$ $(\pm n)$ | $w_{ham}$ $(n+16)$ | $h$ $(\pm n)$ | $n$ | $h_D$ $(\pm n)$ | $w_{ham}$ $(n+16)$ | $h$ $(\pm n)$ |
|---|---|---|---|---|---|---|---|
| 0 | 0.30000 | 1 | 0.30000 | 9 | 0.02861 | 0.45026 | 0.01288 |
| 1 | 0.25752 | 0.99116 | 0.25524 | 10 | 0.00000 | 0.36397 | −0.00000 |
| 2 | 0.15137 | 0.96498 | 0.14607 | 11 | −0.02341 | 0.28444 | −0.00666 |
| 3 | 0.03279 | 0.92248 | 0.03025 | 12 | −0.02523 | 0.21473 | −0.00542 |
| 4 | −0.04677 | 0.86527 | −0.04047 | 13 | −0.00757 | 0.15752 | −0.00119 |
| 5 | −0.06366 | 0.79556 | −0.05065 | 14 | 0.01336 | 0.11502 | 0.00154 |
| 6 | −0.03118 | 0.71603 | −0.02233 | 15 | 0.02122 | 0.088884 | 0.00189 |
| 7 | 0.01405 | 0.62947 | 0.00885 | 16 | 0.01169 | 0.08000 | 0.00094 |
| 8 | 0.03784 | 0.54000 | 0.02043 | | | | |

表 9.7 中的 $w_{ham}(n+16)$ 表示，由于对称性而只需使用窗函数后一半的值。表中还用乘法算出了 $h(n)$。这个 $h(n)$ 已经是有限长了，但还不是因果型的，还需把 $h(n)$ 的 33 个样点都右移 16 个样点时间，才能变成因果型的滤波器冲击响应。设计的最后结果见表 9.8。

表 9.8　滤波器设计的最后结果

| $n$ | $h(n)$, $h(32-n)$ | $n$ | $h(n)$, $h(32-n)$ | $n$ | $h(n)$, $h(32-n)$ | $n$ | $h(n)$, $h(32-n)$ | $n$ | $h(n)$, $h(32-n)$ |
|---|---|---|---|---|---|---|---|---|---|
| 0 | 0.00094 | 4 | −0.00542 | 8 | 0.02043 | 12 | −0.04047 | 16 | 0.30000 |
| 1 | 0.00189 | 5 | −0.00666 | 9 | 0.00885 | 13 | 0.03025 | | |
| 2 | 0.00154 | 6 | −0.00000 | 10 | −0.02233 | 14 | 0.14607 | | |
| 3 | −0.00119 | 7 | 0.01288 | 11 | −0.05065 | 15 | 0.25524 | | |

用表 9.8 中的数据画出的单位冲击响应 $h(n)$ 的样点图，如图 9.18a 所示。图 9.18 表示，单位冲击响应是以中间样点 $h(16)$ 为偶对称的，所以滤波器是线性相移的。信号经过滤波器后，将被延迟 16 个样点时间。用单位冲击响应 $h(n)$ 算出的滤波器幅值响应如图 9.18b 所示［计算方法见式（6.20），即对 $h(n)$ 做 $z$ 变换，然后计算在单位圆上的值］。从图 9.18b 可以大致看出滤波器的通带边缘频率为 1.5kHz，过渡带从 1.5 ~ 2.5kHz 共 1kHz 的宽度，从 2.5kHz 开始为阻带。阻带内的幅值都在 − 50dB 以下。这些都满足设计要求，所以这个滤波器是我们想要的。

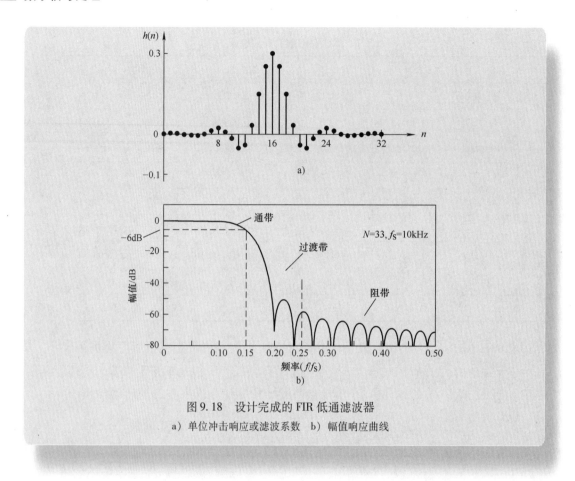

图 9.18　设计完成的 FIR 低通滤波器

a）单位冲击响应或滤波系数　b）幅值响应曲线

我们还可以利用表 9.8 中的部分数据和式（6.20）画出滤波器的频率特性，如图 9.19 所示。图 9.19 中仅用了从 $h$（13）~ $h$(19) 的 7 个主要的滤波系数。从图中可以看出，余弦函数是如何被用来构建滤波器低通特性的。通常，FIR 数字滤波器的频率响应都是用余弦函数构建的。如果把图 9.19 中的冲击响应扩展到从 $h(0)$ ~ $h(32)$ 的所有滤波系数，就可得到与图 9.18b 中完全一样的幅值曲线。

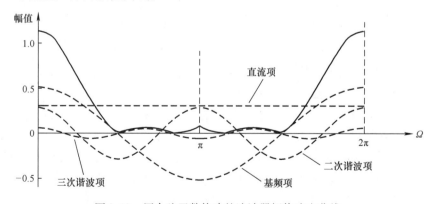

图 9.19　用余弦函数构建的滤波器幅值响应曲线

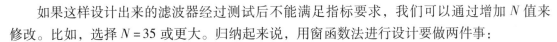

　　如果这样设计出来的滤波器经过测试后不能满足指标要求，我们可以通过增加 $N$ 值来修改。比如，选择 $N=35$ 或更大。归纳起来说，用窗函数法进行设计要做两件事：

　　1）根据通带和阻带内纹波的要求，选择窗函数类型；

　　2）根据过渡带宽度的要求，确定冲击响应的长度 $N$。

　　最后说明一点，图 9.18b 中与通带边缘频率 1.5kHz 对应的幅值是 −6dB，而非 −3dB。原因是，对于窗函数法，我们难以确定 −3dB 的频率点，但可以容易地确定 −6dB（即线性值 0.5）的频率值，如图 9.10c 所示。图 9.10 中的 0.5 线性值（即 −6dB 对数值）恰好对应于矩形波的边缘。这就是在窗函数法设计中使用边缘频率而非截止频率的原因。

## 9.2.4　窗函数法总结

　　本节讨论的窗函数法是从理想滤波器的冲击响应开始的。由于理想滤波器有无限长的冲击响应，所以要用窗函数进行截取，再把截取后的冲击响应右移一定的样点数，就得到因果型的滤波器冲击响应。这里的设计要点是，选择什么样的窗函数。窗函数的主要特性是侧瓣的峰值和主瓣的宽度。侧瓣的峰值决定通带和阻带内的纹波（阻带内的纹波就是阻带内的衰减量），而主瓣的宽度确定过渡带的宽度。我们可以通过选择冲击响应长度 $N$ 来调节过渡带宽度。所以，设计者的任务是根据具体的设计要求，选择恰当的窗函数和冲击响应长度 $N$。

## 9.3　等纹波法

　　等纹波法几乎是用得最多的 FIR 数字滤波器设计方法。所谓等纹波法，是指这样设计出来的滤波器在同一频带（即通带或阻带）内有相同的纹波幅度，而各频带之间可以有不等的纹波幅度。这样的优点是，可以把滤波器的最大纹波降到最小。由于这个原因，等纹波法也被称为最小最大设计法。

　　在模拟滤波器中，椭圆滤波器的通带和阻带也都是等纹波的（椭圆滤波器由 Ⅰ 型和 Ⅱ 型切比雪夫滤波器组成）。这使椭圆滤波器成为在满足相同指标下阶数最低的模拟滤波器；而数字滤波器中的等纹波法被称为在切比雪夫意义下的最佳设计法。

　　本节说明等纹波法的基本原理，并比较详细地介绍等纹波法的算法要点，最后说明等纹波法的设计过程。

### 9.3.1　基本原理

　　在前面的窗函数法设计中，由于要把窗函数的频率谱与理想滤波器的频率响应做卷积，滤波器频率响应中的最大纹波都集中在通带和阻带的边缘处，如图 9.20a 所示。如果把这些纹波在通带和阻带内平均分担，如图 9.20b 所示，滤波器的频率响应就会比较接近理想值。

　　在用等纹波法设计滤波器时，我们通常用 $\delta_p$ 和 $\delta_s$ 来表示通带和阻带内纹波的最大值，如图 9.21a 所示。在通带内，滤波器的幅值在 $1-\delta_p$ 和 $1+\delta_p$ 之间摆动。在阻带内，滤波器的幅值在 0 和 $\delta_s$ 之间摆动（阻带内的纹波应取绝对值）。对于图 9.21a 中实际滤波器与理想滤

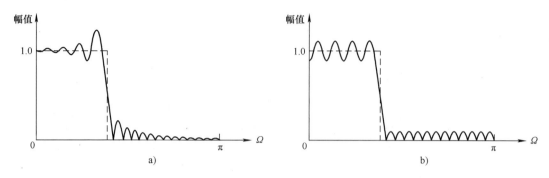

图 9.20　两种滤波器设计方法得到两种不同的纹波特性

a）窗函数法　b）等纹波法

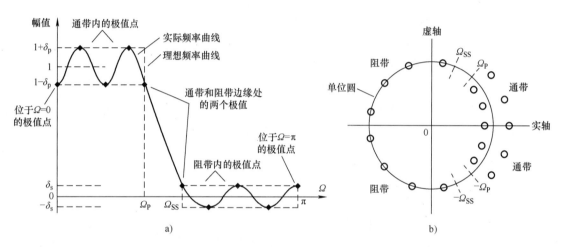

图 9.21　切比雪夫意义下的 FIR 最佳低通滤波器

a）幅值响应　b）零点分布

波器（用虚线表示）幅值响应之间的差值，可以用误差函数 $E(\Omega)$ 来表示

$$E(\Omega) = W(\Omega)\left[H_{\mathrm{D}}(\Omega) - H(\Omega)\right] \tag{9.34}$$

式中，$H_{\mathrm{D}}(\Omega)$ 为理想滤波器的幅值响应；$H(\Omega)$ 为实际滤波器的幅值响应；$W(\Omega)$ 为权函数，而权函数是用来对不同频带内的纹波大小分配不同的重要性。我们的设计目标是，从等纹波的要求出发，确定出滤波器的冲击响应，使式（9.34）中所有频带内的加权误差函数 $E(\Omega)$ 的最大值达到最小。这可以写为

$$\min\left[\max_{\Omega \in F}\left|E(\Omega)\right|\right] \tag{9.35}$$

式中，$F$ 表示滤波器频率响应中所有需关注的频带。在图 9.21a 中，$F$ 由一个通带和一个阻带组成，但不包括过渡带（需要知道，等纹波法只关注通带和阻带，对过渡带没有任何约束）。当我们把所有通带和阻带内的误差最大值 $\max\left|E(\Omega)\right|$ 降到最小时，滤波器的幅值响应就一定呈等纹波形状，并在两个极值之间作周期性摆动，如图 9.21a 所示。图 9.21b 表示与图 9.21a 中的幅值响应对应的滤波器零点分布。

式（9.34）表示，由于权函数 $W(\Omega)$ 的存在，通带内的等纹波峰值和阻带内的等纹波峰值是可以不等的（如图 9.21a 所示，图中要求阻带内的纹波小于通带内的纹波）。这给设计增加

了非常有用的灵活性（窗函数法做不到这一点）。图 9.22 用来说明权函数 $W(\Omega)$ 的作用。

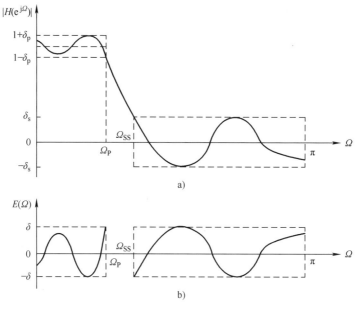

图 9.22　权函数 $W(\Omega)$ 调节通带和阻带内纹波之比
a）滤波器幅值响应　b）加权误差函数 $E(\Omega)$

从图 9.22a 中的滤波器幅值响应曲线看，我们要求阻带内的纹波峰值大于通带内的纹波峰值。在图 9.22b 中，我们对通带和阻带内的纹波使用了不同的权数，比如阻带内的权数 $W(\Omega)=1$，通带内的权数 $W(\Omega)=3$ 或更大（权数大表示重要性大）。这使图 9.22b 中通带和阻带内的纹波有相同的加权峰值，都等于 $\delta$。这实际上使图 9.22a 中滤波器幅值响应在通带内的纹波峰值小于阻带内的纹波峰值。这就是权函数 $W(\Omega)$ 所起的作用。

## 9.3.2　等纹波法的技术要点

### 1. 余弦函数

等纹波法设计的核心内容是余弦函数，这可以从上面图 9.19 中看出。在图 9.19 中，我们用直流、基频、二次谐波和三次谐波等四个频率分量组成了一个低通滤波器的频率特性。可以想象，如果用更多的谐波分量来组成滤波器的频率响应特性，并注意调节各谐波分量之间的比率，就可以达到接近理想特性的滤波器频率响应。

### 2. 第Ⅰ、Ⅱ类 FIR 数字滤波器

从余弦函数，我们想到了第Ⅰ、Ⅱ类 FIR 数字滤波器（见第 6.4 节）。这两类滤波器的幅值响应都被表示为余弦函数［见式（6.20）和式（6.32）］。这说明，用第Ⅰ和第Ⅱ类 FIR 数字滤波器可以通过余弦函数实现等纹波设计。

### 3. 幅值曲线上的极值点

对于图 9.19 中的曲线，必须满足什么样的条件才能达到等纹波的幅值响应呢？为此，首先需要知道，一条等纹波幅值曲线上可以有多少个极值点。如果这些极值点有相同的幅度，并随频率的变化在最大值和最小值之间来回摆动，这就是我们想要的等纹波设计。所

以，下面先来说明一个余弦函数多项式，比如式（6.20），可以有多少个极值点。

在图9.21a中，通带内的幅值响应在 $1-\delta_p$ 和 $1+\delta_p$ 之间摆动，阻带内的幅值响应在 $-\delta_s$ 和 $\delta_s$ 之间摆动。假设滤波器的冲击响应 $h(n)$（比如，图6.5中从 $b_0 \sim b_{2M}$ 的 $2M+1$ 个滤波系数）是关于中间样点 $b_M$ 偶对称的，所以滤波器的频率响应是零相位的（即相位响应处处为零）。此外，从 $h(n)$ 的对称性可知，滤波器的长度 $N=2M+1$ 是奇数，也就是，$h(n)$ 为奇数偶对称的，如图6.4a所示。这种滤波器就是第 I 类 FIR 数字滤波器，是本章要讨论的。对于图6.4中的第 II 类 FIR 数字滤波器，情况是相似的。

在引入常数 $L=(N-1)/2$ 后，滤波器的频率响应可写为

$$H(\mathrm{e}^{\mathrm{j}\Omega}) = \sum_{n=-L}^{L} h(n)\mathrm{e}^{-\mathrm{j}n\Omega}$$

$$= h(0) + 2\sum_{n=1}^{L} h(n)\cos(n\Omega) \tag{9.36}$$

式（9.36）的导出过程是，先计算 $h(n)$ 的 $z$ 变换，得到滤波器的传递函数 $H(z)$；再用代换 $z=\mathrm{e}^{\mathrm{j}\Omega}$，得到数字滤波器的频率响应（也就是幅值响应）；最后利用 $h(n)$ 的对称性和欧拉恒等式得到式（9.36）。

从式（9.36）看，只要数字滤波器的单位冲击响应 $h(n)$ 是偶对称的，它的频率响应总可以表示为若干个余弦函数之和 [$h(0)$ 可看作频率等于零的余弦函数]。

等纹波法的一个主要参数是，幅值响应 $H(\mathrm{e}^{\mathrm{j}\Omega})$ 在闭区间 $[0,\pi]$ 内的极值个数，也就是图9.21a中的小圆点总数。下面从式（9.36）来确定这个总数。

首先，式（9.36）中的每一项 $\cos(n\Omega)$ 都可以改写为一个 $\cos\Omega$ 的 $n$ 次多项式，比如 $\cos(2\Omega)=2\cos^2\Omega-1$。所以式（9.36）中的频率响应 $H(\mathrm{e}^{\mathrm{j}\Omega})$ 可以写为一个 $\cos\Omega$ 的 $L$ 次多项式

$$H(\mathrm{e}^{\mathrm{j}\Omega}) = \sum_{k=0}^{L} a_k(\cos\Omega)^k \tag{9.37}$$

对式（9.37）两边求导，再令导函数等于零

$$\frac{\mathrm{d}}{\mathrm{d}\Omega}H(\mathrm{e}^{\mathrm{j}\Omega}) = -\sin\Omega\sum_{k=0}^{L} ka_k(\cos\Omega)^{k-1} = 0 \tag{9.38}$$

在式（9.38）中，由于 $\sin\Omega$ 在 0 和 $\pi$ 两个频率点上的值都等于零，所以数字滤波器幅值响应在这两个频率点上的导数也都等于零。导数等于零，就有可能取得极值。与此同时，累加运算中的三角多项式被降为 $L-1$ 次，所以最多可以有 $L-1$ 个非重根解。这就是说，式（9.37）最多可以有 $(L-1)+2=L+1$ 个极值点。另外，我们总是规定在通带和阻带边缘 $\Omega_p$ 和 $\Omega_{SS}$ 处必须是极值点（也如图9.21a所示）。所以，数字滤波器总共最多可以有 $(L+1)+2=L+3$ 个极值点。

**4. 换向定理**

在式（9.35）中，用 $F$ 表示数字滤波器频率响应中需要关注且互不重叠的所有频带，而 $P(x)$ 是定义在 $F$ 上的一个 $L$ 次多项式

$$P(x) = \sum_{k=0}^{L} a_k x^k \tag{9.39}$$

另外，$P_D(x)$ 是我们想要的一个定义在 $F$ 上的连续函数；而 $W(x)$ 是定义在 $F$ 上的一个连续正函数。然后，用 $P(x)$、$W(x)$ 和 $P_D(x)$ 组成加权误差函数

$$E_P(x) = W(x)[P_D(x) - P(x)] \tag{9.40}$$

并定义 $E_P(x)$ 在 $F$ 上的最大误差

$$|E| = \max_{x \in F}|E_P(x)| \tag{9.41}$$

这样之后，换向定理可叙述为，$P(x)$ 为唯一使 $|E|$ 取得最小的充分必要条件是，$E_P(x)$ 在 $F$ 上至少有 $L+2$ 个换向点。或者说，两个相邻换向点的幅值必须是大小相等且正负号轮换，否则不算换向点。接下来将说明如何把换向定理用于等纹波法设计。在这之前，先通过【例题 9.7】来说明如何鉴别换向点。

【**例题 9.7**】　换向定理实际上是对一个 $L$ 次多项式提出的一个充要条件；如果满足这一条件，这个多项式就是唯一能使最大加权误差 $|E|$ 达到最小的多项式。这个充要条件的关键是所谓"换向点的个数"，即换向点个数必须不少于 $L+2$。

**解**：图 9.23 可以用来说明怎样的频率点才算是换向点。图中的 $H_1(e^{j\Omega})$、$H_2(e^{j\Omega})$ 和 $H_3(e^{j\Omega})$ 可以看成式（9.37）的三种不同情况，而且都是关于 $\cos\Omega$ 的七次多项式。

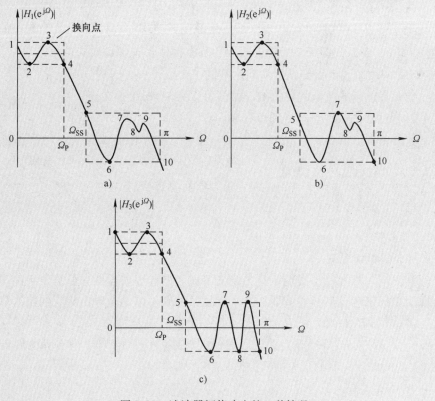

图 9.23　滤波器幅值响应的三种情况

在图 9.23 中，滤波器的幅值响应最多可以有 10 个换向点。这包括七次多项式在（0，π）开区间内可以有 6 个换向点，这就是图中的 2、3、6、7、8 和 9；加上位于频率区端点 0 和 π 的两个频率点 1 和 10，以及位于频带边缘 $\Omega_P$ 和 $\Omega_{SS}$ 的两个频率点 4 和 5。但不是所有的 10 个频率点都可以是换向点。另一方面，从换向定理看，一个七次多项式必须至少有 9 个换向点，才能成为唯一的最佳七次多项式。下面来具体说明。

在图 9.23a 中，由于频率点 7、8 和 9 没有达到最大值，所以不是换向点。这又使频率点 10 与频率点 6 的幅度不反向，所以频率点 10 也不是换向点。另外，频率点 1 未达到最大值。所以图 9.23a 中的多项式只有 2、3、4、5 和 6 的 5 个换向点，所以 $H_1(e^{j\Omega})$ 不是最佳多项式。

在图 9.23b 中，由于频率点 5 未达到最大值，所以不是换向点；这又使频率点 6 因为幅度不反向（点 4 和点 6 都是负向最大值），也不是换向点。另外，频率点 1 也未达到最大值。结果是，图 9.23b 中的多项式只有 2、3、4、7 和 10 的 5 个换向点，所以 $H_2(e^{j\Omega})$ 也不是最佳多项式。

在图 9.23c 中，所有 10 个极值点都是换向点，大于要求的 $L+2=7+2=9$ 个换向点（这被叫作超纹波情况），所以图 9.23c 中的 $H_3(e^{j\Omega})$ 是唯一的最佳多项式。总结起来说，$H_1(e^{j\Omega})$ 和 $H_2(e^{j\Omega})$ 都不是最佳多项式，只有 $H_3(e^{j\Omega})$ 才是唯一的最佳多项式。再回到图 9.21a 中，图中的所有极值点也都是换向点。

从图 9.23 中的曲线可以归纳出换向定理的三个要点：

1）一个 FIR 数字滤波器的幅值响应最多可以有 $L+3$ 个换向点；

2）在 $\Omega_P$ 和 $\Omega_{SS}$ 的频率点上必须存在换向点；

3）在通带和阻带内导数为零的频率点上都可以存在换向点。结果是，滤波器可以在除了 0 和 π 两个频率点以外的所有频率区内都是等纹波的；或者说，滤波器可能在 0 或 π 的频率点上由于达不到最大值而不是换向点。

### 5. Parks – McClellan 算法

换向定理给出了在最大最小或切比雪夫意义下成为最佳滤波器的充分必要条件。虽然换向定理没有说明如何来寻找最佳滤波器，这个充要条件则可以用来导出相应的快速算法。

$$W(\Omega_i)[H_D(e^{j\Omega_i}) - H(e^{j\Omega_i})] = (-1)^{i+1}\delta, \quad i = 1,2,\cdots,L+2 \qquad (9.42)$$

式中，$W(\Omega_i)$ 为权函数；$H_D(e^{j\Omega})$ 为理想滤波器的频率响应；$H(e^{j\Omega})$ 为实际滤波器的频率响应；$\delta$ 为想要的最佳滤波器的最大加权误差。

式（9.42）可改写为

$$H(e^{j\Omega_i}) + \delta\frac{(-1)^{i+1}}{W(\Omega_i)} = H_D(e^{j\Omega_i}) \qquad (9.43)$$

或者

$$\sum_{k=0}^{L} a_k (\cos \Omega_i)^k + \delta \frac{(-1)^{i+1}}{W(\Omega_i)} = H_D(e^{j\Omega_i}), \quad i = 1, 2, \cdots, L+2 \tag{9.44}$$

式（9.44）是一个包含 $L+2$ 个换向点的联立方程组，可以通过迭代算法来求解。在迭代开始时，先要随意设定 $L+2$ 个换向点的初始值 $\Omega_i$，$i = 1$，$2$，$\cdots$，$L+2$。需要注意的是，$\Omega_P$ 和 $\Omega_{SS}$ 必须在初始值中，而且 $\Omega_{SS}$ 需紧随 $\Omega_P$ 之后，即如果 $\Omega_l = \Omega_P$，就必有 $\Omega_{l+1} = \Omega_{SS}$。

虽然可以通过式（9.44）解出 $a_i$ 和 $\delta$，进而得到 $H(e^{j\Omega})$，但用多项式插值的方法将更为简便。其中，Parks 和 McClellan 提出的方法由于快速和灵活而得到广泛使用。它首先从一组极值频率点 $\Omega_i$ 算出 $\delta$。然后使用拉格朗日插值公式算出新的幅值响应曲线。

这样，可以在通带和阻带内选择一组足够密集的频率点，并算出这些频率点上的 $H(e^{j\Omega})$ 和 $E(\Omega)$。如果计算结果表示通带和阻带内所有频率点上的 $|E(\Omega)| \leqslant \delta$，说明已经找到了想要的最佳滤波器。否则，还将确定下一组新的 $\Omega_i$ 和新的 $H(e^{j\Omega})$。

另一方面，在 Parks – McClellan 算法中，虽然滤波器的冲击响应 $h(n)$ 会随每次迭代而改变，但不必算出这些 $h(n)$ 值。而是等到迭代计算完成后，找出 $H(e^{j\Omega})$ 在等间隔频率点上的值，就可以用离散傅里叶逆变换（在后面第 13 章讨论）算出想要的 $h(n)$。

> **小测试**：等纹波法的一个优点是通带和阻带内可以有不同的纹波峰值，而窗函数法做不到这一点。答：是。

## 9.3.3　等纹波法的设计步骤

1）指定通带和阻带的边缘频率 $\omega_p$ 和 $\omega_{ss}$、通带内的纹波 $\delta_p$、阻带内的纹波（即最小衰减量）$\delta_s$，以及采样率 $f_S$。

2）把所有的频带边缘频率转换成与采样率之比的归一化频率值。

3）把通带和阻带内的纹波转换成线性值。再用通带和阻带内的纹波以及归一化的过渡带宽度，并通过相应的经验公式估算出滤波器的长度 $N$（$N$ 值通常由设计软件确定）。

4）从通带和阻带内纹波的比值确定权数 $W(f)$，权数 $W(f)$ 需表示为线性值，并可以表示为整数值。比如，一个低通滤波器的通带和阻带的纹波分别为 0.01 和 0.03，权数就可以是通带为 3 和阻带为 1。对于带通滤波器，如果通带的纹波为 0.001，两个阻带的纹波为 0.0105，权数可以是通带为 21，两个阻带为 2。

5）把上面算出的参数输入到等纹波法设计软件中，这些数据包括：频带边缘值、每个频带的纹波和权数，以及采样率。

6）对设计软件输出的通带和阻带内的纹波数据进行核对。

7）如不满足设计要求，可增加 $N$ 值并重复步骤 5）和 6），直到满足指标为止。最后，核对滤波器的频率响应，以保证达到设计要求。

需要说明的是，等纹波设计软件在做迭代计算时，仅考虑通带和阻带的要求，而略去对过渡带的考虑。在设计带通滤波器时，为防止软件出错或算法不收敛，最好把所有过渡带的宽度都设定为等于最小过渡带宽度。如果把所有的过渡带宽度设定得不相等，算法会无休止地对频率响应进行核对。不相等的过渡带宽度还可以在过渡带内产生局部极值，使滤波器的性能捉摸不定。关于等纹波 FIR 数字滤波器设计的比较详细的说明，可参阅参考文献 [7]。

下面的【例题9.8】用来说明等纹波法的设计过程。

【例题9.8】 要求用等纹波法设计一个带通滤波器,并画出滤波器的幅值响应。滤波器有下述指标要求:通带为 1600 ~ 1760Hz,通带纹波 < 0.9dB,阻带衰减 > 32dB,过渡带宽度为 480Hz,采样频率为 16kHz。

**解**:从滤波器的指标看,它有三个频带:低频区的阻带从 0 ~ 1120Hz;中频区的通带从 1600 ~ 1760Hz;高频区的阻带从 2240 ~ 8000Hz。先对频带边缘频率作归一化,即表示为与采样率之比:

| 实际频率/Hz | 1120 | 1600 | 1760 | 2240 | 8000 |
|---|---|---|---|---|---|
| 归一化频率 | 0.07 | 0.10 | 0.11 | 0.14 | 0.5 |

三个频带的归一化频率分别为,低频区阻带从 0 ~ 0.07,中频区通带从 0.10 ~ 0.11,以及高频区阻带从 0.14 到 0.5。

现在需要对三个频带设定权数,而权数取决于三个频带的纹波值。由于纹波需用线性值,所以先把三个频率区的纹波转换为线性值:$0.9dB = 10^{0.9/20} - 1 = 0.109$,$-30dB = 10^{-30/20} = 0.0316$。两者的比值为:$0.105/0.0316 = 3.32 \approx 10/3$。可以选择通带 $\delta_p$ 的权数为3,阻带 $\delta_s$ 的权数为10。需要注意的是,加权后的通带纹波和阻带纹波是相等的。当然,也可以选择通带的权数为1,阻带的权数为3.32。这样,我们得到了等纹波法设计软件所需的全部输入数据:滤波器三个频带的权数 $W(f)$ 为10,3,10;滤波器三个频带的边缘频率为0、0.07、0.10、0.11、0.14 和 0.5。

现在可以把这些数据输入到等纹波法设计软件中,并得到滤波器的冲击响应长度 $N = 41$。设计得到的等纹波滤波器的冲击响应示于表9.9中。滤波器的冲击响应样点图和幅值响应(从冲击响应算出)曲线如图9.24所示。下面对设计结果作一说明。

1)通带纹波为阻带纹波的3.33倍。这是因为对通带和阻带的纹波指定了不同的权数,其中通带为3,阻带为10。频带的权数越大,表示越重要,纹波就越小。

表9.9 等纹波带通滤波器的冲击响应

| $n$ | $h(n)$ 和 $h(40-n)$ | $n$ | $h(n)$ 和 $h(40-n)$ | $n$ | $h(n)$ 和 $h(40-n)$ | $n$ | $h(n)$ 和 $h(40-n)$ |
|---|---|---|---|---|---|---|---|
| 0 | -0.014 | 6 | 0.030 | 12 | -0.058 | 18 | 0.051 |
| 1 | -0.000 | 7 | 0.025 | 13 | -0.062 | 19 | 0.071 |
| 2 | 0.004 | 8 | 0.013 | 14 | -0.055 | 20 | 0.079 |
| 3 | 0.012 | 9 | -0.002 | 15 | -0.036 | | |
| 4 | 0.020 | 10 | -0.023 | 16 | -0.008 | | |
| 5 | 0.028 | 11 | -0.043 | 17 | 0.022 | | |

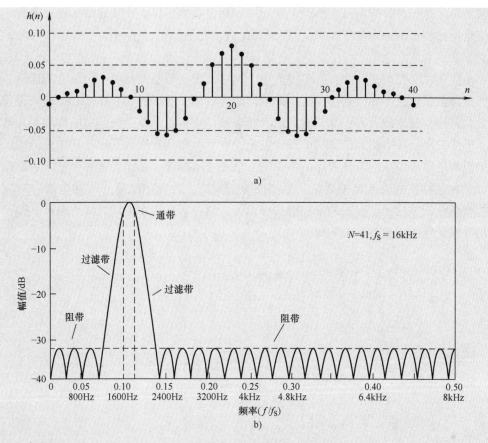

图 9.24　用等纹波法设计的线性相移带通滤波器

a）冲击响应　b）幅值响应

2）通带和阻带内的纹波都达到了设计要求。

3）由于 $L = (N-1)/2 = (41-1)/2 = 20$，所以必须至少有 $20+2 = 22$ 个极值频率点，而图 9.24b 中确实可以有 22 个极值频率点；其中，频带边缘必须是极值频率点，还有直流和 $f_S/2$ 的频率点也可以是极值点。

4）图 9.24a 中的冲击响应是关于中心样点 $h(20)$ 偶对称的，所以滤波器是第 I 类 FIR 数字滤波器，因而有线性相位特性。

## 9.4　小结

FIR 数字滤波器的设计可以有三个步骤：指定滤波器指标要求、计算滤波系数、确定滤波器的硬件或软件实现。其中的前两步是 FIR 数字滤波器设计的主要内容，也是本章主要讨论的。

滤波器指标是与具体应用有关的，包括幅值和相位响应。FIR 数字滤波器设计的目的是找出能满足指标要求的冲击响应 $h(n)$。找出 FIR 数字滤波器的冲击响应（即滤波系数）通常有三种方法：

①窗函数法；②频率采样法；③等纹波法。其中，窗函数法最简单，但缺少灵活性，不能应对通带和阻带纹波不相等的情况。频率采样法可以用于除了低通、高通、带通和带阻滤波器以外的其他特殊滤波器的设计，或者说，频率采样法可以实现任何频率响应的 FIR 数字滤波器。等纹波法是最有用和最灵活的设计方法。本章对窗函数法做了比较详细地讨论，然后简要地说明了等纹波法的设计要点。本章略去了频率采样法，是因为这种设计方法现在很少使用（频率采样法的要点是：选择一组单位冲击响应，使其中的每一个冲击响应对应一个不同的频率点，然后把所有的冲击响应按权相加，使各频率点有不同的幅值响应。这就可以设计出任意形状的滤波器幅值响应）。

# 第 10 章　多速率系统

离散时域信号有时需要在不同的采样率之间转换。以音频信号为例，多媒体音频的采样率为 44.1kHz，专业音响的采样率为 48kHz，而数字电话的采样率低到只有 8kHz。我们有时需要音频信号在这些不同采样率之间转换；而包含多个采样率的系统就叫多速率系统。

改变信号采样率最简单和直观的方法，就是把数字信号还原成模拟信号（这在下一章讨论），然后用想要的采样率对模拟信号进行再采样。但是，从数字域回到模拟域再回到数字域的做法，不仅费时费工，还会对信号引入很大的误差，显然是不可取的。如果换一个角度看，既然信号已经是数字量了，何不留在数字域中进行采样率转换呢？这就是本章要讨论的多速率处理方法。

多速率系统有许多优点。比如，在高品质的数据采集系统中，我们可以先把采样率提得很高。这在取得高信噪比数字信号的同时，还可以使用非常简单的抗混叠滤波器。一旦完成采样后，就可以用多速率技术把信号的采样率降到想要的水平。在数据转换器方面，具有低成本、中速和高分辨率优势的 $\sum - \Delta$ 调制转换器，就是典型的多速率系统，它内部的数字信号的采样率可以在数十倍甚至数百倍的范围内变化。另一方面，多速率技术也是很简单的。它只涉及两种操作：抽取和插值。抽取用来降低信号的采样率，插值用来提高信号的采样率。不过，在做抽取和插值时，我们还需关注两件事：①用抽取降低采样率时，会产生频率混叠；②用插值提高采样率时，会产生镜像频率。这也是本章要讨论的内容。

本章先说明多速率技术中使用的抽取器和插值器，然后讨论使用抽取器和插值器相结合的多速率处理技术。本章的最后将讨论多速率系统的设计方法。

## 10.1　抽取器

图 10.1a 表示用抽取器把信号的采样率降低到 $1/M$（$M$ 为抽取率）的操作过程。图中表示，抽取器由抗混叠低通滤波器 $h(k)$ 和下采样器组成，其中的抗混叠低通滤波器也叫抽取滤波器。图 10.1b 表示抽取器的时域操作。为便于说明，我们假设采样率 $f_S = 6\text{kHz}$，抽取率 $M = 3$。在图 10.1b 中，首先用抗混叠模拟滤波器滤除输入信号 $x(n)$ 中频率超过 $f_S/(2M) = 1\text{kHz}$ 的高频成分，得到低通滤波后的信号 $v(n)$。然后用下采样器把 $v(n)$ 的采样率从 $f_S$ 降低到 $f_S/M = 2\text{kHz}$。下采样器的操作很简单，就是每 $M$ 个样点中只保留一个而扔掉其他 $M-1$ 个（被保留的样点可以是 $M$ 个样点中的任意一个，但每次都应该是相同顺序的样点），并在

抽取器的输出端得到被抽取后的信号 $y(m)$ 。

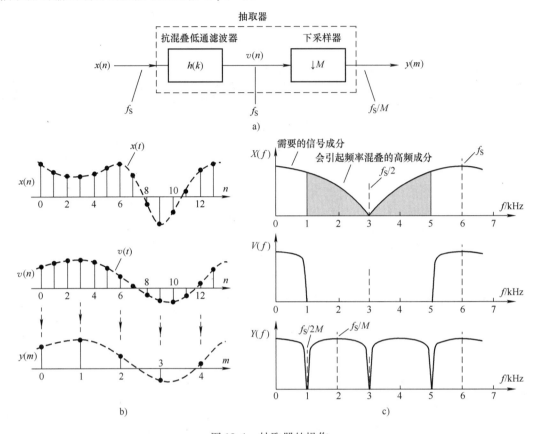

图 10.1　抽取器的操作

a）抽取器框图，抽取率为 $M$　b）时域抽取操作，$M=3$　c）频域解释

图 10.1c 表示与图 10.1b 中的信号对应的频率谱。如果不用抗混叠滤波器，$X(f)$ 中超过 1kHz 的高频成分就会出现在 $V(f)$ 中，并最后叠加到 $Y(f)$ 中，产生频率混叠。现在由于使用了抗混叠滤波器，图 10.1c 中 $Y(f)$ 的各频谱之间没有重叠，这就避免了频率混叠。而此时的采样率已被降至 $f_S/M=2$kHz。由此，我们得到抽取操作的一个要点：当输入信号中包含了超过 $f_S/(2M)$ 的高频成分时，抗混叠滤波器是不可缺少的。

现在来说明图 10.1c 中的频率谱 $V(f)$ 为什么在抽取后变成下面 $Y(f)$ 的频率谱。最直观的解释是，先从图 10.1b 中的 $v(n)$ 画出连续时域信号 $v(t)$ ，然后用抽取后的采样率 $f_S/M=2$kHz 对连续时域信号 $v(t)$ 进行再采样，这就得到图 10.1b 下面的 $y(m)$ 。而 $y(m)$ 的频率谱就是图 10.1c 中的 $Y(f)$ 。

小测试：抽取器前端的抗混叠低通滤波器是一定不能省的。答：否。

## 10.2　插值器

数字信号的插值不同于一般的插值。一般的插值可以有零阶插值、线性插值和抛物线插值等，还可以有许多近似计算的插值方法。数字信号的插值不能用这些方法，而只能用最简单的插零方法，即在每两个样点之间插入若干个零样点。这是因为插零不会改变信号的频率谱。本节稍后将证明这一点。下面先用图 10.2 说明插值器的组成和操作。

图 10.2a 表示插值器的框图，它由上采样器和抗镜像低通滤波器组成；抗镜像低通滤波器也称插值滤波器。在插值器中，如果输入信号 $x(n)$ 的采样率为 $f_S$，插值率为 $L$，那么输出信号 $y(m)$ 的采样率就被提高到 $Lf_S$。所以，插值的目的是提高信号的采样率。

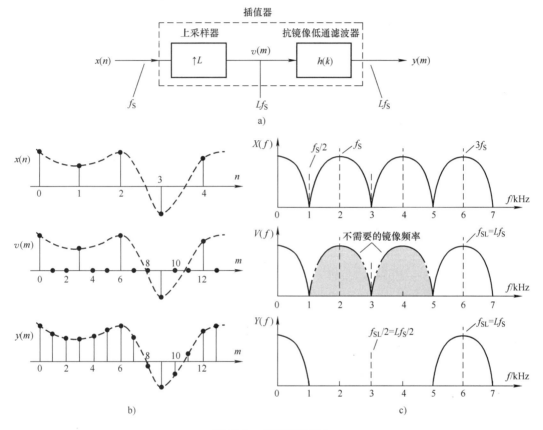

图 10.2　插值器的操作

a）框图，插值率为 $L$　b）时域插值操作，$L = 3$　c）频域解释

图 10.2b 和 c 分别从时域和频域来说明插值器中的信号演变，并假设输入信号 $x(n)$ 的采样率 $f_S = 2\text{kHz}$。首先，用上采样器对 $x(n)$ 每两个相邻样点之间插入 2 个零样点（假设 $L = 3$），以此把采样率提高到 $3f_S$，并得到信号 $v(m)$。然后，用抗镜像低通滤波器滤除 $v(m)$ 中由插值产生的镜像频率（图 10.2c 中从 1～5kHz 的频率谱）。在滤除了镜像频率之后，便得到想要的输出信号 $y(m)$ 和 $Y(f)$。由于上采样器对 $x(n)$ 每两个相邻样点之间插入了 2 个零样点，使 $v(m)$ 的平均幅度降低到 $x(n)$ 的 $1/3$。所以，必须把 $y(m)$ 的每个样点值乘以 3，以恢复到原来 $x(n)$ 的幅度。现在的 $y(m)$ 和 $Y(f)$ 完全保留了原来 $x(n)$ 和 $X(f)$ 的全部信息，而采样率已被升至 $3f_S = 6\text{kHz}$。这就是插值器的功能。

本节上面曾提到，插值操作不会改变信号的频率谱。现在来证明这一点。先写出

图 10.2b 中 $v(m)$ 的 $z$ 变换

$$V(z) = \sum_{k=0}^{\infty} v(k)z^{-k} = v(0) + v(1)z^{-1} + v(2)z^{-2} + \cdots + v(k)z^{-k} + \cdots \quad (10.1)$$

式（10.1）中，当 $k$ 不等于 3 的整数倍时，$v(k)$ 全为零（假设仍使用 $L=3$）。所以，上式变为

$$V(z) = v(0) + v(3)z^{-3} + v(6)z^{-6} + \cdots + v(3n)z^{-3n} + \cdots \quad (10.2)$$

对式（10.2）在单位圆上求值，得到 $v(m)$ 的频率谱

$$V(e^{j\omega T}) = v(0) + v(3)e^{-j3\omega T_P} + \cdots + v(3n)e^{-j3n\omega T_P} + \cdots = \sum_{n=0}^{\infty} v(3n)e^{-j3n\omega T_P} \quad (10.3)$$

式（10.3）中，$T_P$ 为插值后的采样周期。现在令 $3n=m$ 并注意到 $3T_P = T$，就得到

$$V(e^{j\omega T}) = x(0) + x(1)e^{-j\omega T} + \cdots + x(m)e^{-jm\omega T} + \cdots = \sum_{m=0}^{\infty} x(m)e^{-jm\omega T} \quad (10.4)$$

式（10.4）就是 $v(m)$ 的频率谱，且与图 10.2b 中 $x(n)$ 的频率谱完全一样。如果把式（10.4）中的 $m$ 换成 $n$，就可以看得更清楚。

> **小测试**：插值器后端的抗镜像低通滤波器是一定不能省的。答：是。

## 10.3　抽取器与插值器的比较

从上面的讨论可知，抽取器和插值器是互成对偶的。比如，抽取器中，先低通滤波，后抽取；在插值器中，先插值，后低通滤波。在抽取器中存在频率混叠；在插值器中存在镜像频率。我们还可以列举出更多的对偶情况。不过，两者也有不同点。比如，插值器中的镜像频率是一定存在的，所以插值之后的抗镜像低通滤波器是不可少的；而抽取之前的抗混叠滤波器有时是不需要的。比如在图 10.1 中，如果 $x(n)$ 中包含的最高频率分量不超过 1kHz，就可不做抗混叠滤波。

## 10.4　非整数倍的采样率转换

在进行整数倍的采样率转换时，只需使用抽取和插值中的一种操作；但有时会遇到非整数倍的采样率转换。比如，从多媒体音频的 44.1kHz 采样率向专业音频的 48kHz 采样率转换时，两者的采样率之比等于 44.1kHz/48kHz = 0.91875，是一个非整数倍的采样率转换。

对于非整数倍采样率转换的一般性做法是，把采样率之比表示为两个整数之比 $L/M$。采样率的转换是通过先做插值后做抽取完成的，如图 10.3a 所示。如果反过来，先做抽取后做插值，抽取器中的抗混叠低通滤波器可能会滤除信号中某些原本可以保留的高频分量。从多媒体音频向专业音频的采样率转换中，采样率的比值为 48kHz/44.1kHz = 160/147。这就应该先做 $L=160$ 的插值，把采样率提高到 7056kHz；再做 $M=147$ 的抽取，把采样率降至 48kHz（当插值率和抽取率太大时，应采用多级的方法，这在稍后说明）。

图 10.3 表示采样率转换的全过程。在图 10.3a 中，由于两个低通滤波器 $h_1(k)$ 和 $h_2(k)$

是直接相连的，且有相同的采样率，就可以合并成一个滤波器，如图 10.3b 所示。合并后滤波器的截止频率等于两个滤波器中的低者。

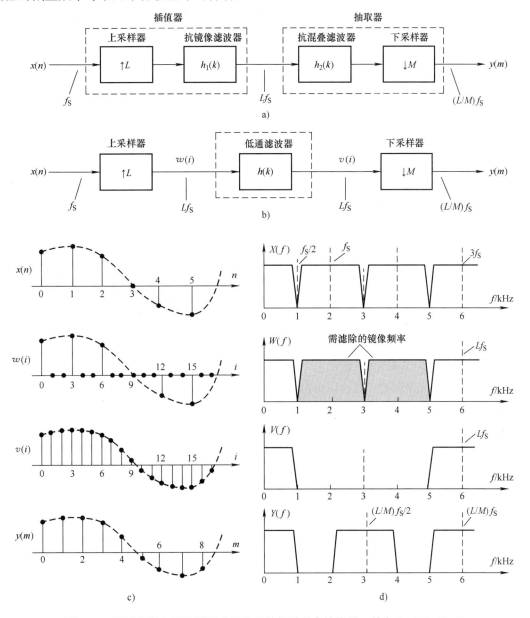

图 10.3　用插值器和抽取器组成的非整数倍采样率转换器，其中 $L=3$ 和 $M=2$

图 10.3c 和 d 分别从时域和频域来说明 $L/M=3/2$ 的采样率转换。这样的采样率转换也可叫作 $L=1.5$ 的插值。操作过程如下：先对图 10.3c 中的 $x(n)$［频率谱为图 10.3d 中的 $X(f)$］做 $L=3$ 的插值，即每两个样点之间插入 2 个零样点，得到 $w(i)$［频率谱为图 10.3d 中的 $W(f)$］；然后经过抗镜像低通滤波器产生 $v(i)$［频率谱为图 10.3d 中的 $V(f)$］。最后，对 $v(i)$ 做 $M=2$ 的抽取，即每两个样点中保留一个，扔掉一个，得到图 10.3c 中的 $y(m)$，频率谱为图 10.3d 中的 $Y(f)$。而采样率已从原先的 2kHz 升至 $y(m)$ 的 3kHz。这就完成了

$L=1.5$ 的插值操作。

上面图 10.3d 中使用了先插值后抽取的采样率转换顺序。如果反过来，先抽取后插值，那么在做 $M=2$ 抽取时，频率谱 $X(f)$ 中从 $0.5\sim1\mathrm{kHz}$ 的频率成分将无法保留（这些频率成分必须先用抽取滤波器滤除，才可避免频率混叠）。这就说明先插值后抽取的采样率转换顺序是正确的。而先抽取后插值的采样率转换顺序，有时会损失信号中原本可以保留的高频成分（注：在 DSP 中，略低于 $f_\mathrm{s}/2$ 的频率区被称为高频区，靠近直流的频率区被称为低频区）。

## 10.5　多级抽取器

上面讨论的抽取和插值都是一步完成的。但当抽取率 $M$ 或插值率 $L$ 很大时，就需要很复杂的滤波器（因过渡带很窄）。下面是这样的一个例子。

【例题 10.1】　需要对采样率为 2048Hz 的数字信号 $x(n)$ 进行 $M=32$ 的抽取，以得到采样率为 64Hz 的信号。假设抗混叠数字滤波器的通带从 $0\sim30\mathrm{Hz}$，阻带从 $32\sim1024\mathrm{Hz}$，再假设通带纹波为 0.01dB 和阻带纹波小于 $-80\mathrm{dB}$。要求设计一个单级抽取器。

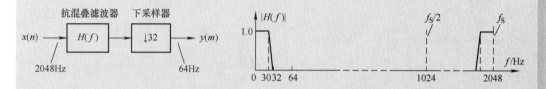

图 10.4　用单级抽取器实现 $M=32$ 的抽取操作

**解**：图 10.4 表示这样一个单级抽取器的组成和抗混叠滤波器的频率响应要求。从图中的频率曲线看，这是一个窄带低通滤波器，一定会有很长的冲击响应（窄带滤波器是最难做的，包括窄带低通、带通和带阻滤波器）。为缩短冲击响应长度，我们用等纹波法设计。

根据滤波器的指标要求，可以确定下述数据：

① 归一化过渡带宽度 $\Delta f=(32-30)/2048=0.000977$；

② 由通带纹波为 0.01dB 算出 $\delta_\mathrm{p}=0.00115$；

③ 由阻带纹波 $-80\mathrm{dB}$ 算出 $\delta_\mathrm{s}=0.0001$ [①中的 32Hz 也可改用 34Hz，这样算出的 $\Delta f$ 会宽一倍，使滤波器指标稍有宽松（见第 3.6 节）。本章下面将使用这种宽一倍的过渡带宽度]。

用 FIR 数字滤波器中最节省的等纹波设计法，估算出的滤波器长度 $N=2153$。显然，这个 $N$ 值太大了。这样的单级抽取器的抗混叠低通滤波器是难以实现的。

　　为此，一般都会用多级抽取器的方法。这样的好处是，由于过渡带可以变得很宽，每一级的抗混叠（或抗镜像）滤波器都有很宽松的指标要求，因而可以用比较简单的滤波器。本节讨论多级抽取器的一般结构和设计方法。下一节讨论多级插值器的一般结构和设计方法。

## 10.5.1　一般结构

　　图 10.5 表示多级抽取器的一般结构。它由 I 级组成，总抽取率 M 可表示为

$$M = M_1 M_2 M_3 \cdots M_1 \tag{10.5}$$

式中，$M_1$ 为第 1 级的抽取率；$M_2$ 为第 2 级的抽取率等。抽取器中的每一级都是一个独立的抽取器，而且都由一个抗混叠低通滤波器和一个下采样器组成。第 I 级的输入采样率为 $f_{S(I-1)}$，输出采样率为 $f_{SI}$。总的采样率则从输入信号 $x(n)$ 的 $f_S$ 逐步降低到输出信号 $y(m)$ 的 $f_S/M$。

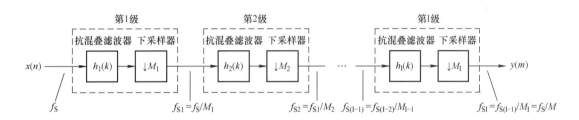

图 10.5　多级抽取器的一般结构

## 10.5.2　抽取滤波器的类型选择

　　从图 10.5 看，下采样器的操作很简单，只需去掉一些样点。所以多级抽取器的性能优劣主要取决于抗混叠低通滤波器的性能。

　　从滤波器的类型看，IIR 和 FIR 数字滤波器都可以使用，但一般都会使用 FIR 数字滤波器；因为在采样频率转换中，FIR 数字滤波器的滤波效率可以达到甚至超过 IIR 数字滤波器，这与一般信号处理系统中的情况有所不同（在一般的信号处理系统中，IIR 数字滤波器的滤波效率要优于 FIR 数字滤波器。这个优劣的评判标准是，在相同滤波效果的前提下比较两者的计算量和存储量，而计算量和存储量的大小都大致与滤波器系数的个数成正比）。除此之外，FIR 数字滤波器还有许多有用的性质，比如线性相移、有限字长效应小、无条件稳定和实现起来比较简单等优点。FIR 数字滤波器的另一个优点是，滤波器的内部变量有很小和非常确定的变化范围（也称变量的动态范围）。所以在下面的讨论中，我们只考虑 FIR 数字滤波器的设计，尤其是等纹波的设计方法。本节讨论的内容同样适用于插值滤波器。

### 10.5.3　多级抽取器的设计

多级抽取器的设计包括：

1）确定总的抗混叠滤波器的指标要求；

2）确定最佳的抽取级数；

3）确定每一级的抽取率；

4）为每一级设计一个抗混叠低通滤波器。

#### 10.5.3.1　确定滤波器的总体指标

本小节说明滤波器的总体指标。为便于说明，我们使用图 10.6 中的实际数据。图 10.6a 表示信号原先的幅值谱，信号的采样率 $f_S = 600\text{Hz}$，信号中最高频率分量的频率为 $f_N = 60\text{Hz}$。我们的目标是做 $M = 3$ 的抽取，把信号的采样率降低至 200Hz。

图 10.6b 表示抽取滤波器的幅值响应。滤波器的采样率为 $f_S = 600\text{Hz}$，所以滤波器可处理的有效频率区是从 $0 \sim f_S/2 = 300\text{Hz}$，且被划分为通带、过渡带和阻带三个区域。其中，通带从 $0 \sim f_P = f_N = 60\text{Hz}$；阻带的起始频率 $f_{SS} = f_S/M - f_P = 200 - 60 = 140\text{Hz}$，因为从图 10.6b 和图 10.6c 看，只要阻带从 140Hz 开始，就可以使下采样时不发生通带内的频率混叠。所以，阻带可以从 $140 \sim 300\text{Hz}$，而过渡带从 $60 \sim 140\text{Hz}$，如图 10.6b 中所示（前面图 10.4 中曾提到过渡带宽窄的问题，这里使用较宽的选择。但也有人会选择过渡带从 $60 \sim 100\text{Hz}$，使过渡带宽度减半。两种选择都可以，都不会对信号产生频率混叠）。

图 10.6c 表示完成下采样后的信号幅值谱。此时，信号的可处理频率区被缩小到了从 $0 \sim f_S/(2M) = 100\text{Hz}$，而信号的通带仍为 $0 \sim 60\text{Hz}$。比较图 10.6a 和 c，可以看出抽取器的作用：在保持信号谱形不变的前提下，把采样率下降到了原先的 $1/M$（即 1/3）。

总起来说，抽取滤波器应该有下述总体指标：通带宽度从 $0 \sim f_P$，过渡带宽度从 $f_P \sim f_S/M - f_P$ ［也可以选择从 $f_P \sim f_S/(2M)$］，阻带宽度从 $f_S/M - f_P \sim f_S/2$ ［也可以选择从 $f_S/(2M) \sim f_S/2$］。此外，还需指定通带纹波 $\delta_p$ 和阻带纹波 $\delta_s$。需要知道，滤波器过渡带宽度是滤波器设计中的重要参数，它与 $\delta_p$ 和 $\delta_s$ 合起来决定了 FIR 数字滤波器的冲击响应长度（在模拟滤波器设计中，过渡带宽度决定了滤波器的阶数）。

#### 10.5.3.2　确定抽取器的级数和各级的抽取率

与单级抽取器相比，多级抽取器在计算量和存储量方面都有极大地节省；而这种节省与抽取器的级数以及每一级的抽取率的选择有关。由于滤波器的存储量和计算量大致与滤波器的长度 $N$ 成正比，将用滤波器的长度 $N$ 来衡量存储量和计算量的多少。

确定抽取器的级数和每一级的抽取率，不是件容易事。好在，实际抽取器的级数很少有超过 3 级或 4 级的。此外，对于一定的总抽取率 $M$，也只有为数不多的几种整数组合。所以，行之有效的方法是，确定出 $M$ 的所有整数因子，并用这些整数因子组成所有可能的抽取率组合，然后计算各种组合的计算量或存储量。最后通过比较，找出最有效的或最想要的抽取率组合。

最后，根据理论和实际计算的结果，我们给出最佳的多级抽取器的特点：由三级或两级组成，抽取率应逐级下降，第一级的抽取率应尽可能大，最后一级的抽取率应尽可能小，一般取 2 或 3。

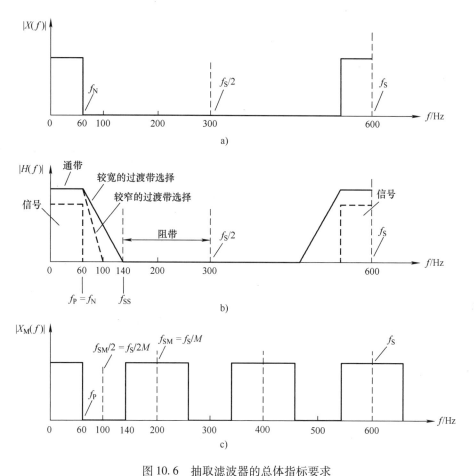

图 10.6　抽取滤波器的总体指标要求

a）抽取前的信号幅值谱　b）抽取滤波器的幅值响应　c）抽取后的信号幅值谱

**【例题 10.2】**　信号 $x(n)$ 的采样率为 96kHz。现在想用抽取器把它的采样率降到 1kHz。抽取后需保留的最高频率分量为 450Hz。假设使用 FIR 等纹波滤波器，滤波器总的通带纹波 $\delta_p = 0.01$，总的阻带纹波 $\delta_s = 0.001$。滤波器的长度 $N$ 可以用 FIR 滤波器的等纹波法来估算。要求设计一个高效的抽取器。

**解：**抽取器的总抽取率 $M = 96$。对于单级抽取器，已在前面【例题 10.1】中讨论过，并算得 $N = 2153$。所以，本例题只需分析 $I = 2$ 和 $I = 3$ 两种情况，然后比较三种抽取器的 $N$ 值，选择其中的最佳抽取器结构。这里有一点需要注意：总的通带纹波 $\delta_p$ 应在各级之间平分，因为通带纹波是随各级滤波而累加的。对于阻带纹波，前级的纹波是被后级衰减的，所以每一级的阻带纹波都应该等于总的阻带纹波 $\delta_s$。

对于两级抽取器，可以根据本节上面的最佳多级抽取器特点，确定出最佳抽

取率为 $M_1 = 48$ 和 $M_2 = 2$。第一级把采样率降低到 $1/48$，变成 2kHz，第二级再把采样率降低到 1kHz。这个两级抽取器的结构以及滤波器的幅值响应、指标要求和计算结果都示于图 10.7 中。算出的滤波器长度分别为 $N_1 = 239$ 和 $N_2 = 55$。

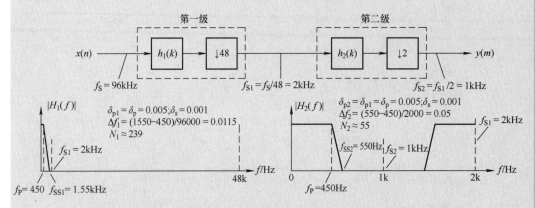

图 10.7　两级抽取器的结构以及滤波器的幅值响应、指标要求和计算结果

图 10.7 中的两个过渡带是这样确定的。对于第 1 级，抽取率 $M_1 = 48$，所以过渡带从 450 ~ 1.55kHz。这个 1.55kHz 就是第 1 抽取级输出端的采样率 2000Hz 减去信号带宽 450Hz，即 $f_{S1} - f_P = 2000 - 450 = 1.55$kHz。对于第 2 级，抽取率 $M_2 = 2$，所以过渡带从 450 ~ 550Hz。这个 550Hz 就是第 2 抽取级输出端的采样率 1000Hz 减去信号带宽 450Hz，即 $f_{S2} - f_P = 1000 - 450 = 550$Hz。

我们可以对过渡带的宽度归纳为：过渡带开始于信号带宽 $f_P$，结束于本级输出端的采样率减去信号带宽 $f_P$。对于这里的第一级，过渡带结束于 $f_{S1} - f_P$；第二级的过渡带结束于 $f_{S2} - f_P$。

对于三级抽取器，可以有多种抽取率组合。我们选择 $M_1 = 8$、$M_2 = 6$ 和 $M_3 = 2$（也可以选择 $M_1 = 16$、$M_2 = 3$ 和 $M_3 = 2$ 等）。采样率依次从 96kHz 降低到 12kHz、2kHz 和 1kHz。这个三级抽取器的结构以及滤波器的幅值响应、指标要求和计算结果都示于图 10.8 中。算出的滤波器长度分别为 $N_1 = 26$、$N_2 = 32$ 和 $N_3 = 58$。

关于过渡带宽度的计算，与上面单级和两级抽取器的一样，即过渡带宽度等于本级输出端的采样率减去两倍的信号带宽，即 $f_{SI} - 2f_P$。根据这个算法，三级抽取器的过渡带宽度分别为 11100Hz、1100Hz 和 100Hz。

表 10.1 对三种抽取器的存储量和计算量进行了比较。从表中可以清楚地看出，多级抽取器比单级抽取器在存储量和计算量方面都有大幅减小。原因是，多级抽取器中的各级抗混叠低通滤波器可以有很宽的过渡区，这使滤波器的长度 $N$ 变得很短。总的来说，从单级到二级，可以有最大的存储量和计算量节省。从二级到三级也有较大的存储量和计算量节省。但如果从三级到四级，存储量和计算

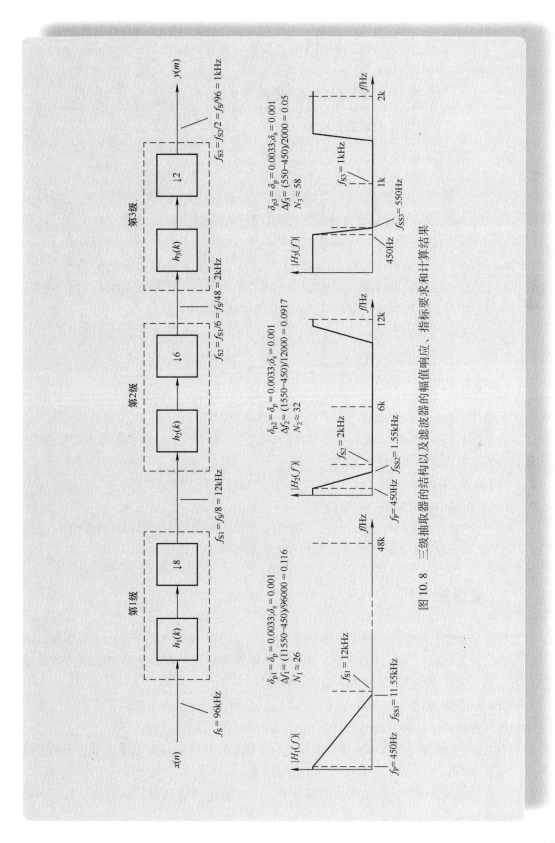

图 10.8　三级抽取器的结构以及滤波器的幅值响应、指标要求和计算结果

量就不会有太多节省，有时甚至会增加。所以，由于实现的复杂性随级数的增加而增加，在存储量、计算量、硬件和软件等多方面综合考虑之后，三级抽取器通常是最有效的。

表 10.1　三种抽取器的存储量和计算量比较

| 抽取器 | 抽取率组合 | 滤波器长度（$N_1 + N_2 + N_3$） | 存储量和计算量（$N_1 + N_2 + N_3$） |
|---|---|---|---|
| 单级 | 96 | 2153 | 2153 |
| 两级 | $32 \times 3$ | $239 + 55$ | 294 |
| 三级 | $8 \times 6 \times 2$ | $26 + 32 + 58$ | 116 |

最后想说明一点。上面假设滤波器的计算量和存储量是与滤波器的长度 $N$ 成正比的，但实际上还与滤波器的采样率成正比。所以滤波器的计算量应该用滤波器的长度 $N$ 与采样率 $f_S$ 的乘积来衡量。由于在抽取过程中采样率是在不断下降的，所以计算量也是在不断下降的（从这一点看，第一级很大的抽取率也是非常有利的）。这不但不会影响而且会有利于上面对多级抽取器的结论。

### 10.5.4　多级抽取器总结

本节从总体上讨论了抽取滤波器的主要参数，包括过渡带的宽度，以及通带和阻带内的纹波。这些参数有的是已知的，有的是要导出的。然后，本节根据理论和实际的计算结果，给出了多级抽取器设计的一般性原则：

1）当抽取器的抽取率很大（比如超过 20）时，应该采用多级抽取器的方法；

2）多级抽取器一般取两级或三级；

3）第一级的抽取率应尽可能大，最后一级的抽取率应尽可能小，可以选择 2 或 3。

4）对于多级抽取器中的滤波器，通常选用 FIR 等纹波滤波器。

## 10.6　多级插值器

多级插值器的分析和设计是与多级抽取器相似的。比如，多级插值器中的上采样器是简单的，所以抗镜像滤波器是设计的重点。再有，抗镜像滤波器的指标主要考虑过渡带的宽度，以及通带和阻带内的纹波。但两者也有两点不同：

1）多级插值器的插值率的顺序正好与多级抽取器相反，即在多级插值器中，第一级的插值率应尽可能小，可以取 2 或 3，最后一级的插值率应尽可能大。

2）对抗镜像滤波器的指标要求没有抗混叠滤波器那样严格，因为镜像频率总是高于信号频率（见图 10.2c），一般不会对信号产生频率混叠。

所以，插值滤波器可以比抽取滤波器简单些。下面用【例题 10.3】来说明单级、两级和三级插值滤波器的设计过程。

**【例题 10.3】** 信号 $x(n)$ 最高频率分量的频率为 450Hz，采样率为 1kHz。现在要用插值器把它的采样率提高到 96kHz。滤波器的总通带纹波 $\delta_p = 0.01$，总阻带纹波 $\delta_s = 0.001$，并使用 FIR 等纹波滤波器。要求设计一个高效的插值器。

**解：** 插值器的总插值率 $L = 96\text{kHz}/1\text{kHz} = 96$。我们也来分析 $I = 1$、2 和 3 三种情况，并通过比较它们的 $N$ 值，选择最有效的插值器。滤波器的长度 $N$ 也可以用 FIR 等纹波滤波器来估算。通带纹波 $\delta_p$ 需在各级之间平分，各级的阻带纹波都应等于总的阻带纹波 $\delta_s$。

对于单级插值器，过渡带从 450 ~ (1000 − 450 = 550) Hz，所以过渡带宽度为 (550 − 450) Hz = 100Hz。用等纹波设计法算出的滤波器长度 $N = 2056$；与前面图 10.4 中单级抽取器的情况相近。

对于两级插值器，可以借用前面两级抽取器中的数据，即使用 $L_1 = 2$ 和 $L_2 = 48$（顺序相反）。第一级把采样率提高到 2kHz，第二级再把采样率提高到 96kHz。这个两级插值器的结构以及滤波器的幅值响应、指标要求和计算结果都示于图 10.9 中。

对于第一插值级，过渡带从 450 ~ 550Hz，过渡带宽度为 100Hz。对于第二插值级，过渡带从 450 ~ (2000 − 450 = 1550) Hz，过渡带宽度为 1100Hz。这样算出的滤波器长度分别为 $N_1 \approx 55$ 和 $N_2 \approx 239$；与前面图 10.7 中的二级抽取器一样。

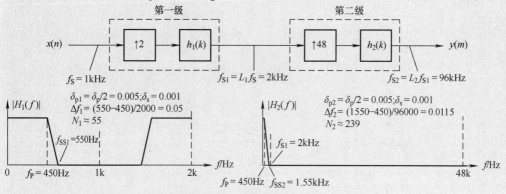

图 10.9 两级插值器的结构以及滤波器的指标要求和计算结果

对于三级插值器，我们也借用前面三级抽取器的数据，即 $L_1 = 2$、$L_2 = 6$ 和 $L_3 = 8$。插值器的结构以及滤波器的幅值响应曲线、特性要求和计算结果都示于图 10.10 中。

对于第一插值级，过渡带从 450 ~ (1000 − 450 = 550) Hz，过渡带宽度为 100Hz。对于第二插值级，过渡带从 450 ~ (2000 − 450 = 1550) Hz，过渡带宽度为 1100Hz。对于第三插值级，过渡带从 450 ~ (12000 − 450 = 11550) Hz，过渡带宽度为 11100Hz。这样算出的滤波器长度分别为 $N_1 = 60$、$N_2 = 30$ 和 $N_3 = 25$，与前面图 10.8 中的三级抽取器大致相同。

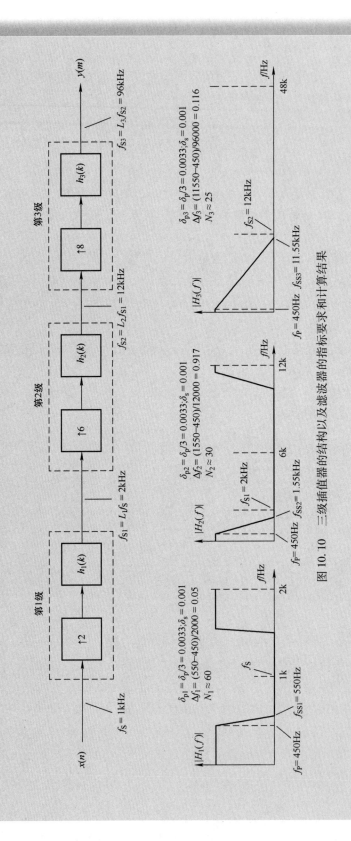

图 10.10　三级插值器的结构以及滤波器的指标要求和计算结果

表 10.2 对三种插值器的存储量和计算量进行了比较。从表中看，多级插值器比单级插值器在存储量和计算量方面有大幅减小。这个结果与抽取器是一样的。其中的主要原因也是过渡带的宽度。当多级插值器的级数为两级或三级时，可以有最少的计算量。而且，第一插值级的插值率应该取最小，通常取 2 或 3，最后一级的插值率应尽可能大。这个顺序刚好与抽取器相反。

**表 10.2　三种插值器的存储量和计算量比较**

| 级数 | 插值率 | 滤波器长度（$N_1 + N_2 + N_3$） | 存储量和计算量（$N_1 + N_2 + N_3$） |
|------|--------|------------------------------|--------------------------------|
| 1 | 96 | 2056 | 2056 |
| 2 | $2 \times 48$ | $55 + 239$ | 294 |
| 3 | $2 \times 6 \times 8$ | $60 + 30 + 25$ | 115 |

## 10.7　多级采样率转换器的时域操作

本章前面的第 10.1 节和第 10.2 节分别讨论了单级抽取器和单级插值器的时域操作。本节说明多级抽取器和多级插值器的时域操作。

### 10.7.1　多级抽取器的时域操作

本小节讨论信号是如何在多级抽取器中传递的。为便于说明，本小节使用具体的两级抽取器，如图 10.11 所示。图中，第一级的抽取率 $M_1 = 5$ 和滤波系数长度 $N_1 = 5$；第二级的抽取率 $M_2 = 3$ 和滤波系数长度 $N_2 = 3$（这里的两个滤波系数长度只是用作举例，实际的滤波系数都会长很多）。

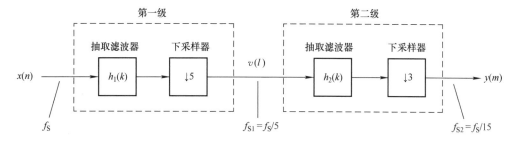

图 10.11　两级抽取器的框图结构，抽取器的参数为：$M_1 = 5$、$N_1 = 5$ 和 $M_2 = 3$、$N_2 = 3$

图 10.12 表示两级抽取器的结构实现。对于输入信号 $x(n)$ 的每一个样点，第一滤波级都会输出一个样点。但只有当输出满 5 个样点时，下采样器 $M_1$ 才输出其中一个样点作为 $v(l)$ 的一个样点。同样，只有当第二滤波级的输出满 3 个样点时，下采样器 $M_2$ 才输出其中的一个样点作为 $y(m)$ 的一个样点。

由于第一滤波级的 5 个输出样点中只有一个样点是有用的，其他 4 个样点都是被去掉的，所以第一滤波级完全不必计算这 4 个输出样点，而只需将输入样点移位 4 次。这可以节

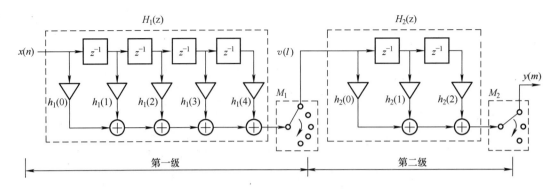

图 10.12　两级抽取器的结构实现

省大约 4/5 的计算量。同样，第二抽取级也只需对每 3 个输出样点计算其中的一个样点。这可以节省大约 2/3 的计算量。这样的计算量节省是 FIR 数字滤波器所特有的，IIR 数字滤波器是做不到的，因为 IIR 数字滤波器是有反馈的，计算每一个输出样点都要用到过去的输出样点。前面曾提到：FIR 数字滤波器的滤波效率可以达到甚至超过 IIR 数字滤波器，就是这个意思。

如果抽取滤波器是线性相位的 FIR 数字滤波器，可以容易地计算它对信号的延迟。比如在图 10.12 中，如果 $H_1(z)$ 是线性相位的，即滤波系数 $h(k)$ 是关于 $h(2)$ 偶对称的，它会使信号有 2 个样点时间的延迟。如果 $H_2(z)$ 也是线性相位的，则会有 1 个样点时间的延迟。所以，这个两级抽取器对信号的总时间延迟应该等于（$2 \times T_1$）+（$1 \times T_2$）=（$2 \times T_1$）+（$5 \times T_1$）= $7T_1$，其中 $T_1$ 和 $T_2$ 分别为第一级和第二级的采样周期，且 $T_2 = 5T_1$。

## 10.7.2　多级插值器的时域操作

本小节讨论信号是如何在多级插值器中移动的。为便于说明，本小节也使用具体的两级插值器，如图 10.13 所示。图中，第一级的插值率 $L_1 = 3$ 和滤波系数长度 $N_1 = 3$；第二级的插值率 $L_2 = 5$ 和滤波系数长度 $N_2 = 5$。

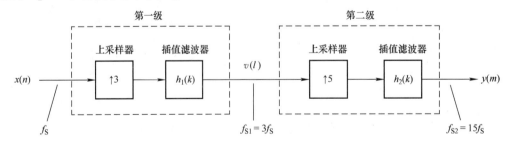

图 10.13　两级插值器的框图，插值器有参数：$L_1 = 3$、$N_1 = 3$ 和 $L_2 = 5$、$N_2 = 5$

图 10.14 表示这个两级插值器的结构实现。对于输入信号 $x(n)$ 的每一个样点，第一级的上采样器 $L_1$ 插入 2 个零样点，然后滤波器 $H_1(z)$ 依次对这些样点进行抗镜像滤波，并产生 $v(l)$ 的 3 个样点，作为第一插值级的输出。同样，对于信号 $v(l)$ 的每一个样点，第二级的上采样器 $L_2$ 插入 4 个零样点，然后滤波器 $H_2(z)$ 依次对这些样点进行抗镜像滤波，产生 $y(m)$ 的 5 个样点，作为第二插值级的输出。这也是两级插值器的输出。

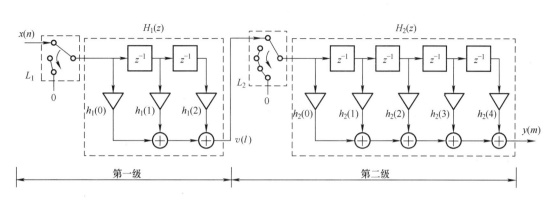

图 10.14　两级插值器的结构实现

与抽取器不同的是，插值器中的每一个样点都需要做滤波计算，因为所有的样点都是有用的。此外，如果插值滤波器是线性相位的，也可以计算它对信号的延迟，而且这个延迟是与上面的多级抽取器相似的。在图 10.14 中，从输入到输出的总时间延迟等于 $1 \times T_1 + 2 \times T_2 = 5T_2 + 2 \times 5T_1 = 7T_2$，其中 $T_1$ 和 $T_2$ 分别为第一级和第二级的采样周期，且 $T_1 = 5T_2$。

## 10.8　小结

本章讨论了多速率系统的三方面内容：

1）抽取器和插值器的基本概念，即两者是通过有规律地去掉或插入一些样点来改变采样率的。由于去掉样点会产生频率混叠，而插入样点会产生镜像频率，所以要用数字低通滤波器来滤除频率混叠成分和镜像频率成分。经过低通滤波后，抽取器和插值器的操作就会准确无误。

2）对于非整数倍的抽取或插值，可以把总的抽取率或插值率表示为一个整数分式，然后用先插值后抽取的方法来完成抽取或插值。

3）在做采样率转换时，如果抽取率或插值率很大，就应该用多级方法，即用两级或三级串联来实现。这样的好处是使每个滤波级有较宽的过渡带，以缩短滤波器的冲击响应长度 $N$。对于多级抽取器，第一级的抽取率应尽量大，最后一级的抽取率可以用 2 或 3。对于多级插值器，刚好相反，第一级的插值率可以用 2 或 3，最后一级的插值率应尽量大。

# 第 11 章 返回连续时域

数字信号中的大多数都要转换成模拟信号后才可被使用，比如音视频信号。本章说明数字信号是如何从离散时域返回到连续时域的。这个过程叫作重构，有"重新构建模拟信号"的意思。与采样操作一样，模拟信号的重构也有理论上和实际上的两种方法，下面来分别说明。

## 11.1 理论上的重构

理论上的重构是理想采样的逆过程。在第 3.3 节的理想采样中，我们用无数个相互间隔时间 $T$ 的 $\delta$ 函数叠加起来，组成了理想采样信号 $p(t)$，然后用理想采样信号 $p(t)$ 去乘被采样信号 $x(t)$，就完成了理想采样操作，并得到已采样信号 $x_S(t)$（见图 3.8）；而已采样信号 $x_S(t)$ 就可以看成是离散时域信号了。

把理想采样操作在时间上倒转过来，就得到理论上的重构操作。这可以用图 11.1 来说明。其中，图 11.1a 表示理论上的重构操作过程：先用理想 DAC 把数字信号 $x(n)$ 转换成冲击信号 $x_S(t)$，然后用理想模拟低通重构滤波器把冲击信号 $x_S(t)$ 转换成原先的模拟信号 $x(t)$〔这里的冲击信号 $x_S(t)$ 对应于理想采样操作中的已采样信号〕。下面从频域和时域两方面做进一步说明。

图 11.1b 从频域上解释理论上的重构过程。图 11.1b 左边表示：图 11.1a 中的已采样信号 $x_S(t)$ 的频率谱 $X_S(f)$ 是由无数个被采样信号 $x(t)$ 的频率谱组成的，其中每两个相邻频谱之间的间隔都等于采样率 $f_S$。这也是图 11.1a 中数字信号 $x(n)$ 的频率谱〔数字信号 $x(n)$ 与已采样信号 $x_S(t)$ 有相同的频率谱，因为已采样信号 $x_S(t)$ 已经是离散时域信号了。但另一方面，已采样信号 $x_S(t)$ 又可看作连续时域信号；或者说，已采样信号 $x_S(t)$ 是离散时域和连续时域之间联系的桥梁，离散时域和连续时域就是通过已采样信号 $x_S(t)$ 而相互关联和转换的〕。当把 $X_S(f)$ 输入到图 11.1b 中的理想模拟低通重构滤波器后，由于理想模拟低通重构滤波器的截止频率等于 $f_S/2$，所以 $X_S(f)$ 的无数个频率谱中只有中间的频率谱 $X(f)$ 才能到达理想模拟低通重构滤波器的输出端，而 $X(f)$ 就是 $x(t)$ 的频率谱。这就完成了理论上从数字信号 $x(n)$ 返回到模拟信号 $x(t)$ 的重构过程。

图 11.1c 从时域上解释数字信号 $x(n)$ 的重构过程。在图 11.1c 中，1 就是图 11.1a 中的已采样信号 $x_S(t)$，在图 11.1a 中，它由数字信号 $x(n)$ 通过理想 DAC 转换而成；2 表示

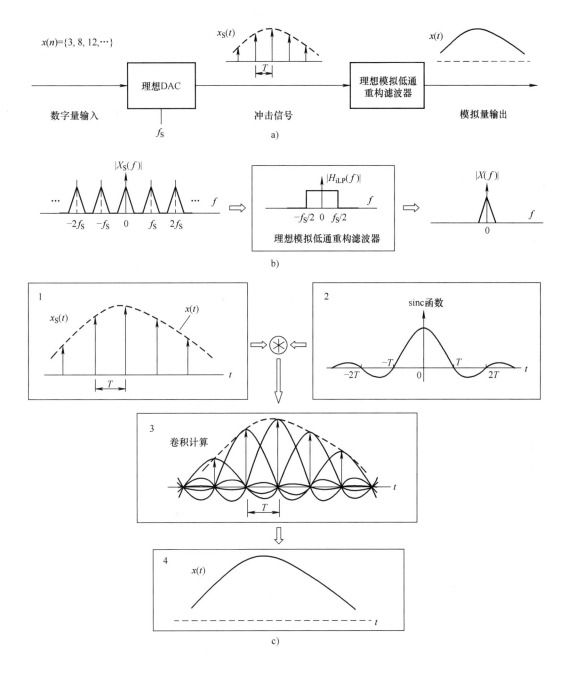

图 11.1　理论上的重构

a) 重构过程　b) 频域相乘　c) 时域卷积

图 11.1b 中理想模拟低通重构滤波器的单位冲击响应，这是一个 sinc 函数；3 表示对 1 中的 $x_S(t)$ 和 2 中的 sinc 信号做卷积的过程，而卷积的结果，就是还原出 4 中原先的模拟信号 $x(t)$。

不过，上面从频域和时域的解释都是理论上的事，因为图 11.1 中的理想 DAC 和理想模拟低通重构滤波器都是无法实现的。在所有的实际系统中，使数字信号返回到连续时域，都是通过实际的 DAC 完成的。这是下面要讨论的。

## 11.2  实际的重构

图 11.2 表示数字信号返回到连续时域的实际做法，这就是用实际 DAC 和实际模拟低通重构滤波器的方法。图中的实际 DAC 由理想 DAC 和零阶保持器两部分组成。其中的理想 DAC 把数字信号 $x(n)$ 变成冲击信号 $x_S(t)$，这与图 11.1a 中的理想 DAC 相同；而零阶保持器则把冲击信号变成阶梯电压波 $x_{zoh}(t)$（下标 zoh 是零阶保持的意思）。最后用实际模拟低通重构滤波器滤除阶梯电压波中的高频镜像成分，还原出非常接近原先模拟信号的重构模拟信号 $x_r(t)$。下面来具体说明。

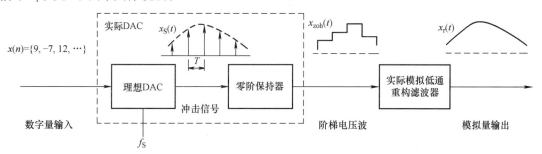

图 11.2  实际的重构过程

### 11.2.1  零阶保持器

图 11.2 中的实际 DAC，除了理想 DAC 外，还包含了一个零阶保持器。图 11.3 表示零阶保持器的功能。这就是，用一条水平直线对每个输入样点保持一个样点时间 $T$。图 11.3b 表示零阶保持器的单位冲击响应。而实际 DAC 的输出就是图 11.3a 中的 $x_{zoh}(t)$（也如图 11.2 所示）。显然，阶梯电压波 $x_{zoh}(t)$ 与原先的模拟信号 $x(t)$ 有很大的差异。下面来说明其中的原因。

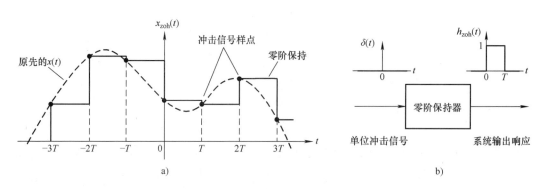

图 11.3  零阶保持器的功能

a）把冲击信号 $x_S(t)$ 变成阶梯电压波 $x_{zoh}(t)$  b）单位冲击响应

先把图 11.3b 中的冲击响应 $h_{zoh}(t)$ 分解为两个单位阶跃信号之叠加，如图 11.4a 中的虚线所示［图中的实线为 $h_{zoh}(t)$］。由此，零阶保持器的冲击响应 $h_{zoh}(t)$ 可表示为

$$h_{zoh} = u(t) - u(t - T) \tag{11.1}$$

式中，后面的单位阶跃信号 $-u(t-T)$ 是负向的，而且比 $u(t)$ 延迟了一个 $T$ 时间；$T$ 为采样周期。

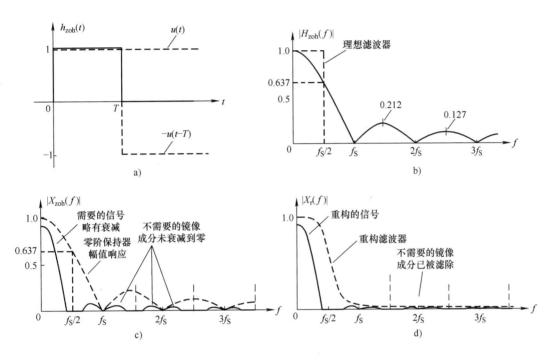

图 11.4　零阶保持器的频域分析

a) 把时域响应 $h_{zoh}(t)$ 分解为两个单位阶跃信号　b) 零阶保持器的幅值响应 $|H_{zoh}(f)|$

c) 零阶保持器输出信号的幅值谱 $|X_{zoh}(f)|$　d) 抗镜像滤波后的重构输出信号的幅值谱 $|X_r(f)|$

对式（11.1）两边分别取拉普拉斯变换，由于单位阶跃信号的拉普拉斯变换为 $1/s$，式（11.1）变为

$$H_{zoh}(s) = \frac{1}{s} - \frac{e^{-sT}}{s} = \frac{1 - e^{-sT}}{s} \tag{11.2}$$

式中，$e^{-sT}$ 表示连续时域中的时延 $T$。

用 $j\omega$ 代替 $s$ 就得到零阶保持器的频率响应

$$H_{zoh}(j\omega) = \frac{1 - e^{-j\omega T}}{j\omega} = \frac{1}{j\omega}\left[ e^{-j\omega T/2} \left( e^{j\omega T/2} - e^{-j\omega T/2} \right) \right] = \frac{T e^{-j\omega T/2}}{\omega T/2} \left( \frac{e^{j\omega T/2} - e^{-j\omega T/2}}{2j} \right)$$

$$= T e^{-j\omega T/2} \frac{\sin(\omega T/2)}{\omega T/2} \tag{11.3}$$

式（11.3）结果中的第一项 $T$ 是常数项，它与后面的分式合起来组成幅值响应。第二项 $e^{-j\omega T/2}$ 为零阶保持器的相位响应。由于相移 $\omega T/2$ 与频率 $\omega$ 成正比，零阶保持器就是一个线性相位系统（线性相位系统见第 6.3.1 节）。相位 $\omega T/2$ 还可以用归一化频率 $\Omega$ 表示为

$\Omega/2$（归一化频率见第 5.4.2 节）。而且，当 $\omega$ 从 0 变化到 $\omega_S/2$ 时，相位 $\omega T/2$ 和 $\Omega/2$ 从 0 变化到 $\pi/2$。

如果想把相位 $\omega T/2$ 和 $\Omega/2$ 转换成时间，首先要明确两点：

1）这是指单一正弦量信号的相位；

2）当信号频率 $\omega$ 从 0 连续变化到 $\omega_S/2$ 时，相位总是在不断增加的，而且总保持与频率成正比；只有这样，才能保持时延不变。

比如，一个频率为 10Hz 的正弦信号有 36° 的相位，这个 36° 对应于 $(36°/360°) \times 100\text{ms} = 10\text{ms}$ 的时延。但如果频率为 20Hz 的正弦信号同样有 36° 的相位，这个 36° 对应于 $(36°/360°) \times 50\text{ms} = 5\text{ms}$ 的时延。这就不是线性相位。但如果频率增加一倍，相位也增加一倍，变成 72°。因为这个 72° 的相位对应于 $(72°/360°) \times 50\text{ms} = 10\text{ms}$ 的时延；这与 10Hz 正弦信号的 36° 相移有相同的时延。这就是线性相位。

我们真正感兴趣的是第三项，它是零阶保持器的幅值响应。这个幅值响应具有 $\sin x/x$ 的形式，所以是一个 sinc 函数。它的幅值响应如图 11.4b 所示：当 $f = 0$ 时达到最大值 1，然后随频率的增加逐渐趋于零，且在 $\omega T/2 = n\pi$ 即 $f = nf_S$（$n = 1, 2, 3, \cdots$）的频率点上，幅值到达零。

图 11.4c 表示零阶保持器输出信号的幅值谱 $|X_{\text{zoh}}(f)|$。从图中可知，通带内的信号略有衰减，并在频率到达 $f_S/2$ 时有大约 0.637 或 $-3.93\text{dB}$ 的最大衰减量。不过，主要的误差来自 $f > f_S/2$ 的那些高频分量。这些高频分量被称为镜像成分（见第 10.2 节），是在最初的采样操作时形成、并一直存在于数字信号中的（见图 3.16f）。零阶保持器对它们只能衰减而无法完全滤除，如图 11.4c 所示。这便产生了图 11.3a 中那样的阶梯波。

---

**小测试**：零阶保持器是线性相位系统吗？如果是，那么对信号有多大的时间延迟？答：是，$T/2$［解释：如果在图 11.3a 中，把阶梯波 $x_{\text{zoh}}(t)$ 中每条水平线的中点用折线连起来，就可看出 $T/2$ 的延迟］。

---

## 11.2.2 模拟低通重构滤波器

对于图 11.4c 中已被零阶保持器衰减了的高频镜像成分，通常都是靠后接一个接近理想幅值响应的模拟抗镜像低通滤波器（也称重构滤波器）来滤除的，如图 11.2 右边所示。经过模拟抗镜像低通滤波器之后的信号幅值谱如图 11.4d 所示，其中的高频镜像成分已被基本滤除。这样得到的重构模拟信号 $x_r(t)$ 会非常接近原先的模拟信号 $x(t)$。

对于零阶保持器引起的通带内信号的衰减（见图 11.4c），可以再后接一个模拟滤波器进行补偿（或者把补偿并入重构滤波器中），但也可以在 DAC 之前用数字滤波器作预校正。至此，我们把数字信号还原成了原先的模拟信号，即从离散时域返回到了连续时域；而模拟信号走过了完整的一周。

---

**小测试**：模拟低通重构滤波器的截止频率应该是多少？答：应该大于信号中的最高频率 $f_N$，且不可超过 $f_S/2$。

---

## 11.3　小结

由于大多数的数字信号都要返回到连续时域后才可以被使用，所以本章说明了把数字信号转换成模拟信号的重构操作。虽然可以有理论上的重构（对应于理论上的采样），但实际的重构都是依靠实际的 DAC 完成的。这就是，先用实际的 DAC 把数字信号变成模拟的阶梯电压波，然后用实际的模拟低通重构滤波器滤除阶梯电压波中的高频镜像成分，还原出非常接近原先模拟信号的重构模拟信号。总的来说，本章的内容对于理解离散时域信号和系统是非常重要的。没有这些知识，就做不到对离散时域信号的完整理解。

# 第 12 章　离散傅里叶变换

离散傅里叶变换（Discrete Fourier Transform，DFT）是指对一个长度为 $N$ 的离散时域序列 $x(n)$ 做傅里叶级数展开。这里有两个问题：

1）傅里叶级数展开是连续时域中的分析方法，如何用于离散时域序列 $x(n)$。

2）傅里叶级数展开的计算对象是定义在 $(-\infty, \infty)$ 时间范围内的周期信号，对于长度只有 $N$ 个样点的序列 $x(n)$ 如何与连续时域中的周期信号关联起来。

本章将回答这两个问题，然后导出 DFT 的定义式，并说明 DFT 的主要性质。

## 12.1　连续时域中的傅里叶级数展开

连续时域中的周期信号可以展开为傅里叶级数，而傅里叶级数中包含了无数个零相位的余弦函数和正弦函数。由于每一对同频率的余弦和正弦函数都可以合并为一个非零相位的余弦函数（或正弦函数），所以傅里叶级数也可表示为无数个非零相位的余弦函数（包括直流分量）之和。另外，根据欧拉恒等式，每个余弦函数都可以表示为一对正、负频率的复指数信号之和，所以傅里叶级数又可表示为无数对正、负频率的复指数之和

$$x(t) = \cdots + X(-2)e^{-j4\pi f_0 t} + X(-1)e^{-j2\pi f_0 t} + X(0) + X(1)e^{j2\pi f_0 t} + X(2)e^{j4\pi f_0 t} + \cdots$$

$$= \sum_{n=-\infty}^{\infty} X(n)e^{j2n\pi f_0 t} \tag{12.1}$$

式中，$x(t)$ 为连续时域中的周期信号；$X(n)$ 为傅里叶级数的系数，$X(n)$ 通常是一个复数，它的模和幅角用来表示上式中每一个复指数信号的幅值和相位；$f_0$ 为周期信号 $x(t)$ 的重复频率。下面的【例题 12.1】用来说明式（12.1）的导出。

> **小测试**：离散傅里叶变换（DFT）是与连续时域中的傅里叶变换相对应的。答：否，是与连续时域中的傅里叶级数展开相对应的。

> 【**例题 12.1**】　图 12.1a 表示连续时域中周期信号 $x_c(t)$ 的波形（下标 $c$ 表示连续时域）。$x_c(t)$ 由两个余弦信号 $x_{c1}(t)$ 和 $x_{c2}(t)$ 叠加而成。其中，$x_{c1}(t)$ 的振幅为 2、频率为 1kHz、相位为 $-45°$；$x_{c2}(t)$ 的振幅为 3、频率为 2kHz、相位为 30°。

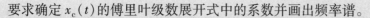

要求确定 $x_c(t)$ 的傅里叶级数展开式中的系数并画出频率谱。

**解**：周期信号 $x_c(t)$ 可表示为

$$x_c(t) = x_{c1}(t) + x_{c2}(t) \tag{12.2}$$

其中，

$$x_{c1}(t) = 2\cos\left[(2\pi \times 1000)t - \frac{\pi}{4}\right] \tag{12.3}$$

$$x_{c2}(t) = 3\cos\left[(2\pi \times 2000)t + \frac{\pi}{6}\right] \tag{12.4}$$

$x_{c1}(t)$ 和 $x_{c2}(t)$ 的时域波形分别示于图 12.1b 和 c 中。

根据式（12.1），写出 $x_c(t)$ 的傅里叶级数展开式

$$x_c(t) = X(-2)e^{-j4\pi f_0 t} + X(-1)e^{-j2\pi f_0 t} + X(1)e^{j2\pi f_0 t} + X(2)e^{j4\pi f_0 t} \tag{12.5}$$

式中，$f_0 = 1000\text{Hz}$，为 $x_c(t)$ 的重复频率；$X(-1)$ 和 $X(1)$ 两个系数来自 $x_{c1}(t)$；$X(-2)$ 和 $X(2)$ 两个系数来自 $x_{c2}(t)$。

现在来确定 $X(-1)$、$X(1)$ 和 $X(-2)$、$X(2)$ 四个系数的值。为此，先用欧拉恒等式把式（12.3）写成复指数形式

$$x_{c1}(t) = e^{j(2000\pi t - \pi/4)} + e^{-j(2000\pi t - \pi/4)} \tag{12.6}$$

或者

$$x_{c1}(t) = e^{-j\pi/4}e^{j2000\pi t} + e^{j\pi/4}e^{-j2000\pi t} \tag{12.7}$$

由式（12.7）确定式（12.5）中的 $X(-1)$ 和 $X(1)$

$$X(1) = e^{-j\pi/4} \tag{12.8}$$

$$X(-1) = e^{j\pi/4} \tag{12.9}$$

式（12.7）~式（12.9）表示：信号 $x_{c1}(t)$ 有两条谱线，分别位于 $\pm 1\text{kHz}$ 的频率点，幅值都等于 1，相位分别为 $-\pi/4$ 和 $\pi/4$。用这些数据画出的频率谱 $X_{c1}(f)$ 如图 12.1e 所示。

对于式（12.5）中的 $X(-2)$ 和 $X(2)$，可以用式（12.4）来确定。按照与 $x_{c1}(t)$ 相同的方法，写出 $x_{c2}(t)$ 的复指数形式

$$x_{c2}(t) = 1.5e^{j\pi/6}e^{j4000\pi t} + 1.5e^{-j\pi/6}e^{-j4000\pi t} \tag{12.10}$$

从式（12.10）确定式（12.5）中的 $X(-2)$ 和 $X(2)$

$$X(2) = 1.5e^{j\pi/6} \tag{12.11}$$

$$X(-2) = 1.5e^{-j\pi/6} \tag{12.12}$$

式（12.10）~式（12.12）表示：信号 $x_{c2}(t)$ 也有两条谱线，分别位于 $\pm 2\text{kHz}$ 的频率点，幅值都等于 1.5，相位分别为 $\pi/6$ 和 $-\pi/6$。用这些数据画出的频率谱 $X_{c2}(f)$ 如图 12.1f 所示。

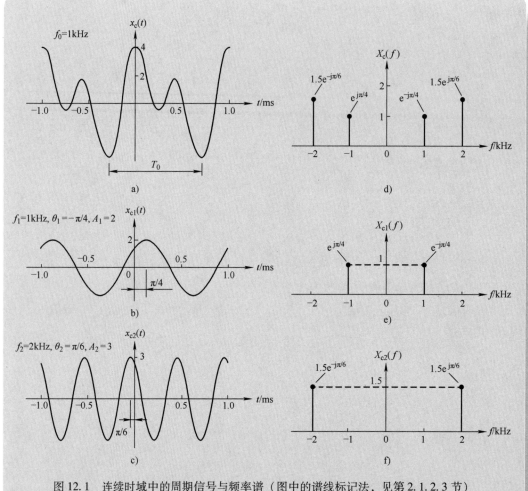

图 12.1　连续时域中的周期信号与频率谱（图中的谱线标记法，见第 2.1.2.3 节）
a) $x_c(t)$ 的波形　b) $x_{c1}(t)$ 的波形　c) $x_{c2}(t)$ 的波形
d) $x_c(t)$ 的频率谱 $X_c(f)$　e) $x_{c1}(t)$ 的频率谱 $X_{c1}(f)$　f) $x_{c2}(t)$ 的频率谱 $X_{c2}(f)$

最后，把图 12.1e 中的 $X_{c1}(f)$ 和图 f 中的 $X_{c2}(f)$ 叠加起来，就得到图 12.1d 中周期信号 $x_c(t)$ 的频率谱 $X_c(f)$。另外，把式（12.8）、式（12.9）和式（12.11）、式（12.12）代入式（12.5），便得到周期信号 $x_c(t)$ 的傅里叶级数展开式

$$x_c(t) = (1.5e^{-j\pi/6})e^{-j4000\pi t} + (e^{j\pi/4})e^{-j2000\pi t} + (e^{-j\pi/4})e^{j2000\pi t} + (1.5e^{j\pi/6})e^{j4000\pi t}$$

$$(12.13)$$

本节想说明三个要点：

1）傅里叶级数展开式有三种形式，一是表示为无数个零相位的余弦函数（包括直流分量）和正弦函数之和，二是表示为无数个非零相位的余弦函数（包括直流分量）之和，三是

表示为无数个正、负频率的复指数函数之和（见附录 A.2）。式（12.1）是第三种表示法。

2）复指数表示法［见式（12.13）］的好处是，可以容易地看出傅里叶级数的系数（包括幅值和相位），进而画出信号的频率谱。

3）周期信号的频率谱都是线谱，而线谱中的所有谱线都只能出现在直流和周期信号频率整数倍的频率点上。

> **小测试**：复指数 $e^{j\varphi}$ 的模是多少，为什么。答：1，根据欧拉定理和三角恒等式。

## 12.2　离散傅里叶变换定义式的导出

在连续时域的式（12.1）中，傅里叶级数的系数 $X(n)$ 是依靠复指数信号的正交性从 $x(t)$ 算出的。为说明这一点，我们先用复指数 $\exp(-jk\omega_0 t)$ 去乘式（12.1）的两边（从现在开始用 $\omega_0$ 代替 $2\pi f_0$），$k$ 为任意整数；然后在 $x(t)$ 的任意一个周期 $T_0$ 内做积分

$$\int_{T_0} x(t) e^{-jk\omega_0 t} dt = \int_{T_0} \left( \sum_{n=-\infty}^{\infty} X(n) e^{jn\omega_0 t} \right) e^{-jk\omega_0 t} dt \qquad (12.14)$$

把式（12.14）右边累加运算中的每一项与后面的复指数项 $\exp(-jk\omega_0 t)$ 相乘，然后交换积分和累加的顺序，再把 $X(n)$ 提到积分号之前［因为 $X(n)$ 在积分时为不变的常数］。式（12.14）变为

$$\int_{T_0} x(t) e^{-jk\omega_0 t} dt = \sum_{n=-\infty}^{\infty} X(n) \int_{T_0} e^{j(n-k)\omega_0 t} dt \qquad (12.15)$$

式（12.15）右边的指数项可写为

$$e^{j(n-k)\omega_0 t} = \cos(n-k)\omega_0 t + j\sin(n-k)\omega_0 t \qquad (12.16)$$

当 $k \neq n$ 时，式（12.16）右边的两项为一个正弦函数和一个余弦函数。由于正弦和余弦函数在一个周期内的正负面积相等，所以式（12.15）中的所有积分都等于零。当 $k=n$ 时，$\cos(n-k)\omega_0 t = 1$ 和 $\sin(n-k)\omega_0 t = 0$，式（12.15）中的积分等于 $T_0$，其他积分一概为零。由此，式（12.15）变为

$$\int_{T_0} x(t) e^{-jk\omega_0 t} dt = X(k) T_0 \qquad (12.17)$$

这就证明了复指数信号的正交性：当 $k \neq n$ 时积分等于零，当 $k=n$ 时积分等于 $T_0$。

从式（12.17）就可解得式（12.1）中的展开式系数

$$X(k) = \frac{1}{T_0} \int_{T_0} x(t) e^{-jk\omega_0 t} dt, \quad k = \cdots, -2, -1, 0, 1, 2, \cdots \qquad (12.18)$$

现在，用 8kHz 的采样率对图 12.1a 中的周期信号 $x_c(t)$ 进行采样，得到离散时域中的周期信号 $x(n)$，如图 12.2 所示。

在前面的第 4.2.1 节和图 4.6 中，我们依靠已采样信号 $x_S(t)$ 的二重性从连续时域过渡到离散时域。同样可以利用已采样信号 $x_S(t)$ 的二重性，从离散时域返回到连续时域。或者说，可以把图 12.2 中的信号 $x(n)$ 看成是连续时域中的已采样信号 $x_S(t)$，然后用连续时域中的傅里叶级数展开来计算信号的频率谱。

这可以用式（12.18）来计算。但由于 $x(n)$ 只在采样周期 $T$ 的整数倍时间点不为零，所

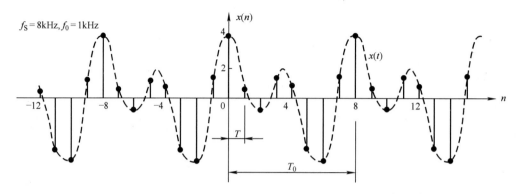

图 12.2　离散时域中的周期信号 $x(n)$

以式（12.18）中的 $t$ 可改写为 $nT$。由此，式（12.18）指数项中的 $\omega_0 t$ 变为

$$\omega_0 t = \omega_0(nT) = \frac{2\pi}{T_0}nT = \frac{2\pi}{N}n \tag{12.19}$$

式中，$T_0 = NT$。在每个信号周期 $T_0$ 内，总是被采得 $N$ 个样点（在图 12.2 中 $N = 8$）。由此，式（12.18）中的积分就可变为累加运算

$$X(k) = \frac{1}{N}\sum_{n=0}^{N-1} x(n)\mathrm{e}^{-\mathrm{j}nk(2\pi/N)} \tag{12.20}$$

式（12.18）右边的 $1/T_0$ 是用来计算积分在一个周期内的平均值。现在积分变成了累加，计算一个周期内的平均值就变成对一个周期内的 $N$ 个样点计算平均值，所以式（12.18）中的 $T_0$ 就变成了式（12.20）中的 $N$。

另一方面，由于数字信号的频率特性总是以采样率 $f_S$ 为周期而重复的，所以式（12.20）中 $N$ 个 $X(k)$ 所在的频率值就被限制在 $[0, f_S)$ 的范围内；具体说，就是从直流、$f_0$、$2f_0$ 一直到 $(N-1)f_0$。这使式（12.20）中 $k$ 的变化范围从 0 到 $N-1$ [与式（12.18）不同]。由此，式（12.20）应改写为

$$X(k) = \frac{1}{N}\sum_{n=0}^{N-1} x(n)\mathrm{e}^{-\mathrm{j}nk(2\pi/N)}, \quad k = 0,1,2,\cdots,N-1 \tag{12.21}$$

我们习惯的做法是略去上式中的因子 $1/N$，上式就变成我们想要的 DFT 定义式

$$X(k) = \sum_{n=0}^{N-1} x(n)\mathrm{e}^{-\mathrm{j}nk(2\pi/N)}, \quad k = 0,1,2,\cdots,N-1 \tag{12.22}$$

而把略去的因子 $1/N$ 放在 DFT 逆变换的定义式中

$$x(n) = \frac{1}{N}\sum_{k=0}^{N-1} X(k)\mathrm{e}^{\mathrm{j}nk(2\pi/N)}, \quad n = 0,1,2,\cdots,N-1 \tag{12.23}$$

式（12.22）和式（12.23）便构成了一对 DFT 和 DFT 逆变换的定义式。在两式中，$n$ 表示离散时域信号 $x(n)$ 的样点序号，$k$ 表示信号 $x(n)$ 的频率谱 $X(k)$ 的谱线序号，而且 $n$ 和 $k$ 都是从 0 变化到 $N-1$ 的。此外，式（12.22）的 DFT 定义式中用了负指数，而式（12.23）的 DFT 逆变换定义式中用了正指数。这与傅里叶变换和傅里叶逆变换是一样的。再有，在式（12.22）和式（12.23）中，我们仅使用了 $x(n)$ 在一个周期内的 $N$ 个样点。在图 12.2 中，由于 $N = 8$，我们仅使用从 $x(0) \sim x(7)$ 的 8 个信号样点。

不过，我们还需证明式（12.23）中 DFT 逆变换的正确性（DFT 逆变换也可写为 IDFT）。这只要把式（12.22）代入式（12.23）的右边

$$\frac{1}{N}\sum_{k=0}^{N-1}\left(\sum_{m=0}^{N-1}x(m)\mathrm{e}^{-jmk(2\pi/N)}\right)\mathrm{e}^{jnk(2\pi/N)} \tag{12.24}$$

利用加法对乘法的分配率，上式变为

$$\frac{1}{N}\sum_{k=0}^{N-1}\left(\sum_{m=0}^{N-1}x(m)\mathrm{e}^{j(n-m)k(2\pi/N)}\right) \tag{12.25}$$

上式括号内，$m$ 是变化的，$n$ 和 $k$ 都是常量。从前面式（12.16）的展开式可知，当 $m\neq n$ 时的累加和都为零，而仅当 $m=n$ 时的累加和才等于 $x(n)$。结果是，上式括号内的累加和等于 $x(n)$。再有，前面累加和的结果为 $Nx(n)$。所以式（12.25）的计算结果为 $x(n)$。这就证明了式（12.23）逆变换定义式的正确性。下面的【例题 12.2】将用式（12.22）和式（12.23）来计算图 12.2 中周期信号 $x(n)$ 的频率谱，以验证式（12.22）和式（12.23）的正确性。

【例题 12.2】　要求用图 12.2 中的周期信号 $x(n)$ 来验证式（12.22）和式（12.23）。图中的周期信号 $x(n)$ 可以看作是以 $x(0)\sim x(7)$ 的 8 个样点为周期向两侧无限重复的。

解：对于图 12.2 中从 $x(0)\sim x(7)$ 的 8 个样点的值，可以用图 12.1 中的波形算出。在图 12.1 中，$x_c(t)$ 是由 $x_{c1}(t)$ 和 $x_{c2}(t)$ 相加而成，并可根据式（12.3）和式（12.4）写为

$$x_c(t)=x_{c1}(t)+x_{c2}(t)=2\cos\left[(2\pi\times1000)t-\pi/4\right]+3\cos\left[(2\pi\times2000)t+\pi/6\right] \tag{12.26}$$

$x_c(t)$ 的周期 $T_0=1\mathrm{ms}$。当用采样率 $f_\mathrm{S}=8\mathrm{kHz}$ 采样时，采样周期 $T=0.125\mathrm{ms}$。用 $nT$（$n=0,1,2,\cdots,7$）代替上式中的 $t$ 得到

$$x(n)=2\cos\left(0.25n\pi-\frac{\pi}{4}\right)+3\cos\left(0.5n\pi+\frac{\pi}{6}\right),\quad n=0,1,2,\cdots,7 \tag{12.27}$$

从式（12.27）算出 $x(n)$ 的 8 个样点，见表 12.1 第 2 行。

表 12.1　图 12.2 中 $x(n)$ 的 8 个样点及其 DFT 和 DFT 逆变换的计算结果

| 1 | $n$ 或 $k$ | | | 0 | 1 | 2 | 3 | 4 | 5 | 6 | 7 |
|---|---|---|---|---|---|---|---|---|---|---|---|
| 2 | $x(n)$ 的 8 个样点 | | | 4.012 | 0.500 | -1.184 | 1.500 | 1.184 | -3.500 | -4.012 | 1.500 |
| 3 | DFT 的 8 个 $X(k)$ | 直角坐标 | 实部 | 0.000 | 5.657 | 10.392 | 0.000 | 0.000 | 0.000 | 10.392 | 5.657 |
| | | | 虚部 | 0.000 | -5.657 | 6.000 | 0.000 | 0.000 | 0.000 | -6.000 | 5.657 |
| | | 极坐标 | 幅值 | 0.000 | 8.000 | 12.000 | 0.000 | 0.000 | 0.000 | 12.000 | 8.000 |
| | | | 幅角(°) | 不确定 | -45.00 | 30.00 | 不确定 | 不确定 | 不确定 | -30.00 | 45.00 |
| 4 | DFT 逆变换的 8 个 $x(n)$ | 实部 | | 4.012 | 0.500 | -1.184 | 1.500 | 1.184 | -3.500 | -4.012 | 1.500 |
| | | 虚部 | | 0.000 | 0.000 | 0.000 | 0.000 | 0.000 | 0.000 | 0.000 | 0.000 |

利用表 12.1 中第 2 行的数据和式（12.22）可以算出 $x(n)$ 的 DFT $X(k)$，见表 12.1 第 3 行。而且，$X(k)$ 用了直角坐标和极坐标两种表示法。两者都表示 $X(k)$ 中有 $X(1)$、$X(2)$、$X(6)$ 和 $X(7)$ 四条谱线不为零，其他四条谱线都为零。而极坐标方法还给出了 $X(1)$ 和 $X(2)$ 的幅角，也就是，$x(n)$ 中位于 1kHz 和 2kHz 频率点的两个分量的相位分别为 $-45°$ 和 $30°$。这与图 12.1 中的情况相符。表 12.1 中的第 4 行表示，用 DFT 逆变换的式（12.23）算出的 $x(n)$ 与表中的第 2 行完全一样；其中的虚部全为零，当然是对的。

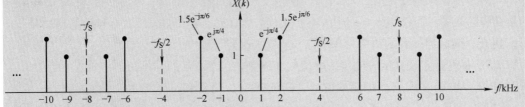

图 12.3　周期信号 $x(n)$ 的频率谱 $X(k)$，图中的幅值已被除以 $N$（$N=8$）

从表 12.1 还可以看出，$X(k)$ 的实部和幅值是偶对称的，虚部和相位（即幅角）是奇对称的。这是离散时域信号必有的特性，但必须以实信号 $x(n)$ 为前提。从信号的样点数来看，DFT 的输入信号从 $x(0) \sim x(7)$，共有 8 个样点；而 DFT 的输出信号 $X(k)$ 也只有 8 个样点。比如，在直角坐标中，这 8 个样点是 $X(0) \sim X(4)$ 的 5 个实数和 $X(1) \sim X(3)$ 的 3 个虚数 [虚数 $X(0)$ 和 $X(4)$ 必须为零]。在极坐标中，这 8 个样点是 $X(0) \sim X(4)$ 的 5 个幅值和 $X(1) \sim X(3)$ 的 3 个幅角。用表 12.1 中第三行的极坐标数据画出的频率谱 $X(k)$，如图 12.3 所示。这个频率谱与图 12.1d 中 $x(t)$ 的频率谱 $X(f)$ 在 $[-f_S/2, f_S/2]$ 范围内是完全一样的。在这个范围以外，$x(n)$ 的频率谱 $X(k)$ 多了无数个互相间隔 $f_S$ 的 $x(t)$ 的频率谱 $X(f)$。

在下面的【例题 12.3】中，我们对图 12.2 中的 $x(n)$ 任意截取 8 个样点 [不是从 $x(0)$ 开始截取]，并计算它们的 DFT。这样算得的频率谱 $X(k)$ 的幅值不变，但相位改变了。这可以通过与【例题 12.1】中的结果作对比来验证。

【例题 12.3】　要求用图 12.2 中的 $x(n)$ 在任意一个周期内的 8 个样点，来验证信号在时间上的左右移动只改变频率谱的相位，而不改变频率谱的幅值（这其实是说：时间与相位是可以互换的）。

解：在图 12.2 中任意截取从 $x(3) \sim x(10)$ 的 8 个样点来计算 DFT。这 8 个样点示于表 12.2 中的第 2 行。这实际上是把 $x(n)$ 左移了 3 个样点时间，即 0.375ms。用这些数据和式（12.22）算出的频率谱 $X(k)$ 如表 12.2 中第 3 行所示。

表 12.2　用图 12.2 中从 $x(3) \sim x(10)$ 的 8 个样点做 DFT 得到的结果

| 1 | $n$ 或 $k$ | | | 0 | 1 | 2 | 3 | 4 | 5 | 6 | 7 |
|---|---|---|---|---|---|---|---|---|---|---|---|
| 2 | $x(n)$ 的 8 个样点 | | | 1.500 | 1.184 | -3.500 | -4.012 | 1.500 | 4.012 | 0.500 | -1.184 |
| 3 | DFT 的 8 个 $X(k)$ | 直角坐标 | 实部 | 0.000 | 0.000 | 6.000 | 0.000 | 0.000 | 0.000 | 6.000 | 0.000 |
| | | | 虚部 | 0.000 | 8.000 | -10.393 | 0.000 | 0.000 | 0.000 | 10.392 | -8.000 |
| | | 极坐标 | 幅值 | 0.000 | 8.000 | 12.000 | 0.000 | 0.000 | 0.000 | 12.000 | 8.000 |
| | | | 幅角(°) | 不确定 | 90.00 | -60.00 | 不确定 | 不确定 | 不确定 | 60.00 | -90.00 |

其中，极坐标法表示的幅值的数值与表 12.1 中完全一样；但相位（即幅角）的数值与表 12.1 中的不同。表 12.1 中 $X(1)$ 的相位为 $-45°$，这里是 $90°$，相位提前了 $135°$。这个 $135°$ 就等于图 12.2 中的 3 个样点时间［注：对于 $X(1)$ 或 $x_{c1}(t)$，$360°$ 对应于 8 个样点］，即 0.375ms。而表 12.1 中 $X(2)$ 的相位为 $30°$，这里是 $-60°$，相位提前了 $270°$［对于 $X(2)$ 或 $x_{c2}(t)$，$270°$ 也对应于 3 个样点］。这个 $270°$ 是 $X(1)$ 的 $135°$ 的两倍，因为 $X(2)$ 的频率是 $X(1)$ 的两倍。当时间相同时，$X(2)$ 的相位当然是 $X(1)$ 的两倍。这就验证了信号在时间上的平移只改变 DFT 的相位而不改变 DFT 的幅值的性质，而且还解释了相位与频率的比例关系。另一个需要说明的要点是，时间与相位是可以互换的。在信号处理中，"时间和相位是一回事"，就是这个意思。

## 12.3　傅里叶级数与 DFT 的比较

傅里叶级数把连续时域中的周期信号表示为一个线谱。具体说，傅里叶级数的处理对象是连续时域中定义在 $(-\infty, \infty)$ 时间范围内的周期信号。处理的结果是得到一个定义在 $(-\infty, \infty)$ 频率范围内的线谱；而且线谱中任意两条相邻谱线之间的间隔都是相等的，这个间隔就是周期信号的频率。

DFT 则把离散时域中有限长的数字序列表示为一个线谱。具体说，DFT 的处理对象是离散时域中一个从 $0 \sim NT$ 时间范围内的数字序列。这个数字序列然后被看成是向两侧周期性地无限重复的，因而变成了离散时域中的周期信号。处理的结果是，得到了一个在 $[-f_S/2, f_S/2]$（或 $[0, f_S]$）频率范围内的线谱；线谱中任意两条相邻谱线之间的间隔都是相等的，这个间隔就是周期信号的重复频率，即 $1/(NT)$（$T$ 为采样周期）。由于离散时域信号的原因，这个线谱是向两侧周期性地无限重复的，线谱的重复频率为 $f_S$。用两条相邻谱线之间的间隔 $1/(NT)$ 去除以 $f_S$，即 $f_S/[1/(NT)] = f_S NT = N$，便得到在 $[0, f_S)$ 频率范围内的谱线数量 $N$。这表示：对于 DFT，在 $[0, f_S]$ 频率范围内总是只有 $N$ 条谱线，不会多，也不会少。

## 12.4　DFT 的简易表示法

式（12.22）和式（12.23）中的 $N$ 为 DFT 输入序列的长度，是常数。我们就可以令

$$W_N = e^{-j(2\pi/N)} \tag{12.28}$$

由此，式（12.22）和式（12.23）分别变为

$$X(k) = \sum_{n=0}^{N-1} x(n) W_N^{nk}, \quad k = 0,1,2,\cdots,N-1 \tag{12.29}$$

和

$$x(n) = \frac{1}{N} \sum_{k=0}^{N-1} X(k) W_N^{-nk}, \quad n = 0,1,2,\cdots,N-1 \tag{12.30}$$

式（12.29）和式（12.30）就是用简易表示法的一对 DFT 变换式和逆变换式。两者与式（12.22）和式（12.23）完全一样，但简化了很多，也容易记忆。由于式（12.28）中把 $W_N$ 取为负指数，所以式（12.29）DFT 中的 $W_N$ 变为正指数 $W_N^{nk}$，而式（12.30）DFT 逆变换中的 $W_N$ 变为负指数 $W_N^{-nk}$［刚好与式（12.22）和式（12.23）相反］。表 12.3 给出了 $N=8$ 的 $W_N^m$ 值（$m=nk$）。表中的数据表示 $W_N^m$ 是关于 $m=4$ 对称的［这不包括 $m=0$；在 DFT 中，$X(0)$ 表示直流分量，总是与其他的 $X(k)$ 不相配］。另外，$W_N^m$ 的实部是偶对称的，虚部是奇对称的。图 12.4 表示用表 12.3 中的数据画出的矢量图。图中说明，矢量 $W_N^m$ 是以 $m=N$（$N=8$）为周期而循环的，比如 $W_8^3 = W_8^{11} = W_8^{-5}$ 等。此外，矢量 $W_N^m$ 是随 $m$ 的变化而旋转的，所以 $W_N^m$ 也被称为旋转矢量。

表 12.3　$N=8$ 的 $W_N^m$ 值（表中用 0.71 表示 $1/\sqrt{2}$）

| $m$ | 0 | 1 | 2 | 3 | 4 | 5 | 6 | 7 |
|---|---|---|---|---|---|---|---|---|
| $W_8^m$ | 1 | 0.71 − j0.71 | −j | −0.71 − j0.71 | −1 | −0.71 + j0.71 | j | 0.71 + j0.71 |

图 12.5 从时域来说明式（12.29）和式（12.30）中的旋转矢量 $W_N^{nk}$。图中左边表示当 $N=8$ 时旋转矢量 $W_N^{nk}$ 随 $n$ 和 $k$ 的递增而旋转的情况；右边表示旋转矢量 $W_N^{nk}$ 的余弦分量（即实部）和正弦分量（即虚部）的样点图［余弦和正弦分量也就是欧拉恒等式（2.12）和式（2.13）中的余弦和正弦分量］。下面来进一步说明。

由于 $W_N = e^{-j2\pi/N}$ 为负指数，所以图 12.5 中的矢量 $W_N^{nk}$ 是顺时针旋转的。其中，图 12.5a 表示 $k=0$ 的情况。由于 $k=0$，使 $W_N^{nk} = W_N^0 = e^{-j0} = 1$，矢量没有旋转。这对应于图中右边的余弦分量恒为 1，正弦分量恒为 0，或者说，只有余弦分量，没有正

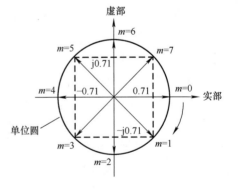

图 12.4　复矢量 $W_N^m$ 随 $m$ 的增加而顺时针旋转，图中 $N=8$，并用 0.71 表示 $1/\sqrt{2}$

弦分量。所以图 12.5a 实际上是用来计算信号 $x(n)$ 的平均值；也就是，把 $x(0) \sim x(N-1)$ 的 $N$ 个样点值加起来就得到 $X(0)$（应降以 $N$，这在 IDFT 中进行）。

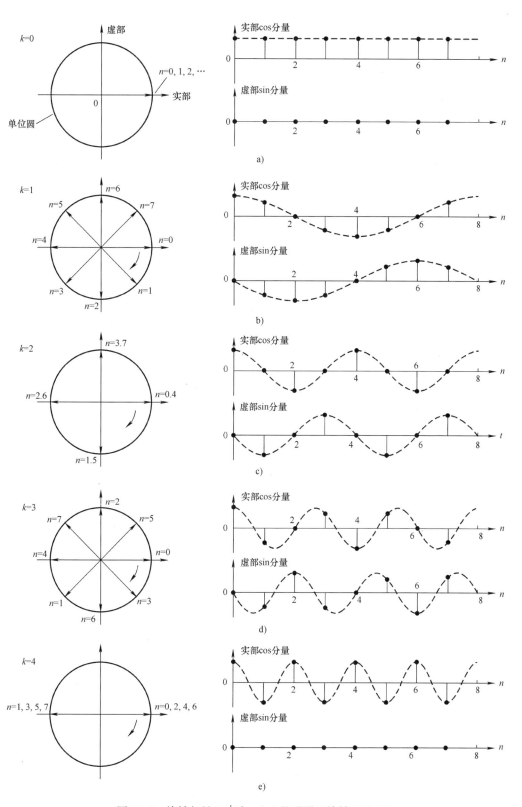

图 12.5　旋转矢量 $W_N^{nk}$ 随 $n$ 和 $k$ 的递增而旋转（$N=8$）

a) $k=0$　b) $k=1$　c) $k=2$　d) $k=3$　e) $k=4$

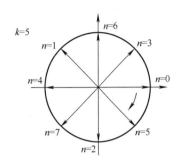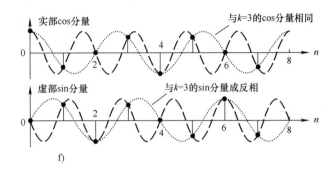

图 12.5　旋转矢量 $W_N^{nk}$ 随 $n$ 和 $k$ 的递增而旋转（$N=8$）（续）

f）$k=5$

图 12.5b 中，$k=1$。$W_N^{nk}$ 变成 $W_N^n$；而 $W_N^n$ 随 $n$ 的旋转速率与信号 $x(n)$ 的基频相同（以 $N$ 个样点为一个周期，也可称为一个 DFT 周期），正好可以用来提取 $x(n)$ 中的基频分量 $X(1)$。图中右边的 cos 分量用来提取 $X(1)$ 中的实部，sin 分量用来提取 $X(1)$ 中的虚部。同样，图 12.5c 和图 12.5d 分别表示提取 $x(n)$ 中的二次谐波分量 $X(2)$ 和三次谐波分量 $X(3)$ 的情况。

图 12.5e 表示提取 $x(n)$ 中四次谐波分量 $X(4)$ 的情况。由于 $X(4)$ 的频率等于采样率 $f_S$ 的一半，即 $f_S/2$，所以是离散时域信号中可以处理的最高频率。从图 12.5e 右边看，cos 分量确实已经达到了可以处理的最高频率（此时，一个信号周期内只采得 2 个样点），以此提取信号 $x(n)$ 中的最高频率分量 $X(4)$；而右边的 sin 分量全为零，表示 $X(4)$ 的虚部一定为零。这其实是数字信号所要求的，必须如此［前提是 $x(n)$ 为实信号，也见表 12.1 和表 12.2］。

当频率超过 $f_S/2$ 后，旋转矢量都只是 0 到 $f_S/2$ 范围内的简单重复。比如在图 12.5f 中，$k=5$，情况与图 12.5d 中 $k=3$ 的基本相同。唯一的不同点是，图 12.5f 中 $k=5$ 的 sin 分量与图 12.5d 中 $k=3$ 的 sin 分量成反相数。这其实也是离散时域信号所要求的，因为 $X(5)$ 的实部必须与 $X(3)$ 的实部相同，而 $X(5)$ 的虚部必须与 $X(3)$ 的虚部成相反数。这说明图 12.5f 中提取的 $X(5)$ 其实就是 $X(3)$（但虚部成相反数），这当然是对的。同样，$k=6$ 与 $k=3$ 的情况基本相同，$k=7$ 与 $k=2$ 的情况也基本相同。唯一的不同点是 $k=6$ 和 $k=7$ 的虚部分别与 $k=3$ 和 $k=2$ 的虚部成相反数。

总的来说，无论是 DFT、傅里叶级数、还是傅里叶变换，都是利用了三角函数的正交性，把想要的频率分量提取出来。这也是信号处理中最基本的要点。

## 12.5　DFT 的性质

本节证明 DFT 的几个主要性质。证明的方法与傅里叶变换、拉普拉斯变换和 $z$ 变换基本相同，即通过 DFT 的定义式（12.22）、式（12.23）或式（12.29）、式（12.30）来完成。本节只对比较复杂的 DFT 性质做证明；对于简单的 DFT 性质，只给出表达式或稍作解释。在证明中，我们使用两个通常的做法：

1）用 $X(k)$ 表示信号序列 $x(n)$ 的 DFT，并用符号 $\leftrightarrow$ 表示 $x(n)$ 与 DFT 的对应关系；

2）当 $nk$ 超出 $0 \sim N-1$ 的范围时应看作自动加或减 $N$ 而回到这个范围内。这其实是利用了 $x(n)$ 和 $X(k)$ 都以 $N$ 为周期的性质。

在开始证明之前，需要说明，任意一个信号序列 $x(n)$ 总可以分解成一个偶对称序列 $x_e(n)$ 和一个奇对称序列 $x_o(n)$ 之和，即

$$x(n) = x_e(n) + x_o(n), \quad n = 0,1,\cdots,N-1 \tag{12.31}$$

式中

$$\begin{cases} x_e(n) = \dfrac{1}{2}[x(n) + x(N-n)] \\ x_o(n) = \dfrac{1}{2}[x(n) - x(N-n)] \end{cases}, \quad n = 0,1,\cdots,N-1 \tag{12.32}$$

表 12.4 可以用来说明这一点。表中的 $x(n)$ 是任意 $N=8$ 的信号序列，$x_e(n)$ 和 $x_o(n)$ 就是从 $x(n)$ 分解出来的偶对称序列和奇对称序列。用表 12.4 中的数据画出的样点图如图 12.6 所示。可以看到，偶对称中的 $x_e(0)$ 和奇对称中的 $x_o(0)$ 都没有对称项，在 DFT 中都是这样。在本节下面的讨论中会用到奇偶对称性。

表 12.4　任意 $N=8$ 的信号序列 $x(n)$ 被分解为偶对称序列 $x_e(n)$ 和奇对称序列 $x_o(n)$

| $n$ | 0 | 1 | 2 | 3 | 4 | 5 | 6 | 7 |
|---|---|---|---|---|---|---|---|---|
| $x(n)$ | 0.023 | 0.717 | -0.238 | -0.832 | -0.803 | -0.781 | 0.671 | 0.739 |
| $x_e(n)$ | 0.023 | 0.728 | 0.217 | -0.807 | -0.803 | -0.807 | 0.217 | 0.728 |
| $x_o(n)$ | 0 | -0.011 | -0.455 | -0.026 | 0 | 0.026 | 0.455 | 0.011 |

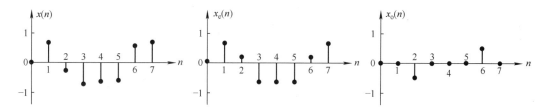

图 12.6　信号序列 $x(n)$、偶对称序列 $x_e(n)$ 和奇对称序列 $x_o(n)$ 的样点图

## 12.5.1　线性

$$ax_1(n) + bx_2(n) \leftrightarrow aX_1(k) + bX_2(k) \tag{12.33}$$

式中，$a$ 和 $b$ 为两个任意常数。

## 12.5.2　循环时移

时域信号 $x(n)$ 的循环右移对应于它的 DFT 的相位延迟，即循环时移。

$$x(n-m) \leftrightarrow X(k) W_N^{km} = X(k) e^{-jkm(2\pi/N)} \tag{12.34}$$

式（12.34）中，时间上的延迟 $m$ 变成了频域中的 $W_N^{km}$；而 $W_N^{km}$ 仅表示相位的延迟，对幅值没有影响。这就是说，对于一个正弦量，时间与相位是可以互换的。比如，当 $m=1$ 时，$W_N^{km} = W_N^k = e^{-j2k\pi/N}$。结果是，基频分量 $X(1)$ 被延迟了 $2\pi/N$ 的相位。如果 $N=8$，就

是延迟了 $\pi/4$ 或 $45°$，因为 $2\pi/N = 2\pi/8 = \pi/4$。

### 12.5.3 循环频移

时域信号 $x(n)$ 的相位延迟对应于它的 DFT 的循环右移，即循环频移。

$$x(n)\mathrm{e}^{jnl(2\pi/N)} = x(n)\boldsymbol{W}_{\mathrm{N}}^{-nl} \leftrightarrow X(k-l) \tag{12.35}$$

式（12.35）可以在 DFT 定义式（12.20）中用 $k-l$ 代替 $k$ 来证明。时域信号 $x(n)$ 乘以 $\mathrm{e}^{jnl(2\pi/N)}$，实际上是把 $X(k)$ 中每一项的频率都增加了 $l(2\pi/N)$（$2\pi$ 对应于 $f_{\mathrm{S}}$）。比如，如果 $l=1$，那么 $X(k)$ 中每一项的频率都被增加了 $2\pi/N$。所以，对 $x(n)$ 乘以 $\mathrm{e}^{jnl(2\pi/N)}$ 算出的 $X(k)$ 就等于原来的 DFT 循环左移 $l$ 个位置后的值。

### 12.5.4 对称性

**1. 偶对称实信号的 DFT 也是偶对称的实信号**

$$x_{\mathrm{er}}(n) \leftrightarrow X_{\mathrm{er}}(k) \tag{12.36}$$

式中，下标 e 和 r 分别表示偶对称和实数。图 12.7 可以用来说明这一点，图中 $N=8$。图中左边的 $x(n)$ 是关于 $x(4)$ 偶对称的实信号。用 $x(n)$ 算出的 $X(k)$ 见表12.5，并可画出图 12.7 右边的频率谱 $X(k)$。可以看出，频率谱 $X(k)$ 也是偶对称的实函数［在讨论奇偶对称时，一般不包括 $x(0)$ 和 $X(0)$，因为 $x(0)$ 和 $X(0)$ 没有对称项］。

表 12.5　偶对称实信号的 $x(n)$ 和它的偶对称实信号的 DFT

| $n$ 或 $k$ | | 0 | 1 | 2 | 3 | 4 | 5 | 6 | 7 |
|---|---|---|---|---|---|---|---|---|---|
| $x(n)$ | 实部 | 0.0 | 0.5 | 0.25 | 1.0 | 0.5 | 1.0 | 0.25 | 0.5 |
| | 虚部 | 0.0 | 0.0 | 0.0 | 0.0 | 0.0 | 0.0 | 0.0 | 0.0 |
| $X(k)$ | 实部 | 4.000 | −1.207 | 0.000 | 0.207 | −2.000 | 0.207 | 0.000 | −1.207 |
| | 虚部 | 0.000 | 0.000 | 0.000 | 0.000 | 0.000 | 0.000 | 0.000 | 0.000 |

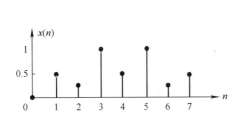
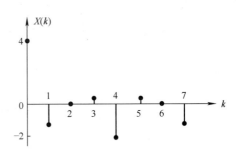

图 12.7　偶对称实信号的 DFT 也是偶对称的实信号

**2. 奇对称实信号的 DFT 是奇对称的虚信号**

$$x_{\mathrm{or}}(n) \leftrightarrow X_{\mathrm{oi}}(k) \tag{12.37}$$

式中，下标 o、r 和 i 分别表示奇对称、实数和虚数。图 12.8 可以用来说明这一点。图 12.8 中左边的 $x(n)$ 是关于 $x(4)$ 奇对称的实信号。用 $x(n)$ 算出的 $X(k)$ 见表 12.6 所示，并可画出图 12.8 右边的 $X(k)$。这个 $X(k)$ 是一个奇对称的虚函数［同样，讨论奇对称时，不包括

$x(0)$ 和 $X(0)$]。

表 12.6　对于奇对称的实信号 $x(n)$，它的 DFT 是奇对称的虚信号

| $n$ 或 $k$ | | 0 | 1 | 2 | 3 | 4 | 5 | 6 | 7 |
|---|---|---|---|---|---|---|---|---|---|
| $x(n)$ | 实部 | 0.0 | 0.5 | −0.25 | 1.0 | 0.0 | −1.0 | 0.25 | −0.5 |
| | 虚部 | 0.0 | 0.0 | 0.0 | 0.0 | 0.0 | 0.0 | 0.0 | 0.0 |
| $X(k)$ | 实部 | 0.000 | 0.000 | 0.000 | 0.000 | 0.000 | 0.000 | 0.000 | 0.000 |
| | 虚部 | 0.000 | −1.621 | 1.000 | −2.621 | 0.000 | 2.621 | −1.000 | 1.621 |

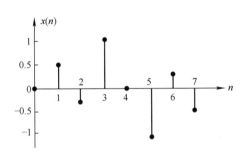 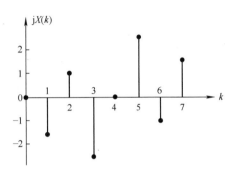

图 12.8　奇对称实信号的 DFT 是奇对称的虚信号

小测试：从式（12.36）和式（12.37）可以推断任何实信号 $x(n)$ 的 $X(k)$ 的实部都是偶对称的，虚部都是奇对称的。答：是。

## 12.5.5　奇偶性

如果复信号 $x(n)$ 由实部 $x_1(n)$ 和虚部 $x_2(n)$ 组成

$$x(n) = x_1(n) + jx_2(n) \tag{12.38}$$

且

$$x_1(n) \leftrightarrow X_1(k) \tag{12.39}$$

和

$$x_2(n) \leftrightarrow X_2(k) \tag{12.40}$$

就有

$$x(n) \leftrightarrow X(k) = X_1(k) + jX_2(k) \tag{12.41}$$

由于 $X_1(k)$ 和 $X_2(k)$ 一般都是复数，所以 $x(n)$ 的 $X(k)$ 的实部一般不等于 $x_1(n)$ 的 $X_1(k)$，同样 $x(n)$ 的 $X(k)$ 的虚部一般也不等于 $x_2(n)$ 的 $X_2(k)$。但可以证明

$$X_r(k) = X_{1r}(k) - X_{2i}(k) \tag{12.42}$$

和

$$X_i(k) = X_{1i}(k) + X_{2r}(k) \tag{12.43}$$

式（12.42）和式（12.43）中的下标 r 和 i 分别表示实部和虚部。式（12.42）的意思是，$X(k)$ 的实部等于 $X_1(k)$ 的实部与 $X_2(k)$ 的虚部之差。式（12.43）的意思是，$X(k)$ 的虚部等于 $X_1(k)$ 的虚部与 $X_2(k)$ 的实部之和。式（12.42）和式（12.43）其实可以直接从

式（12.41）导出。在式（12.41）中，由于 $X_1(k)$ 和 $X_2(k)$ 都是复数，所以 $X_1(k)$ 的实部直接进入 $X(k)$ 的实部，而 $X_2(k)$ 的虚部以相反数进入 $X(k)$ 的实部。同样，$X(k)$ 的虚部一部分直接来自 $X_1(k)$ 的虚部，另一部分来自 $X_2(k)$ 的实部。下面的【例题12.4】可以用来验证这一点。

**【例题12.4】** 假设式（12.38）中复信号 $x(n)$ 的实部 $x_1(n)$ 和虚部 $x_2(n)$ 分别如图 12.9a 和图 12.9b 所示。要求计算 $x(n)$ 的 DFT。

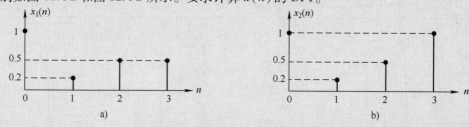

图 12.9 两个 $N=4$ 的信号序列

a）$x_1(n)$ 的样点图 b）$x_2(n)$ 的样点图

**解：** 先分别计算 $x_1(n)$ 和 $x_2(n)$ 的 DFT，结果见表 12.7 和表 12.8。然后，用表 12.7 和表 12.8 中 $x_1(n)$ 和 $x_2(n)$ 的数据以及式（12.22）计算 $x(n)$ 的 DFT。算出的结果见表 12.9。

表 12.7 序列 $x_1(n)$ 的 DFT

| $n$ 或 $k$ | | 0 | 1 | 2 | 3 |
|---|---|---|---|---|---|
| $x_1(n)$ | 实部 | 1.0 | 0.2 | 0.5 | 0.5 |
| | 虚部 | 0.0 | 0.0 | 0.0 | 0.0 |
| $X_1(k)$ | 实部 | 2.200 | 0.500 | 0.800 | 0.500 |
| | 虚部 | 0.000 | 0.300 | 0.000 | -0.300 |

表 12.8 序列 $x_2(n)$ 的 DFT

| $n$ 或 $k$ | | 0 | 1 | 2 | 3 |
|---|---|---|---|---|---|
| $x_2(n)$ | 实部 | 1.0 | 0.2 | 0.5 | 1.0 |
| | 虚部 | 0.0 | 0.0 | 0.0 | 0.0 |
| $X_2(k)$ | 实部 | 2.700 | 0.500 | 0.300 | 0.500 |
| | 虚部 | 0.000 | 0.800 | 0.000 | -0.800 |

表 12.9 序列 $x(n)$ 的 DFT

| $n$ 或 $k$ | | 0 | 1 | 2 | 3 |
|---|---|---|---|---|---|
| $x(n)$ | 实部 | 1.0 | 0.2 | 0.5 | 0.5 |
| | 虚部 | 1.0 | 0.2 | 0.5 | 1.0 |
| $X(k)$ | 实部 | 2.200 | -0.300 | 0.800 | 1.300 |
| | 虚部 | 2.700 | 0.800 | 0.300 | 0.200 |

表 12.7 ~ 表 12.9 中的数据可以用来验证 DFT 的奇偶性性质。比如，根据表 12.7 中的 $X_{1\mathrm{r}}(1) = 0.5$ 和表 12.8 中的 $X_{2\mathrm{i}}(1) = 0.8$，可以用式（12.42）算出 $X_{\mathrm{r}}(1) = X_{1\mathrm{r}}(1) - X_{2\mathrm{i}}(1) = -0.3$；结果与表 12.9 中的数据相同。另外，根据表 12.7 中的 $X_{1\mathrm{i}}(1) = 0.3$ 和表 12.8 中的 $X_{2\mathrm{r}}(1) = 0.5$，可以用式（12.43）算出 $X_{\mathrm{i}}(1) = X_{1\mathrm{i}}(1) + X_{2\mathrm{r}}(1) = 0.8$；这与表 12.9 中的数据也相同。这就验证了式（12.42）和式（12.43）的正确性。

最后，由于表 12.7 和表 12.8 中的 $X_1(k)$ 和 $X_2(k)$ 都是复数，所以表 12.9 中的 $X(k)$ 的实部一般就不等于表 12.7 中的 $X_1(k)$，表 12.9 中的 $X(k)$ 的虚部一般也不等于表 12.8 中的 $X_2(k)$。从这 3 个表中还可以看出离散时域信号的两个基本特点：

1）在表 12.7 和表 12.8 中，由于 $x_1(n)$ 和 $x_2(n)$ 都是实信号，它们的 $X_1(k)$ 和 $X_2(k)$ 的实部都是偶对称的，虚部都是奇对称的〔同样不包括 DFT 中的直流分量，即 $X_1(0)$ 和 $X_2(0)$〕。

2）表 12.9 中的 $x(n)$，由于不是实函数，它的 $X(k)$ 就没有这样的对称性。

## 12.5.6　循环卷积

假设有两个长度都等于 $N$ 的信号序列 $x_1(n)$ 和 $x_2(n)$，它们的 DFT 分别为 $X_1(k)$ 和 $X_2(k)$。那么，$X_1(k)$ 与 $X_2(k)$ 相乘就对应于序列 $x_1(n)$ 和 $x_2(n)$ 的循环卷积。这可以写为

$$\sum_{m=0}^{N-1} x_1(m) x_2(n-m) \leftrightarrow X_1(k) X_2(k) \tag{12.44}$$

式（12.44）的左边是一个卷积计算式。其中的 $m$ 从 0 变化到 $N-1$，使 $x_1(m)$ 从 $x_1(0)$ 变化到 $x_1(N-1)$；而 $x_2(n-m)$ 中 $n-m$ 的变化范围，由于 $n$ 的存在，可以超出 $[0, N-1]$ 的范围。超出范围后的 $x_2(n-m)$ 将根据周期信号来取值。这就是循环卷积的意思。

式（12.44）的证明可以从左边开始，即对左边做 DFT

$$\sum_{n=0}^{N-1} \left[ \sum_{m=0}^{N-1} x_1(m) x_2(n-m) \right] W_N^{nk} \tag{12.45}$$

把式（12.45）中最右边的复指数项分拆为两个因式

$$\sum_{n=0}^{N-1} \sum_{m=0}^{N-1} x_1(m) x_2(n-m) W_N^{mk} W_N^{(n-m)k} \tag{12.46}$$

再把式（12.46）中两个累加号交换位置，即变成先做 $n$ 的累加操作，后做 $m$ 的累加操作

$$\sum_{m=0}^{N-1} \sum_{n=0}^{N-1} x_1(m) x_2(n-m) W_N^{mk} W_N^{(n-m)k} \tag{12.47}$$

式（12.47）中，$k$ 可以看作常数，$m$ 对于第二个累加运算也可以看作常数，所以有关 $k$

和 $m$ 的两个因式都可以提到第二个累加号之前

$$\sum_{m=0}^{N-1} x_1(m) W_N^{mk} \sum_{n=0}^{N-1} x_2(n-m) W_N^{(n-m)k} \tag{12.48}$$

式（12.48）变成两个累加和之乘积。令 $n-m=l$，上式变为

$$\sum_{m=0}^{N-1} x_1(m) W_N^{mk} \sum_{l=-m}^{N-1-m} x_2(l) W_N^{lk} \tag{12.49}$$

式（12.49）中，前一个累加运算的结果为 $X_1(k)$；后一个累加运算，由于周期性的原因，结果等于 $X_2(k)$（只要把后一个累加运算展开成 $N$ 项，就可看出这一点）。这样，式（12.49）的运算结果就是 $X_1(k)X_2(k)$。这就证明了式（12.44）循环卷积的性质。

为了与线性卷积相区别，式（12.44）的左边可以用循环卷积符号" $\otimes$ "表示为

$$\sum_{m=0}^{N-1} x_1(m) x_2(n-m) = x_1(n) \otimes x_2(n) \tag{12.50}$$

或者

$$\sum_{m=0}^{N-1} x_1(m) x_2(n-m) = x_2(n) \otimes x_1(n) \tag{12.51}$$

也可写为

$$\sum_{m=0}^{N-1} x_1(m) x_2(n-m) = \sum_{m=0}^{N-1} x_1(n-m) x_2(m) \tag{12.52}$$

式（12.50）~式（12.52）都表示：循环卷积同样服从交换律，这与线性卷积相同。

【例题 12.5】 现在来计算两个信号序列 $x_1(n)$ 和 $x_2(n)$ 之间的循环卷积 $x_C(n)$ 和线性卷积 $x_L(n)$。两个序列如图 12.10a 所示，长度都等于 4，高度都等于 1。

解：

$$x_1(n) = x_2(n) = 1, \quad n = 0,1,2,3 \tag{12.53}$$

所以，$x_1(n)$ 和 $x_2(n)$ 有相同的 DFT，并可计算为

$$X_1(k) = X_2(k) = \sum_{n=0}^{3} W_4^{nk} = \begin{cases} 4, & k = 0 \\ 0, & k = 1,2,3 \end{cases} \tag{12.54}$$

先从频域计算循环卷积 $x_C(n)$。由于两个信号序列之间的循环卷积对应于两个信号序列的 DFT 之乘积，所以对两个信号序列 DFT 的乘积做 DFT 逆变换，就可得到两个信号序列之间的循环卷积。这就是

$$x_C(n) = \frac{1}{4} \sum_{k=0}^{3} X_1(k) X_2(k) W_4^{-nk}, \quad n = 0,1,2,3 \tag{12.55}$$

根据式（12.54），式（12.55）中的 $X_1(k)$ 和 $X_2(k)$ 可以分别用 $N$ 和 $\delta(k)$ 来代替［因为 $\delta(k)$ 仅当 $k=0$ 时等于 1，其他 $k$ 值都等于 0］。这样，式（12.55）可计算为

$$x_C(n) = \frac{1}{4} \sum_{k=0}^{3} N^2 \delta^2(k) W_4^{-nk} = 4, \quad n = 0,1,2,3 \tag{12.56}$$

另外，可以从时域直接计算循环卷积 $x_C(n)$，如图 12.10b 所示。图中先把 $x_1(n)$ 扩展为以 $N$ 为周期的周期信号，再把自变量从 $n$ 改为 $m$。这就是图中的 $x_1(m)$。然后也把 $x_2(n)$ 扩展为以 $N$ 为周期的周期信号，再把 $x_2(n)$ 在时间上反转，把 $n$ 改为 $m$，再把 $m$ 写成 $n-m$，就得到图 12.10b 中的 $x_2(n-m)$，此时 $n = 0$。现在就可以计算循环卷积值 $x_C(0)$。计算的范围，对于 $x_1(m)$ 是从 $x_1(-4)$ 至 $x_1(3)$〔把 $x_1(m)$ 的长度增加一倍是循环卷积要求的〕，对于 $x_2(n-m)$ 是从 $x_2(0)$ 逆向至 $x_2(-3)$〔由于 $x_1(m)$ 的长度已增加了一倍，$x_2(n-m)$ 就不需增加长度；或者反过来，把 $x_2(n-m)$ 的长度增加一倍，保持 $x_1(m)$ 的长度不变，也可以做循环卷积，而且结果也一样〕。计算的结果是 $x_C(0) = 4$。在图 12.10b 中，把 $x_2(n-m)$ 右移一个样点，便可算得 $x_C(1) = 4$。再右移两次，可分别算得 $x_C(2) = 4$

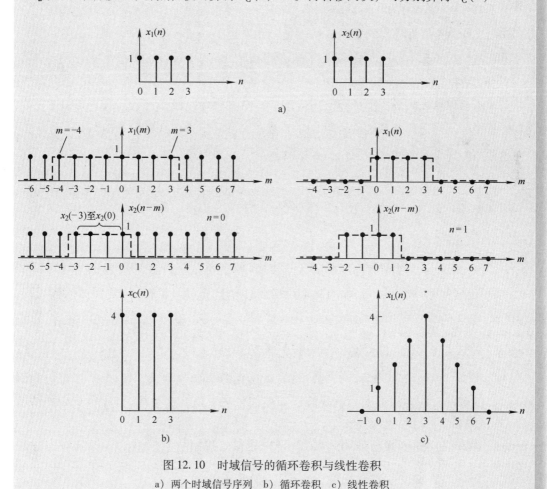

图 12.10　时域信号的循环卷积与线性卷积

a) 两个时域信号序列　b) 循环卷积　c) 线性卷积

和 $x_C(3) = 4$。计算的结果表示为图 12.10b 中最下面的 $x_C(n)$ 样点图。这个结果与频域计算的式（12.56）完全一样。这也就验证了式（12.44）的正确性，即两个离散时域信号的卷积对应于它们 DFT 的乘积。

图 12.10c 表示对应的线性卷积计算过程。这里的唯一区别是，$x_1(n)$ 和 $x_2(n)$ 在向两侧扩展时都用了零样点，如图 12.10c 中的 $x_1(m)$ 和 $x_2(n-m)$，图中 $n = 1$。这样得到的 $x_1(n)$ 和 $x_2(n)$ 的线性卷积 $x_L(n)$ 为一个三角形的信号序列，如图 12.10c 下面所示。

现在对循环卷积 $x_C(n)$ 和线性卷积 $x_L(n)$ 作一比较。首先，图 12.10b 表示的是循环卷积，所以是 DFT 的情况，其中的 $x_1(n)$ 和 $x_2(n)$ 都应该是周期信号。由于 $x_1(n)$ 和 $x_2(n)$ 都只有直流分量，它们频率谱的乘积同样也只有直流分量。从图 12.10b 看，$x_C(n)$ 确实只有直流分量。这也可以看出图 12.10b 中的循环卷积计算的正确性。

图 12.10c 表示的是线性卷积的情况。实际上，离散时域系统的输入、冲击响应和输出之间就是线性卷积的关系。这就是，如果把 $x_1(n)$ 看作冲击响应（这是一个 FIR 系统），把 $x_2(n)$ 看作输入序列，那么输出序列 $x_L(n)$ 就是 $x_1(n)$ 与 $x_2(n)$ 之间的线性卷积，也就是离散时域系统的输出序列。

对本小节循环卷积的讨论可归纳为：DFT 中的时域和频域信号都应该看成是周期性重复的。当把两个时域信号的 DFT 相乘时，实际上也完成了两个时域信号的循环卷积。如果想做线性卷积，就要像图 12.10c 中那样，先把其中的一个时域信号用零样点扩展到两倍的长度。

### 12.5.7　乘积定理

假设 $x_1(n)$ 和 $x_2(n)$ 为两个长度都等于 $N$ 的信号序列，它们的 DFT 分别为 $X_1(k)$ 和 $X_2(k)$，乘积定理就可叙述为：$x_1(n)$ 与 $x_2(n)$ 相乘对应于 $X_1(k)$ 与 $X_2(k)$ 之间的循环卷积，并可写为

$$x_1(n)x_2(n) \leftrightarrow \frac{1}{N} \sum_{l=0}^{N-1} X_1(l) X_2(k-l) \tag{12.57}$$

式（12.57）中的 $k$ 是一个在 $[0, N-1]$ 范围内取值的整常数，这使 $k-l$ 可以超出 $[0, N-1]$ 的范围。一旦超范围后就要按照周期信号来取值。这与式（12.44）中的情况相同。

证明式（12.57）的步骤与证明式（12.44）相似。我们从它的右边开始。对右边做 DFT 逆变换

$$\frac{1}{N} \sum_{k=0}^{N-1} \left[ \frac{1}{N} \sum_{l=0}^{N-1} X_1(l) X_2(k-l) \right] W_N^{-nk} \tag{12.58}$$

或写为

$$\frac{1}{N^2}\sum_{k=0}^{N-1}\sum_{l=0}^{N-1}X_1(l)X_2(k-l)W_N^{-nk} \tag{12.59}$$

把式（12.59）中的旋转复指数 $W_N^{-nk}$ 分拆成两部分

$$\frac{1}{N^2}\sum_{k=0}^{N-1}\sum_{l=0}^{N-1}X_1(l)X_2(k-l)W_N^{-nl}W_N^{-n(k-l)} \tag{12.60}$$

交换两个累加运算的顺序，并把累加运算中与 $k$ 无关的两项提到 $k$ 累加运算之前

$$\left[\frac{1}{N}\sum_{l=0}^{N-1}X_1(l)W_N^{-nl}\right]\left[\frac{1}{N}\sum_{k=0}^{N-1}X_2(k-l)W_N^{-n(k-l)}\right] \tag{12.61}$$

根据 DFT 逆变换的式（12.30），式（12.61）中两个方括号内的值分别等于 $x_1(n)$ 和 $x_2(n)$ ［对后一个累加运算，只需把它展开并改换累加顺序，也见式（12.49）］。这就证明了式（12.57）的乘积定理。下面用【例题 12.6】来验证式（12.57）。

**【例题 12.6】** 要求用信号序列 $x_1(n)$ 和 $x_2(n)$ 来验证式（12.57）的乘积定理。$x_1(n)$ 和 $x_2(n)$ 的数据见表 12.10。

**表 12.10 信号序列 $x_1(n)$ 和 $x_2(n)$ 的 DFT $X_1(k)$ 与 $X_2(k)$ 以及它们的循环卷积**

| 1 | $n$ 或 $k$ | | 0 | 1 | 2 | 3 |
|---|---|---|---|---|---|---|
| 2 | $x_1(n)$ | | 1.000 | 1.000 | 1.000 | 1.000 |
| 3 | $x_2(n)$ | | 1.000 | 0.000 | −1.000 | 0.000 |
| 4 | $x_1(n)x_2(n)$ | | 1.000 | 0.000 | −1.000 | 0.000 |
| 5 | 用 $x_1(n)x_2(n)$ 算出的 DFT $X(k)$ | 实部 | 0.000 | 2.000 | 0.000 | 2.000 |
| | | 虚部 | 0.000 | 0.000 | 0.000 | 0.000 |
| 6 | $X_1(k)$ | 实部 | 4.000 | 0.000 | 0.000 | 0.000 |
| | | 虚部 | 0.000 | 0.000 | 0.000 | 0.000 |
| 7 | $X_2(k)$ | 实部 | 0.000 | 2.000 | 0.000 | 2.000 |
| | | 虚部 | 0.000 | 0.000 | 0.000 | 0.000 |
| 8 | $X_1(k)$ 和 $X_2(k)$ 的循环卷积 $X_c(k)$ | 实部 | 0.000 | 2.000 | 0.000 | 2.000 |
| | | 虚部 | 0.000 | 0.000 | 0.000 | 0.000 |

**解：** 利用表 12.10 中 $x_1(n)$ 和 $x_2(n)$ 的数据可以算出它们的 DFT $X_1(k)$ 和 $X_2(k)$，见表 12.10。$X_1(k)$ 与 $X_2(k)$ 的循环卷积计算过程示于图 12.11 中。在计算卷积时，我们先把 $X_1(k)$ 和 $X_2(k)$ 改写为 $X_1(l)$ 和 $X_2(l)$。然后把 $X_1(l)$ 扩展一个周期，并使 $X_1(l)$ 固定不变。与此同时，我们使 $X_2(l)$ 在顺序上倒转，变成 $X_2(-l)$，并改写成 $X_2(k-l)$，如图 12.11a 所示。此时，图 12.11a 中为 $k=0$。然后令 $k$ 从 0 增加到 3，$X_2(k-l)$ 随之右移，分别如图 12.11b ~ d 中所示。由此算出的循环卷积值 $X_c(k)$ 示于表 12.10 中的最下面一行。这个卷积结果与表 12.10

中第 5 行用乘积 $x_1(n)x_2(n)$ 直接算出的 DFT $X(k)$ 完全一样。这就验证了式（12.57）的正确性，即两个离散时域信号的乘积对应于它们 DFT 之卷积。

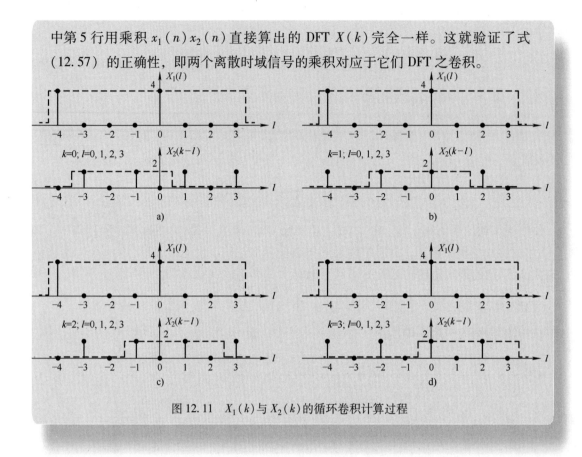

图 12.11 $X_1(k)$ 与 $X_2(k)$ 的循环卷积计算过程

## 12.5.8 DFT 性质总结

现在把本节讨论的 DFT 的主要性质归纳在表 12.11 中。表中的 $x(n)$、$x_1(n)$ 和 $x_2(n)$ 为三个长度都等于 $N$ 的信号序列，它们的 DFT 分别为 $X(k)$、$X_1(k)$ 和 $X_2(k)$。这些信号序列和它们的 DFT 都是以 $N$ 为周期的周期信号。

表 12.11　DFT 的主要性质

| DFT 的性质 | 信号序列（长度为 $N$） | DFT 序列（长度为 $N$） |
| --- | --- | --- |
| 1）线性 | $ax_1(n)+bx_2(n)$ | $aX_1(k)+bX_2(k)$ |
| 2）循环时移 | $x(n-m)$ | $W_N^{km}X(k)$ |
| 3）循环频移 | $W_N^{-mn}x(n)$ | $X(k-m)$ |
| 4）循环卷积 | $\displaystyle\sum_{m=0}^{N-1}x_1(m)x_2(n-m)$ | $X_1(k)X_2(k)$ |
| 5）乘积定理 | $x_1(n)x_2(n)$ | $\displaystyle\frac{1}{N}\sum_{m=0}^{N-1}X_1(m)X_2(k-m)$ |

## 12.6 DFT 的频域误差

现在假设有一个离散时域信号 $x(n)$，它只包含一个振幅为 1、相位为零、频率为 2kHz 的余弦函数，信号的采样率为 8kHz，如图 12.12 左边所示。图中右边是用式（12.22）算出的 $x(n)$ 的 DFT $X(k)$。可以看出，由于 $x(n)$ 的频率 2kHz 正好等于采样率的 1/4，所以它的两条谱线正好位于 $k=2$ 和 $k=6$ 的频率点上。再由于两条谱线的高度都等于 4，所以频率谱 $X(k)$ 没有误差〔这可以解释为：与 $x(n)$ 对应的连续时域信号 $x(t)$ 只有一对正、负频率等于 $\pm 2$kHz 和幅值都等于 0.5 的谱线。这与图 12.12 中的幅值谱 $|X(k)|$ 是一致的〕。序列 $x(n)$ 和 $X(k)$ 的数据列于表 12.12 中。

**表 12.12　频率等于 $f_S/N$ 整数倍的信号 $x(n)$ 及其幅值谱 $|X(k)|$**

| $n$ 或 $k$ | 0 | 1 | 2 | 3 | 4 | 5 | 6 | 7 |
|---|---|---|---|---|---|---|---|---|
| $x(n)$ | 1 | 0 | −1 | 0 | 1 | 0 | −1 | 0 |
| $|X(k)|$ | 0.000 | 0.000 | 4.000 | 0.000 | 0.000 | 0.000 | 4.000 | 0.000 |

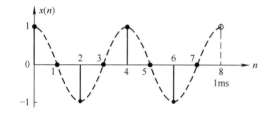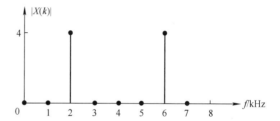

图 12.12　频率等于 $f_S/N$ 整数倍的信号 $x(n)$ 与幅值谱 $|X(k)|$

但实际的序列 $x(n)$ 都是从实际的信号中截取出来的，所以 $x(n)$ 中包含的各频率分量的频率不会刚好等于 $f_S/N$ 的整数倍。这可以用图 12.13 来说明。在图 12.13a 中，余弦信号 $x_1(n)$ 的频率为 1.75kHz，$f_S$ 仍为 8kHz，所以信号频率不是 $f_S/N=1$kHz 的整数倍。对 $x_1(n)$ 算出的 $X_1(k)$ 的数值示于表 12.13 的第 1 行中，$X_1(k)$ 的幅值谱示于图 12.13c 中〔在图 12.13a 中，信号 $x_1(n)$ 在 1ms 内包含 1.75 个周期，同时被采得 8 个样点。所以，$x_1(n)$ 在一个周期内被采得约 4.5 个样点〕。

把图 12.13c 中的幅值谱与图 12.12a 右边的幅值谱比较后，可以发现图 12.13c 中的 $|X_1(k)|$ 已经不像图 12.12 中的 $|X(k)|$ 那样简单清晰了。原因是，由于信号频率不等于 $f_S/N=1$kHz 的整数倍，所以在把 $x_1(n)$ 扩展为周期信号时产生了两端的幅度跳变，如图 12.13a 所示。幅度跳变意味着包含高频分量，而频率超过 $f_S/2$ 的高频分量就会叠加到 $[0, f_S/2]$ 的频率区内，产生频率混叠。下面来进一步说明。

如果对图 12.13a 中的所有样点用一条光滑曲线连起来〔这是 $x_1(n)$ 中包含的频率最低的那条曲线〕，就得到图 12.13b 中的连续时域信号 $x_1(t)$。现在图 12.13b 中的曲线已经不太像正弦量信号了，其中的尖峰部分包含了超过 $f_S/2$ 的高频成分（从图中看，频率可以在 6kHz 附近）。现在如果对图 12.13b 中 $x_1(t)$ 采样，就会得到图 12.13a 中的数字信号 $x_1(n)$。

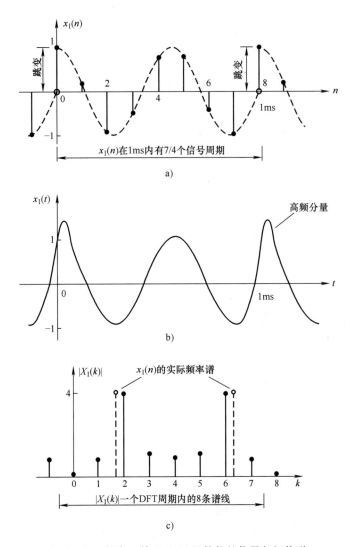

图 12.13　频率不等于 $f_S/N$ 整数倍的信号与幅值谱

a）$x_1(n)$ 样点图　b）使 $x_1(n)$ 返回到连续时域后的波形 $x_1(t)$　c）幅值谱 $|X_1(k)|$

由此可知，是图 12.13b 中尖峰附近所包含的高频分量，导致了图 12.13c 中的频率谱；而根本的原因是信号频率不等于 $f_S/N$ 的整数倍。

表 12.13　频率不等于 $f_S/N$ 整数倍的信号 $x_1(n)$ 和 $x_{1w}(n)$ 以及它们的幅值谱

| | $n$ 或 $k$ | 0 | 1 | 2 | 3 | 4 | 5 | 6 | 7 |
|---|---|---|---|---|---|---|---|---|---|
| 1） 非整数倍频率的序列和幅值谱 | $x_1(n)$ | 1.000 | 0.195 | −0.924 | −0.556 | 0.707 | 0.831 | −0.383 | −0.981 |
| | $|X_1(k)|$ | 0.111 | 0.828 | 3.956 | 1.114 | 0.911 | 1.114 | 3.956 | 0.828 |
| 2） 非整数倍频率的序列及其加窗后的序列和幅值谱 | $w_{han}(n)$ | 0.000 | 0.188 | 0.611 | 0.950 | 0.950 | 0.611 | 0.188 | 0.000 |
| | $x_{1w}(n)$ | 0.000 | 0.037 | −0.565 | −0.528 | 0.672 | 0.508 | −0.072 | 0.000 |
| | $|X_{1w}(k)|$ | 0.052 | 1.356 | 1.693 | 0.744 | 0.018 | 0.744 | 1.693 | 1.356 |

减轻图 12.13a 中两端的幅度跳变可以有两种方法：①用窗函数；②增加 $N$ 值。图 12.14

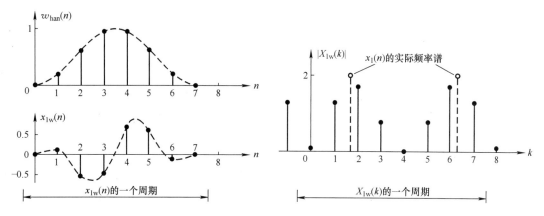

图 12.14　对频率不等于 $f_S/N$ 整数倍的信号施加汉宁窗

表示对 $x_1(n)$ 加汉宁窗的方法。图中 $w_{han}(n)$ 为 $N=8$ 的汉宁窗；用 $w_{han}(n)$ 与图 12.13a 中的 $x_1(n)$ 相乘，就得到图 12.14 下面加窗后的信号 $x_{1w}(n)$。现在把加窗后的信号 $x_{1w}(n)$ 向两侧周期性地扩展，就不会在每个周期的两端产生幅度跳变，因而消除了由幅度跳变引起的高频分量。图 12.14 右边表示对信号 $x_{1w}(n)$ 计算 DFT 得到的幅值谱（计算中得到的数据见表 12.13）。与图 12.13b 相比，这里的频率谱表现出向 $x_1(n)$ 的实际频率 1.75kHz 集中的趋势［注：图 12.14 中 $X(k)$ 幅度减半的原因是窗函数的平均值只有 0.5，解决的办法是对窗函数的每个样点乘以 2］。

对于第②种增加 $N$ 值的方法，可以用图 12.15 来说明。在图 12.15a 中，把 $x_2(n)$ 的 $N$ 增加到 16，采样率仍为 8kHz。然后，把 16 个样点的 $x_2(n)$ 向两侧周期性的扩展，再返回到连续时域，就得到图 12.15b 中的连续时域信号 $x_2(t)$。

虽然图 12.15a 中的 $x_2(n)$ 在周期的两端仍有跳变，但能看出来，图 12.15b 中的信号 $x_2(t)$ 仍以正弦量信号为主，两端的跳变只起到很小的影响。这样算出的 DFT 如图 12.15c 所示。图中表示，无论与图 12.13c 中的 $|X_1(k)|$ 相比，还是与图 12.14 中的 $|X_{1w}(k)|$ 相比，图 12.15c 中的频率谱更接近实际信号的频率谱；这是指，信号的能量在向实际信号的频率点集中。由此可知，增加 $N$ 的方法通常要优于窗函数的方法。更何况，现在由于计算机性能的提高，信号的序列长度 $N$ 都可以做的很长，比如 16384 或更长，由此引起的频率混叠误差是非常小的。归纳起来说，在实际计算 DFT 时，应该尽量增加 $N$ 而不必依靠窗函数。当然，在实际可用的信号序列很短时，还得使用窗函数（比如在语音处理中，语音中的音素通常是快速变化的，每个音素只持续 20ms 左右的时间）。

此外，从图 12.15c 看，离开实际频率点较远的 $|X_2(k)|$ 要比图 12.13c 中的小很多。随着 $N$ 的增加，这些谱线将越来越小。这一现象被称为处理增益（由增加处理量来提高信噪比，比如从 1024 点 DFT 增加到 16384 点 DFT）而这些谱线组成的形状被称为扇贝边缘，见图 12.15c。这是单频信号 DFT 的正确形状。

**小测试**：增加 DFT 的点数可以减少频域误差。答：是。

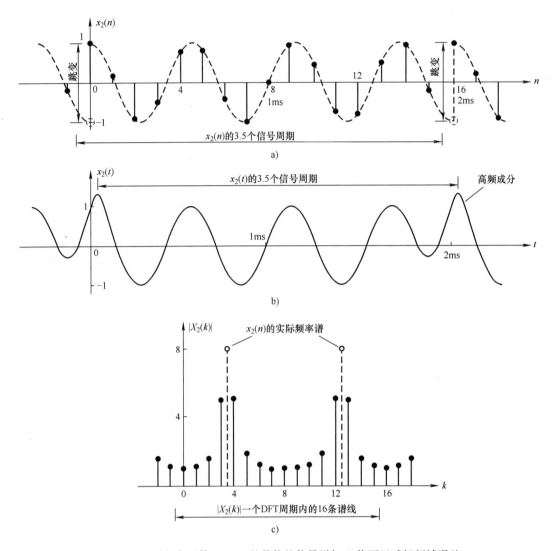

图 12.15　对频率不等于 $f_S/N$ 整数倍的信号增加 $N$ 值可以减轻频域误差

a）把信号序列 $x_2(n)$ 的 $N$ 增加到 16　b）返回到连续时域后得到的连续时域信号 $x_2(t)$　c）幅值谱 $|X_2(k)|$

## 12.7　DFT 频域误差的解释

频域误差是因为信号的实际频率不等于 $f_S/N$ 的整数倍引起的。在上面的第 12.6 节，我们把原因归结为信号序列因两端跳变而不满足采样定理，由此产生频率混叠。对于这种频域误差，我们还有另外两种解释，这就是本节要说明的泄漏效应和篱笆效应。

图 12.16a 表示泄漏效应，即由于信号频率不等于 $f_S/N$ 的整数倍，当进行 DFT 时，虽然没有用窗函数，其实是用了矩形窗。而矩形窗的频率谱是 sinc 函数，所以用 DFT 算出的信号幅值谱 $|X(k)|$ 就等于实际信号的谱线与 sinc 函数之间的循环卷积。卷积的结果就得到图 12.16a 中的泄漏曲线，而泄漏的信号只能出现在 $f_S/N$ 整数倍的地方。这就是泄漏效应的解释。

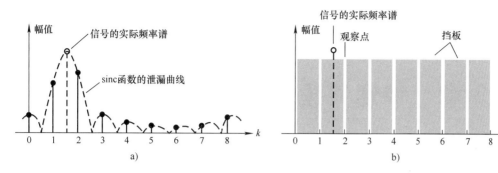

图 12.16　频域误差的两种解释

a）泄漏效应　b）篱笆效应

图 12.16b 表示篱笆效应。建筑工地的四周都用挡板围住，而挡板之间是有缝隙的。路人可以通过缝隙观察挡板内的情况。如果恰好有一棵树在缝隙位置，路人可以看得清清楚楚。但如果那棵树不是正好在缝隙的位置，路人就只能通过余光来观察。观察点离树越远，观察得越不清楚。这就是篱笆效应的解释。

但无论是泄漏效应还是篱笆效应，都只是停留在解释的层面上。要消除 DFT 的频域误差并不容易。我们从信号序列端点的跳变并通过采样定理和频率混叠来解释，是比较接近实际的。好在，只要 $N$ 足够大，误差就会变得足够小；而现在的 DFT 都有足够大的 $N$。

## 12.8　小结

本章讨论了离散时域中的 DFT。在连续时域中，傅里叶级数展开被用来导出周期信号的频率谱（线谱）。在离散时域中，DFT 被用来导出数字序列的频率谱（也是线谱）。虽然数字序列只有有限的长度，但当计算 DFT 时，总是被看成向两侧周期性地无限重复的，因而可以用傅里叶级数来计算频率谱 $X(k)$。DFT 有许多性质，包括线性、时移和频移等。这些性质都可以追溯到连续时域中的傅里叶级数。由于现在的数字序列的长度 $N$ 都可以很大，所以频率混叠（这里称频域泄漏）所产生的误差都是很小的。当 $N$ 足够大时，也可以有足够大的处理增益，使误差和噪声都变得很小。所以，在计算 DFT 时一般可以不用窗函数。

# 第 13 章　快速傅里叶变换

快速傅里叶变换也称 FFT，是一种快速的 DFT 计算方法，所以只是算法上的事，与信号处理没有太大关系。FFT 是利用了 DFT 计算中的重复性来实现快速计算的，并有两种计算方法：时域抽取法和频域抽取法。下面分别说明这两种方法。

## 13.1　时域抽取法

时域抽取法是通过对输入信号样点进行抽取来完成 FFT 计算的。首先讨论 $N = 8$ 的 DFT 计算，这叫 8 点 DFT。它的算式为式（13.1）［参考式（12.29）］

$$X(k) = \sum_{n=0}^{7} x(n) W_8^{nk}, \quad k = 0, 1, \cdots, 7 \tag{13.1}$$

对式（13.1）右边的 8 个 $x(n)$ 项进行 2:1 抽取，把偶数项留下来组成一组，把奇数项抽到后面组成另一组

$$X(k) = \sum_{m=0}^{3} x(2m) W_8^{2mk} + \sum_{m=0}^{3} x(2m+1) W_8^{(2m+1)k}, \quad k = 0, 1, \cdots, 7 \tag{13.2}$$

对后一个累加运算提出公因子 $W_8^k$ ［式（13.2）中的 $k$ 可暂时看作常数］

$$X(k) = \sum_{m=0}^{3} x(2m) W_8^{2mk} + W_8^k \sum_{m=0}^{3} x(2m+1) W_8^{2mk} \tag{13.3}$$

式（13.3）中

$$W_8^{2mk} = \left[ e^{-j(2\pi/8)} \right]^{2mk} = e^{-j\frac{2\pi}{8} \times 2mk} = e^{-j\frac{2\pi}{4} \times mk} = (e^{-j2\pi/4})^{mk} = W_4^{mk} \tag{13.4}$$

这样，式（13.3）变为

$$X(k) = \sum_{m=0}^{3} x(2m) W_4^{mk} + W_8^k \sum_{m=0}^{3} x(2m+1) W_4^{mk}, \quad k = 0, 1, \cdots, 7 \tag{13.5}$$

式（13.5）中的两个累加运算就是两个 4 点 DFT。把它们分别叫作 $G(k)$ 和 $H(k)$

$$G(k) = \sum_{m=0}^{3} x(2m) W_4^{mk}, \quad k = 0, 1, 2, \cdots, 7 \tag{13.6}$$

$$H(k) = \sum_{m=0}^{3} x(2m+1) W_4^{mk}, \quad k = 0, 1, 2, \cdots, 7 \tag{13.7}$$

式（13.6）和式（13.7）中需要注意的是，$k = 0$，1，2，3 和 $k = 4$，5，6，7 有相同的

$W_4^{mk}$ 值，也就是，$W_4^{m4} = W_4^{m0}$、$W_4^{m5} = W_4^{m1}$、$W_4^{m6} = W_4^{m2}$ 和 $W_4^{m7} = W_4^{m3}$。这样，式（13.5）变成

$$X(k) = G(k) + W_8^k H(k), \quad k = 0,1,2,\cdots,7 \tag{13.8}$$

利用式（13.8），可以画出计算 8 点 DFT 的框图，如图 13.1 所示。

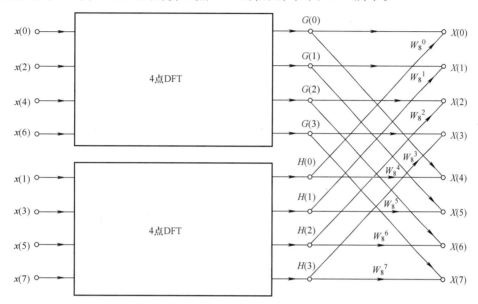

图 13.1　对 8 点 DFT 进行时域 2:1 抽取后变成两个 4 点 DFT

从图 13.1 看，一个 8 点 DFT 变成了两个 4 点 DFT，简化了计算。更主要的是，式（13.6）和式（13.7）中的两个 4 点 DFT 只需做 $k = 0 \sim 3$ 的计算；$k = 4 \sim 7$ 的计算因为与 $k = 0 \sim 3$ 的计算完全一样而可以省去。这在图 13.1 中表现为：两个 4 点 DFT 的输出同时被用于 $X(0) \sim X(3)$ 和 $X(4) \sim X(7)$ 的两组输出中。比如，$G(0)$ 被用来计算 $X(0)$ 和 $X(4)$，$H(3)$ 被用来计算 $X(3)$ 和 $X(7)$。这便节省了很大的计算量。

然后，对两个 4 点 DFT 再分别做 2:1 抽取。式（13.6）和式（13.7）分别变为

$$G(k) = x(0)W_4^0 + x(2)W_4^k + x(4)W_4^{2k} + x(6)W_4^{3k}$$
$$= \left[x(0) + x(4)W_4^{2k}\right] + W_4^k\left[x(2) + x(6)W_4^{2k}\right], k = 0,1,2,3 \tag{13.9}$$

和

$$H(k) = x(1)W_4^0 + x(5)W_4^{2k} + x(3)W_4^k + x(7)W_4^{3k}$$
$$= \left[x(1) + x(5)W_4^{2k}\right] + W_4^k\left[x(3) + x(7)W_4^{2k}\right], k = 0,1,2,3 \tag{13.10}$$

式（13.9）和式（13.10）中，$W_4^k$ 就是 $W_8^{2k}$。利用上面两式，可以把图 13.1 改画成图 13.2 中的结构。

式（13.9）和式（13.10）中 4 个方括号内的，就是图 13.2 中的 4 个 2 点 DFT。最后，把这 4 个 2 点 DFT 的框图变成实际的计算结构（两式中的 $W_4^{2k} = W_8^{4k}$），就得到图 13.3 中、我们想要的 8 点 DFT 计算图。这个图就是用时域抽取法实现的 8 点 FFT 计算图。图中由于每一级输出的中间结果可以被复用而大大压缩了计算量。

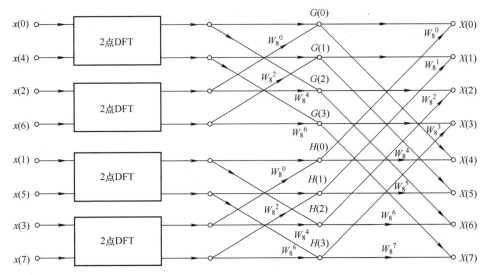

图 13.2 　对两个 4 点 DFT 再分别做时域 2∶1 抽取后变成 4 个 2 点 DFT

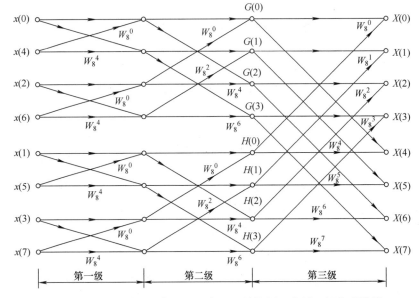

图 13.3 　用时域抽取法实现的 8 点 FFT 计算图，共用三级完成计算

## 13.2　频域抽取法

现在把式（13.1）中的输入序列 $x(n)$ 分成前后两半

$$X(k) = \sum_{n=0}^{3} x(n) W_8^{nk} + \sum_{n=4}^{7} x(n) W_8^{nk} = \sum_{n=0}^{3} x(n) W_8^{nk} + \sum_{m=0}^{3} x(m+4) W_8^{(m+4)k}$$

$$, k = 0,1,2,\cdots,7$$

$$= \sum_{n=0}^{3} x(n) W_8^{nk} + W_8^{4k} \sum_{m=0}^{3} x(m+4) W_8^{mk}$$

$$(13.11)$$

式（13.11）右边用 $n$ 代替 $m$（累加变量名是可以随意改变的）。再由于 $W_8^{4k} = W_2^k = (-1)^k$，上式变为

$$X(k) = \sum_{n=0}^{3} x(n) W_8^{nk} + (-1)^k \sum_{n=0}^{3} x(n+4) W_8^{nk} \qquad ,k = 0,1,2,\cdots,7 \qquad (13.12)$$

$$= \sum_{n=0}^{3} \left[ x(n) + (-1)^k x(n+4) \right] W_8^{nk}$$

把式（13.12）中的 $X(k)$ 按偶数项和奇数项分成两组（这就是频域抽取）

$$X(2k) = \sum_{n=0}^{3} \left[ x(n) + x(n+4) \right] W_8^{2nk}, k = 0,1,2,3 \qquad (13.13)$$

$$X(2k+1) = \sum_{n=0}^{3} \left[ x(n) - x(n+4) \right] W_8^n W_8^{2nk}, k = 0,1,2,3 \qquad (13.14)$$

由于 $W_8^{2nk} = W_4^{nk}$，式（13.13）和式（13.14）就变成两个 4 点 DFT。这可以画成图 13.4 中的结构。从图中右边的输出信号可以看出，$X(k)$ 已被 2:1 抽取成偶数项和奇数项两组，这就是频域抽取的意思。

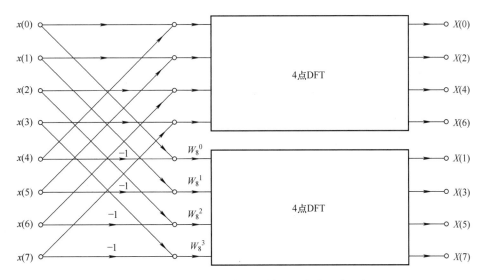

图 13.4　对 8 点 DFT 做频域 2:1 抽取后变成两个 4 点 DFT

频域抽取过程也可以像时域抽取法那样，把图 13.4 中的两个 4 点 DFT 变成四个 2 点 DFT，再把四个 2 点 DFT 变成实际的计算图。这就得到想要的频域抽取 8 点 FFT 计算图，如图 13.5 所示。图中的输出信号 $X(k)$ 已被做了三次 2:1 的频域抽取（参考文献 [13] 中的表 10-2 和表 10-3 列出了任意一组数据做 8 点 FFT 计算时的中间值和最后结果，可供读者在对自己编写的 FFT 程序进行调试时使用）。

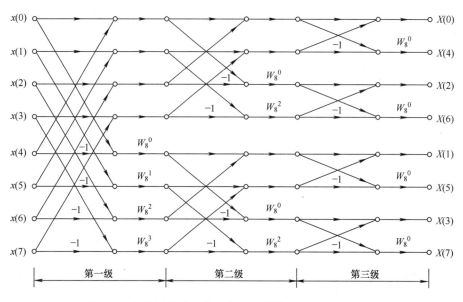

图 13.5　用频域抽取法的 8 点 FFT 计算图，也用三级完成

## 13.3　超过 8 点的 FFT 算法

输入序列长度 $N>8$ 的 FFT 算法是与 $N=8$ 的 FFT 算法相似的，不同点只是计算的级数增加了。在图 13.3 的时域抽取 8 点 FFT 计算中，共用了三级完成，这是因为 $8=2^3$。在图 13.5 的频域抽取 8 点 FFT 计算中，也用了三级完成。由此可以推断，一个 16 点 FFT 应该用四级完成，如图 13.6 所示。图中的 8 点 FFT 用三级完成，加上后面的一级，总共四级。

图中的结构是这样导出的。先从式（13.1）开始，式（13.1）中的 7 和 8 现在分别变成了 15 和 16。由此得到

$$X(k) = \sum_{n=0}^{15} x(n) W_{16}^{nk}, \quad k = 0,1,\cdots,15 \tag{13.15}$$

式中，$W_{16} = e^{-j2\pi/16}$。

对式（13.15）做 2:1 时域抽取

$$X(k) = \sum_{m=0}^{7} x(2m) W_{16}^{2mk} + \sum_{m=0}^{7} x(2m+1) W_{16}^{(2m+1)k} \tag{13.16}$$

把式（13.16）最右边的因式 $W_{16}^{k}$，提到后一个累加运算之前，上式变为

$$X(k) = \sum_{m=0}^{7} x(2m) W_{16}^{2mk} + W_{16}^{k} \sum_{m=0}^{7} x(2m+1) W_{16}^{2mk} \tag{13.17}$$

式（13.17）右边

$$W_{16}^{2mk} = W_{8}^{mk} \tag{13.18}$$

由此，式（13.17）变为

$$X(k) = \sum_{m=0}^{7} x(2m) W_{8}^{mk} + W_{16}^{k} \sum_{m=0}^{7} x(2m+1) W_{8}^{mk}, k = 0,1,2,\cdots,15 \tag{13.19}$$

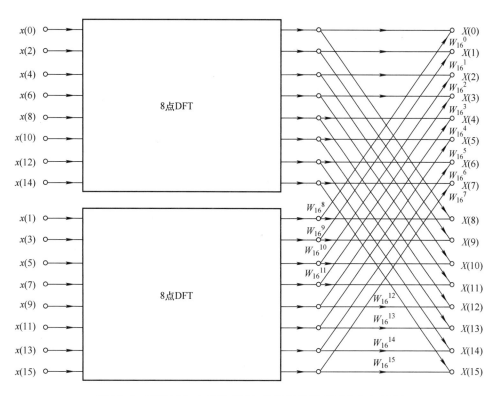

图 13.6　用时域 2∶1 抽取把 16 点 DFT 分解成两个 8 点 DFT

式（13.19）中的两个累加运算就是两个 8 点 DFT，并通过因式 $W_{16}^k$ 相加。这就把一个 16 点 DFT 变成了两个 8 点 DFT。利用式（13.19），就可画出图 13.6 中的 16 点 FFT 计算图。利用相同的方法可以画出 32 点、64 点以及任意多点的 FFT 计算图。

> 小测试：式（13.19）中的 $m$ 只需从 0 变化到 7，就可算出 $X(k)$ 的 16 条谱线输出。这就是节省计算量的原因。答：是。

## 13.4　蝶形计算

无论是图 13.3 中的时域抽取法，还是图 13.5 中的频域抽取法，最基本的操作都是从两个输入复数算出两个输出复数，比如，图 13.3 右上角以 $G(0)$ 和 $H(0)$ 为输入、以 $X(0)$ 和 $X(4)$ 为输出的计算。这种计算结构就叫蝶形计算。为便于说明，我们把它重新画在图 13.7a 中。在图 13.7a 中，$G(0)$ 是直接进入 $X(0)$ 和 $X(4)$ 的，而 $H(0)$ 需做复数乘法后再进入 $X(0)$ 和 $X(4)$。所以，完成图 13.7a 中的时域抽取蝶形计算需要两次复数乘法和两次复数加法。

图 13.7b 是频域抽取的蝶形计算图，它是从图 13.5 的左下角截取来的。图 13.7a 中时域抽取蝶形计算的两次复数乘法，变成了图 13.7b 中的两次复数减法，但图 13.7b 中的输出端需增加一次复数乘法。所以，完成频域抽取的蝶形计算需要两次复数加法（加法和减法有几乎相同的计算量）和一次复数乘法。在图 13.7c 中，任意两个复数相乘也可以表示为蝶形计算。两个输入复数分别为 $a_1 + jb_1$ 和 $a_2 + jb_2$，输出复数为 $u + jv$。根据复数乘法规则，

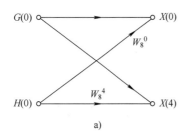
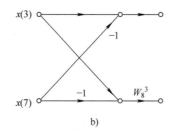
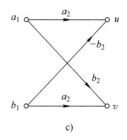

图 13.7　蝶形计算图

a）时域抽取　b）频域抽取　c）两个复数相乘

$u = a_1 a_2 - b_1 b_2$ 和 $v = a_1 b_2 + a_2 b_1$。从图中看，完成一次复数乘法需要四次实数乘法和两次实数加法。

最后把图 13.7 中的蝶形计算归纳为：图 13.7a 中上面的输入样点直接进入两个输出样点，而下面的输入样点需分别做两次复数乘法后再进入两个输出样点。图 13.7b 中上面的输入样点也是直接进入两个输出样点，而下面的输入样点需做两次复数减法和一次复数乘法才可进入两个输出样点。图 13.7c 中的蝶形算法稍有不同。

## 13.5　位逆序

位逆序是指把样点的顺序按照它的二进制地址位倒序后的顺序重新排序。比如在图 13.3 中，输入样点 $x(n)$ 从上向下的顺序不是正常的从 $x(0)$ 到 $x(7)$ 的顺序，而是变成 $x(0)$、$x(4)$、$x(2)$、$x(6)$、$x(1)$、$x(5)$、$x(3)$、$x(7)$ 的顺序。这其实是把序号看作二进制地址码，然后把二进制位的顺序倒过来。比如，$x(0)$ 原先的地址码为 000，倒过来仍然是 000，所以仍在最前面；而 $x(1)$ 原先的地址码为 001，倒过来后变成 100，所以 $x(1)$ 被移到中间位置。再比如，$x(3)$ 原先的地址码为 011，倒过来后变成 110，所以 $x(3)$ 被移到倒数第二的位置。但图 13.3 中输出样点的顺序是从 $X(0)$ 到 $X(7)$，属正常的顺序，不需做位逆序。

在图 13.5 的频域抽取中，输入样点 $x(n)$ 的顺序不需改变；但输出样点的顺序为 $X(0)$、$X(4)$、$X(2)$、$X(6)$、$X(1)$、$X(5)$、$X(3)$、$X(7)$，这就需要做位逆序。比如，$X(4)$ 在图中的地址码为 001，做位逆序后变成 100，所以 $X(4)$ 需被移到中间位置。只有通过位逆序，使输出样点变成正常顺序后，才可用作输出信号。这才算完成了 FFT 计算。

> 小测试：在图 13.3 的输入序列中，只有两个样点的顺序不需改变，它们是 $x(0)$ 和 $x(7)$。
> 答：否。

## 13.6　时域抽取 FFT 的计算框图

图 13.8 表示时域抽取 FFT 的计算框图。首先从 FFT 点数确定计算级数；比如 8 点 FFT 需用三级完成（见图 13.3），32 点 FFT 需用五级完成。然后，对输入序列做位逆序，如果是 32 点 FFT，需对 5 位二进制做位逆序，如果是 1024 点 FFT，需对 10 位二进制做位逆序。

接下来，就做每一级的计算。

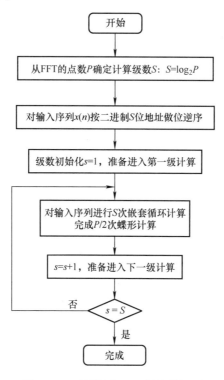

图 13.8 时域抽取 FFT 的计算框图

如果 $N=8$，在每级计算中需完成两次循环计算。比如现在要做图 13.3 中的第一级计算，这两次循环计算是，先进入 $x(0)\sim x(6)$ 的计算，完成计算后再进入 $x(1)\sim x(7)$ 的计算（在图 13.9 中称为 $i$ 循环）。在 $x(0)\sim x(6)$ 的计算中，先进入 $x(0)\sim x(4)$ 的计算，完成后再进入 $x(2)\sim x(6)$ 的计算（在图 13.9 中称为 $j$ 循环）。在 $x(0)\sim x(4)$ 的计算中，只做 1 次蝶形计算。所以，每一级需做 4 次蝶形计算，每次蝶形计算如图 13.7c 中所示。这样的循环计算可以用图 13.9 中的 C 代码来表示。两次嵌套循环完成后，就可进入下一级计算，也需完成两次循环计算。当所有的计算级都完成后，才算完成了 FFT 计算。

```
for (i=0, i<2; i++) {//进入i循环,
    //样点分成前后两半
    for(j=0; j<2; j++) {//进入j循环,
        //每一半需做2次蝶形计算
    }//for j
}//for i
```

图 13.9 时域抽取 8 点 FFT
第一级的两次循环计算

## 13.7 FFT 逆变换

FFT 逆变换（Inverse Fast Fourier Transform，IFFT）是根据 DFT 逆变换计算的，而 DFT 逆变换与 DFT 的唯一区别是旋转复矢量 $W_N$ 的指数变成负值。由于复矢量 $W_N^m$ 是随 $m$ 的增加顺时针旋转的，所以负指数的 $W_N^{-m}$ 实际上是逆时针方向旋转的。所以，如果已经有了 FFT 计算软件，只要把 $W_N$ 改成 $W_N^{-1}$ 就可以计算 IFFT 了。

## 13.8    快速卷积

说明了 FFT 算法之后，现在来讨论 FFT 的一个应用：快速卷积。卷积是用来完成滤波操作的，而快速卷积是指用 FFT 完成的滤波操作，因为 FFT 有极快的计算速度。但快速卷积只适用于 FIR 数字滤波器，IIR 数字滤波器因为有无限长的冲击响应而没有对应的 DFT。这其实是说，由于 FIR 数字滤波器的冲击响应是有限长的，就可以用卷积的方法来计算输出序列；而 IIR 数字滤波器的冲击响应是无限长的，所以无法用卷积而只能用递归的方法来计算输出序列。

快速卷积可以解释为：滤波器所完成的操作是输入信号 $x(n)$ 与冲击响应 $h(n)$ 之间的线性卷积。如果 $x(n)$ 和 $h(n)$ 都是有限长的，线性卷积就可以通过 FFT 来完成。具体说，就是把 $x(n)$ 和 $h(n)$ 都转换成相应的 DFT 序列 $X(k)$ 和 $H(k)$，然后把两个 DFT 序列做逐点相乘得到 $X(k)H(k)$，再对乘积 $X(k)H(k)$ 做 DFT 逆变换。这就得到想要的滤波器输出 $y(n)$。其中的 DFT 和 DFT 反变换都可以用快速的 FFT 做，这就叫快速卷积。图 13.10 表示快速卷积的计算框图。

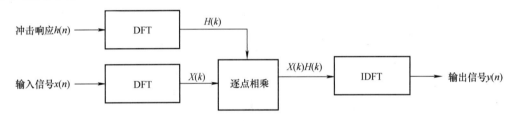

图 13.10    快速卷积的计算框图

图 13.10 中还有另外三件事要做。首先，输入信号 $x(n)$ 是非常长（甚至无限长）的序列，所以必须分成许多适当短的序列，才可以做 DFT 而得到 $X(k)$。其次，两个 DFT 相乘实现的是时域 $x(n)$ 与 $h(n)$ 的循环卷积，所以必须把循环卷积变成线性卷积，这需要对 $x(n)$ 和 $h(n)$ 的后面增加一倍长的零样点。最后要做的是，当两个 DFT 相乘时，乘积的前后两半都会出现不完整的数据，这叫端点效应。这可以用图 12.10 来说明。

如果图 12.10c 中的 $x_2(n-m)$ 为无限长的循环序列，输出 $x_L(n)$ 的所有样点应该是等高的。而现在图中的输出 $x_L(n)$ 为三角形序列，这就是端点效应。解决的办法是，把图 12.10c 中 $x_L(n)$ 与它的前、后两个输出序列互相重叠一半，就可得到正确的输出序列。这个方法叫重叠相加法，稍后具体说明（端点效应也可以从输入信号来解决，此时的方法叫重叠存储法）。

考虑了上述三件事之后的快速卷积可以用图 13.11 来表示。图中使用了 1024 点 FFT 和 1024 点 FFT 反变换。下面来具体说明。

图中左边虚线框内的操作用来完成系统初始化，即产生 1024 点的 $H(k)$。假设 FIR 数字滤波器的冲击响应长度为 512 个样点（如不足 512 个样点，可在后面用零样点增加到 512 个样点；如超过 512 个样点，可把 1024 点扩展到 2048 点或更长）。在它后面增加 512 个零样

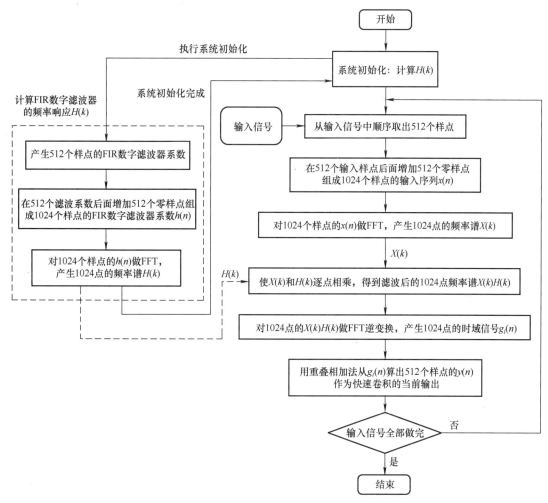

图 13.11　实际的 1024 点 FFT 快速卷积计算框图

点，就把冲击响应长度扩展到 1024 个样点。我们可以证明，在信号序列后面增加零样点不会改变序列的频率谱（因为在计算 FFT 时，零样点没有贡献），但可以增加频率谱的样点数，也就是，增加频率谱的分辨率。这里把冲击响应长度从 512 个样点增加到 1024 个样点，是为了把循环卷积变成线性卷积。通常，虚线框内的操作只在系统初始化时做一次，就可永远使用下去。

　　图中右边是一个循环操作。循环开始时，先从输入信号中取出 512 个样点，并在后面增加 512 个零样点（也是为了把循环卷积变成线性卷积，同时又不改变序列的频率谱），组成 1024 个样点的输入序列 $x(n)$。对 $x(n)$ 做 1024 点 FFT，得到 1024 点的频率谱 $X(k)$。再把 $X(k)$ 与 $H(k)$ 逐点相乘，即 $X(0) \times H(0)$、$X(1) \times H(1)$ 直至 $X(1023) \times H(1023)$。这要做 1024 次复数乘法。然后把 1024 点的 $X(k)H(k)$ 做 FFT 逆变换，得到 1024 点的时域信号 $g_i(n)$。这个 $g_i(n)$ 一定是实数信号。循环的最后一步，是把 $g_i(n)$ 与前一个 $g_{i-1}(n)$ 通过重叠相加算出 512 个样点的 $y_i(n)$，作为快速卷积的当前输出序列。具体的重叠操作用图 13.12 来说明。

　　在图 13.12 中，快速卷积最初的输出序列 $y_0(n)$ 是由 $g_0(n)$ 的前 512 个样点复制而成，

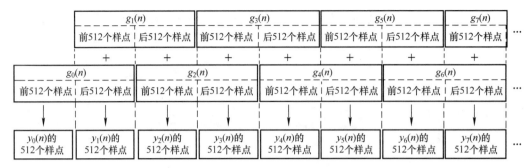

图 13.12　快速卷积中的重叠相加法

即没有做重叠相加，所以是有端点效应的。在这之后的输出序列是由前一个 $g_{i-1}(n)$ 的后 512 个样点和当前 $g_i(n)$ 的前 512 个样点叠加而成。比如，$y_1(n)$ 是由 $g_0(n)$ 的后 512 个样点和 $g_1(n)$ 的前 512 个样点相加而成；$y_2(n)$ 是由 $g_1(n)$ 的后 512 个样点和 $g_2(n)$ 的前 512 个样点相加而成；以此类推。这就叫重叠相加法；这样就消除了端点效应。与重叠相加法对应的重叠存储法是对输入序列做重叠操作，而输出序列只经过截取后直接前后相连。两者的结果是相同的。

> 小测试：快速卷积中的卷积是指时域中的卷积，反映到频域中就是做乘法。答：是。

## 13.9　小结

FFT 只是 DFT 的一种快速算法，所以只是一个数值计算的问题。至于频率特性，还得从 DFT 来确定。FFT 有三个基本参数：基数、样点数 $N$ 和抽取方法。基数是指 FFT 中最底层蝶形计算的输入和输出样点数。比如，图 13.3 中的左边、中间和右边的三级都是由两输入、两输出的蝶形计算组成的，所以图 13.3 中的 FFT 是一个基 2 FFT。本章讨论的都是基 2 FFT，因为基 2 FFT 是最常用的，尽管我们还可以有基 4 FFT 等。此外，从图 13.3 和图 13.5 看，FFT 中的所有计算都是用蝶形计算完成的。

样点数 $N$ 应该是 2 的整数次幂，比如 64 点 FFT 和 65536 点 FFT 等。点数越多，FFT 输出频率谱中相邻谱线之间的间距就越小，频域的清晰度就越高。但对有些信号，比如准平稳（介于平稳与非平稳之间）的随机信号，太长的信号序列反而会影响频域的清晰度。比如，语音信号处理时总是以 10～30ms 范围内为最佳长度。

抽取方法有时域抽取和频域抽取两种，两者的结果完全一样。除了计算结构不同外，两者位逆序的对象不同。对于时域抽取法，输入 $x(n)$ 需做位逆序，然后做 FFT，输出 $X(k)$ 属正常顺序。对于频域抽取法，输入 $x(n)$ 用正常顺序，在完成 FFT 计算后，需对输出 $X(k)$ 做位逆序，才算完成任务。

在讨论了 FFT 的两种抽取算法后，本章还讨论了蝶形计算、位逆序和 FFT 逆变换等算法。本章的最后讨论了 FFT 的一种应用：快速卷积。这是依靠 FFT 实现的快速滤波操作。最后想说，现在能提供 FFT 计算的应用软件随处可见，可以不必自行编写（最好自行编写一次），但知道一些 FFT 的内部结构对于理解数字信号处理是非常必要的。

# 附　　录

## A.1　数学恒等式、sinc 函数表和复函数要点

### A.1.1　数学恒等式

**1. 欧拉恒等式**

$$\cos\theta = \frac{e^{j\theta} + e^{-j\theta}}{2}; \quad \sin\theta = \frac{e^{j\theta} - e^{-j\theta}}{2j} \tag{A.1}$$

$$e^{\pm j\theta} = \cos\theta \pm j\sin\theta \tag{A.2}$$

**2. 三角恒等式**

$$\cos(\alpha + \beta) = \cos\alpha\cos\beta - \sin\alpha\sin\beta \tag{A.3}$$

$$\sin(\alpha + \beta) = \sin\alpha\cos\beta + \cos\alpha\sin\beta \tag{A.4}$$

$$\sin^2\theta + \cos^2\theta = 1 \tag{A.5}$$

$$\cos2\theta = \cos^2\theta - \sin^2\theta; \quad \sin2\theta = 2\sin\theta\cos\theta \tag{A.6}$$

$$\cos^2\theta = \frac{1 + \cos2\theta}{2}; \quad \sin^2\theta = \frac{1 - \cos2\theta}{2} \tag{A.7}$$

### A.1.2　sinc 函数表

| $x(\pi)$ | sinc $x$ | $x(\pi)$ | sinc $x$ | $x(\pi)$ | sinc $x$ | $x(\pi)$ | sinc $x$ | $x(\pi)$ | sinc $x$ |
|---|---|---|---|---|---|---|---|---|---|
| 0.0 | 1.0 | 1.0 | 0 | 2.0 | 0 | 3.0 | 0 | 4.0 | 0 |
| 0.1 | 0.9836 | 1.1 | −0.0894 | 2.1 | 0.0468 | 3.1 | −0.0317 | 4.1 | 0.0240 |
| 0.2 | 0.9355 | 1.2 | −0.1559 | 2.2 | 0.0850 | 3.2 | −0.0585 | 4.2 | 0.0454 |
| 0.3 | 0.8584 | 1.3 | −0.1981 | 2.3 | 0.1120 | 3.3 | −0.0780 | 4.3 | 0.0599 |
| 0.4 | 0.7568 | 1.4 | −0.2162 | 2.4 | 0.1261 | 3.4 | −0.0890 | 4.4 | 0.0680 |
| 0.5 | 0.6366 | 1.5 | −0.2122 | 2.5 | 0.1273 | 3.5 | −0.0909 | 4.5 | 0.0707 |
| 0.6 | 0.5046 | 1.6 | −0.1892 | 2.6 | 0.1164 | 3.6 | −0.0841 | 4.6 | 0.0658 |
| 0.7 | 0.3679 | 1.7 | −0.1515 | 2.7 | 0.0954 | 3.7 | −0.0696 | 4.7 | 0.0548 |
| 0.8 | 0.2339 | 1.8 | −0.1039 | 2.8 | 0.0668 | 3.8 | −0.0492 | 4.8 | 0.0390 |
| 0.9 | 0.1093 | 1.9 | −0.0518 | 2.9 | 0.0339 | 3.9 | −0.0252 | 4.9 | 0.0201 |

### A.1.3 复函数要点

**1. 复数运算**

假设 $s = a + jb$ 是一个复变量，$W = U + jV$ 是另一个复变量。如果对于 $s$ 的每一个值，$W$ 都有一个或一组值与之对应，就说复变量 $W$ 是复变量 $s$ 的一个函数（或者说，复变量 $W$ 和 $s$ 之间存在一个函数关系），并把 $s$ 和 $W$ 之间的对应关系写为 $W = F(s)$。如果对于 $s$ 的一个值，$W$ 也只有一个值与之对应，$F(s)$ 就叫作 $s$ 的一个单值函数；如果对于 $s$ 的一个值，$W$ 有两个或两个以上的值与之对应，$F(s)$ 就叫作 $s$ 的一个双值或多值函数。

**【例题 A.1】** 证明单值函数和多值函数。

a）证明函数 $W = F(s) = s^2$ 为单值函数。

**解**：为此，先把 $U$ 和 $V$ 分别用 $a$ 和 $b$ 来表示

$$W = U + jV = (a + jb)^2 = a^2 - b^2 + j2ab \tag{A.8}$$

因而有

$$U = a^2 - b^2 \text{ 和 } V = 2ab \tag{A.9}$$

式（A.9）中，对于 $s = a + jb$ 的每一个值，即 $a$ 和 $b$ 的每一对值，$W = U + jV$ 只有一个值与之对应。所以 $W = F(s)$ 是单值函数。

b）证明函数 $W = F(s) = \sqrt{s}$ 为双值函数。

**解**：先把复变量 $s$ 写成极坐标形式

$$s = re^{j\varphi} \tag{A.10}$$

所以

$$W = \sqrt{re^{j\varphi}} \tag{A.11}$$

式（A.11）中，由于复指数 $e^{j\varphi}$ 是以幅角 $\varphi$ 的 $2\pi$ 为周期的周期函数，所以 $e^{j\varphi} = e^{j(\varphi + 2k\pi)}$。再由于 $k$ 只能取 0 和 1 两个值，其他的整数值都是重复的。这样，就证明了复函数 $W = \sqrt{s}$ 是一个双值函数。

此外，式（A.11）还可计算为

$$W_k = \sqrt{r}e^{j(\varphi + 2k\pi)/2} = \sqrt{r}e^{j(\varphi/2 + k\pi)}, \quad k = 0,1 \tag{A.12}$$

式（A.12）表示，对于 $s$ 的每一个值（即 $r$ 和 $\varphi$ 的一对值），$W$ 有两个值与之对应，即

$$W_0 = \sqrt{r}e^{j\varphi/2} \tag{A.13}$$

和

$$W_1 = \sqrt{r}e^{j(\varphi/2 + \pi)} \tag{A.14}$$

式（A.13）和式（A.14）中，$\sqrt{r}$ 为 $r$ 的算术平方根。举例来说，如果 $s = 4$，即 $r = 4$ 和 $\varphi = 0$，那么 $W$ 的两个值为

$$W_0 = 2e^{j0} = 2 \text{ 和 } W_1 = 2e^{j\pi} = -2$$

相似地，对于复数方程 $W^6 = 1$，先把 1 写成 $e^{j0}$，并可写为 $W = e^{j(2k\pi/6)} = e^{jk\pi/3}$，$k = 0$，1，2，$\cdots$，5。$W$ 就有 6 个复数解 $W_0 = 1$、$W_1 = e^{j\pi/3}$、$W_2 = e^{j2\pi/3}$、$W_3 = e^{j\pi}$、$W_4 = e^{j4\pi/3}$、$W_5 = e^{j5\pi/3}$。这 6 个解均匀地分布在单位圆上。

c）证明 $W = s^*$ 为 $s$ 的单值函数（"$*$"表示共轭复数）。

**解：** 由于 $s = a + jb$，就有 $W = a - jb$，所以是单值函数。

**【例题 A.2】** 分母有理化是指分式的分母为复数时，可以通过分子和分母同乘以分母的共轭复数，使分母变成实数，这就可以把分式分离成实部和虚部。比如：

$$\frac{5}{3 + j2} = \frac{5(3 - j2)}{(3 + j2)(3 - j2)} = \frac{5(3 - j2)}{9 + 4} = \frac{5}{13}(3 - j2) \tag{A.15}$$

式（A.15）已经把实部和虚部分离了开来。

## 2. 柯西积分定理

柯西积分定理可叙述为：如果一个复函数 $F(s)$ 在闭合曲线 $C$ 上及内部处处解析，就有

$$\oint_C F(s)\,\mathrm{d}s = 0 \tag{A.16}$$

上式中的闭合积分是沿曲线 $C$ 逆时针方向的线积分。

图 A.1 可以用来解释柯西积分定理。在图 A.1a 中，曲线 $C$ 上及内部处处解析，满足柯西积分定理，所以积分等于零。在图 A.1b 中，曲线 $C$ 内存在孤立奇点 $s_0$ [所谓"奇点"是指函数 $F(s)$ 在点 $s_0$ 不解析]。由于 $F(s)$ 不是在曲线 $C$ 上及内部处处解析，所以不满足柯西积分定理，积分不等于零。在图 A.1c 中，我们选择了 $C + D_1 + C_0 + D_2$ 的闭合积分路线。由于在曲线 $C + D_1 + C_0 + D_2$ 上及内部处处解析，根据柯西积分定理，积分又等于零。这可写为

$$\oint_{C+D_1+C_0+D_2} F(s)\,\mathrm{d}s = 0 \tag{A.17}$$

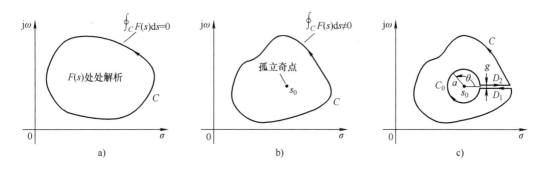

图 A.1　柯西积分定理

a）曲线 $C$ 上及内部处处解析，根据柯西积分定理，积分等于零　b）曲线 $C$ 内存在孤立奇点，根据柯西积分定理，积分不等于零　c）选择闭合路线 $C + D_1 + C_0 + D_2$ 使满足柯西积分定理，积分又等于零

把闭合积分分解成沿着 $C$、$D_1$、$C_0$ 和 $D_2$ 几条路径的线积分

$$\oint_C F(s)\,\mathrm{d}s + \oint_{D_1} F(s)\,\mathrm{d}s + \oint_{C_0} F(s)\,\mathrm{d}s + \oint_{D_2} F(s)\,\mathrm{d}s = 0 \tag{A.18}$$

再使路径 $C_1$ 和 $C_2$ 之间的距离 $g$ 趋于零。这使式（A.18）左边的第二和第四个线积分趋于相互抵消。式（A.18）可简化为

$$\oint_C F(s)\,\mathrm{d}s = -\oint_{C_0} F(s)\,\mathrm{d}s \tag{A.19}$$

这样，就只需计算沿路径 $C_0$ 的线积分。根据图 A.1c，路径 $C_0$ 上的任意一点 $s$ 可有表达式

$$s = s_0 + a\mathrm{e}^{\mathrm{j}\theta} \tag{A.20}$$

对式（A.20）两边分别计算微分，并注意到 $s$ 和 $\theta$ 为变量，$a$ 和 $s_0$ 为常量，得到

$$\mathrm{d}s = \mathrm{j}a\mathrm{e}^{\mathrm{j}\theta}\mathrm{d}\theta \tag{A.21}$$

另外，根据式（A.20）还可以有

$$s - s_0 = a\mathrm{e}^{\mathrm{j}\theta} \tag{A.22}$$

现在把解析函数 $F(s)$ 围绕 $s_0$ 点展开为洛朗级数（洛朗级数与实函数中的泰勒级数相似）

$$\begin{aligned} F(s) &= \sum_{n=-\infty}^{\infty} C_n(s-s_0)^n \\ &= \sum_{n=-\infty}^{\infty} C_n(a\mathrm{e}^{\mathrm{j}\theta})^n \\ &= \sum_{n=-\infty}^{\infty} C_n a^n \mathrm{e}^{\mathrm{j}n\theta} \end{aligned} \tag{A.23}$$

再把式（A.21）和式（A.23）代入式（A.19）右边，得到

$$\oint_C F(s)\,\mathrm{d}s = -\int_{2\pi}^{0} \left[ \sum_{n=-\infty}^{\infty} C_n a^n \mathrm{e}^{\mathrm{j}n\theta} \right] \mathrm{j}a\mathrm{e}^{\mathrm{j}\theta}\mathrm{d}\theta \tag{A.24}$$

式（A.24）中，由于线积分是沿着圆周进行的，积分变量已经从 $s$ 变成了 $\theta$。此外，积分路径 $C_0$ 是顺时针行进的，所以积分变量 $\theta$ 需从 $2\pi$ 减小到 $0$。再假设 $F(s)$ 的洛朗级数在 $s_0$ 的领域内是一致收敛到 $F(s)$ 的（一般都能满足），所以式（A.24）中的积分和累加运算可以互换顺序，并得到

$$\oint_C F(s)\,\mathrm{d}s = \sum_{n=-\infty}^{\infty} \mathrm{j}C_n a^{n+1} \int_0^{2\pi} \mathrm{e}^{\mathrm{j}(n+1)\theta}\mathrm{d}\theta \tag{A.25}$$

式（A.25）右边前面的负号没有了，是因为积分路径变成了从 $0$ 增加到 $2\pi$。现在，仅当 $n+1=0$ 时，$\mathrm{e}^{\mathrm{j}(n+1)\theta}=1$，上式中的积分等于 $2\pi$。当 $n+1\neq 0$ 时，$\mathrm{e}^{\mathrm{j}(n+1)\theta}=\cos(n+1)\theta + \mathrm{j}\sin(n+1)\theta$，使积分都等于零。或者说，累加项中除了 $n=-1$ 以外的所有项都为零。由此计算出，当 $a$ 和 $g$ 一起趋于零时式（A.19）的计算结果为

$$\oint_C F(s)\,\mathrm{d}s = 2\pi\mathrm{j}C_{-1} \tag{A.26}$$

式中，$C_{-1}$ 为 $F(s)$ 在 $s=s_0$ 处的留数。如果 $F(s)$ 在 $C$ 的内部有两个或两个以上的奇点，比如 $s_1$，$s_2$，$\cdots$，$s_N$ 等，就可以使用上面给出的步骤，对每一个奇点计算留数。

**3. 留数定理**

假设 $F(s)$ 在简单闭合曲线 $C$ 上及内部，除孤立奇点 $s_1$，$s_2$，$\cdots$，$s_N$ 外，处处解析，就有

$$\oint_C F(s)\,\mathrm{d}s = 2\pi\mathrm{j}\sum_{n=1}^{N}K_n \tag{A.27}$$

式中，闭合积分为 $F(s)$ 沿曲线 $C$ 逆时针方向行进的线积分，$K_1$，$K_2$，$\cdots$，$K_N$ 分别为 $F(s)$ 在 $s_1$，$s_2$，$\cdots$，$s_N$ 点的留数。

## A.2　傅里叶级数与傅里叶变换

### A.2.1　傅里叶级数的第一种形式

一个周期信号可以表示为傅里叶级数，即

$$x(t) = a_0 + (a_1\cos\omega_0 t + a_2\cos2\omega_0 t + \cdots) + (b_1\sin\omega_0 t + b_2\sin2\omega_0 t + \cdots) \tag{A.28}$$

式中，$-\infty < t < \infty$。上式可改写为

$$x(t) = a_0 + \sum_{n=1}^{\infty}a_n\cos n\omega_0 t + \sum_{n=1}^{\infty}b_n\sin n\omega_0 t, \quad -\infty < t < \infty \tag{A.29}$$

式（A.28）和式（A.29）都表示把周期信号 $x(t)$ 表示为一个傅里叶级数。式（A.28）和式（A.29）左边的周期信号 $x(t)$ 是以 $T_0 = 1/f_0 = 2\pi/\omega_0$ 为周期的。式（A.28）和式（A.29）中的 $a_n$ 和 $b_n$ 被称为傅里叶级数的系数。现在的问题是如何从等式左边的周期信号 $x(t)$ 计算出右边的 $a_n$ 和 $b_n$。

首先来确定 $a_0$。方法是，对式（A.29）两边分别计算一个周期 $T_0$ 内的平均值

$$\int_{T_0}x(t)\,\mathrm{d}t = a_0\int_{T_0}\mathrm{d}t + \int_{T_0}\left(\sum_{n=1}^{\infty}a_n\cos n\omega_0 t\right)\mathrm{d}t + \int_{T_0}\left(\sum_{n=1}^{\infty}b_n\sin n\omega_0 t\right)\mathrm{d}t \tag{A.30}$$

式（A.30）中的积分区间可以是 $x(t)$ 的任意一个周期 $T_0$。交换上式右边的积分和累加顺序，有

$$\int_{T_0}x(t)\,\mathrm{d}t = a_0\int_{T_0}\mathrm{d}t + \sum_{n=1}^{\infty}\left(\int_{T_0}a_n\cos n\omega_0 t\mathrm{d}t\right) + \sum_{n=1}^{\infty}\left(\int_{T_0}b_n\sin n\omega_0 t\mathrm{d}t\right) \tag{A.31}$$

式（A.31）右边，除了第一项之外的所有积分，都是在计算正弦或余弦函数在一个周期内的面积。由于正弦或余弦函数在一个周期内的正、负面积相等，所以这些积分都为零。而第一项的积分等于 $T_0$。由此，系数 $a_0$ 可计算为

$$a_0 = \frac{1}{T_0}\int_{T_0}x(t)\,\mathrm{d}t \tag{A.32}$$

系数 $a_0$ 表示周期信号 $x(t)$ 在一个周期内的平均值。

利用相似的方法，可以从式（A.29）算出系数 $a_n$ 和 $b_n$，先计算 $a_n$。先对式（A.29）两边同乘以 $\cos m\omega_0 t$（这里的整数 $m$ 是常量，而整数 $n$ 是变量），并在 $x(t)$ 的任意一个周期内对等式两边做积分

$$\int_{T_0} x(t)\cos m\omega_0 t\mathrm{d}t = a_0\int_{T_0}\cos m\omega_0 t\mathrm{d}t +$$

$$\int_{T_0}\Big(\sum_{n=1}^{\infty} a_n\cos n\omega_0 t\Big)\cos m\omega_0 t\mathrm{d}t +$$

$$\int_{T_0}\Big(\sum_{n=1}^{\infty} b_n\sin n\omega_0 t\Big)\cos m\omega_0 t\mathrm{d}t \qquad (\text{A.}33)$$

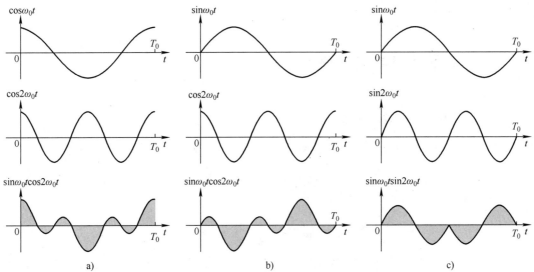

图 A.2　正弦量信号之间的乘积在一个周期内的面积

a) 两个频率不等的余弦函数乘积的面积总等于零　b) 正弦与余弦函数乘积的面积总等于零

c) 两个频率不等的正弦函数乘积的面积总等于零

式（A.33）右边，第一项的积分等于零。对于后面两个积分式，把 $\cos m\omega_0 t$ 分别与前面的每个累加项相乘，再展开为无穷多个积分式的累加

$$\int_{T_0} x(t)\cos m\omega_0 t\mathrm{d}t = \sum_{n=1}^{\infty} a_n\int_{T_0}\cos n\omega_0 t\cos m\omega_0 t\mathrm{d}t +$$

$$\sum_{n=1}^{\infty} b_n\int_{T_0}\sin n\omega_0 t\cos m\omega_0 t\mathrm{d}t \qquad (\text{A.}34)$$

在式（A.34）右边的第一个累加运算中，只有当 $n=m$ 时的积分不为零，其他的积分都为零（见图 A.2a）。而式（A.34）右边第二个累加运算中的所有积分都为零（见图 A.2b）。式（A.34）可简化为

$$\int_{T_0} x(t)\cos m\omega_0 t\mathrm{d}t = a_m\int_{T_0}(\cos m\omega_0 t)^2\mathrm{d}t \qquad (\text{A.}35)$$

对于式（A.34）的积分，可以通过三角恒等式 $\cos^2\theta=(1+2\cos\theta)/2$ 来计算，由此确定 $a_m$

$$a_m = \frac{2}{T_0}\int_{T_0} x(t)\cos m\omega_0 t\mathrm{d}t, \quad m=1,2,\cdots \qquad (\text{A.}36)$$

可以用上面计算 $a_m$ 的方法来计算 $b_m$。具体过程是，先对式（A.29）两边同乘以 $\sin m\omega_0 t$，即

$$\int_{T_0} x(t)\sin m\omega_0 t\mathrm{d}t = a_0\int_{T_0}\sin m\omega_0 t\mathrm{d}t +$$

$$\int_{T_0}\sum_{n=1}^{\infty} a_n\cos n\omega_0 t\sin m\omega_0 t\mathrm{d}t +$$

$$\int_{T_0}\sum_{n=1}^{\infty} b_n\sin n\omega_0 t\sin m\omega_0 t\mathrm{d}t \tag{A.37}$$

式（A.37）右边，第一项的积分为零；第二项的积分全都为零（见图 A.2b）；第三项中的积分，除 $n=m$ 外，也全都为零（见图 A.2c）。所以，上式简化为

$$\int_{T_0} x(t)\sin m\omega_0 t\mathrm{d}t = b_m\int_{T_0}(\sin m\omega_0 t)^2\mathrm{d}t \tag{A.38}$$

再通过三角恒等变换 $\sin^2\theta = (1-2\cos\theta)/2$ 计算出 $b_m$

$$b_m = \frac{2}{T_0}\int_{T_0} x(t)\sin m\omega_0 t\mathrm{d}t, \quad m = 1,2,\cdots \tag{A.39}$$

现在有了式（A.32）、式（A.36）和式（A.39），就可以确定式（A.28）和式（A.29）中的系数 $a_0$、$a_n$ 和 $b_n$，完成对周期信号 $x(t)$ 的傅里叶级数展开。

## A.2.2　傅里叶级数的第二种形式

当 $x(t)$ 为偶对称函数时，傅里叶级数中只有余弦函数，没有正弦函数；当 $x(t)$ 为奇函数时，傅里叶级数中只有正弦函数，没有余弦函数。除了偶对称和奇对称外，式（A.29）中的傅里叶级数将同时包含余弦函数和正弦函数，此时的傅里叶级数可以变成只包含余弦函数（或正弦函数）的形式，但余弦函数（或正弦函数）中需引入相位。这可以说明为

$$A_n\cos(n\omega_0 t + \theta_n) = a_n\cos n\omega_0 t + b_n\sin n\omega_0 t \tag{A.40}$$

式中

$$A_n = \sqrt{a_n^2 + b_n^2} \tag{A.41}$$

和

$$\theta_n = -\arctan\frac{b_n}{a_n} \tag{A.42}$$

把式（A.40）用于式（A.29），便得到傅里叶级数的第二种形式

$$x(t) = A_0 + \sum_{n=1}^{\infty} A_n\cos(n\omega_0 t + \theta_n) \tag{A.43}$$

式中，$A_0 = a_0$。式（A.43）的一个优点是可以容易地得到周期信号 $x(t)$ 的频率谱。

## A.2.3　傅里叶级数的第三种形式

对于式（A.43）中的每一个余弦项，可以容易地写出它的复指数形式，即

$$\cos(n\omega_0 t + \theta_n) = \frac{1}{2}\mathrm{e}^{\mathrm{j}(n\omega_0 t + \theta_n)} + \frac{1}{2}\mathrm{e}^{-\mathrm{j}(n\omega_0 t + \theta_n)} \tag{A.44}$$

把式（A.44）中的两个复指数项分别分离成关于频率和相位的两个复指数项之积，然后把式（A.44）代入式（A.43），再把两个相位复指数项分别与 $A_n$ 合并，得到一对正、负

频率的复指数系数，即

$$x(t) = A_0 + \sum_{n=1}^{\infty} \left( \frac{A_n e^{j\theta_n}}{2} e^{jn\omega_0 t} + \frac{A_n e^{-j\theta_n}}{2} e^{-jn\omega_0 t} \right) \tag{A.45}$$

对式（A.45）适当改写后，得到傅里叶级数的第三种形式为

$$x(t) = \cdots + X_{-2} e^{-j2\omega_0 t} + X_{-1} e^{-j\omega_0 t} + X_0 + X_1 e^{j\omega_0 t} + X_2 e^{j2\omega_0 t} + \cdots$$

$$= \sum_{n=-\infty}^{\infty} X_n e^{jn\omega_0 t} \tag{A.46}$$

式中，当 $n = 0$ 时，$X_0 = A_0$；当 $n \neq 0$ 时，$X_n = A_n \exp(j\theta_n)/2$。

式（A.46）中的系数 $X_n$ 就是信号 $x(t)$ 的频率谱（线谱），一般都是复数。如果想找出用 $x(t)$ 计算 $X_n$ 的算式，可以用 $\exp(-jm\omega_0 t)$ 乘式（A.46）的两边，然后在 $x(t)$ 的任意一个周期内做积分，即

$$\int_{T_0} x(t) e^{-jm\omega_0 t} dt = \int_{T_0} \left( \sum_{n=-\infty}^{\infty} X_n e^{jn\omega_0 t} \right) e^{-jm\omega_0 t} dt \tag{A.47}$$

再把式（A.47）右边的 $\exp(-jm\omega_0 t)$ 与累加号内每一项相乘，并对每个乘积项做积分，得到

$$\int_{T_0} x(t) e^{-jm\omega_0 t} dt = \sum_{n=-\infty}^{\infty} X_n \int_{T_0} e^{j(n-m)\omega_0 t} dt \tag{A.48}$$

如果 $m \neq n$，积分为零，因为

$$e^{j(n-m)\omega_0 t} = \cos[(n-m)\omega_0 t] + j\sin[(n-m)\omega_0 t] \tag{A.49}$$

是一个正负对称的周期信号。当 $m = n$ 时，$\exp[-j(n-m)\omega_0 t] = \exp(j0) = 1$；积分等于 $T_0$。由此，式（A.48）简化为

$$\int_{T_0} x(t) e^{-jn\omega_0 t} dt = T_0 X_n \tag{A.50}$$

由式（A.50）得到 $X_n$ 的计算式

$$X_n = \frac{1}{T_0} \int_{T_0} x(t) e^{-jn\omega_0 t} dt \tag{A.51}$$

最后，把傅里叶级数定义为式（A.46）中的级数，其中系数 $X_n$ 可以用式（A.51）算出。导出了复指数形式的傅里叶级数后，实际上得到了周期函数 $x(t)$ 的双边幅值谱和相位谱；而信号单边幅值谱的幅度是双边幅值谱中正频率部分的两倍。

【例题 A.3】 把图 A.3a 中的周期函数 $x(t)$ 展开为傅里叶级数。

**解：** 用式（A.32）计算 $a_0$

$$a_0 = \frac{1}{T_0} \int_{-T_0/4}^{T_0/4} dt = \frac{1}{T_0} \times \frac{T_0}{2} = 0.5 \tag{A.52}$$

$a_0 = 0.5$ 就是矩形波 $x(t)$ 的平均值。

用式（A.36）计算 $a_n$，有

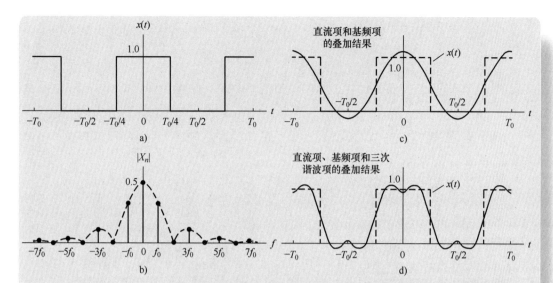

图 A.3　周期函数 $x(t)$ 展开为傅里叶级数［图 A.3b 中用虚线表示频率谱的包络是一条 sinc 曲线；
这可以从式（A.53）中导出，因为分子是 $\sin(n\omega_0 t)$，分母 $n\pi$ 可以改写为 $n\omega_0 t$ 的形式］

a）矩形波 $x(t)$　b）幅值谱

c）前两项直流项和基频项的叠加结果　d）前三项直流项、基频项和三次谐波项的叠加结果

$$a_n = \frac{2}{T_0}\int_{-T_0/4}^{T_0/4}\cos n\omega_0 t\,\mathrm{d}t = \frac{2}{T_0}\frac{1}{n\omega_0}\int_{-n\pi/2}^{n\pi/2}\cos(n\omega_0 t)\,\mathrm{d}(n\omega_0 t) = \frac{1}{n\pi}\sin(n\omega_0 t)\Big|_{-n\pi/2}^{n\pi/2}$$

$$= \begin{cases} \dfrac{2}{n\pi}, & n = 1,5,\cdots \\[2mm] -\dfrac{2}{n\pi}, & n = 3,7,\cdots \\[2mm] 0, & n = 2,4,\cdots \end{cases} \tag{A.53}$$

式（A.53）中，积分变量从 $t$ 改为 $n\omega_0 t$ 是为了方便积分。这可以解释为：先在上式中用变量代换 $n\omega_0 t = \varphi$，因而 $\mathrm{d}t = \mathrm{d}\varphi/(n\omega_0)$。另一方面，当 $t = T_0/4$ 时，$\varphi = n\omega_0 \times T_0/4 = n(\omega_0 T_0)/4 = n \times 2\pi/4 = n\pi/2$。同理，当 $t = -T_0/4$ 时，$\varphi = -n\pi/2$。这使积分区间从 $[-T_0/4, T_0/4]$ 变为 $[-n\pi/2, n\pi/2]$。

再用式（A.39）计算 $b_n$

$$b_n = \frac{2}{T_0}\int_{-T_0/4}^{T_0/4}x(t)\sin n\omega_0 t\,\mathrm{d}t = \frac{2}{n\pi}\int_{-n\pi/2}^{n\pi/2}\sin(n\omega_0 t)\,\mathrm{d}(n\omega_0 t)$$

$$= -\frac{2}{n\pi}\cos n\omega_0 t\Big|_{-n\pi/2}^{n\pi/2} = 0 \tag{A.54}$$

式（A.54）中的 $b_n = 0$，是因为 $\cos n\omega_0 t$ 是偶函数。另外，从图 A.3a 中的 $x(t)$ 为偶函数，也可确定傅里叶级数中没有正弦项，也就是 $b_n = 0$。

把式（A.52）~式（A.54）的结果代入式（A.28），得到 $x(t)$ 的傅里叶级数展开式为

$$x(t) = 0.5 + \frac{2}{\pi}\cos\omega_0 t - \frac{2}{3\pi}\cos3\omega_0 t + \frac{2}{5\pi}\cos5\omega_0 t - \frac{2}{7\pi}\cos7\omega_0 t + \cdots$$

$$(A.55)$$

为画出频率谱，需把式（A.55）改写为式（A.46）那样的第三种复指数形式

$$x(t) = \cdots + \frac{1}{5\pi}e^{-j5\omega_0 t} - \frac{1}{3\pi}e^{-j3\omega_0 t} + \frac{1}{\pi}e^{-j\omega_0 t} + 0.5 + \frac{1}{\pi}e^{j\omega_0 t} - \frac{1}{3\pi}e^{j3\omega_0 t} + \frac{1}{5\pi}e^{j5\omega_0 t} + \cdots$$

$$(A.56)$$

利用式（A.56）就可画出 $x(t)$ 的频率谱，如图 A.3b 中所示。图 A.3c 和 d 分别表示用式（A.55）中的前两项和前三项叠加出的波形。可以想象，随着越来越多的谐波项加入到图 A.3d 的波形中，叠加波形将越来越接近原先的 $x(t)$，并最终与图 A.3a 中的 $x(t)$ 完全一样。

最后对傅里叶级数的表示法作一小结：式（A.28）和式（A.29）是第一种同时包含零相位正弦和余弦函数的基本表示法，式（A.43）是第二种只包含非零相位余弦函数的表示法，式（A.46）是第三种复指数表示法。而复指数表示法已经是向傅里叶变换靠近的一步。

## A.2.4  傅里叶变换

傅里叶变换可以看成是从傅里叶级数演变而来的。当周期信号的周期趋于无穷大，又保持信号的大小和形状不变（比如，保持矩形波的高度和宽度不变）时，傅里叶级数即变成傅里叶变换。为便于讨论，本节将继续使用图 A.3a 中的矩形波。

先把图 A.3a 中的矩形波及其频率谱复制在图 A.4a 中，但把图 A.3a 中的时间轴做了比例压缩，使包含较多的矩形波。在图 A.4a 左边，矩形波的宽度 $B$ 等于周期 $T_0$ 的一半，结果是得到图 A.4a 右边的幅值谱。在图 A.4b 的左边，信号周期 $T_0$ 被增加到了两倍，使矩形波宽度减小到只有周期的 1/4。图 A.4b 右边为通过傅里叶级数展开得到的信号幅值谱（计算过程与【例题 A.3】中完全一样）。图 A.4c 左边的信号周期 $T_0$ 被增加为原来的 4 倍，使矩形波宽度减小到只有周期的 1/8。图 A.4c 右边也是通过傅里叶级数展开得到的信号频率谱。下面来讨论图 A.4 中的三个频率谱。

首先，图 A.4 左侧表示信号的周期被逐渐增加并趋于无穷大的过程；从图 A.4 右边看，频率谱的形状没有改变，但随着周期 $T_0$ 的增加，频率谱中两条相邻谱线之间的间距在不断缩小（虽然为了便于说明，都用 $T_0$ 和 $f_0$ 表示，但实际上，$T_0$ 在不断增加，$f_0$ 在不断减小）。另一方面，频率谱的高度，即包络线的高度，也在逐渐减小，从图 A.4a 中的 0.5 减小到图 A.4b 中的 0.25，再减小到图 A.4c 中的 0.125。原因很简单，因为周期 $T_0$ 在不断增加，而

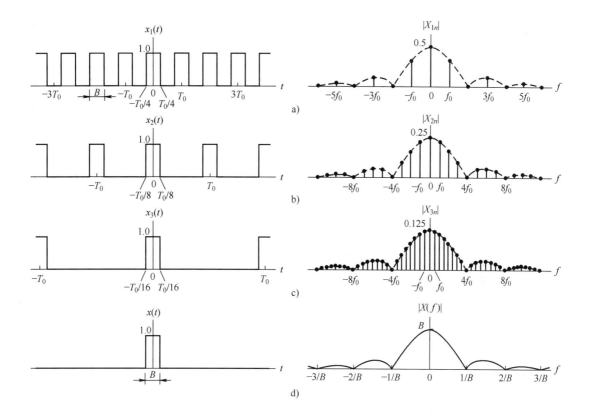

图 A.4　当周期 $T_0$ 逐渐趋于无穷大时的矩形波频率谱

a）$T_0 = 2B$（$B$ 为矩形波宽度）　　b）$T_0 = 4B$　c）$T_0 = 8B$　d）$T_0 \to \infty$

矩形波的大小保持不变，结果使信号的平均值不断减小。

对此，可以归纳为：如果把周期信号的周期增加到无穷大，而保持信号的大小和形状不变，结果是，周期信号频率谱中相邻谱线之间的距离减小到零，使离散的线谱变成了连续谱，而连续谱中每个频率点上的频率分量都是一个无穷小量。

根据上面的要点，可以从式（A.51）写出傅里叶变换为

$$X(f) = \int_{-\infty}^{\infty} x(t)\mathrm{e}^{-\mathrm{j}2\pi ft}\mathrm{d}t \tag{A.57}$$

与式（A.51）相比，式（A.57）中的积分区间已经从 $T_0$ 变成了（$-\infty$，$\infty$）。由于 $T_0 \to \infty$ 使 $f_0 \to 0$，式（A.57）中的频率变量已经从傅里叶级数的 $n\omega_0$ 变成了 $\omega$，也就是 $2\pi f$。另外，在式（A.51）中，当 $T_0 \to \infty$ 时，使 $X_n \to 0$；为此，我们把式（A.51）中的 $T_0$ 移到等式左边，得到 $X_n T_0$，也就是 $X_n/f_0$，而 $X_n/f_0$ 是两个无穷小量之比。

我们把比值 $X_n/f_0$ 定义为信号 $x(t)$ 的傅里叶变换 $X(f)$，就得到式（A.57）中的傅里叶变换式，其中的 $f$ 是自变量，但在每次做积分时，$t$ 为积分变量，$f$ 是常量。

对于图 A.4d 左边的单脉冲矩形波信号，它的频率谱可以用傅里叶变换计算为

$$X_{\text{rec}}(f) = \int_{-B/2}^{B/2} e^{-j2\pi ft} dt = \frac{1}{-j2\pi f} \int_{-B/2}^{B/2} e^{-j2\pi ft} d(-j2\pi ft) = \frac{1}{-j2\pi f} e^{-j2\pi ft} \bigg|_{-B/2}^{B/2} = \frac{e^{-j\pi Bf} - e^{j\pi Bf}}{-j2\pi f}$$

$$= B\frac{\sin\pi Bf}{\pi Bf} = B\text{sinc}\pi Bf \tag{A.58}$$

这个频率谱示于图 A.4d 的右侧。如前面说过的，由傅里叶变换算出的频率谱仅表示各频率分量之间的幅度比例关系，并不表示实际的幅度，因为每一频率点上的幅度都是一个无穷小量。对于式（A.58）中频率谱的高度 $B$ 可以解释为：$B$ 是以 $t$ 为量纲的，当做傅里叶逆变换（稍后说明）时，就与 $df$ 相乘，变成无量纲的数。这又使 $x(t)$ 为无量纲的数，而图 A.4d 左边的 $x(t)$ 也确实是无量纲的数。所以两者是一致的。

傅里叶变换继承了傅里叶级数的许多性质，比如，傅里叶变换可以分离为幅值和相位两部分，即

$$X(f) = |X(f)|e^{j\theta(f)} \tag{A.59}$$

如果 $x(t)$ 为实信号，那么傅里叶变换的幅值是偶对称的，相位是奇对称的，并可写为

$$|X(f)| = |X(-f)| \text{ 和 } \theta(f) = -\theta(-f) \tag{A.60}$$

关于傅里叶变换，可参阅第 9.2.1.1 节的计算实例。

## A.3　连续时域系统的性质

### A.3.1　连续时域系统的冲击响应

连续时域系统（比如模拟滤波器）的单位冲击响应被定义为：当输入为单位冲击信号时的系统输出。单位冲击响应简称冲击响应。计算系统的冲击响应主要有多种方法：时域卷积的方法和频域传递函数的方法。本节将使用时域卷积的方法，并主要说明冲击响应的量纲。下面先从直观上分析冲击响应，然后从数学上计算冲击响应。

**1. 从直观上解释单位冲击响应**

图 A.5a 中的 $RC$ 电路是最简单的连续时域系统，电路时间常数 $\tau = RC$。如果输入是单位冲击信号 $\delta(t)$，输出 $y(t)$ 就是系统的单位冲击响应 $h(t)$。图 A.5b 表示当图 a 中的输入为电压跳变时的充电曲线。这是一条指数曲线，可表示为

$$y(t) = [y(\infty) - y(0)](1 - e^{-t/\tau}) \tag{A.61}$$

式中，$y(0)$ 和 $y(\infty)$ 分别为输出的初值和终值。式（A.61）表示，在跳变电压的激励下，电路的输出沿一条以 $\tau = RC$ 为时间常数的指数曲线从初值 $y(0)$ 变化到终值 $y(\infty)$。一般情况下，当 $t < 0$ 时，电容电压为零，使 $y(0) = 0$。式（A.61）简化为

$$y(t) = y(\infty)(1 - e^{-t/\tau}) \tag{A.62}$$

从图 A.5b 可以看出，指数曲线的三个特点。第一个特点是，从原点作曲线的切线，当切线到达终值所需的时间一定等于 $\tau$（见图中左边的斜线）；第二个特点是，在曲线上的任意一点 A 作曲线的切线，当切线到达终值所需的时间也一定等于 $\tau$（见图中中间的斜线）；第三个特点是，当时间从 0 到达 $3\tau$ 时，电路的输出上升到满幅的 95%，并认为充电已经完

成。从这三个特点可知，充电曲线开始时会快速上升或下降，但之后会进入越来越慢的上升或下降过程。

图 A.5c 中用 4 个矩形波表示 4 种不同的输入。4 个矩形波的宽度从 $B_1$ 逐渐减小到 $B_4$，而高度逐渐增加，使矩形的面积保持等于 1，用以表示向 $\delta(t)$ 的逼近过程。

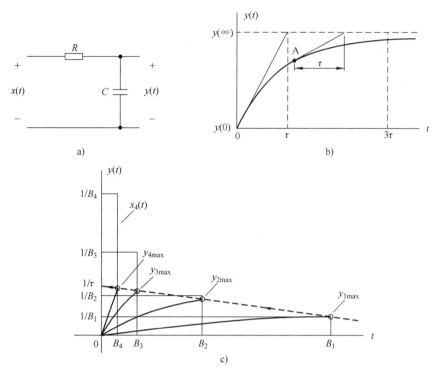

图 A.5　从直观上解释单位冲击响应

a）简单的 $RC$ 电路　b）输入为电压跳变时的充电曲线　c）使 $x(t)$ 向 $\delta(t)$ 逼近过程中的输出最大值

对于底宽为 $B_1$ 的矩形波，有充分的充电时间，使输出 $y_{1max}$ 能达到终值 $1/B_1$。由于 $B_1$ 最宽，矩形波的高度就最低，使终值 $1/B_1$ 最小，输出达到的最大值 $y_{1max}$ 也最小。对于底宽为 $B_2$ 和 $B_3$ 的矩形波，由于底宽变窄了，高度分别增加到了 $1/B_2$ 和 $1/B_3$。这使开始时的上升速度很快，使最后达到的输出最大值都增加了。不过，增加的趋势在逐渐放慢，因为充电时间 $B_2$ 和 $B_3$ 在逐渐变短。当底宽缩小到 $B_4$ 时（图中最左边的矩形），充电时间很短，但充电速度很快，使充电的终值提高到了 $y_{4max}$。不过，由于充电的速度和时间之间的制约关系，输出最大值仅稍有增加，如图 A.5c 所示。

从图 A.5c 还可以看出，当 $x(t)$ 逼近 $\delta(t)$ 时，电路的输出最大值并不趋于无穷大，而是在逼近某个值。这个值就是图中纵坐标上的 $1/\tau$（$1/\tau$ 在稍后说明）。这就是说，虽然 $\delta(t)$ 的高度趋于无穷大，但它对 $RC$ 电路充电的结果是只产生有限的输出最大值，而这个输出最大值仅取决于电路的时间常数 $RC$。

**2. 从数学上计算单位冲击响应**

以图 A.5c 中最左边底宽为 $B_4$ 的矩形波为例。为便于说明，把图 A.5c 中有关的图形复制在下面的图 A.6a 中，并把图 A.5c 中的 $B_4$ 和 $x_4(t)$ 分别改为 $B$ 和 $x(t)$。此外，还对图形的宽长比作了适当修改。

上一节中，得到了 $RC$ 电路在 $0 < t \leqslant B$ 范围内的输出表达式

$$y(t) = y(\infty)(1 - e^{-t/\tau}), \quad 0 < t \leqslant B \tag{A.63}$$

式（A.63）中，$\tau = RC$ 仍为电路的时间常数。

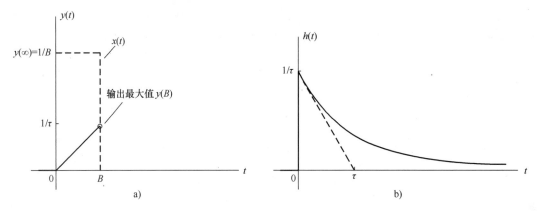

图 A.6　从数学上计算单位冲击响应

a）输入为电压跳变时的充电曲线　b）电路的冲击响应

如果想计算系统的单位冲击响应，先要算出冲击响应所能达到的最大值。在图 A.6a 中，就是当 $t = B$ 时的输出电压值。而此时的式（A.63）变为

$$y(B) = \frac{1}{B}(1 - e^{-B/\tau}) \tag{A.64}$$

式（A.64）中使用了代换 $y(\infty) = 1/B$，因为两者是相等的（也见图 A.5）。

现在可以计算式（A.64）当 $B \to 0$ 时的极限

$$\lim_{B \to 0} \frac{1}{B}(1 - e^{-B/\tau}) = \lim_{B \to 0} \frac{1}{B}\left\{1 - \left[1 - \frac{B}{\tau} + \frac{1}{2!}\left(\frac{B}{\tau}\right)^2 - \cdots\right]\right\} = \lim_{B \to 0} \frac{1}{B}\left\{\frac{B}{\tau} - \frac{1}{2!}\left(\frac{B}{\tau}\right)^2 + \cdots\right\} \tag{A.65}$$

式（A.65）的最右边，当 $B \to 0$ 时，括号内第二项和后面所有项之和与第一项 $B/\tau$ 相比，都是较高阶的无穷小，都可以略去。这使式（A.65）变为

$$\lim_{B \to 0} \frac{1}{B}(1 - e^{-B/\tau}) = \lim_{B \to 0} \frac{1}{B}\frac{B}{\tau} = \frac{1}{\tau} \tag{A.66}$$

式（A.66）表示，当 $x(t)$ 趋于单位冲击信号 $\delta(t)$ 时，电容上的值在 $t = 0$ 时突然上升到 $1/\tau$。在实际电路中，电容上的电压是不能突变的。但这里遇上了单位冲击信号 $\delta(t)$，情况有所改变。

接下来，当 $t > B$ 时，输入信号 $x(t)$ 突然下降到零，使输入端口短接，电容 $C$ 就可以通过电阻 $R$ 放电，使输出电压 $y(t)$ 下降至零

$$y(t) = \frac{1}{\tau}e^{-t/\tau}, \quad t > B \tag{A.67}$$

式（A.67）表示，输出电压 $y(t)$ 将沿同一时间常数 $\tau$ 的指数曲线下降至零。这就得到图 A.6b 中的离散时域系统的单位冲击响应 $h(t)$

$$h(t) = \begin{cases} \dfrac{1}{\tau}, & t = 0 \\[2mm] \dfrac{1}{\tau}\mathrm{e}^{-t/\tau}, & t > 0 \end{cases} \tag{A.68}$$

根据式（A.68）可以画出电路的冲击响应，如图 A.6b 所示。

最后想说，从式（A.68）可以看出，电路的冲击响应是以 $t^{-1}$ 为量纲的。在连续时域中，当把电路的冲击响应与输入信号通过卷积计算输出信号时，冲击响应的 $t^{-1}$ 量纲将与卷积计算中的 $\mathrm{d}t$ 相互约去，使输出与输入具有相同的量纲。此外，虽然这里使用的 RC 电路很简单，但对于任何复杂系统，只要是线性的，都可以分解为最简单的电路的串联和并联。所以这里的结论，即模拟系统的冲击响应是以 $t^{-1}$ 为量纲的，是普遍适用的。与之相比，数字信号系统中的冲击响应 $h(n)$ 是无量纲的数。

## A.3.2　连续时域中的乘积定理

连续时域中的乘积定理可叙述为：两个连续时域信号相乘对应于这两个连续时域信号频率谱的卷积。这可以表示为

$$x(t)p(t) \leftrightarrow \int_{-\infty}^{\infty} X(f-f_1)P(f_1)\mathrm{d}f_1 \tag{A.69}$$

式中，"↔"表示"对应关系"，即两个连续时域信号的乘积 $x(t)p(t)$ 对应于两个连续时域信号频率谱的卷积。上式右边的 $f$ 和 $f_1$ 是两个不同的频率变量，且在积分过程中，$f$ 是常量，$f_1$ 是变量。

在证明乘积定理时，可从式（A.69）右边的卷积开始。先把被积函数中的 $X(f-f_1)$ 替换成傅里叶变换式

$$\int_{-\infty}^{\infty} \left[ \int_{-\infty}^{\infty} x(t)\mathrm{e}^{-\mathrm{j}2\pi(f-f_1)t}\mathrm{d}t \right] P(f_1)\mathrm{d}f_1 \tag{A.70}$$

式（A.70）中，$P(f_1)$ 对于方括号内的积分是常量（积分式内只有 $t$ 是变量），因而可以移到积分式内。式（A.70）变成

$$\int_{-\infty}^{\infty} \int_{-\infty}^{\infty} x(t)\mathrm{e}^{-\mathrm{j}2\pi ft}\mathrm{e}^{\mathrm{j}2\pi f_1 t}P(f_1)\mathrm{d}t\mathrm{d}f_1 \tag{A.71}$$

交换两个积分的顺序（交换积分顺序的条件是被积分函数需一致收敛，或者说是没有跳跃间断点，这一般都能满足）

$$\int_{-\infty}^{\infty} \int_{-\infty}^{\infty} x(t)\mathrm{e}^{-\mathrm{j}2\pi ft}\mathrm{e}^{\mathrm{j}2\pi f_1 t}P(f_1)\mathrm{d}f_1\mathrm{d}t \tag{A.72}$$

式（A.72）中，因式 $x(t)\mathrm{e}^{-2\pi ft}$ 对于中间的积分式是常数，可以移到两个积分号之间，式（A.72）变为

$$\int_{-\infty}^{\infty} x(t)\mathrm{e}^{-\mathrm{j}2\pi ft}\left[ \int_{-\infty}^{\infty} \mathrm{e}^{\mathrm{j}2\pi f_1 t}P(f_1)\mathrm{d}f_1 \right]\mathrm{d}t \tag{A.73}$$

式（A.73）方括号内的就是 $P(f_1)$ 的傅里叶逆变换，所以等于 $p(t)$。式（A.73）变为

$$\int_{-\infty}^{\infty} x(t)p(t)\mathrm{e}^{-\mathrm{j}2\pi ft}\mathrm{d}t \tag{A.74}$$

式（A.74）表示，两个连续时域信号频率谱的卷积［式（A.69）右边］等于这两个连续时域信号乘积的频率谱［式（A.74）］。这就是式（A.69）的意思。由此，乘积定理证明完毕。

# 参 考 文 献

［1］A ANTONIOUS. Digital signal processing ［M］. New York：McGraw – Hill Companies, Inc., 2006.

［2］E C IFEACHOR, B W JERVIS. Digital signal processing ［M］. New York：Prentice – Hall, 2002.

［3］L B JACKSON. Digital filters and signal processing ［M］. Boston：Kluwer Academic Publishers, 1986.

［4］A A KHAN. Digital signal processing fundamentals ［M］. Boston：DA Vinci Engineering Press, 2005.

［5］R G L YONS. Understanding digital signal processing ［M］. 2nd ed. New York：Prentice – Hall PTR, 2004.

［6］S K MITRA. Digital signal processing – A computer – based approach ［M］. New York：Wiley Interscience, 1993.

［7］A V OPPENHEIM, R W SCHAFER, J R Buck. Discrete – time signal processing ［M］. 影印本. 北京：清华大学出版社, 2005.

［8］T W PARKS, C S BURRUS. Digital filter design ［M］. New York：Wiley Interscience, 1987.

［9］J G PROAKIS, D G MANOLAKIS. Digital signal processing principles, algorithms and applications ［M］. 3rd ed. New York：Prentice – Hall PTR, 2004.

［10］L R RABINER, B GOLD. Theory and applications of digital signal processing ［M］. New York：Prentice – Hall, 1975.

［11］SHENOI. Introduction to digital signal processing and filters design ［M］. New York：John Wiley and Sons, Inc., 2006.

［12］W D STANLEY, G R DOUGHERTY, R DOUGHERTY. Digital signal processing ［M］. 2nd ed. Virginia：Reston Publishing Company, 1984.

［13］姚剑清. 简明数字信号处理 ［M］. 北京：人民邮电出版社, 2009.

［14］姚剑清, 张宁波. 模拟电路原理与设计 ［M］. 北京：北京邮电大学出版社, 2020.

［15］R E ZIEMER, W H TRANSTER, D R FANNIN. Signals and systems：continuous and discrete ［M］. 2nd ed. New York：Maxwell Macmillan, 1990.